U0939406

粒子加速器辐射探测方法与应用

李建平　刘曙东　汤月里　等著

原子能出版社

图书在版编目(CIP)数据

粒子加速器辐射探测方法与应用/李建平等著. —北京：原子能出版社，2007.1

ISBN 978-7-5022-3745-5

Ⅰ. 粒… Ⅱ. 李… Ⅲ. 加速器—辐射探测 Ⅳ. TL506

中国版本图书馆 CIP 数据核字(2007)第 003837 号

内容简介

《粒子加速器辐射探测方法与应用》一书实质上是一本论文集。它是作者自 1980 年以来，利用国内外辐射装置，对粒子加速器辐射场的特点和探测方法开展的大量科研工作发表的论文组成。主要的辐射探测方法可分为三类：

(1) 环境低水平中子、γ 辐射探测方法；

(2) 脉冲中子、γ 辐射探测方法；

(3) 宽能区中子辐射探测方法。

同时，介绍了上述探测方法在国内外大型粒子加速器上的应用和取得有价值环境和工作场所监测数据。

本书可供从事辐射防护、辐射监测和环境保护领域的专业人员以及大专院校有关专业师生参考。

粒子加速器辐射探测方法与应用

出版发行 原子能出版社(北京市海淀区阜成路 43 号 100037)
责任编辑 张 梅
责任校对 李建慧
责任印制 丁怀兰
印 刷 保定市中画美凯印刷有限公司
经 销 全国新华书店
开 本 782mm×1092mm 1/16
印 张 18.75
字 数 468 千字
版 次 2007 年 3 月第 1 版 2007 年 3 月第 1 次印刷
书 号 ISBN 978-7-5022-3745-5
印 数 1—1000 **定 价** **88.00 元**

 网址:http://www.aep.com.cn

前　言

随着核工业技术的发展，新型的辐射发生器和核设施如高能粒子加速器、散裂中子源、核洁净能源、热核反应装置等不断建造起来。在这些核装置周围环境中产生瞬时中子和 γ 辐射，它们有一系列特点，因此，对辐射剂量测量提出了新要求。

1. 环境低水平中子剂量测量：现有的辐射发生器和核设施在环境中产生的辐射可分为两类：一类在环境中产生的辐射主要是 γ 辐射，如反应堆核电站等；另一类是在环境中产生的辐射主要是中子，如高能粒子加速器等。为测定高能加速器在运行期间对环境的影响，首先应测定来自宇宙辐射的天然中子本底水平，才能评价高能加速器产生的中子辐射对环境的影响。宇宙辐射的中子本底水平很低（在北京地区约为 3 nSv/h）。天然 γ 本底水平约为 100 nSv/h，中子本底仅占其 3%，需要制造高灵敏度环境中子监测器。从宇宙辐射在海平面的中子能谱测量中得知，天然中子本底能谱在 100 MeV 左右处有峰值。高能粒子加速器在环境中产生的中子能谱与宇宙辐射在海平面中子能谱相类似。只是大气层的密度与混凝土屏蔽密度有所不同，都属宽能区中子谱。所以高能粒子加速器的环境中子监测器要具有高灵敏度与宽能区响应的特点。同时它的注量率灵敏度（$cps \cdot n \cdot cm^{-2} \cdot s^{-1}$）应与中子能量响应平坦。

宇宙辐射的剂量水平与海拔高度和地磁纬度有密切关系，采用高空气球完成了宇宙辐射中子辐射和电离成分随海拔高度变化的测量。

2. 脉冲辐射场：瞬发的中子、γ 辐射的时间结构与加速器的束流时间结构密切相关，为窄脉冲辐射场，占空比低，要求中子、γ 监测器在类型选择和结构上能适用于脉冲辐射场。对于脉冲中子辐射，通常采用包有慢化体的热中子探测器，入射中子经多次散射慢化，在中子迁移过程中使中子达到热中子探测器的时间展宽，可达百余微秒。在一定程度上使得窄脉冲辐射测量问题得以缓解。对窄脉冲强辐射，采用“主动型”和“被动型”探测器相结合的办法，获得了有效结果。对于窄脉冲 γ 辐射，采用电流电离室，在电离室的结构和工作电压上采取措施，克服窄脉冲辐射在电离室内形成的离子对“复合效应”，达到适用于测量窄脉冲 γ 辐射场的目的。对于窄脉冲强 γ 辐射，采用“被动型”γ 探测器。

3. 宽能区：中子、γ 辐射的能量范围宽，如中子能量可从热中子（0.025 eV）变化到几个 GeV，跨越 10 个量级以上，要求中子监测器能量响应范围宽。并且其注量率灵敏度（$cps \cdot n \cdot cm^{-2} \cdot s^{-1}$）随着能量的变化符合注量率—剂量当量率转换系数，也就是要符合 ICRP（国际放射防护委员会）推荐曲线，这时其剂量率灵敏度（$cps \cdot \mu Sv \cdot h^{-1}$）与中子能量无关。这就是通常被称为“雷姆”的结构监测器，它不需要测量现场中子能谱，就能获取剂量当量率。

本书有四篇论文研究宽能区中子"雷姆"计数器问题。与日本高能所(KEK)同行合作完成了五个能量点的标定,最高能量达到64.7 MeV。

4.强电磁场干扰,要求监测系统电磁兼容,稳定工作。

5.辐射监测数据采集与处理

监测器本身具有剂量率显示,报警功能,同时能通过网口与局域网相联,或者通过485口到达中心计算机转换成232口进入中心机。

本书记录和展示了几位作者自1980年以来,针对上述问题开展的实验研究工作,充分利用国内外辐射装置,如国内中科院高能所的30 MeV,90 MeV电子直线加速器,10 MeV,35 MeV质子直线加速器,日本高能所(KEK)的500 MeV质子增强器等,进行了脉冲中子、γ辐射探测方法的研究。

对普通中子"雷姆"计数器能量响应的检验,是利用复旦大学和北京大学重离子所的静电加速器和国防科工委放射性计量一级站的标准仪,对中子能量和注量率进行标定的。

改进型中子"雷姆"计数器(宽能区中子监测器)的结构研究是与日本KEK同行合作,利用日本东北大学和日本原子能研究的东海实验室的质子迴旋加速器完成对20 MeV以上中子能量响应实验的。同时在KEK的14 MeV中子发生器,250 MeV质子治疗装置,500 MeV质子增强,12 GeV质子束流处,以及KEKB正负电子对撞点处检验宽能区中子探测器物理性能。

利用低水平中子监测器在高能所香河高空气球发放基地,研究宇宙辐射中子随海拔高度变化。同时利用球形环境γ电离室研究了宇宙辐射电离成分随海拔高度变化。并研究宇宙辐射中子的注量率转换剂量当量率的问题。

在上述大量实验研究基础上,建立了北京正负电子对撞机环境和场所中子、γ辐射监测系统。同时也被兰州重离子加速器和合肥同步辐射装置,以及秦山核电站等单位采用。

于1996年为韩国浦项理工学院的同步辐射装置及巴基斯坦恰什玛核电站提供了辐射监测系统。在这些大型核设施上都取得了有价值数据,评价了对环境的辐射影响。

通过科研成果在国内外核设施上的应用,实现了科研成果转化成生产力的重大进步。北京高能辐射防护技术有限责任公司13年的运营实践表明,科研、工程、研发三者相结合的做法是形成高新技术企业的重要途径。

北京高能辐射防护技术有限责任公司

李建平　刘曙东　汤月里

2006年8月15日

目 录

第一篇 低水平中子、γ剂量的测量及其监测系统

第二篇　脉冲中子、γ剂量测量及自猝灭流光(SQS)探测器的应用

第三篇 高能中子剂量的测量

第四篇 辐射屏蔽与环境安全

第一篇　低水平中子、γ剂量的测量及其监测系统

天然中子本底剂量水平的测定*

李建平　常崴克　解延风　唐锦华　唐鄂生

（中国科学院高能物理研究所）

摘要：本文介绍了一种高灵敏度中子监测器，它对天然中子本底的计数率约每分钟 20 次计数。实验测定了几个基本特性：脉冲幅度分辨率、灵敏度和方向性。用该监测器在一年的时间内连续测量了北京玉泉路地区的天然中子本底的剂量水平，并给出了年平均剂量当量值。与日本 KEK 和 CERN 测得的数据进行了比较。

一、引　言

在高能质子或电子加速器周围环境的杂散辐射剂量中，主要贡献来自中子[1]。这是由于天空反照效应把加速器产生的中子散射到远离加速器的地方。为了确定杂散中子的辐射剂量水平，评价它对环境的影响，在加速器投入运行前，必须获得足够的天然中子本底剂量水平的数据，并了解它的变化规律。

本工作采用了与 KEK[2] 同类型的高灵敏度中子监测器，对玉泉路地区的天然中子本底的注量率及剂量水平，进行了一年的连续监测，测得的年平均剂量当量值，1980 年为(2.2±0.4) mrem**，1981 年为 2.0±0.4 mrem。并与日本 KEK 和 CERN 测得的天然中子本底数据进行了比较，按地磁纬度变化规律给出了合理结果。

二、测量仪器及性能

1. 监测器

是由三支空间物理实验用的大 BF_3 正比计数管并联后，置于 6.5 cm 厚的圆柱形石蜡慢化体中组成，其结构示于图 1。入射中子经过石蜡慢化，与 BF_3 管中的 B^{10} 发生如下反应：

$$^{10}B + n \begin{cases} \nearrow {}^{7}Li + \alpha + 2.79\ MeV(a) \\ \longrightarrow {}^{7}Li^{*} + \alpha + 2.31\ MeV(b) \end{cases}$$

$$^{7}Li^{*} \longrightarrow {}^{7}Li + \gamma + 480\ keV$$

反应(a)占 6%，反应(b)占 94%。反应生成的带电粒子 α 和 ^{7}Li 使 BF_3 气体电离产生脉冲输出。

---

* 本文 1982 年 11 月在《高能物理与核物理》第 6 卷第 6 期上发表。

** 1 rem＝10^{-2} Sv。

表 1 监测器的技术性能

计数管	总 长	直 径	有效长	^{10}B浓缩度	充气压	分辨率	慢化体厚
BF_3	1100 mm	35.2 mm	941±1 mm	95%	400 mm Hg	6%	6.5 cm

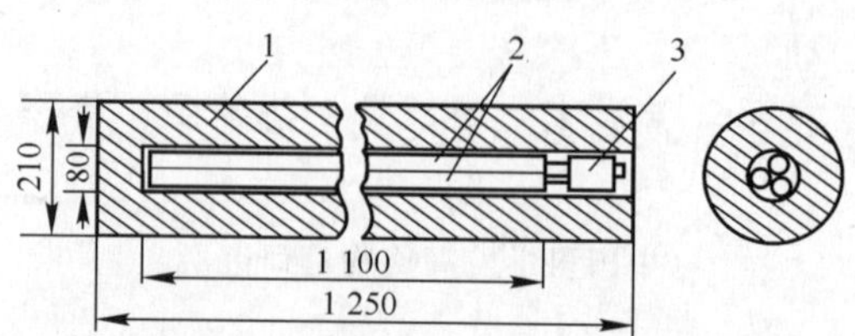

图 1 高灵敏度中子监测器结构(图中以毫米为单位)

1——石蜡柱体;2——三支并联的 BF_3 计数管;3——前级放大器

BF_3 计数管是上海电子管厂为空间物理测量宇宙射线中子而生产的,其技术性能见表1。计数管输出的脉冲幅度峰值约 5 mV,经过 1 000 倍放大后送入甄别器和定标器,同时也送入多道脉冲幅度分析器。主放大器采用了 FH1002A,有可调的 *RC* 成形时间常数。

2. BF_3 计数管的脉冲幅度分辨率及 γ 本底的甄别

用 512 道脉冲幅度分析器测量了监测器在 Am-Be 中子源照射下,由中子产生的脉冲幅度分布,见图 2 及图 3。

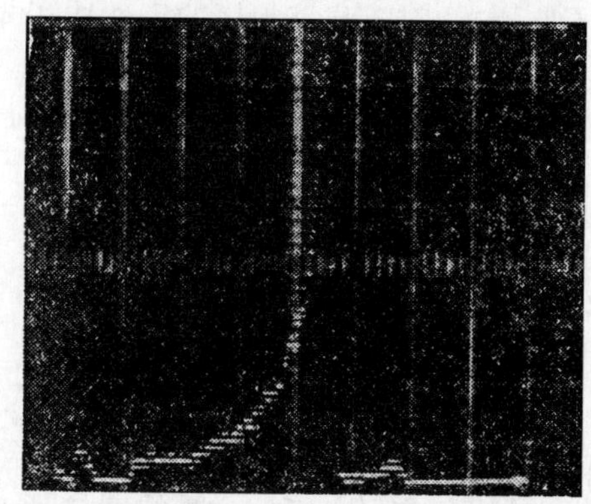

图 2 单支 BF_3 计数管的脉冲幅度分辨率

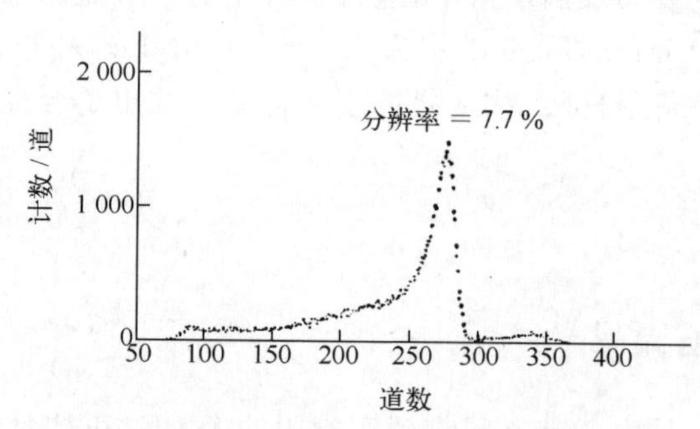

图 3 三支 BF_3 计数管并联的脉冲幅度分布

(甄别阈选择为 50 道,道宽 20 mV)

图中主峰是反应(b)产生的,比主峰能量更高的峰是由反应(a)产生的。单管的最佳分辨率为 5.9%。三支并联时的脉冲幅度分辨率为 7.7%。

显然,γ 射线在计数管中所形成的脉冲幅度很小,它与中子脉冲幅度分布之间有明显界限。因此选择适当的甄别阈很容易将 γ 本底甄别掉,本工作中甄别阈为 420 keV。当监测器在 100 mR*/h 的 γ 剂量率照射下,甄别阈以上的积分计数并无增加。

* $1R=2.58\times10^{-4}C/kg$。

3. 灵敏度及其能量响应

对监测器的刻度是在四楼顶平台上露天空旷的条件下进行的。监测器和源离开平台地面 1.5 m，刻度用的 Am-Be 中子源的强度为 5.59×10^5 n/s，结果见图 4。监测器的计数率与中子注量率的关系为一直线，在测量范围内，计数率与源距间遵守 R 反平方律关系（R 为源距），最大偏离不超过 5%，重复性较好。由刻度曲线可定出监测器的灵敏度是 101 cps/n·cm^{-2}·s^{-1}）。它与同类型的中子监测器的比较见表 2。

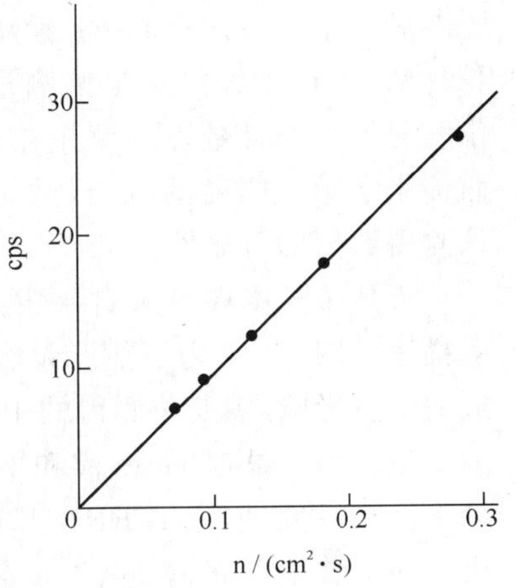

图 4 刻度曲线

这种以 BF_3 正比计数管为中心，外面包有约 6.5 cm 厚的慢化体的中子监测器，广泛用于中子本底的注量率的测量。中子能量在 0.2 eV 到 5 MeV 之间，监测器灵敏度在±18%以内与中子能量无关[1,2,5]。

4. 方向性

图 5 表示出，在给定的距离上，Am-Be 中子源相对于监测器的轴线方向成不同角度入射时，分别测量了监测器的灵敏度。实验表明，它具有明显的方向性，$\theta=90°$时计数率最高，角度 θ 接近 0°时计数率下降至 $\theta=90°$时的 40%。

宇宙射线中子入射到地面的角分布，可近似表示为 $\cos^n\psi$，ψ 是入射中子与地面垂直方向所成的角度，对于中子 $n=3—5$[6]。即宇宙射线中子基本上是垂直入射到地面。因而，对于水平放置的监测器，其方向性所引起的灵敏度差别，在测量中可以不予考虑。

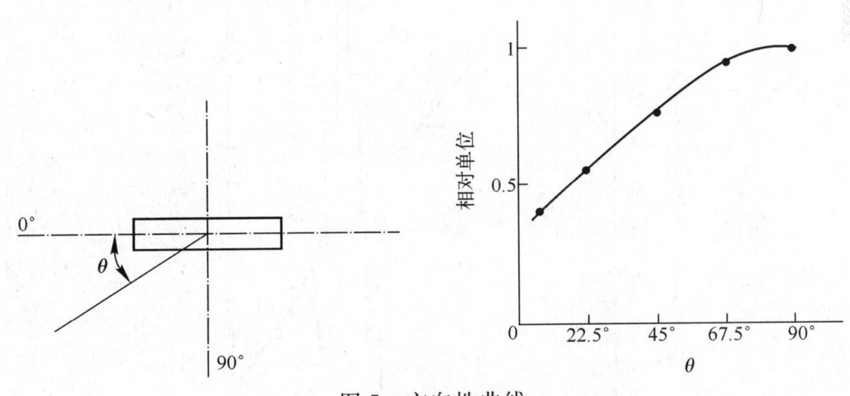

图 5 方向性曲线

表 2 中子监测器的灵敏度比较

监测器					
监测器	BF_3 管	直径 35 mm 长 1100 mm（三支并联）	直径 50.8 mm 长 311 mm	直径 147.3 mm 长 1908 mm	直径 28 mm 长 140 mm
	慢化体厚	6.5 cm	6.5 cm	6.5 cm	6.5 cm
灵敏度/(cps/n·cm^{-2}·s^{-1})		101	32.5	370	2.03
实验室		本工作	KEK[2]	KEK[2]	401[4]

三、测量结果和讨论

自 1980 年 9 月开始，在我所主楼顶平台上的固定中子监测站，连续一年测量了天然中子本底水平。每 600 s 由定标器取一次数据或长时间累积计数，进行了大量重复性测量。图 6 为 1981 年 5 月份测得的平均计数率。测量中用多道脉冲幅度分析器监测中子脉冲幅度的分布，并记录主峰的位置，从而确认测得数据的可靠性。

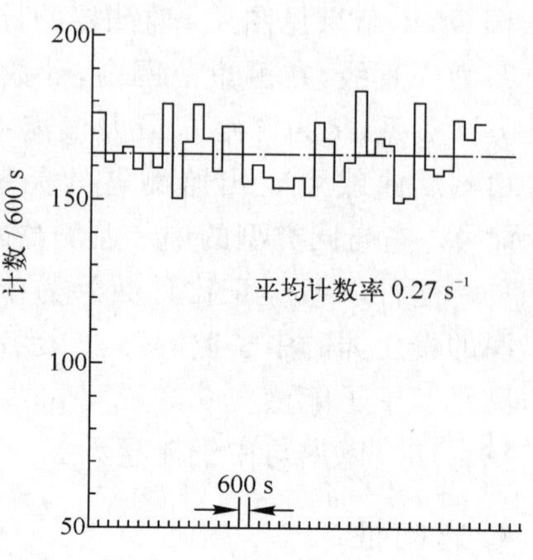

图 6　天然中子本底(1981 年 5 月)

天然中子本底是来自宇宙射线，其能谱为 Hess 谱所描述见图 7[7]。为了估计天然中子本底对人体组织构成的剂量影响，需要将测得的中子注量率转换成相应的剂量当量率。根据 Hess 谱和单能中子注量率—剂量当量率换算系数(取自 ICRP 第 21 号出版物表 4)可计算出 Hess 谱中子的平均注量率—剂量当量率换算系数 $\overline{f}_h$：

$$\overline{f}_h = \frac{\int_{E_m}^{E_M} f_h(E)N(E)\mathrm{d}E}{\int_{E_m}^{E_M} N(E)\mathrm{d}E} \tag{1}$$

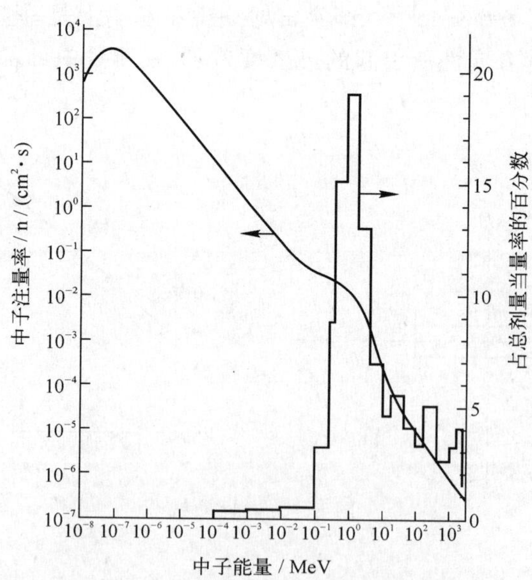

图 7　海平面宇宙射线中子能谱(Hess 谱)和不同中子能组在总的剂量当量率中贡献的百分数

式中 $N(E)$——宇宙射线中子注量率谱(Hess 谱)，$f_h(E)$——单能中子的注量率—剂量当量率换算系数，E_m——最小中子能量(0.025 eV)，E_M——最大中子能量，由此算得 f_h 值为 0.072 mrem/(h·cm²·s)。该值是指单向宽束中子垂直入射到圆柱形体模内最大剂量当量率。

同理，可算出不同中子能组对总剂量当量率贡献的百分数，示于图7。计算表明：中子能量大于5 MeV以上的占总注量率的16%，但在总剂量当量率中的贡献占39%。

用监测器估计天然中子本底的剂量当量率时，由监测器的读数C(计数/s)和灵敏度$\varepsilon=101\ \mathrm{n/cm^2}$，并考虑到对中子能量大于5 MeV和小于0.2 eV的注量率的修正，即可给出总注量率。再利用平均注量率—剂量当量率换算系数$\overline{f}_h=0.072\ \mathrm{rem/(h\cdot cm^2\cdot s)}$，求出剂量当量率$\dot{H}$：

$$\dot{H}=\frac{C}{\varepsilon}\frac{1}{(1-K)}\overline{f}_h \tag{2}$$

式中$K=0.16$表示能量大于5 MeV的中子占总注量率的百分数。能量小于0.2 eV的中子占总注量率的百分之一点四。

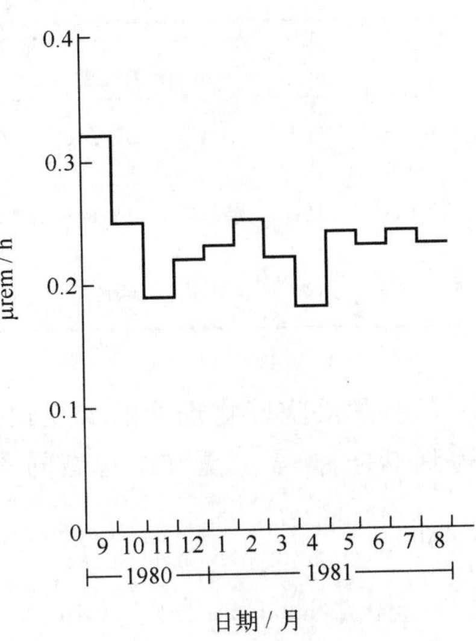

图8 1980年和1981年的天然中子本底

图8给出连续一年测得的月平均剂量当量率。并根据1980年后四个月的月平均值计算出年剂量当量值为(2.2±0.4)mrem。1981年为(2.0±0.4)mrem。

与国外数据的比较。日本KEK 1977年8月在低温物理实验室附近测量了天然中子本底的剂量水平[2]。CERN1974年在高能加速器周围测量了天然中子本底[8]。这些数据列入表3内。

表3 天然中子本底数据(圆柱体模内最大剂量当量)

测量时间地点	地理纬度(地磁纬度)	中子剂量(mrem/a)
KEK 1977年	36°(26°)	1.9～2.8
北京1980年(本工作)	40.5°(28°)	2.2±0.4
CERN 1974年	46°(47°)	8.8

从表可以看出北京地区的天然中子本底的剂量当量值与日本KEK(地磁纬度相近)测得值一致。天然中子本底随地磁纬度的增加而增加。

在测量期间1981年4月和5月曾发生太阳跃斑，但在我们的测量中未曾发现天然中子本底有明显变化。

宇宙射线的高能初级带电粒子通过大气层与大气中的氧或氮的原子核发生作用产生中子，基本垂直入射到地面。它们在空气和地面的交界面处，由于地球对入射中子的反散射会使地面上的近热中子注量率增加[6]。但是由于监测器对这部分中子的灵敏度低，对散射中子的修正可不予考虑。实验证明了这一点，在水平放置的监测器慢化体的底部和周围包有0.8毫米厚的镉片与不包镉片对天然中子本底测得的数据相同。

我们于1981年下半年开始采用了两套独立的监测系统，同时进行测量，比较测得的数据，以便确保测得数据的可靠性。监测器的参数及测量结果列入表4。

表 4　几种监测器的参数及测量结果比较

监测器 (BF_3)	长度/ mm	直径/ mm	^{10}B 浓缩度	充气压/ mm Hg	分辨率	计数管 支数	慢化体	灵敏度/cps/ $n\cdot cm^{-2}\cdot s^{-1}$	计数率/ cps	注量率/cps/ $n\cdot cm^{-2}\cdot s^{-1}$
ϕ50 mm	1 200	ϕ50	95%	900	28%	1支	聚乙烯 (6.5 cm)	143	0.37	3.08×10^{-3}
ϕ35 mm	1 100	ϕ35.2	95%	400	7.7%	2支并联	石蜡 (6.5 cm)	62	0.17	3.26×10^{-3}
ϕ35 mm	1 100	ϕ35.2	95%	400	7.7%	3支并联	石蜡 (6.5 cm)	101	0.27	3.18×10^{-3}

科学院空间物理所的李立民和张守贵同志参加 BF_3 正比计数管的性能测定。本工作得到刘桂林、姜文贵和朱育诚同志的支持和帮助，在此一并表示感谢。

参 考 文 献

1 Takashi Nakamura and Toshiso Kosako, Nuclear Science and Engineering 77(1981), 182—191; 中村尚司. 保健物理, 16(1981), 343—354

2 Mitsuhiro MIYALIMA et al., Measurement of Stray Neutron Doses Around KEK-PS-Facilty (1) KEK-77-17(1977)

3 Ferenc Hajnal et al., 1970 Sea-Level Cosmic-ray Neutron Measurements HASL-241 Physics(TID-4500)

4 陈常茂等. 原子能科学技术, 5(1980), 606

5 NASA TMX-3329

6 NCRP Repert No. 45

7 R. H. Thomas et al., Neutron Monitoring for Radiation Protection Purposes, Vol. 1, IAEA346, 330 (1972)

8 G. Rau and D. Schwenke, Enuironmental Radiation Measurements Around the 300 GeV Accelerator Area, SPS/RA/Note/76-6. 15 March 1976

Measurement of Natural Background Neutron

LI Jian-ping　CHANG Wei-ke　XIE Yan-feng
TANG Jin-hua　TANG E-sheng
(Institute of High Energy Physics, Academia Sinica)

Abstract: A high sensitive neutron monitor is deseribed in this paper. It has an approximate counting rate of 20 cpm for natural background neutrons. The pulse amplitude resolution, sensitivity and directional dependence of the monitor were determined. This monitor has been used for natural background measurement in Beijing area during passed year. The yearly average dose is given and compared with the results of KEK and CERN.

智能化环境中子、γ 监测系统*

李建平　汤月里　邵贝贝　刘曙东　张振刚　屈国英

（中国科学院高能物理研究所）

摘要：本文介绍了一种智能化环境中子、γ 监测系统的结构和性能。它们的特点是：中子监测器的体积小、重量轻、灵敏度高；γ 监测器的测量电路采用电荷泵电路构成的 *I-F* 变换电路；本地数据采集器是由高速低功耗 CMOS 单片计算机为核心组成的；远端中心计算机采用了 FLEX 微计算机系统对数据进行处理，并以绘图的方式输出，给出直观、便于分析的结果。整个系统连续运行一年以上，工作稳定可靠。

一、引　言

在高能加速器周围环境的杂散辐射剂量中主要贡献是中子，其次是 γ 射线。反应堆、核电站的情况与此相反，环境中主要贡献是 γ 射线，其次是中子。为了测定环境中子、γ 的辐射水平，评价它们对环境的影响，必须建立高灵敏度的可靠的环境辐射监测系统。

本文介绍的智能化环境中子、γ 监测系统的组成见图 1。中子监测器是一种非雷姆结构的中子注量仪，它的灵敏度比同一 BF_3 管构成的雷姆计数器明显高。虽然它的能量响应范围比雷姆计数器窄，但能满足宇宙辐射中子谱（Hess 谱）、高能粒子加速器周围环境的中子谱（近似于 Hess 谱）和核反应堆周围环境中子谱（软于裂变谱）的能量响应范围。γ 监测器采用 *I-F* 转换后的输出，对数据采集，远距离传输和计算机处理都极为有利。设置低功耗的本地数据采集器，使远端中心机用于环境监测的时间非常有限。而且在断电后，用电池供电可将采集的数据保存三昼夜。

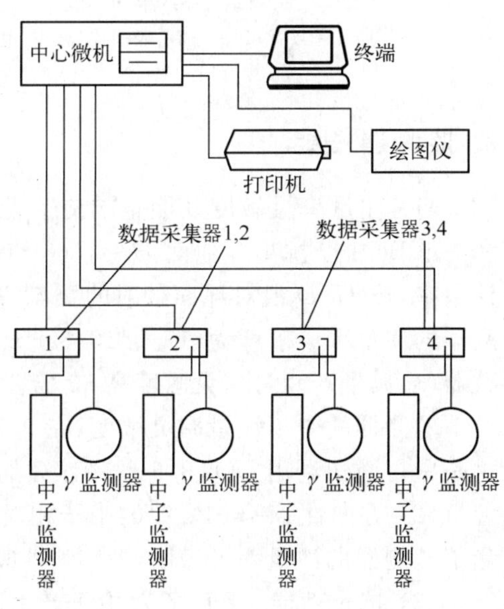

图 1　环境中子、γ 监测系统方框图

* 本文 1988 年 1 月在《高能物理与核物理》第 12 卷第 1 期上发表。

二、环境中子监测器

1. 监测器

它是在文献[1]所描述的高灵敏度中子监测器的基础上，经过对探测器的结构和电路进一步改进而成的。将 BF_3 正比计数管（ϕ50×350 mm，充气压 600 mmHg），置于 6.5 cm 厚的圆柱形聚乙烯慢化体中心，组成图 2 所示的监测器。在计数管工作电压为 2 000 V 时，输出的脉冲幅度峰值约十几 mV，经过前级放大器（10 倍）、主放大器（30 倍）、甄别器、成形电路和输出级；输出 20 mA、1 ms 宽的电流脉冲，通过光电耦合送入数据采集器，测量系统框图见图 3。整个监测器的重量为 10.8 kg，外形尺寸为 ϕ180×473 mm。

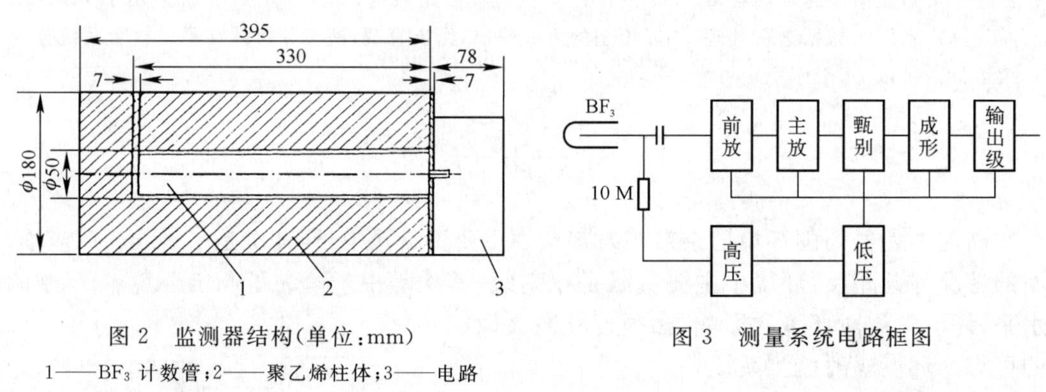

图 2　监测器结构（单位：mm）

1——BF_3 计数管；2——聚乙烯柱体；3——电路

图 3　测量系统电路框图

2. 监测器性能

（1）注量率灵敏度及能量响应　监测器的刻度是在露天空旷的条件下进行的，监测器和 Am-Be 中子源离开地面 H=1.68 m。当改变源和监测器间的距离 D 值时，得到相应的计数率，按 H/D 值对地面散射的贡献[2]和漏计数进行修正，并经最小二乘法处理，给出监测器的注量率灵敏度为（17.0±0.3）$cps/n \cdot cm^{-2} \cdot s^{-1}$。与同体积同重量的 2202D 型雷姆计数器（瑞典生产）相比，灵敏度高 33 倍。

监测器的中子注量率灵敏度，在 0.2 eV～5 MeV 之间，在±18％以内与中子能量无关。这是中村尚司利用 DOT3.5 程序计算的结果[3]。

（2）方向性　Am-Be 源的中子相对于监测器的轴线方向成不同角度（θ）入射时，分别测量了监测器的注量率灵敏度，θ=90°时最高，θ=0°时下降到最高值的 52％。

（3）抗 γ 性能　BF_3 管对中子产生的脉冲幅度较大，分辨率较高，约 10％。对 γ 射线产生的脉冲幅度较小，它与中子脉冲幅度分布之间有明显界限。甄别阈取 0.5 V 时，γ 辐射在 65 mR/h 以下，在±3.4％以内不影响中子注量率的测量。

（4）稳定性　监测器长期稳定性的测量，是在宇宙辐射中子照射下进行的。从 1986 年 4 月 1 日开始到 30 日连续 30 天，天晴无雨，每天取一小时数据，每小时累积计数 228。相对标准偏差±6.5％，标准偏差 σ=15。

(5) 温度效应　中子监测器置于恒温箱中,在恒定的中子源照射下,温度在2 ℃～42 ℃之间变化时,计数率的最大涨落在5%以内。

(6) 总不确定度　用监测器测量宇宙辐射中子注量率时,各种误差的来源见表1。测量的总不确定度用各项误差的方和根来表示。监测器的总不确定度为11.2%。

表1　误差来源的估计

误差来源	误　差/%
Am-Be中子源强度	1.5
注量率灵敏度刻度	2
温度效应	5
稳定性	6.5
能谱效应	7
抗γ性能	3.4
其他	2
总不确定度	11.2

3. 测量数据的处理

(1) 对宇宙辐射中子本底数据的处理

宇宙辐射中子以各向同性入射到地面[4],而中子监测器具有明显的方向性,所以应根据监测器的方向性曲线,求出以不同角度入射的中子平均注量率灵敏度$\bar{\varepsilon}$。再求出中子注量率[1]

$$\phi(h)=\frac{C(h)}{\bar{\varepsilon}(1-K)}$$

式中$C(h)$是在海拔高度h上测得的计数率;$K=0.16$表示能量大于5 MeV以上的中子在Hess谱中所占总中子注量率的百分数。采用文献[4]中宇宙辐射中子以各向同性入射到地面,并对人体两侧照射的模型,其换算系数$K=10.67\times10^{-9}$ rem/(n/cm^2),则剂量当量率是$\dot{H}=\phi\times10.67\times10^{-9}$ rem/s。

(2) 如果将粒子加速器或反应堆周围环境的杂散中子辐射近似看成单向垂直入射到探测器,并且采用裂变中子谱的注量率—剂量当量率换算系数,这时得到的中子剂量当量率要偏高,是偏安全的做法。因为无论是高能加速器还是反应堆周围环境的中子能谱均较裂变中子谱软。

三、环境γ监测器

1. 监测器

本系统采用球形高气压电离室作为γ监测器,其直径为260 mm,不锈钢壁厚2.5 mm,容积8.5 L,内充25个大气压纯氩。一保护环与收集电极之间采用人工宝石绝缘子,其绝缘电阻可达$10^{15}\,\Omega$以上。电离室的灵敏度为2.65×10^{-14} A/(μR·h)。

2. *I-F* 转换电路

高气压电离室在环境本底辐射情况下输出约10^{-13} A的弱电流,本系统采用*I-F*转换的方法将输出电流转换成脉冲信号。与*I-V*转换方式相比,它无须再经*V-F*转换就可直接与计算机配接,并且处理简便。由于在*I-F*转换中采用电荷泵电路代替开关元件,大大提高了*I-F*转换电路的灵敏度和稳定性,并克服了零点漂移的问题。其原理简述如下。

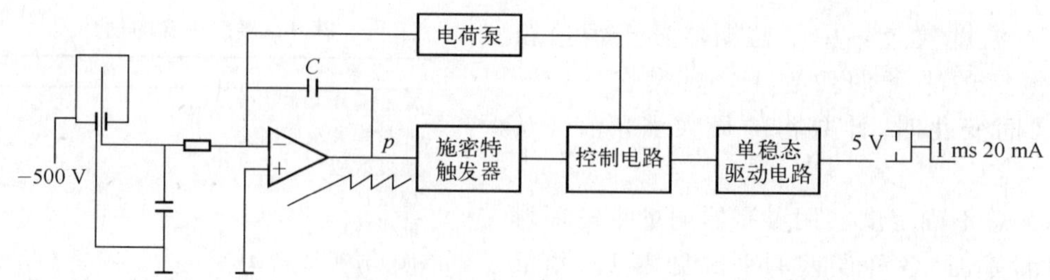

图 4　电荷泵电路方框图

电离室收集极输出的电流在电容 C 上充电，当 p 点达到某一预定电位时，触发施密特电路，输出一个脉冲。同时通过控制电路输出一个窄脉冲，打开电荷泵，使电容 C 放电。窄脉冲过后，电荷泵关闭。这时电容 C 上的电荷放掉了一小部分，p 点电位降到预定值以下。电荷泵关闭后，电容被继续充电，p 点电位再次上升到预定值，再次触发施密特电路，重复以上过程，于是输出一系列脉冲，经单稳态驱动电路形成 5 V、1 ms的标准脉冲，以 20 mA 电流环的形式输出。

I-F 转换电路的灵敏度大于 20 cpm/10^{-12} A。用恒流源测定该电路的非线性为 3%(图 5)。零点漂移造成的频率变化小于 3%。

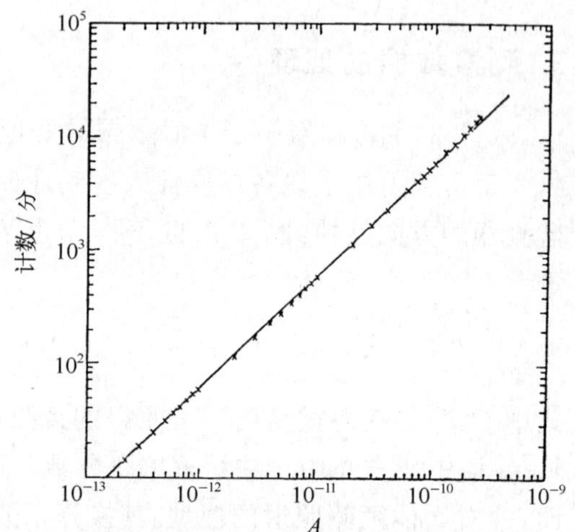

图 5　电荷泵电路输入电流与输出脉冲频率的关系曲线

3. γ 监测器的主要性能

(1) 灵敏度　监测器的刻度采用标准 Ra 源。为了减少散射，刻度是在空旷的露天场地进行的，监测器离地面 1.8 m。刻度因子按文献[5,6]作了散射和空气吸收的修正，并经最小二乘法处理，得到灵敏度为 0.03 μR/Pulse。刻度的非线性为 0.6%。

(2) 测量范围　1 μR/h—1 mR/h。

(3) 稳定性　监测器在 ^{226}Ra γ 辐射源照射下，24 h 测量数据的相对误差为 1.1%。在环境天然辐射本底的情况下，连续一月数据的相对标准偏差为 1.2%。方法同中子监测器。

(4) 温度效应　当温度在 0 ℃～42 ℃之间变化时，监测器输出数据最大涨落在 2.5%以内。

(5) 总不确定度　监测器测量环境 γ 辐射总照射量率时的总不确定度用各项误差的方和根来表示(见表 2)。由此确定的 γ 监测器的总不确定度为 6.3%。

表 2　γ 监测器误差来源估计

误差来源	误　差/%
标准镭源	2
I-F 转换电路非线性	3
灵敏度刻度非线性	0.6
温度效应	2.5
稳定性	1.2
零点漂移	0.3
镭源谱代替环境谱	3.8
其他	2
方和根	6.3

四、数据采集器

从环境中子和 γ 监测器输出的脉冲由数据采集器采集，并保存起来。当远端中心计算机发出调用数据命令时，将数据传输给中心计算机。该采集器的硬件部分简述如下：

核心采用 MOTOROLA 公司的 146805E2 高速 CMOS 单片计算机。该集成电路除微处理器(CPU)外，还包括：1 个可编程时钟，2 个 8 位并行接口，112 字节存储器(RAM)。采用 4 MHz 工作频率，最小指令周期 1.25 μs，工作时功耗 25 mW，等待状况功耗仅 1 mW。

数据采集器存储空间设计为 6 K 字节。其中 2 K 用于存放程序，4K 用于存放数据。对于两路探测器，每 10 分钟采集一次数据，数据为 16 位二进制数，足以保存一星期。

和中心计算机的接口采用异步串行式，有从 110 至 19200 的 16 种可供选择的波特率。以 20 mA 电流环方式与中心计算机通讯，中间经光电耦合器件隔离。实验表明，在 4800 波特率下，传输距离 3 公里时，工作可靠。

数据采集器有两路计数器输入，输入脉冲电流 20 mA、1 ms。达不到功率及脉宽600 μS 以下的信号都被光电隔离器件以及后面的电路去掉，从而提高了抗干扰能力，保证仪器的可靠性。

采集器采用 220 V 交流供电。此外还有四节二号可充电电池组组成的备用电源，平时工作在浮充电状态，当约 220 V 电源突然切断时，将由备用电源供电，可使采集器维持工作三昼夜。

该数据采集器的软件由 6805 的汇编语言写成，主要包括以下四部分：

(1) 日历和实时钟　软件中有年、月、日、时、分、秒的时标。每 10 分钟采集一次数据。

(2) 和中心机的联络　受中心计算机控制，解释并执行诸如修改时钟，修改内部参数，向计算机传送数据指令。

(3) 数据指针和缓冲区　软件中设定两个 1024 个双字节的缓冲区和环形的数据指针。新的数据总是将一周前的数据冲销。

(4) 监控程序　监控程序用于调试和检查仪器硬件故障。它支持应用程序。

五、中心计算机系统

由于数据采集器已将采集的数据做了一些前处理。因此任何一台有标准 RS-232 电流环接口的计算机都可以充当中心计算机。

我们采用的微计算机系统，以 MC6809 为 CPU，采用欧洲标准的 G-64 总线，面向数据采集与工业控制。该机上主要工作语言是 PASCAL 和 6809 汇编语言。用在环境监测系统中的软件主要有：

(1) 与数据采集器通讯的软件 READRN。该软件用于从数据采集器读入数据并在软盘上建立数据文件。按时间顺序编排，每月两个文件，一个中子数据，一个 γ 数据。

(2) 显示、打印、绘图软件 PRTRN 和 PLOTRN。该软件实现在计算机终端上或打印机上打印数据，以及在绘图机上绘出彩色图形(图 6)。

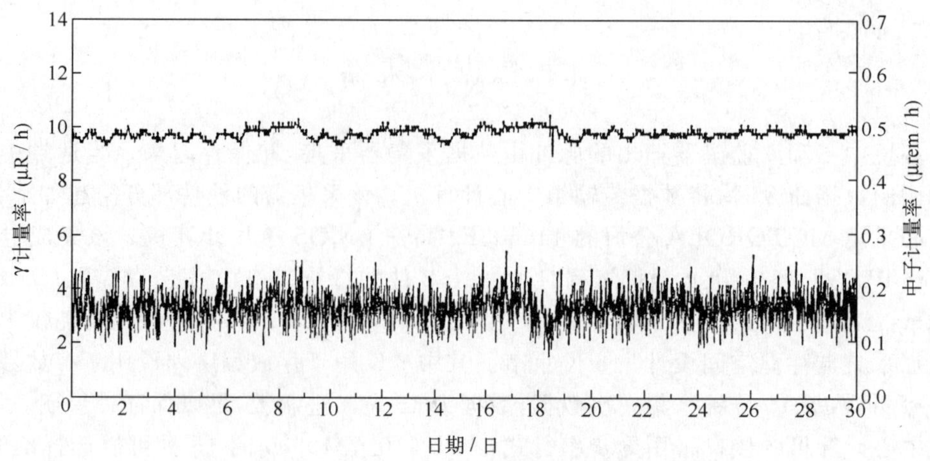

图 6　环境中子、γ监测数据随时间变化

(3) 用于修改运行参数的软件。当探测器灵敏度变化时，即重新刻度以后，可将修改的参数写成一个文件，计算机处理数据时可自动调整运行参数。

(4) 通讯调试软件。用于调试和诊断传输线路可能出现的故障。以上软件由 PASCAL 语言写成。

这里要说明的是，本中心微计算机的主要用途在于开发和生成新的数据采集系统。用于环境监测的时间是非常有限的，每周大约仅占用 20 min。

本系统的研制成功，曾得到欧洲核子研究中心(CERN)的支持和帮助，在此表示感谢。

参 考 文 献

1　李建平等. 高能物理与核物理. 6(1982), 665

2　F. H. 阿蒂克斯等. 辐射剂量学. 第三卷(上),(1981),383

3　Takashi Nakamura et al., *Nuclear Science and Engineering*. 77(1981), 182—191

4　刘桂林等. 测定宇宙辐射中子剂量当量率. 未发表, 1982

5　L. R. Read et al., *Application of Radiation Isotopes*. 29(1978) 21

6　朱国义等. 核仪器与方法. 3(1983), 70

Intelligent Environmental Neutron and Gamma Monitoring System

LI Jian-ping　TANG Yue-li　SHAO Bei-bei　LIU Shu-dong
ZHANG Zhen-gang　QU Guo-ying
(Institute of High Energy Physics, Academia Sinica)

Abstract: In this paper the construction and performance of an intelligent environmental neutron and gamma monitoring system are described. The neutron monitor has high sensitivity, light weight and small size. A charge pump circuit is adopted for *I-F* converter of the gamma monitor.

Local data acquisitor consists of CMOS single piece processor with high speed and low power dissipation. A FLEX microcomputer is used as remote centre computer for data handling and graph plotting. The system has been operating contionuously for more than one year with high stability and reliability.

Intelligent Environmental Neutron and γ Monitoring System *

LI Jian-ping TANG Yue-li SHAO Bei-bei LIU Shu-dong
ZHANG Zhen-gang QU Guo-ying
(Institute of High Energy Physics, Academia Sinica)

Abstract: In this paper, the construction and performance of an intelligent environmental neutron and gamma monitoring system are described. The neutron monitor has a high sensitivity, and is light in weight and small in size. A charge-pump circuit is adopted as *I-F* converter of the gamma monitor. Local data acquisition system consists of a CMOS single-piece processor with high speed and low-power dissipation. A FLEX microcomputer is used as the remote central computer for data handling and graph plotting. The system has been operating continuously for more than one year with high stability and reliability.

Ⅰ. Introduction

In the environment surrounding a high-energy accelerator the main contribution to radiation pollution comes from neutron, and secondly from γ rays. The situation in the reactors of nuclear power stations is just the opposite; the main contribution in this environment is γ rays, followed by neutrons. In order to measure the radiation levels of environmental neutrons and γ's, and to assess their environmental impact, it is necessary to develop highly sensitive and reliable environmental radiation monitoring systems.

The intelligent monitoring system for environmental neutrons and γ's presented in this paper is shown schematically in Fig. 1. The neutron monitoring device is a neutron counter with a non-Remo structure. Its sensitivity is clearly greater than a Remo counter having a BF_3 tube. Although its energy-response range is narrower than that of a Remo counter, it does satisfy the range for the universal radiation neutron spectra (the Hess spectra), the high-energy particle-accelerator environmental neutron spectra (similar to the Hess spectra) and the nuclear-reactor environmental neutron spectra (softer than the fission spectra). The γ-monitoring device is based on an *I-F* converter output for data acquisition, in order to facilitate long-distance transmission and computer handling. The use of local low-power data acquisition causes the monitoring time of the remote central terminal to be very limited. Furthermore, even at a power shortage or interruption, a battery can retain the collected data for three days.

* 本文原载于 Chinese Physics, Vol. 9, No. 2, April-June 1989。

Ⅱ. Environmental Neutron Monitoring Device

1. Monitoring device

The device was based on the high sensitivity neutron monitor of Ref. 1 but with an improved detector structure and circuit. A BF_3 proportional-counter tube (diameter 50 mm×350 mm, pressurized to 600 mm Hg) was placed at the center of a 6. 5-cm-thick polyethylene cylinder to form the monitoring device, as shown in Fig. 2. At a working voltage of 2000 volts for the counter tube, the output pulse amplitude is over ten microvolts. It goes through a preamplifier (10×), a main amplifier (30×), a sorter and shaping circuit to produce a 1 ms current pulse of 20 mA. The signal is then sent to a data acquisition system through an electrooptical coupler. The measurement system is shown schematically in Fig. 3. The total weight of the monitor is about 10. 8 kg, its outside dimensions are 180 mm diameter ×473 mm.

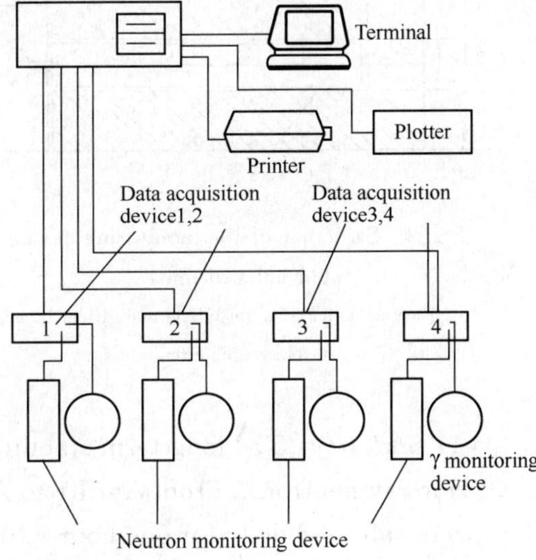

Fig. 1 Block diagram for the monitoring system for environmental neutrons and γ's

2. Monitor characteristics

(1) *Dosage rate sensitivity and energy response*: Monitor calibration was carried out in open air with the monitor and an Am-Be neutron source located at $H=1.68$ m above the ground. As the distance D between the source and the monitor changed, the counting rate was adjusted based on the H/D contribution to scattering[2] and loss. By using a least-squares process, the monitor's sensitivity was determined to be 17. 0±0. 3 $cps/n\cdot cm^{-2}\cdot s^{-1}$. Compared with the Model 2202D Remo counter (made in Sweden) of the same weight and volume, its sensitivity is 33 times greater.

In the range of 0. 2 e$\overline{V}$—5 Me$\overline{V}$, the monitor's sensitivity to neutron dosage is independent of neutron energy within ±18%. This was the result of Nakamura's calculation based on DOT 3. 5 of Ref. 3.

(2) *Directionality*: When the Am-Be source neutrons were incident from different angles (θ) with respect to the monitor's axis, the sensitivity was highest at $\theta=90°$, and dropped off to 52% at $\theta=0°$.

(3) *γ discrimination*: Neutron-produced pulses in the BF_3 tube had large amplitudes and the rate of identification was higher by about 10%. The γ-ray-produced pulses had smaller amplitudes, so that a clear division existed between the amplitudes from the neutrons and the γ rays. For a discriminator voltage of 0. 5 V, γ radiation below 65 mR/h did not affect the measurement of the neutron dosage rate within ±3. 4%.

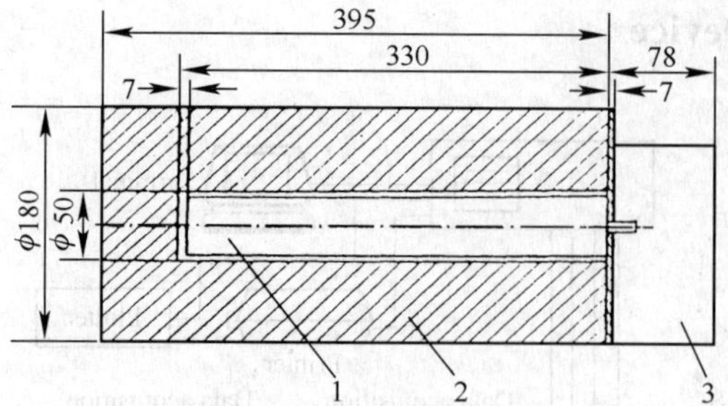

Fig. 2 Structure of the monitoring device (in units of mm)

1. BF_3 counter; 2. Polyethylene cylindrical body; 3. electronic circuit

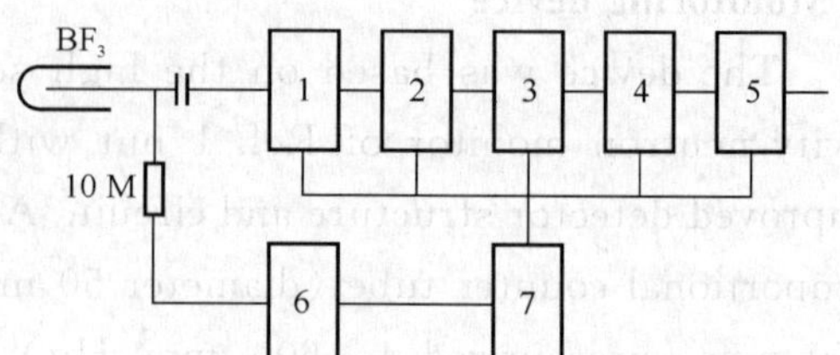

Fig. 3 Block diagram for the measurement-system circuit

1. Pre-amplifier; 2. main amplifier; 3. pulse-height selector; 4. shaper; 5. output; 6. high voltage; 7. low voltage

(4) *Stability*: The long-term stability of the monitor was determined by the exposure to cosmic-ray neutrons. From April 1 to April 30, 1986, there was no rain for 30 days and data were collected daily for one hour with an accumulated count of 228. The relative calibration error was ±6.5%, or the calibration error $\sigma=15$.

(5) *Temperature Effect*: The neutron monitor was mounted in a constant-temperature chamber. With a constant neutron source irradiation between 2～42 ℃, the maximum variation of the measurement was within 5%.

(6) *Total Uncertainty*: For the measurement of cosmic radiation neutrons by using the monitor, the sources of errors are given in Table Ⅰ. The total uncertainty expressed in terms of the sum of the square roots of the various sources is 11.2%.

Table Ⅰ Estimation of error sources

Source	Error(%)
Am-Be neutron source strength	1.5
Sensitivity dial marking	2
Temperature effect	5
Stability	6.5
Spectrum effect	7
γ rejection	3.4
Others	2
Total uncertainty	11.2

3. Data reduction

(1) *Cosmic Radiation Neutron Base Data*: The incidence of cosmic radiation neutrons was isotropic,[4] whereas the neutron monitoring device had a directionality. The average dosage-rate sensitivity $\bar{\varepsilon}$ from different angles was therefore determined based on the directionality curve of the device, and then the neutron dosage rate was calculated[1]:

$$\phi(h)=\frac{C(h)}{\bar{\varepsilon}(1-K)} \tag{1}$$

where $C(h)$ is the total count at an altitude h, and $K=0.16$ is the fraction of neutrons with energy greater than 5 MeV in the Hess spectrum. Based on the model of Ref. 4 for human protection, the conversion $K=10.67\times10^{-9}$ rem/n/cm^2, and the dosage equivalent rate $\dot{H}=\phi\times10.67\times15^{-9}$ rem/s.

(2) If the pollutant neutrons from the particle accelerator or the reactor are considered to be incident vertically upon the monitor from a single direction, the normalized dosage rate may be obtained by using the exchange coefficient between the incident fission-neutron spectrum rate and the normalized dosage rate. The rate calculated in this manner tends to be high, hence on the safe side, because the environmental neutron energy spectrum from either a high-energy accelerator or a reactor is softer than the fission-neutron spectrum.

Ⅲ. Environmental γ Monitor

1. The monitor

This system used a spherical, high-pressure ionization chamber as the γ monitor. Its diameter was 260 mm, the stainless-steel wall thickness was 2.5 mm, and the volume 8.5 liters, filled with 25-atm of pure argon. Between the guard ring and the collection electrode there was an artificial ruby insulator, having an insulation resistance as high as 10^{15} Ω or more. The sensitivity of the ionization chamber was 2.65×10^{-14} A/μR/h.

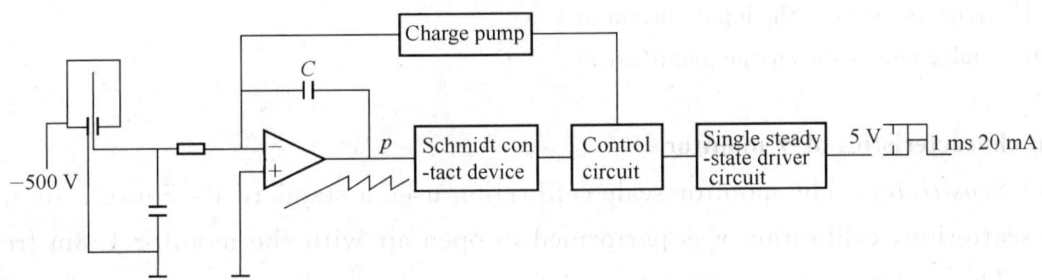

Fig. 4 Block diagram for charge pump circuit

2. The *I-F* circuit

The output of the high-pressure ionization chamber under basic environmental radiation was a weak current of about 10^{-13} A. The system used *I-F* transfer to change the output current into a pulse signal. Compared with the *I-V* transfer, it did not need additional *V-F* transfer for computer interfacing. Because the *I-F* transfer used a charge-pump circuit instead of switches, this greatly improved the *I-F* circuit's sensitivity and stability, and overcame the zero-drift problem. Its principle is briefly described in the following.

The output current from the collection electrode of the ionization chamber charges up the capacitor *C*. When the point *P* reaches a certain preset potential, it triggers the Schmidt circuit and sends out a pulse. At the same time, the control circuit sends out a narrower pulse to turn on the charge pump to discharge the capacitor *C*. The reduction of the charges in capacitor *C* by a small portion reduces the potential at *P* below the preset value. The pump is turned off after the narrow pulse, and the capacitor continues to be charged. This brings the potential at *P* back up to trigger the Schmidt circuit again. The process repeats itself to give a series of pulses, which form standard 5V, 1 ms pulses through the single steady-state driver circuit, with an output current of 20 mA.

The sensitivity of the *I-F* circuit was greater than 20 cpm/10^{-12} A. The nonlinearity as determined by a permanent current source was 3% (Fig. 5). Frequency changes resulting from zero drift were less than 0.3%.

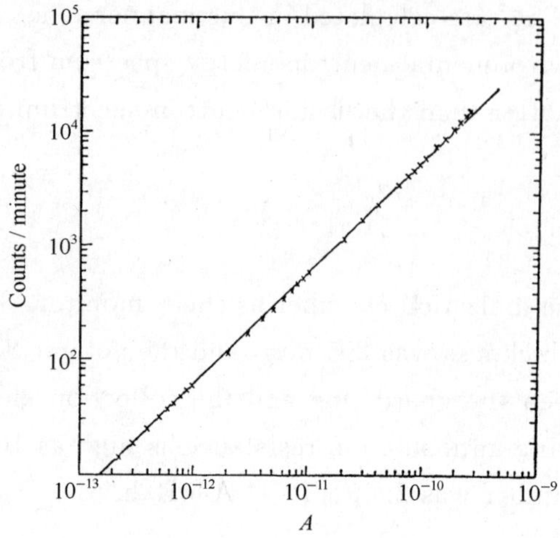

Fig. 5 The relation between the input current and the output pulse rate of the charge-pump circuit

Table Ⅱ Estimation of errors in γ monitoring device

Source	Error(%)
Standard radium source	2
I-F converter nonlinearity	3
Sensitivity dial nonlinearity	0.6
Temperature effect	2.5
Stability	1.2
Zero drift	0.3
Spectrum substitution	3.8
Others	2
Total uncertainty	6.3

3. Main characteristics of γ monitor

(1) *Sensitivity*: The monitor scale calibration used a standard Ra Source. In order to reduce scattering, calibration was performed in open air with the monitor 1.8m from the ground. The scaling factor was corrected for scattering and air absorption according to Refs. 5 and 6 and treated by a least-squares method to obtain a sensitivity of 0.03 μR/pulse. The scale nonlinearity is 0.6%.

(2) *Measurement Range*: 1 μR/h~1 mR/h.

(3) *Stability*: When exposed to ^{226}Ra γ radiation, the monitor has a relative error of 1.1% in 24 hours. In the natural environmental base radiation, continuous measurements over one month gave a relative standard deviation of 1.2%. The method used was the same as in the case of the neutron monitor.

(4) *Temperature Effect*: The maximum data fluctuation is within 2.5% from 0~42 ℃.

(5) *Total Uncertainty*: Table Ⅱ gives the total uncertainty of the γ monitor in measuring the total environmental γ radiation incident rate, expressed in terms of the sum of the square roots of various error sources. The total uncertainty so determined is 6.3%.

Ⅳ. Data Acquisition

The output pulses from the environmental neutron and γ monitors were collected and stored. Upon command of the central computer, data were sent to the central computer. The hardware of the data acquisition system is described in the following:

The central element was a Motorola 146805E2 high speed CMOS single-piece computer. Other than the CPU, the system consisted of: one programmable clock, two eight-bit parallel parts, and 112 bite RAM. The operating frequency was 4 MHz, and the minimum index period 1.25 μs. The working power consumption was 25 mW, and idling power consumption 1 mW.

The data-acquisition system had a storage space design of 6 K, of which 2 K is used for program storage and 4 K for the data. For the two monitors taking data once every ten minutes, 16-bit data could be stored up to one week.

The system connecting port to the central computer was of the different-step series type, having 16 portable rates from 110 to 19 200. Communication to the central computer was via 20 mA current loops separated by an electro-optical coupler. Experiments showed that at a rate of 4800 the operation was dependable for a transmission distance of 3 km.

The system had two counter inputs with input pulse currents of 20 mA, 1 ms. Signals below the working power and less than 600 μs pulse width were removed by the electro-optical coupler and the remaining circuit. This improved the system's capability to reject noise and ensured its reliability.

The system power supply was 220 V ac. Supplementary power source consisted of four battery units, capable of a working life of three days.

The software was based on the 6805 assembly language, mainly consisting of the following four parts:

(1) *Calendar and Actual Clock*: The software contained the time coordinate of year, month, day, hour, minute and second. Data were collected once every ten minutes.

(2) *Communication with Central Computer*: As controlled by the central computer, it explained and performed commands such as changing the clock, modifying internal parameters, and forwarding data to the computer.

(3) *Data Pointer and Buffer Zone*: The software designated two 1024 2-bit buffer zones and circular data pointers. New data always erased the previous one-week old data.

(4) *Monitoring Process*: The monitoring process involved the testing and examining of instrumental hardware defects. It also supported the operating process.

V. Central Computer

Since the data acquisition system has performed an initial treatment of the data, any computer having a RS-232 port can be used as the central computer. We used a microcomputer system having a MC 6809 CPU and European standard G-64 line facing the data acquisition and operation control. The primary working language was Pascal and 6809 assembly language. The main software used in environmental monitoring consisted of:

(1) READRN for communicating with the data acquisition system. This software was used to read data and to establish a data file on the disk. According to the time sequence, two files were established every month, one for the neutron data, and one for the γ data.

(2) PRTRN and PLOTRN software for displaying, printing and plotting. This software was used at the terminal or the printer for printing the data, and at the plotter for color graphics (Fig. 6).

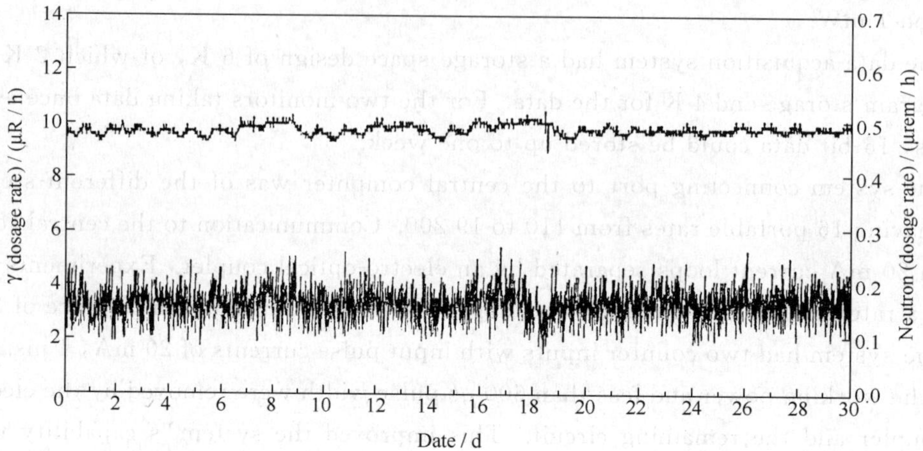

Fig. 6 Monitor data of environmental neutrons and γ's as a function of time

(3) *Software for Parameter Modification*. As the monitor sensitivity changed, the modified parameters were written as a file, and the computer could automatically adjust the parameters in data processing.

(4) *Communication Software*. This was used to examine possible defects in the communication line. All the above software was written in Pascal.

The central computer was mainly used for the development of new data acquisition systems. Every week it was only used for about 20 minutes to do limited environmental monitoring.

The authors acknowledge the support and the assistance of CERN for successful development of this system.

REFERENCES

1 Li. Jian-ping *et al.*, Chin. High Energy Phys. and Nucl. Phys. 6, 665(1982)
2 F. H. Artikis *et al.*, *Radiation Dosage Studies*, Vol. Ⅲa, p. 383(1981)
3 Takashi Nakamura *et al.*, Nuclear Science and Engineering 77, 182-191 (1981)
4 Lin Qui-lin *et al.*, *Measurement of Cosmic Ray Neutron Dosage Rate*, unpublished, 1982
5 L. R. Read *et al.*, Application of Radiation Isotopes 29, 21 (1978)
6 Zhu Quo-yi *et al.*, Chinese Nuclear Physics: Methods and Measurements 3, 70 (1983)

An Intelligent Environmental Neutron and γ Monitoring System *

LI Jian-ping TANG Yue-li SHAO Bei-bei LIU Shu-dong ZHANG Zhen-gang QU Guo-ying

(Institute of High Energy Physics Academia Sinica, Beijing Presented by Shao Beibei)

Abstract: This volume contains the proceedings of a conference dealing with computer control of particle accelerators and other larger experimental-physics installations. This conference in Villars was the second in a now-established biennial series starting in 1985 in Los Alamos and continuing in 1989 in Vancouver. It included 9 invited papers, presented orally, 61 contributed papers displayed as posters, 6 topical workshops, and 7 tutorials. With few exceptions, all papers appear in the proceedings. Topics include functioning or proposed control systems of several large accelerators (LEP, SSC, GSI, INP, IHEP) and the UA1 experiment at CERN, overviews and current status of control systems for other accelerators and associated equipment, software, modelling, use of expert systems, maintenance, interfaces, network procedures and communications, and timing. Transcripts of the workshops have been reproduced in full, each followed by a summary.

Introduction

The first high energy accelerator of the People's Republic of China, the BEPC electron-positron collider, is at present, under construction in Beijing and should become operational in 1988. According to the national law an environmental monitoring programme must be set up for such an installation and preoperational measurements should start some years before the accelerator comes into operation. Therefore an intelligent environmental neutron and gamma monitoring system was developped, which is in operation since the end of 1985. Similar systems have been provided for the Heavy Ion Accelerator in Lanzhou and the Synchrotron Radiation Facility in Hefei. Another system will be installed around a nuclear power station in the south of China soon.

1. The monitors

The neutron detector consists of a 50 mm ϕ; 350 mm long BF_3 proportional counter housed in a 130 mm ϕ polyethylene moderating cylinder. Its sensitivity is 17.0 ± 0.3 cps/(n/cm^2).

The γ detector is a spherical stainless steel ionization chamber (260 mm ϕ, wall

---

* EUROPHYSICS CONFERENCE ON CONTROL SYSTEMS FOR EXPERIMENTAL PHYSICS Villars-sur-Ollon, Switzerland. 28 September-2 October 1987. CERN 90-08, 12 October 1990. B. Kuiper Editor. GENEVA, 1990.

thickness 2. 5mm) filled with Argon at 25 bar. Its sensitivity is 2. 65×10^{-14} A/μR/h. A charge digitizer is as used current to frequency converter giving 20 pulses per minute for a current of 1 pA. Pulses from both detectors are suitably amplified and shaped (1 ms), isolated by optocouplers and then transmitted to a local data logger.

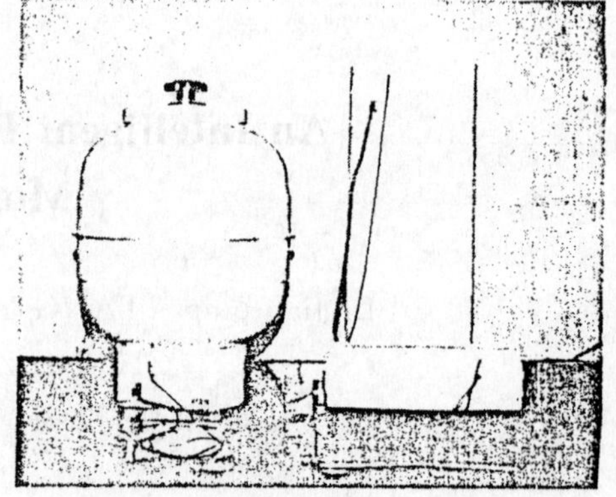

Fig. 1 Photoqraph of both detectors

2. The Data Acquisition System

The originality of the acquisition system lies in the fact that local intelligence has been provided at each monitor station, which comprises one gamma and one neutron detector, and the local data logger as shown in Figure 2 below.

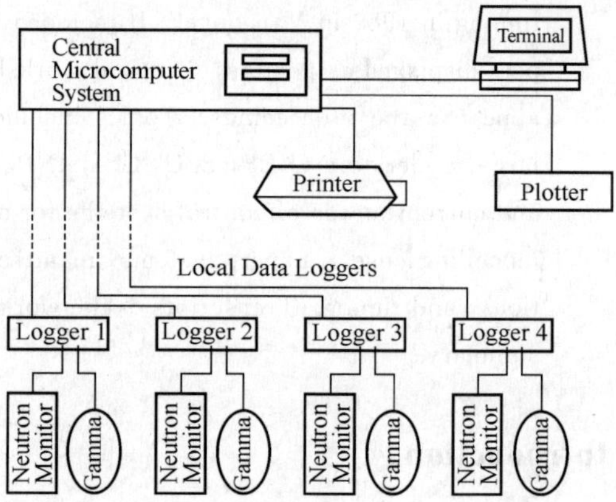

Fig. 2 Block diagram of the system

The local data logger is a high speed, low power, low cost computer entirely composed of CMOS circuitry which accepts the pulses from each of the two detectors and stores them until requested by the central computer unit. It is based upon a Motorola MC 146805E2 single chip microcomputer which comprises a CPU, memory, timer and I/O ports on a single integrated circuit. 2 KBYTE EPROM and 4 KBYTE static RAM are used for program and data storage. The I/O ports are used to input pulses from the monitors, drive two alarm relays and provide a parallel output for a local printer when required. Additionally a liquid crystal display provides a local indication of date, time and other status conditions. Communication with the central computer unit is via an asynchronous port through which commands are received and data is sent. The use of 20 mA current loop transmission makes it possible to have a distance of up to 3 km between the central computer system and each monitor. Total power consumption for a station is less than 0. 1 W and rechargable batteries guarantee continued operation in the event of mains power failure.

Fig. 3 Photograph of the data acquisition system

The central computer unit, which is shown in Fig. 3 is based upon a Motorola MC 6809 microcomputer running the flex operating system.

Data is normally transferred from the data loggers once per week, but they can be interrogated at any time on request from the central computer. Long term storage is on floppy disk and a plotter is used to provide a hard copy the acquired data.

3. Operation

The system worked well since 1985. A test for the sensitivity of the system was, that a 2. 5% increase of the radiation level in the Beijing area due to the nuclear accident in Chernobyl could be detected. Fig. 4 shows the record of neutron and gamma dose rates as measured during the month of June 1986. Later on the system will be connected to the BEPC computer control centre.

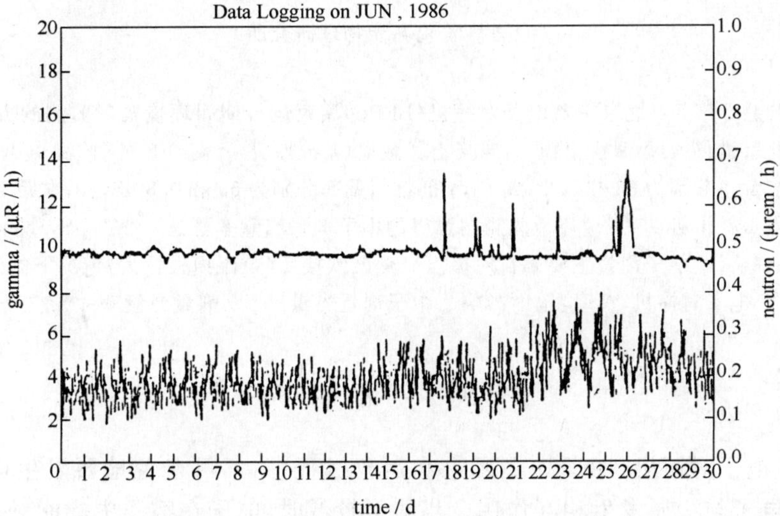

Fig. 4 Gamma and neutron dose rates as measured in June 1986 Environmental Radiation Monitoring Station A

4. Acknowledgement

We would like to express our gratitude to the CERN Radiation. Protection Group, and especially to Mr. B. Moy, for their advice and continuous support.

北京正负电子对撞机调束运行期间的环境辐射*

李建平　汤月里　邵贝贝　刘曙东
张振刚　屈国英　刘树德

（中国科学院高能物理研究所）

摘要：本文主要介绍对北京正负电子对撞机（BEPC）调束运行期间环境辐射监测的方法和主要结果。在北京谱仪大厅（1号厅）活动混凝土屏蔽墙（1 m厚、6 m高）内、外（监测点R-5、R-6）的中子剂量当量率分别为33和1.2 μSv/h，γ剂量当量率分别为55和0.8 μSv/h；在距1号厅内的第一对撞点100 m处的19号环境监测站测得的中子剂量当量率曾达0.039 μSv/h，γ为本底水平，经分析表明，此中子剂量主要来自对撞点聚焦磁铁接反（束流损失较大）情况下的天空反射。

关键词：正负电子对撞机　环境辐射影响　中子剂量当量率　γ剂量当量率　天空反射

一、辐射场的特征

北京正负电子对撞机（BEPC）在调束和运行过程中，不可避免地要发生电子束流的损失和打靶，使电子与物质发生相互作用。当能量较低时，电子在物质中的能量损失主要是使原子激发和电离。当电子能量大于临界能量 $E_c\left[=\frac{800\ \mathrm{MeV}}{(Z+1.2)}\right.$，$Z$为靶核的原子序数］时，主要以韧致辐射损失能量，并在物质中发生电磁级联过程（如图1所示）。能量大于 E_c 的电子入射于介质中，产生韧致辐射（通常称为光子，以波纹线表示），其中部分光子产生正负电子对（以虚线表示），而电子再产生韧致辐射，光子又再产生电子对，如此反复直至能量全部损失。同时部分具有足够能量的光子又能在核N上发生光核反应（γ,n）产生中子；当光子能量在光核反应阈值以上、30 MeV以下时，称为巨共振反应。当光子能量大于30 MeV时，发生伪氘核反应，可以产生能量大于20 MeV的中子。

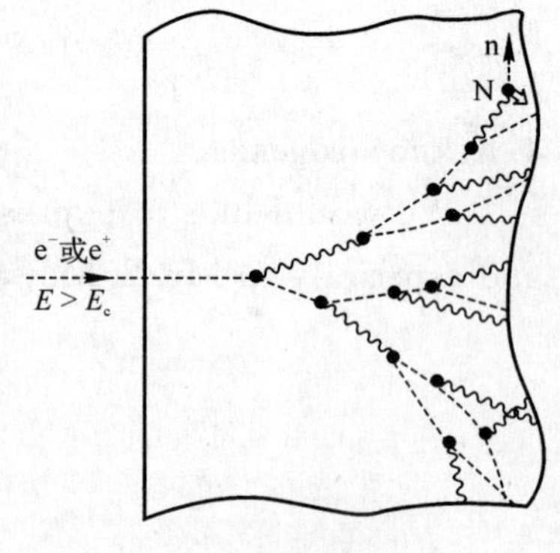

图1　电磁级联过程

由于以上过程以及电子束流以脉冲形式加速，高能电子加速器周围的环境辐射场具有以下一些特征。

（1）是一个瞬发中子和光子（韧致辐射）构成的混合辐射场。中子和光子对剂量当量贡

* 本文1990年1月在《辐射防护》第10卷第1期上发表。

献的大小与电子能量、辐射角度和屏蔽厚度等有关[1]。

(2) 是一个脉冲辐射场。由于电子束流是以脉冲形式加速的，因此在其周围形成一个脉冲辐射场，其特性取决于束流的占空因子，BEPC 中电子直线加速器和贮存环的占空因子列于表 1。

表 1　BEPC 中电子直线加速器和贮存环的占空因子

部件名称	能量/GeV	束流脉冲宽度/ns	重复频率/s^{-1}	占空因子
电子直线加速器	1.1	5	12.5	6.25×10^{-8}
贮存环	1.6	0.5	12.5×10^{5}	6.25×10^{-4}

(3) 具有能量大于 20 MeV 的中子和光子。韧致辐射能谱为一连续谱，最高能量为电子能量。由光核反应产生的中子，能量可大于 20 MeV。

二、辐射监测系统

1. 低水平辐射监测器

采用高灵敏度的中子和 γ 探测器作为低水平剂量监测器。监测器的结构和性能详见文献[2]。

中子监测器是由 $\phi50\times350$ mm 的 BF_3 正比计数管外面包有 6.5 cm 厚的圆柱形聚乙烯慢化体组成。对注量率响应灵敏度 17 cps/($n/cm^2\cdot s$)，按 $n/cm^2\cdot s$ 为0.9 μSv/h[3] 换算后，得对中子剂量当量的响应系数为 1.5×10^{-5} (μSv/h)cph。对天然中子本底计数率为200 cph(～0.003 μSv/h)。

γ 监测器是由直径为 260 mm，充有 25 个大气压纯氩的不锈钢球形电离室构成的。电离室的灵敏度为 2.65×10^{-12} A/(μSv/h)。采用电流—频率(*I-F*)转换器将电离室输出电流转换成脉冲信号，相应的响应系数为 3×10^{-4} (μSv/h)/cph。对于天然 γ 本底计数率为 333 cph(～0.1 μSv/h)。

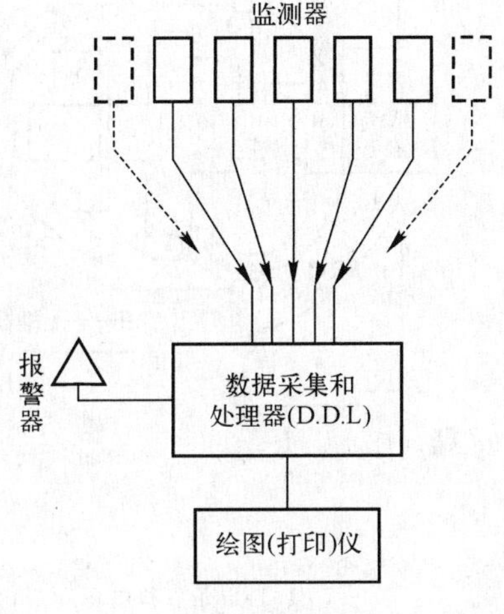

图 2　监测系统方框图

2. 高水平辐射监测器

在高水平辐射监测器的选型和设计中考虑到了加速器脉冲辐射场和中子、γ 混合场这一特征。它们的结构和性能详见文献[4]。

中子监测器是由 $\phi25\times75$ mm 的 BF_3 正比计数管，外面包有聚乙烯慢化体和内吸收体构成的剂量当量计数器。它的灵敏度为 2×10^{5} cps/(Sv/h)。

γ 监测器是由 $\phi120\times150$ mn 钛圆柱形充氩电离室构成。它的灵敏度为 4×10^{-13} A/(μSv/h)。同样采用 *I-F* 转换器，相应的响应系数为 6×10^{-4} (μSv/h)/cph。

3. 数据采集和处理器(D. D. L)

由环境和场所(低水平和高水平辐射)监测器输出 20 mA、1 mS 宽的电流脉冲,通过光电耦合送入数据采集和处理器。该系统具有较强的抗电磁干扰能力。通过 D. D. L 的打印绘图仪,给出各监测点的辐射剂量当量率随时间分布图。监测系统方框图见图 2。

三、测量结果

在 BEPC 调束和运行过程中,对值班人员或工作人员经常到达的场所和高能所边界居民稠密的地方都布置了监测点,每个监测点各设有 1 台中子和 γ 监测器,布点图见图 3。在电子直线加速器束调管长廊内的东西墙上设置了 7 个监测点(L-1—L-7),每个监测点上设有中子、γ 监测器各 1 台。此 14 台监测器输出的脉冲信号通过电缆传输到电子直线加速器本地站的 D. D. L,进行数据采集和处理。在贮存环和北京谱仪大厅(1 号厅)内设置了 6 个监测点(R-1—R-6),贮存环的东西门入口各设 1 个监测点(R-2,R-3),在 1 号厅活动屏蔽墙内、外各设 1 个监测点(R-5、R-6),谱仪控制室设置 1 个监测点(R-4),贮存环本地站入口设置 1 个监测点(R-1);同样在每个监测点上各设 1 台中子和 γ 监测器,此 12 台监测器输出的信号送到本地站 D. D. L。同步辐射东厅设置 4 个监测点(SR-1—SR-4),8 台监测器的输出信号由 1 台 D. D. L 进行数据采集和处理。核物理实验厅设置 1 个监测点(NP-1),2 台监测器输出信号由 1 台 D. D. L 进行数据采集和处理。

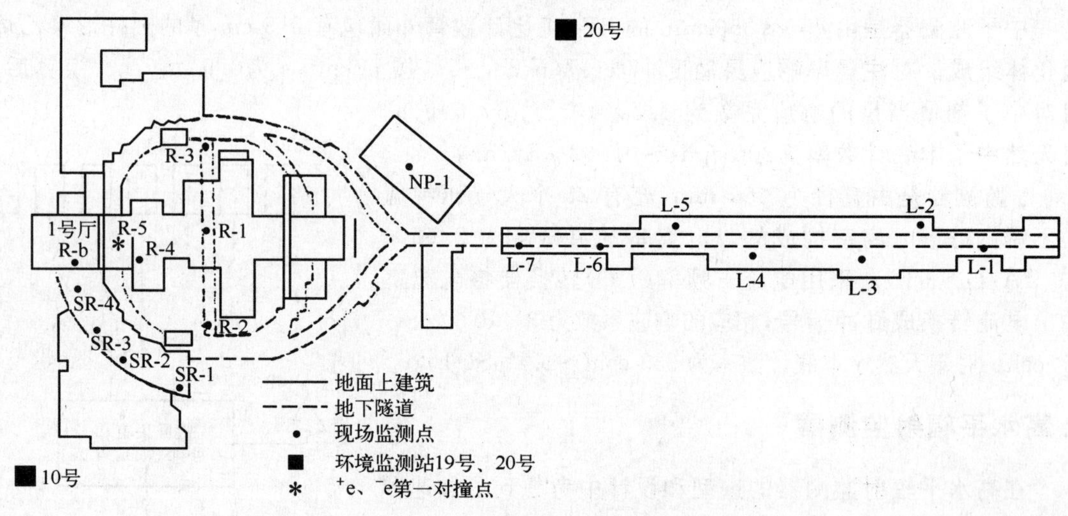

图 3 监测点布置图

L-1. 电子直线电源厅门口;	R-1. 贮存环本地站入口;	SR-1. 同步辐射厅;
L-2. 电子直线水冷机组门口;	R-2. 贮存环东入口;	SK-2. 同步辐射厅;
L-3. 电子直线主控制室门外;	R-3. 贮存环西入口;	SR-3. 同步辐射厅;
L-4. 电子直线中间门入口;	R-4. 北京谱仪控制室;	SR-4. 同步辐射厅;
L-5. 电子直线水冷机组门口;	R-5. 北京谱仪大厅活动屏蔽墙内;	NP-1. 核物理实验厅
L-6. 电子直线第三本地站门口;	R-6. 北京谱仪大厅活动屏蔽墙外	
L-7. 电子直线束调管大厅南端		

在高能所边界设置2个环境监测站(19号、20号)。19号环境监测站位于第一对撞点的东南角100 m处。20号环境监测站位于电子直线加速器的西侧,距第一对撞点250 m处,每个站内有高灵敏度中子、γ监测器各1台,监测器输出信号分别通过电缆送往贮存环本地站和电子直线加速器本地站,由D. D. L进行数据采集和处理。

整个监测系统由40台高水平和低水平中子、γ监测器组成,分成四个本地站,由4台D. D. L分别进行数据采集和处理。通过绘图和打印给出每周每个监测器的剂量当量率随时间变化图。在1988年调束运行的26周内共获得1040张剂量当量率随时间变化图,通过数据处理和分析,在以下两方面得到一些有意义的结论。

1. 高能电子加速器周围的中子和光子辐射对剂量当量率的贡献

在1号厅的束流线(第一对撞点)与大厅之间设有一堵1 m厚、6 m高的混凝土活动屏蔽墙。在大厅西墙上方高于屏蔽墙距对撞点12 m处,设置一个中子、γ监测点(R-5)。图4给出1988年6月10日至6月17日调束运行期间该点的中子和γ剂量当量率随时间变化图,与此同时图5给出活动屏蔽墙外监测点(R-6)的中子和γ剂量当量率随时间的变化。图4—图8分别表示不同监测点处一周内中子和γ剂量当量率随时间的变化。图中横坐标表示取数据时间,横坐标右侧零点为该周最后一个数据取自的时间(如图4,最后一个数据取自时间为6月17日14点57分),图中给出的是在此以前一周内的剂量当量率的变化,每一格的时间间隔为一天。

由图4、图5可见,R-5处中子最高剂量当量率为33 μSv/h时,γ剂量当量率为55 μSv/h,中子和光子剂量当量率贡献比为1∶1.7;在同一时刻R-6的中子剂量当量率为1.2 μSv/h,γ剂量当量率为0.8 μSv/h。此处中子和光子对剂量当量率贡献比是1∶0.7。图6是与图4、图5在同一时间内19号环境监测站测得的中子、γ剂量当量率随时间的变化。从图6可见,与屏蔽墙内监测点(R-5)同时出现的最高中子剂量当量率为0,039 μSv/h,γ为天然本底水平。表2给出不同监测点中子和光子的剂量当量率贡献。

表2 不同监测点在同一时刻的中子、光子对剂量当量率的贡献

监测点	中子剂量当量率/μSv/h	光子剂量当量率/μSv/h	中子与光子剂量当量率比值
1号厅屏蔽墙内(R-5)	33	55	1∶1.7
1号厅屏蔽墙外(R-6)	1.2	0.8	1∶0.7
19号环境监测站	0.039(已扣本底)	本底水平	主要是中子

从表2可以看出,在屏蔽墙内光子(韧致辐射)在总的剂量当量贡献中占主要地位。通过混凝土屏蔽墙后,光子减弱较快,而中子则减弱得较慢,特别是在外环境中,主要贡献是中子,光子贡献为天然本底水平。这一变化规律与Nelson在文献[1]中描述的结果一致。

2. 环境中子来源及天空反射效应

2.1 19号环境监测站中子辐射的来源

从图4—图6可见,它的剂量当量率随时间变化与1号厅活动屏蔽墙内、外监测点(R-5、R-6)剂量当量率随时间的变化在时间上相关联。即当R-5处达到最高中子剂量当量率(33 μSv/h)时,

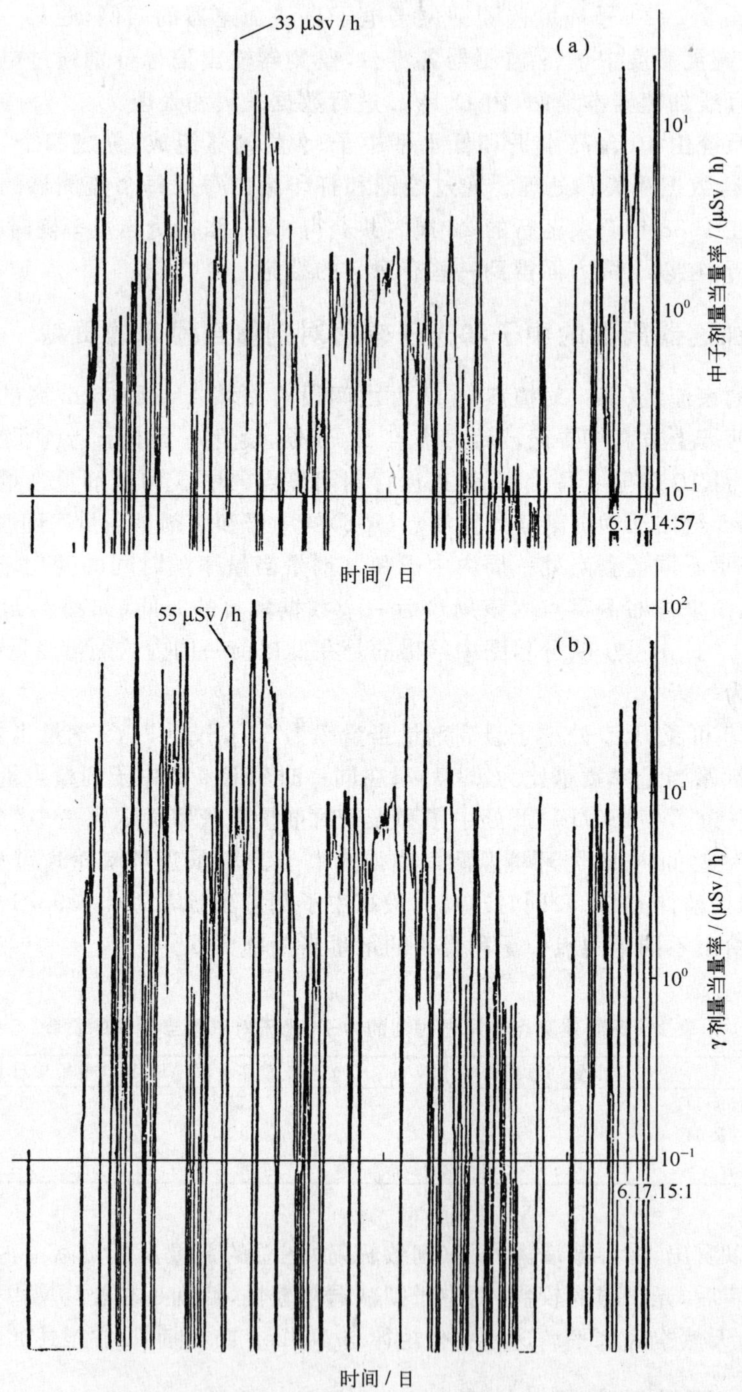

图 4　1 号厅屏蔽墙内 R-5 监测点一周内的剂量当量率随时间的变化

(a)——中子辐射；(b)——γ 辐射

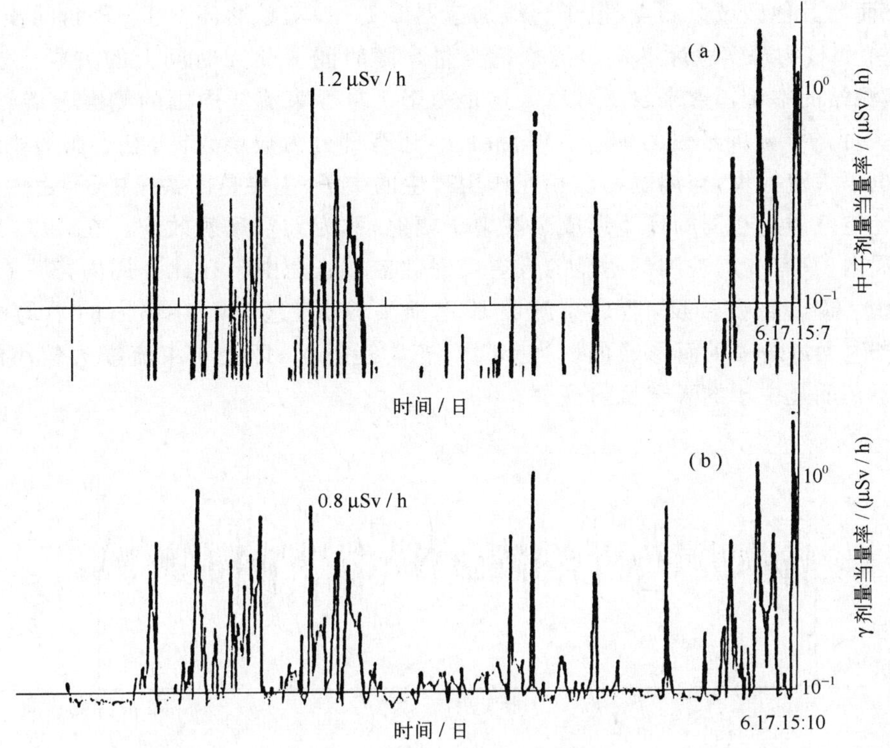

图 5　1 号厅屏蔽墙外 R-6 监测点一周内的剂量当量率随时间的变化

(a)——中子辐射；(b)——γ 辐射

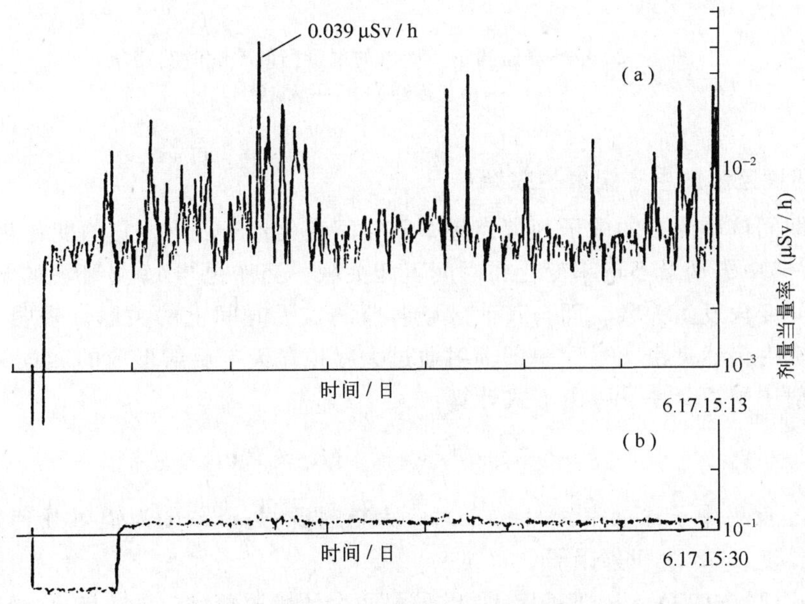

图 6　19 号环境监测站一周内的剂量当量率随时间的变化

(a)——中子辐射；(b)——γ 辐射

19 号环境监测站的中子剂量当量率也在同一时刻达到最高值(0.039 μSv/h),见图上的箭头指示。而与其他区域监测点(电子直线加速器 L-1—L-7,贮存环 R-1—R-4,同步辐射东厅 SR-1-SR-4 和核物理实验厅 NP-1)的剂量当量率随时间变化无时间上的关联。这说明 19 号环境监测站的中子辐射来自 1 号厅。这是由于 1 号厅束流线周围的侧屏蔽墙较厚(至少 1 m),而大厅的顶盖屏蔽仅为 30 cm 厚混凝土,还有部分为玻璃天窗;电子在加速贮存过程中,由于电子束流损失,与周围物质相互作用产生的中子(主要是巨共振中子)由大厅顶盖泄露出去,经空气散射在周围环境形成杂散中子辐射,称为天空反射效应。在 1988 年调束运行的 26 周内,只有 3 周观测到明显的天空反射效应。这是由于在此 3 周内,第一对撞点处的 Q_1 和 Q_2 聚焦磁铁接反,造成束流在那里损失较大(这时贮存环内的平均电流小于 1 mA),产生大量的中子而形成的。当 BEPC 正常运行时,即处于束流损失较小的贮存状态,观察不到明显中子的天空反射现象。

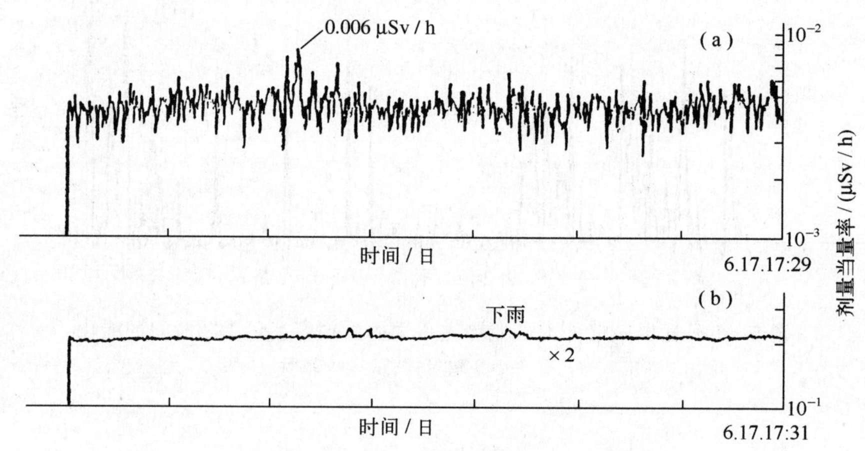

图 7　20 号环境监测站一周内的剂量当量率随时间变化

(a)——中子辐射;(b)——γ 辐射

2.2　20 号环境监测站中子辐射的来源

在调束期间该监测站的中子剂量当量率随时间变化示于图 7。它的变化规律与 1 号厅的监测点(R-5)中子剂量当量率变化在时间上相关联。当然也与 19 号环境监测站中子剂量当量率随时间变化发生关联。而与其他区域各监测点无时间上的关联。表明 20 号环境监测站的中子辐射仍然是由 1 号厅中子辐射通过大厅顶盖天空反射形成的。

天空反射中子注量率 ϕ 可由下式计算:

$$\phi = \frac{aQ}{4\pi R^2} e^{-R/\lambda} \qquad (R > 40\text{m}) \qquad (1)$$

式中:ϕ 为天空反射中子注量率,n/(m²·s);Q 为辐射源强;n/s;R 为辐射源到监测点距离,m;λ 为衰减长度,m;a 为积累因子。

由于公式(1)中的 Q、a 很难确定,所以采取两个环境监测站(19 号与 20 号)中子剂量当量率比值的实测结果与公式(1)计算的中子剂量当量率比值进行比较,结果列于表 3。计算中 λ=396 m[5],R_1=100 m(19 号站),R_2=250 m(20 号站)。从表 3 可以看出,实测的 19 号与 20 号站中子剂量当量率比值与计算的比值在 30%以内符合。

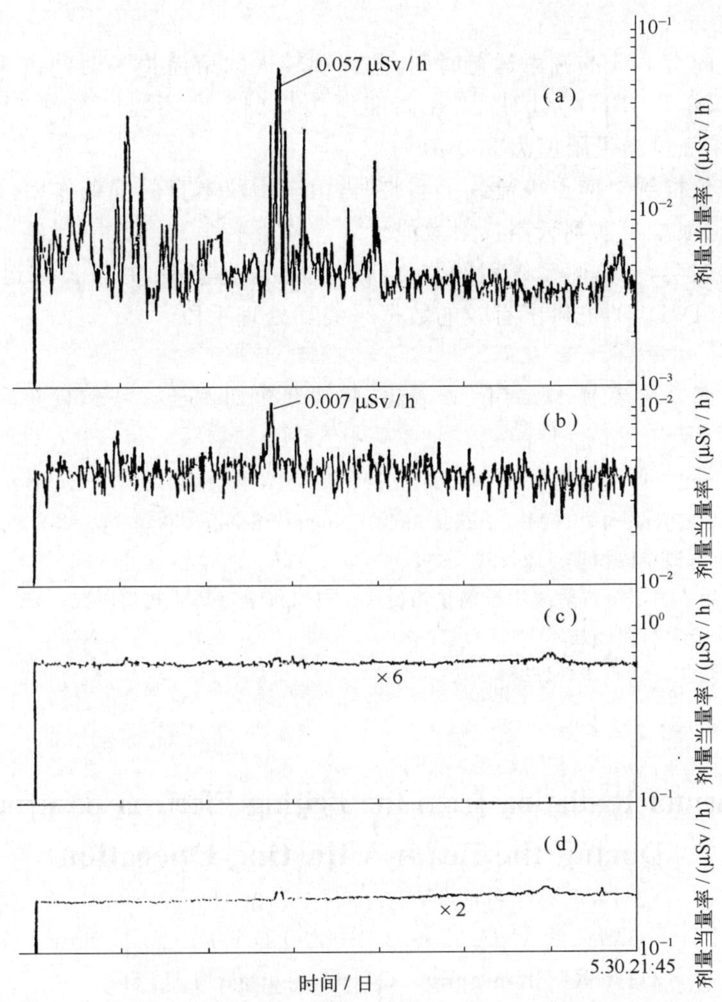

图 8　19 号与 20 号环境监测站一周内的剂量当量率随时间变化

(a) 19 号站中子辐射；(b) 20 号站中子辐射；

(c)19 号站 γ 辐射；(d) 20 号站 γ 辐射

表 3　19 号与 20 号环境监测站中子剂量当量率比值的实测值与计算值比较

日　期	环境监测站	实测最高中子剂量当量率* /(μSv/h)	19 号与 20 号站实测中子剂量当量率比值	19 号与 20 号站计算中子剂量当量率比值
5 月 25 日**	19 号	0.057	8.1	9.1
	20 号	0.007		
6 月 12 日	19 号	0.039	6.5	9.1
	20 号	0.006		

*已扣除本底；**5 月 23 日—5 月 30 日测量结果见图 8。

四、讨　论

1. 如果一年内有 2/3 的调束运行时间，并出现较大的束流损失时间占 1/5，以中子剂量当量率的峰值(0.057 μSv/h)计算，则在高能所边界(19 号环境监测站)上年剂量当量为 67 μSv(边界处年剂量当量限值为 200 μSv)。

2. 当北京谱仪推到对撞点束流线上实验时，由于谱仪本身的屏蔽作用，即使出现较大的束流损失，预计也很难观察到天空反射效应。

3. 测量数据表明，本监测系统用的监测器的灵敏度足够高，并且长期运行稳定可靠，数据采集和处理器(D. D. L)提供了有效的数据采集和处理手段。

此项工作得到了姜文贵、吴靖山、谢青山、郭秀华等同志的支持和帮助，在此表示感谢。

参考文献

1 Nelson, W. R. and Jenkins, T. M., Iransation on Nuclear Science. Vol. N S-23, No. 4. August, 1976

2 李建平等. 高能物理与核物理. 12,12(1988)

3 刘桂林，李建平等. 测定宇宙射线中子剂量当量率. 中国科学院高能物理研究所，未发表. 1982 年

4 汤月里等. 核电子学与探测技术. 8,(4)(1988)

5 郑华智等. 辐射防护. 8(2),93(1988)

Environmental Radiation from the Beijing Electron-positron Collider During the Beam Adjusting Operation

LI Jian-ping　TANG Yue-li　SHAO Bei-bei　LIU Shu-dong
ZHANG Zhen-gang　QU Guo-ying　LIU Shu-de
(Institute of High Energy Physics, Academic Sinica)

Abstract: In this paper, the radiation monitoring methods and primary measurement results during the beam adjusting operation were described. In the Beijing spectrometer room (1 room), the neutron and gamma dose equivalent rates were measured to be 33 and 55 μSv/h inside the shielding wall (monitoring point R-5), and 1.2 and 0.8 μSv/h outside the shielding wall (monitoring point R-6). The shielding wall was made of concrete with a dimension of 1 m thick and 6 m high. The neutron dose equivalent rate at 19# radiation monitoring station 100 m from the first colliding point was 0.039 μSv/h, and gamma was around background level. The data analysis showed that the neutron dose equivalent rate at side boundary is primarily from skyshine of neutrom at the colliding point in the case of wrong linking up the two focusing magnets.

Key Words: Electron-position Collider, Environmental Radiation Influence, Neutron Dose Equivalent Rate, Gamma Dose Equivalent Rate, Skyshine

测定宇宙辐射的中子剂量当量率

刘桂林　李建平　解延风　唐鄂生　刘曙东

（中国科学院高能物理研究所）

环境中天然本底中子辐射来源于宇宙。宇宙辐射中子的辐射水平很低，在海平面或低空，它的中子注量率仅在 10^{-2} n/(s·cm^2)上下，其相应的中子剂量当量每年仅 30 μSv 左右。它的能谱范围很宽，从热能直到几十 GeV，从 200～300 g/cm^2 大气深度到海平面高度，这一能谱谱形基本不变。

确定宇宙辐射的中子剂量当量率，通常是用一台足够灵敏的仪器测出中子注量率，然后再依靠剂量学的知识去计算出相应的剂量当量率。这样做的好处是明显的。我们知道，为防护目的规定的"剂量当量"在概念上，在 QF 数值上。在具体运用上，都还有待进一步澄清或发展。已有的用仪器直接测量的剂量当量，总是同一定的具体条件相联系，使得一些测量结果之间很难互相比较。对宇宙辐射中子那样水平又低，能谱又那么宽的情况，要设计出完全符合剂量当量定义的合用的仪器，则至少在目前还是难以办到的。先测出中子注量率及其变化，就记录下宇宙辐射本身的一个基本量，存留了这些历史数据。随着剂量学上的不断进展，从注量率推算剂量当量率的方法会不断完善，数值会更臻合理，并且可以从注量率计算出在各种源的条件及辐照条件下剂量当量的深度分布等更加细致的结果。

从注量率计算剂量当量率时，采用怎样的计算模型才是合理的、符合实际的呢？这个问题上是有不同意见的。最主要的问题是：海平面或低空高度的宇宙辐射中子基本上是单向垂直射向地面，还是基本上各向同性的？如果是后者，应按只照射人体模型的一侧，还是两侧均受照射？不同的作者，由于采用不同的计算模型，即使在差不多同样的高度和纬度上，由测量推算得到的中子剂量当量率可以相差 2～3 倍之多[1]。

两年前，我室制作了一种可用来测量宇宙辐射中子剂量当量率的仪器[2]。它由并联的三支直径 35.5 mm，有效长度 941 mm 的 BF^3 计数管，外面包有 6.5 cm 厚的石蜡慢化柱组成。用 Am^{241}-Be 源刻度时，对入射方向与探测器轴线垂直的中子，其注量率灵敏度高达 101 cps/n/(cm^2·s)。它在 0～2 eV 到 5MeV 到范围内，灵敏度与中子能量大体上无关。

在北京高能所主楼平台（海拔 75 m）上，经一年多的系统测量，文献[2]给出了宇宙辐射中子注量率并推算出剂量当量率为(2.2±0.4)mrem(1980 年)及(2.0±0.4)mrem(1981 年)。

测量和推算中，有一个前提或模型：宇宙辐射中子都沿铅垂方向射向地面，即单向垂直地入射到体模。现在看来，这个前提应予改变。

对于许多辐射屏蔽问题及某些放射治疗问题，假定中子是单向垂直入射到屏蔽体或体模上是适当的。然而，对于我们现在讨论的问题即为了确定宇宙辐射中子对人群的照射所引起的剂量当量，单向垂直入射的假定就不对了。采用另一个假定：宇宙辐射中子在海平面及低空高度上是各向同性的并从两侧照射体模一则更接近于符合客观实际[1,3,4]。

我们做了如下实验，用意在于用简便办法验证一下，宇宙辐射中子究竟是像单向垂直向下还是更像是各向同性的。

实验这样进行：在楼顶平台上，用上边提到的探测器作两次宇宙辐射中子的测量。第一次：探测器水平放量，积累 1000 s 计数得 N_1，第二次，探测器垂直地面放置，积累 1000 s 计数得 N_2。比较 N_1 与 N_2。

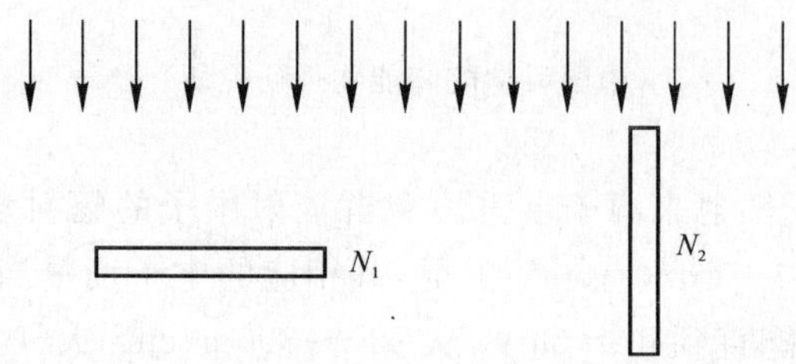

图 1　假定宇宙辐射中子是单向垂直向下时，源与探测器的几何关系

如文献[2]所描述，因为该探测器长达近 1 m，因而它的方向性很明显。用 Am^{241}-Be 源定标时测得：当中子入射方向与探测器的轴线平行时，注量率灵敏度仅有当入射方向垂直探测器轴线时的 40%左右(见图 3)。因此可以对实验作这样的分析：

假若宇宙辐射中子真是单向垂直向下的，那么，N_2 应当只是 N_1 的 40%左右；

假若宇宙辐射中子真是各向同性的(在上半空间 2π 立体角内)那么，如图 2 所示，虽然在(a)管子只有一面受到中子照射，在(b)却两面受照射，但射到管子上的中子总数必定会是相同的，即 N_1 应与 N_2 相等。

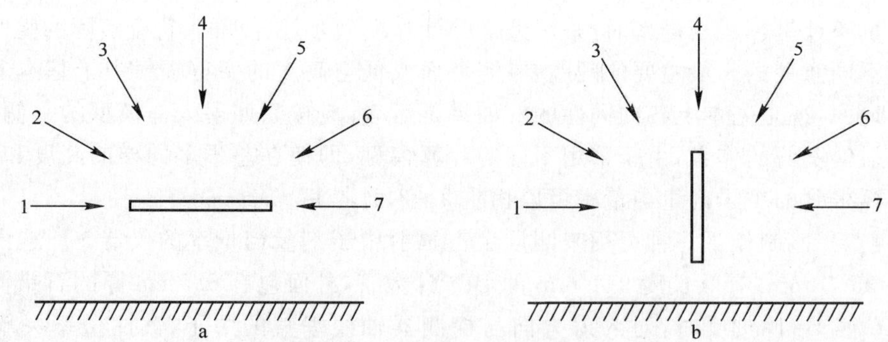

图 2　假定宇宙辐射中子是各向同性时，源与探测器的相对几何关系

实验结果是：各自 1000 s 的积累计数 $N_1=130$，$N_2=180$。

这就说明，宇宙辐射中子是基本上各向同性的。

这一点在理论上是可以理解的。大气层顶端的初级宇宙射线(主要是高能质子，例如 10 GeV 以上)是各向同性的。它们进入大气层后同空气氮、氧原子作用，发生强子级联反应及电磁级联反应，产生出一系列次级粒子。对于能量很高，参加级联过程的强子来说，它们的侧动量很小，基本上是一直向前的。在空间任一点上，从不同方向到达该点的这些粒子的强度不同。因为沿铅垂方向的空气吸收层较小，而斜穿的粒子受到较厚空气层的减弱，因而呈现很强的方向性，大多数铅垂向下[5]。然而，在地面或低空中的宇宙辐射中子中，这类高能中子极少，绝大多数是经多次散射、扩散而慢化下来的能量低得多的中子。我们探测器记录到的只是 5 MeV 以下直到 0.2 eV 的中子，它们占全部注量率的 84%。这些能量低的中子，在经历多次散射后，方向的历史已经变得不那么清楚了，变得接近于各向同性了。

解决了单向垂直入射还是各向同性问题后接着一个问题是：在计算时应假定体模单侧受照还是两侧受照。这个问题比较容易解决。没有人能预先规定人应朝向哪个固定方向，老是仰卧或老是俯卧，老是面东或面西。像图 2 那样，实际上是有时面东有时面西，有时脸向上、有时则向下。所以，合乎实际的假定应当两面受照，注量率的一半从一侧照射，另外一半从另外一侧照射体模(参看图 2)。

从改变后的前提——宇宙辐射中子是各向同性地从两侧照射体模——出发，对文献[2]中某些数据作一些修正。

(1) 确定探测器的平均灵敏度

(2) 在测注量率时，从中子是单向垂直入射出发，采用了相应于这种条件的注量灵敏度，$\varepsilon_0=101$ cps，现在既然应按各向同性源考虑，应求出探测器对各向同性入射中子的平均灵敏度 $\bar{\varepsilon}_0$ 方法如下。

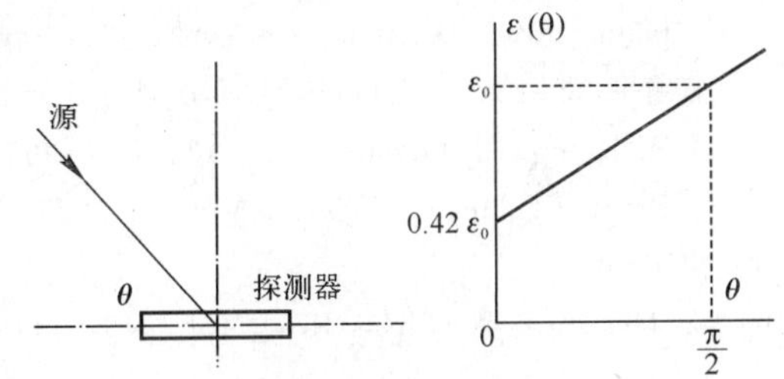

图 3　求平均灵敏度

用 Am^{241}-Be 源对探测器定标，源与探测器中心距离 7 m，足以近似认为射到探测器上的中子是平行的。改变角度 Q(见图 3)，逐次求得入射方向与探测器轴线成 Q 角时的注量灵敏度 $\varepsilon(\theta)$。

实验求得的规律是：

$$\varepsilon(\theta)=\varepsilon_0(0.42+0.37\theta) \tag{1}$$

Q 以弧度为单位。

由此，平均灵敏度 ε 为：

$$\varepsilon=\int_0^{\pi/2}\varepsilon(\theta)\cdot 2\pi\sin\theta d\theta/2\pi \tag{2}$$

将式(1)代入(2)且　$\varepsilon_0=101$

$$\therefore \quad \varepsilon=0.79\times 101=79.8\text{cps/n/(cm}^2\cdot\text{s)} \tag{3}$$

(2) 确定中子注量率 ϕ

$$\Phi=\frac{N}{\bar{\varepsilon}\cdot(1-K)} \tag{4}$$

式中：N 为探测器计数率，$\bar{\varepsilon}$ 为平均灵敏度，K 为 5MeV 以上中子高宇宙辐射中子谱中所占的注量百分数。

对 1980—1981 年在高能所楼顶(75 m 海拔)的测量，

$N=0.27$cps，　$\varepsilon=79.8$cps/[n/(cm$^2\cdot$s)]，$K=0.16$

代入式(4)，得：$\Phi=4.03\times10^{-3}$n/(cm$^2\cdot$s)　　(5)

表 1　对不同计算模型，宇宙辐射中子在体模表面上的剂量当量值
(相应于单位注量率 rem/n/(cm^2·s))

计算模型	剂量当量 rem/n/(cm^2·s)
单向垂直入射，单侧受照射	25.12×10^{-9}
单向垂直入射，两侧受照射	14.73×10^{-9}
各向同性入射，单侧受照射	19.02×10^{-9}
各向同性入射，两侧受照射	10.67×10^{-9}

(3) 确定中子剂量当量率

文章[1]系统地计算了宇宙射线中子的剂量当量深度分布，下表所列数据取自该文，体模是 30 cm 厚半无限机体组织。不同的计算模型得出的结果差别很大。

对各向同性入射，两侧受照的计算模型，代入(5)得宇宙辐射中子的剂量当量率(DE rate)。

$$\text{DE rate} = 0.155\ \mu\text{rem/h}$$
$$= 1.36\ \text{mrem/a}$$

同美国在地磁纬度 44°/55°N 的同类数据(例如 O'Brien 1970 年计算值 2.2 mrem/a[4]，Hajnal 1970 年测量值 3.3 mrem/a[1])相比，(6)之数值偏低。基本的原因是(5)之注量率值偏低。考虑了地磁纬度效应的校正后，仍然偏低。其原因可能同地面(楼顶)效应有关。地面材料含水量可使地面中子注量率大大降低[6]。这有待用适当的实验修正。

参 考 文 献

1 F. Hajnae, K. O. Brein: Sea level cosmic ray neutron measurements HASL-241

2 李建平，常崴克，解延风，唐锦华，唐鄂生. 天然中子本底剂量水平的测定.(待发表)

3 D. Wall, Health Physics, Vol. 13, 501(1967)

4 O'Brien 等. Health Physics, Vol. 22, 225(1978)

5 NCRP-45

6 L. Hendrick 等. Phys. Rev. Vol. 145, NO 4, 1023(1960)

宇宙辐射中子本底的测量*

李建平　张保襄　刘曙东　唐鄂生　刘桂林　陈之布　解延风　蔡小平

（中国科学院高能物理研究所）

摘要：本文介绍了用高空气球载带中子探测器测量大气中子本底的实验。实验测定了中子探测器的几个基本性能：脉冲幅度分辨率、注量率灵敏度、方向性和低温低气压性能。用该探测器测得了中子本底在低空随海拔高度的分布规律，并与国外同类型实验进行了比较。

一、引　言

宇宙辐射中子是环境中天然辐射本底的一个组成部分、测量它随海拔高度的分布，对评价居住在不同海拔高度的居民所受剂量是有重要意义的。从这一目的出发，本文关心的是有人居住的五、六公里以下的低空中子本底分布数据。

宇宙辐射中子的产生及其随高度变化的规律可描述如下：从宇宙空间射向地球的原初宇宙射线，主要是高能质子，通过地球的磁屏蔽，进入大气层与大气中的氧和氮的原子核发生作用；在强子级联的过程中，产生大量中子，并在大气中散射、慢化和扩散遍及在整个大气层中。从海平面到几公里（甚至更高），在任意一个高度上，中子本底水平与其产生率保持正比关系，形成中子平衡状态；中子能谱为 Hess 谱所描述，其谱形不随海拔高度而变化。但在接近空气/地面或空气/海面的交界处，由于界面效应的影响，使 Hess 谱软化[1]。在文献[2]中用加热的液滴蒸发模型解释了在强子级联过程中核散裂时放出中子的角分布，蒸发中子能量较低，角分布是各向同性的，在核乳胶上留下的是黑径迹。文献[3]中论述了宇宙辐射中子的角分布是各向同性的，并在海拔 75m 高度上用实验检验了这一结论。上述物理思想是本次实验的依据。

1982 年 8 月 29 日我们在北京附近河北省香河县利用 1 万立方米的高空气球把中子探测器及其自动测量打印系统送上了高空，在气球离开地面飞行过程中测量了北京地区宇宙辐射中子本底随高度变化的规律，数据自动打印在低带上，保留在吊仓内。测量结果与国外同类工作比较是一致的。

二、测量仪器的组成

探测器是由一根直径为 35.2 mm，有效长 941 mm 的 BF_3 正比计数管，包有 6.5 cm 厚的圆柱形聚乙烯慢化体组成。宇宙辐射中子经聚乙烯慢化，与 BF_3 计数管的 ^{10}B 发生如下反应：

---

* 本文在《郑州大学学报》（自然科学版）1983 年增刊上发表。

$$^{10}B + n \begin{cases} Li^{-} + \alpha + 2.79\ MeV & (a) \\ ^{7}Li^{*} + \alpha + 2.31\ MeV & (b) \end{cases}$$

$$^{7}Li^{*} \rightarrow {}^{7}Li + \alpha + 480\ keV$$

反应(a)占 6%,反应(b)占 94%。反应生成的带电粒子 α 和 Li^7 使 BF_3 气体电离产生脉冲输出。

BF_3 计数管的技术性能见表 1。

表 1　探测器的技术性能

计数管	总长/mm	直径/mm	有效长/mm	^{10}B 浓缩度	充气压/mm Hg	慢化体厚/mm
BF_3	1100	35.2	941±1	95%	400	65

计数管输出脉冲幅度的峰值约 6 mV,经过 400 倍放大后送入甄别器和定标器,由定标器自动定时计数并通过接口电路送入 VOESA 1871PD 型计算器的微型打印机见图 1。除计算器和微型打印机外均为 NIM 插件,NIM 机箱由 2 号镉镍复充电池 D×G-3A和 GN10-(2)电池供电,总功耗约 12 W。

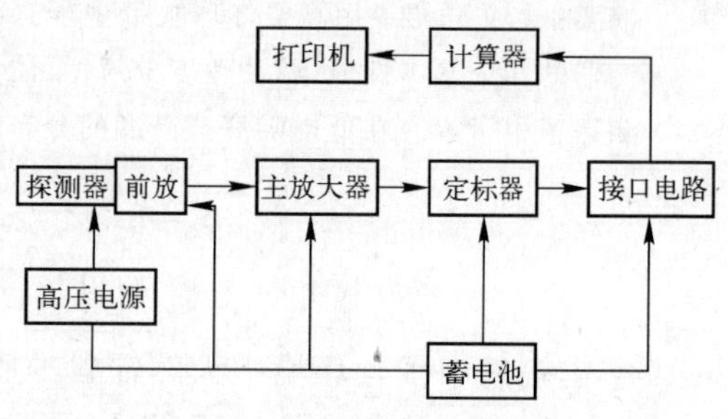

图 1　测量系统方框图

吊仓分上、中、下三格,上格放置测量仪器及记录系统、下格放置电池、中格放置控制部分,为了保护镉镍复充电池,装有电源切断器,在吊仓降落至一千米时,自动切断电源。探测器及吊仓外面包有白色泡沫保温板。吊仓总重量为 111 kg。

三、测量仪器的性能

1. BF_3 计数管的脉冲幅度分辨率及对 γ 射线和带电粒子的甄别

探测器在 Am-Be 中子源照射下,用 512 道脉冲幅度分析器测量了由中子产生的脉冲幅度分布见图 2。

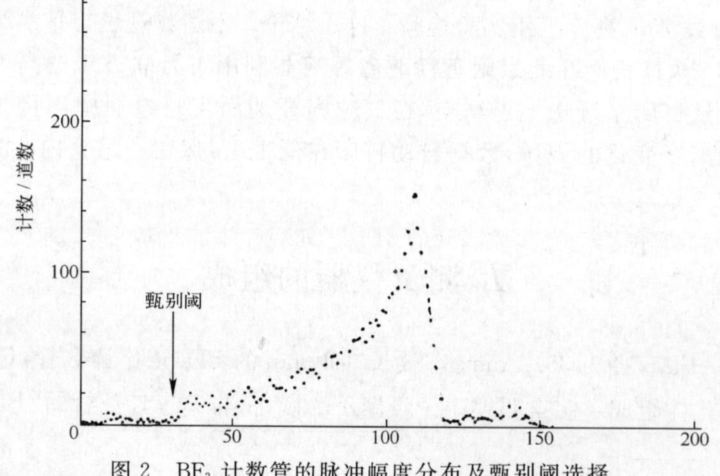

图 2　BF_3 计数管的脉冲幅度分布及甄别阈选择

图中主峰是由反应(b)产生的,比主峰能量更高的峰是由反应(a)产生的。其主峰的脉冲幅度分辨率为12%。

探测器对 γ 射线有较强的甄别能力。甄别阈选在30道(边宽为20 mV)相当于613 keV。宇宙辐射中的带电粒子主要是质子和 μ 子。由于它们的能量高、在 BF_3 计数管内的电离损失很小,均在甄别阈以下不被记录。

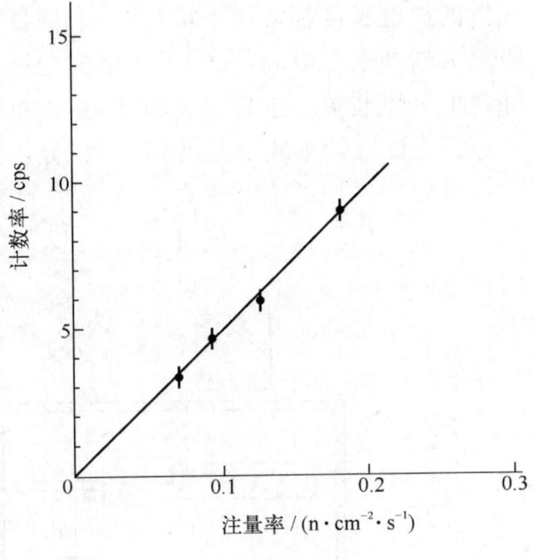

图 3 刻度曲线

2. 注量率灵敏度及其能量响应

对探测器的刻度是在四楼顶平台上露天空旷的条件下进行的。探测器和源离开地面1.5 m,Am-Be 中子源的强度为 5.59×10^5 n/s,与探测器的轴线成90°方向垂直入射,结果见图3。

在测量范围内,计数率与源距间遵守 R 反平方律关系(R 为源距)即探测器的计数率与中子注量率的关系为一直线。由此可确定探测器的注量率灵敏度50 cps/n·cm^{-2}·s^{-1}。

这种以 BF_3 正比计数管为中心,外面包有约6.5 cm厚的慢化体的中子探测器,对能量在0.2 eV～5 MeV之间的中子,探测器的注量灵敏度在±18%以内与中子能量无关[5]。

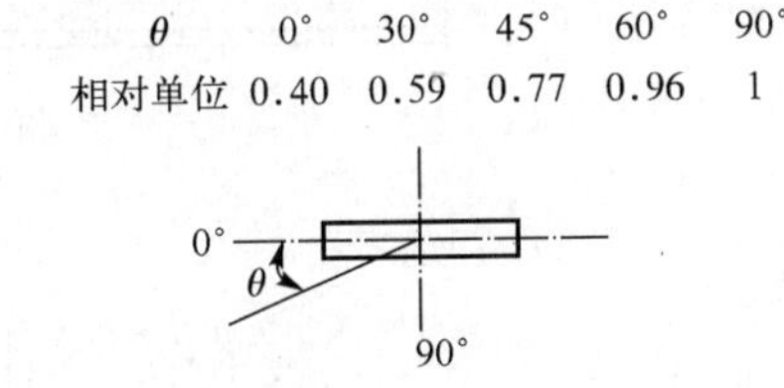

θ	0°	30°	45°	60°	90°
相对单位	0.40	0.59	0.77	0.96	1

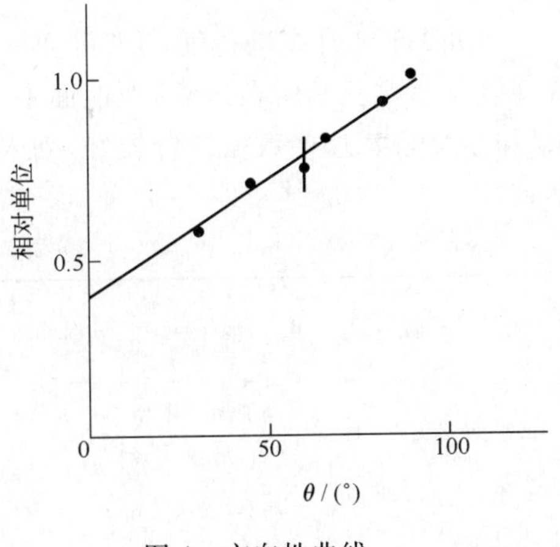

图 4 方向性曲线

3. 方向性及注量灵敏度的平均值

图4表示出,在给定的距离上,Am-Be 中子源相对探测器的轴线方向成不同角度入射时,探测器的注量率灵敏度。

测量结果表明,它具有明显的方向性,角度 $\theta=90°$时,灵敏度最高,$\theta=0°$时灵敏度下降至为 $\theta=90°$时的40%。实验给出规律是:

$\varepsilon(\theta)=\varepsilon_0(0.40 \pm 0.38\theta)$,$\theta$ 以弧度为单位文献[3]中给出了宇宙辐射中子各向同性入射时,其灵敏度的平均值是:

$$\bar{\varepsilon}=\int_0^{\frac{\pi}{2}} \varepsilon(\theta) \cdot 2\pi \sin\theta \mathrm{d}\theta / 2\pi$$

$\varepsilon_0=50$ cps/n·cm^{-2}·s^{-1},得 $\bar{\varepsilon}=39.5$ cps/n·cm^{-2}·s^{-1}。

4. 低气压和低温实验

探测器的高压是由3kV NIM 高压电源插件供给的工作电压1800 V。在低气压环境中气体的放电长度较常压下增长，一般插件不适用于低气压环境中。为此，我们对计数管，前级放大器和高压电源，采取了严格的绝缘措施，把电解电容改换成钽电容，然后用石蜡灌封。并在低气压装置中进行了实验检验，方框图见图5。

BF_3计数管本底计数平均5次/分。有Am-Be中子源照射时计数率500次/分。随着实验装置内气压的降低观察了计数率的变化。该系统的高压部分，可在约25 mmHg的气压下正常工作。整个系统可在—30 ℃的低温下正常工作。

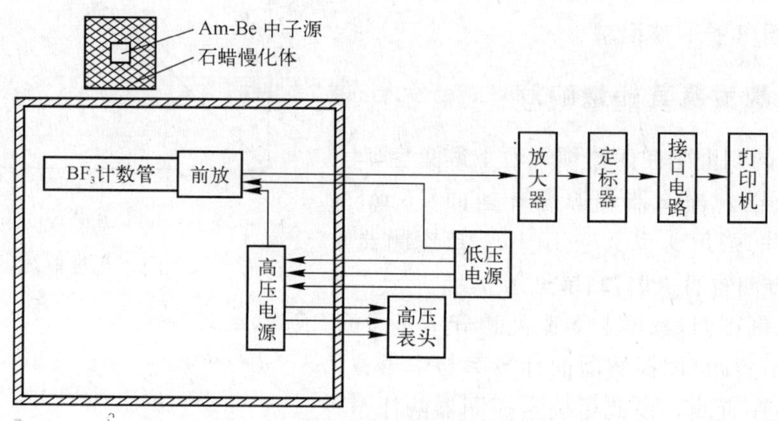

图5　探测器的低气压实验方框图

四、测量结果和讨论

1982年8月在进行气球飞行实验前夕，我们对北京玉泉路(高能所所在地)和香河县(高空气球实验站所在地)两地地面中子本底又进行了重复测量，并与1980—1981年测量结果作了比较。这些数据符合较好，列入表2。

表2　地面中子本底水平

时　间	地　点	BF_3探测器 ϕ/mm	慢化体厚/cm	平均灵敏度/ $cps/n\cdot cm^{-2}\cdot s^{-1}$	平均计数率/cps
1982年8月20日	高能所主楼顶平台(海拔75m)	一支	聚乙烯6.5	39.5	0.13
1982年8月28/29日	香河县(海拔10m)	一支	聚乙烯6.5	39.5	0.13
1980～1981年	高能所主楼顶平台(海拔75m)	三支并联	石蜡6.5	79.8	0.27

1982年8月29日7点23分高空气球载带中子探测器离开地面升向空中，在上升的过程中定标器的自动定时档放在100 s处，微型打印机对定标器每累积100 s的计数作一次打印，相邻两次100 s计数中间有12.8 s的间歇时间，用于打印、复位和再次启动计数的时间。气球离开地面作为起飞时间的零点，此后每一时刻的高度是通过雷达测距系统跟踪测定的。

以公里(km)为单位的海拔高度与以 g/cm^2 表示的大气深度之间的换算关系可查表(文献[2]附录5)。测量结果列于表3,表中各高度值是指相应的每100 s内气球高度间隔的中点值。

对表3的数据进行回归分析,其结果见图6。

表3 计数率随海拔高度分布的数据

No	大气层深度 h/(g/cm^2)(海拔高度 h)	100s 累积计数
1	995 (0.25)	18
2	949 (0.70)	57
3	900 (1.18)	143
4	844 (1.75)	102
5	871 (2.36)	104
6	733 (2.95)	157
7	609 (3.46)	184
8	641 (4.05)	241
9	596 (4.60)	284
10	560 (5.90)	388
11	521 (5.64)	492
12	489 (6.15)	594
13	453 (6.73)	684

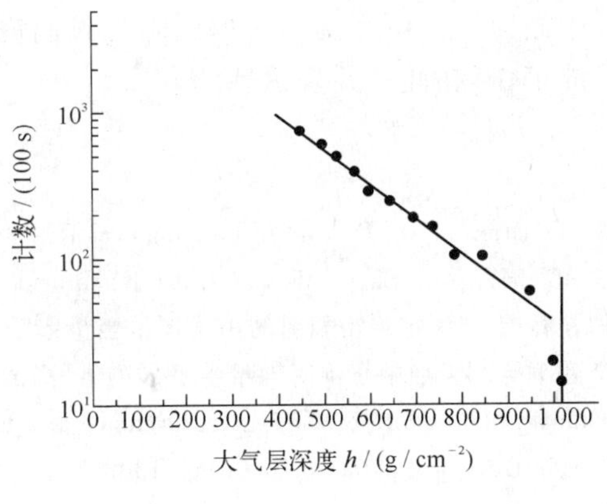

由测得计数率 $C(h)$ 可求出相应的中子注量率 $\phi(h)$,文献[3]和[4]给出了计算公式:

$$\phi(h)=\frac{C(h)}{\bar{\varepsilon}(I-K)} \tag{1}$$

式中 $C(h)$ 是在高度 h 的计数率(cps);$\bar{\varepsilon}$ 是探测器对宇宙辐射中子注量率灵敏度的平均值;K=0.16 表示能量大于5 MeV中子在Hess谱中所占总注量率的百分数。由公式(1)可知 $\phi(h)$ 正比于 $C(h)$。由图8可知,宇宙辐射中子注量率 $\phi(h)$ 随海拔高度是按指数规律变化的(在半对数坐标纸中实验点为一直线),其参数(斜率)L 是:

$$L=(191\pm 9)\mathrm{g/cm^2}$$

该值与已发表的同类实验结果一致,见表4。

表4 L 值比较

地磁纬度 λ°N	L/(g/cm^2)	文献
10.1°	212	[6]
19°	206	[7]
28°	191±9	本工作
30.4°	196	[8]
40°	181	[7]

中子注量率 $\phi(h)$ 随海拔高度变化的公式是:

$$\begin{aligned}\phi(h)&=\phi_0 e^{(1030-h)/191}\\ \phi_0&=9.9\times 10^{-3}\mathrm{n/(cm^2\cdot s)}\end{aligned} \tag{2}$$

式中,h 为海拔高度(g/cm^2),在海平面上 h=1030 g/cm^2;ϕ_0 为海平面中子注量率,由图6回归直线外推求得,与国外同类工作的比较见表5。

表5 海平面中子注量率的比较[9]

研究者	地磁纬度 λ°N	注量率/n·(cm^2·s)$^{-1}$
UNSCEAR 1966	41°	0.01
O'Brien 1970	54°	0.0065
Boella et al. 1963	46°	0.0065
Boella et al. 1965	46°	0.0180
Watt 1966	55°	0.0180
Kent 1962	46°	0.0084
Yamashita 1964	44°	0.0074
Hajnal 1971	41°	0.0082
本工作 1982	28°	0.0099

在本工作中 ϕ_0 与实际测得的中子注量率(见表 2)相差 2.5 倍,这是由于空气/地面处存在界面效应造成的,文献[10]对这一问题作了详细讨论,同时从辐射剂量学角度出发,对宇宙辐射中子剂量当量率的求法作了论述。

科学院气球总体组和高能所三室的同志们为我们提供了气球发放的方便条件,对此表示感谢。

中国原子能研究院孙大勇同志为我们提供了接口电路。王耀兰和刘列夫同志参加了气球发放工作,在此一并表示感谢。

参考文献

1 K. O'Brien et al. Journal of Geophgsical Reseach vol. 83 No. Al (1978)114

2 Б. C. Mypzuh, Bkegeuue LcpuJuky Kocluneckuxuyiew Mockla Amocuuzgcm 1979

3 刘桂林等. "测定宇宙辐射的中子剂量当量率"

4 李建平等."天然中子本底剂量水平的测定"高能物理与核物理第 6 期(1982)

5 Takashi Nakamulra et al, Nuclear Science and Engineering 77 182—191(1981)

6 Physic Rtv, Vol, 102 No.5 (1956)1399

7 Physic Ret, Vol, 83 1175 (1951)

8 Physic Rev, Vol, 80 52 (1950)

9 Ferenc Hajnal HASL—241 Physic (TID—4500) 14(1971)

10 高能所技安室环境辐射组"低空宇宙辐射剂量的测定"

低空宇宙辐射剂量的测量及其随海拔高度变化的经验规律*

技安室环境辐射组**

(中国科学院高能物理研究所)

摘要：本文根据近两年来我们从高空气球携带的探测器所获得的数据及在地面上相应测量的数据，结合低空宇宙辐射的剂量学特性，总结了两个经验公式，分别用于估计宇宙辐射带电粒子成分的剂量当量率 $\dot{H}_c$ 及中子成分的剂量当量率 $\dot{H}_n$。结果同国外类似工作作了比较。文中讨论了地磁纬度效应和中子界面效应的影响及其他应用中的问题。

关键词：宇宙辐射　气球测量　带电粒子成分　中子成分　剂量当量

人们总是不可避免地生活在宇宙辐射照射的环境中。宇宙辐射是天然本底辐射的主要来源之一。在天然本底外照射总的年剂量当量中，宇宙辐射的贡献是很可观的：在海平面高度上约占$\frac{1}{3}$，在海拔 2 km 的地面上可占到$\frac{1}{2}$左右，海拔越高则所占的比例越大，并且其中的中子剂量贡献的比重也越大。显然，测量出低空(有人居住生活的空间，本文指5～6 km以下)宇宙辐射剂量并弄清它变化的规律，对于估计与评价居民剂量是必需的；同时，对于环境本底调查，对于低活度或低辐射水平的测量，对于低剂量远期效应的研究工作等，也是有益的。国外在这方面有许多出色的实验测量工作和理论工作。

影响宇宙辐射剂量值的因素很多，如海拔高度、地磁纬度、太阳调制、温度效应等等。但是，最主要的因素是海拔，确切地说，是大气层深度或大气压力[1,2]。地磁纬度因素有时不应忽视，需要修正。其余一些因素，或是周期变化，或是随机变化，只能依赖较长时间内数据的积累与平均(从剂量学角度看，我们关心的也正是这种平均值)。不过，在低空，它们的变化幅度也不大，一般不过百分之几[2]。

Oakley[1]提出了在美国条件下宇宙辐射剂量随海拔变化的经验规律，并据此计算了美国各州按人口分布的居民剂量的年平均值。在美国，绝大部分国土的地磁纬度在 40°N 以上，即处在宇宙辐射剂量同地磁纬度基本无关的“坪台区”；而在我国，情况相反，大部分国土处在 10°～50°N，即地磁纬度效应比较明显的区域。文献[1]讨论的海拔不到1.8 km；而我国，地域辽阔，地势多样，海拔 4.0 km 左右地区还有人居住，人口又众多。此外，文献[1]中确定海平面高度上剂量值的方法也值得商榷。因此，上述经验规律对我们只能作参考。

本文介绍近两年来，我们在这方面的研究工作。

---

* 本文在《辐射防护》第 4 卷第 1 期上发表。

** 本文由刘桂林执笔。

一、关于带电粒子成分的剂量

1. 低空宇宙辐射带电粒子成分的一般特点

宇宙辐射本质上是高能物理现象。能够到达地面的宇宙辐射几乎都起源于银河系(可能还有河外星系)的初级宇宙射线。在大气层顶部,初级宇宙射线是各向同性的,主要的粒子成分是质子(约占 90%)及氦核(约占 10%),它们的能量可高达 10^{20} eV,不过大部分还是在几 GeV 到几百 GeV 之间。进入大气层的高能质子,(氦核亦然)同大气层中的氧、氮原子作用,发生星裂反应,产生次级粒子:质子、中子、π^+ 介子、π^- 介子、π^0 介子以及 K 介子等。这些次级粒子,或者通过自身的衰变,或者通过与大气原子的作用,能产生下一代次级粒子及新的次级粒子或辐射(如 μ 子、电子、光子等)。图 1 表示了这个强子级联反应及电磁级联反应过程。随着大气层深度的增加(即海拔的减低),级联过程使各种次级成分的强度增加;在达到极大值后又开始下降——因为这时大气层对射线的减弱过程开始占据优势。对不同的成分,虽然这个总趋势是相同的,但各自极大点的位置、上升或下降的速度却各不相同。其结果,在不同的大气深度上(即不同海拔高度),宇宙辐射的粒子组成,各种粒子的注量率以至能谱是不同的。图 2 表示这一特点。

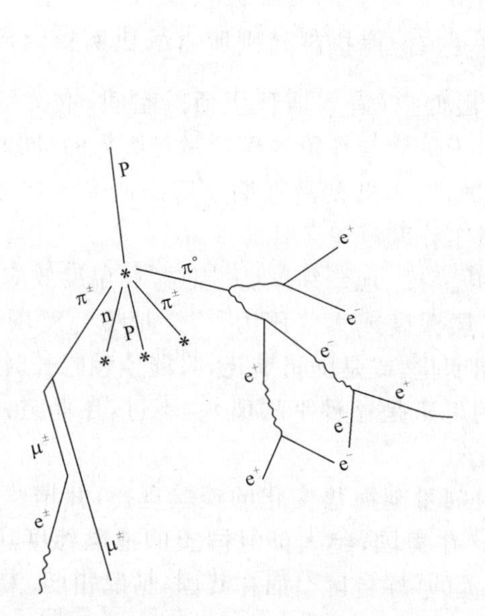

图1 宇宙射线在大气中级联过程的示意图

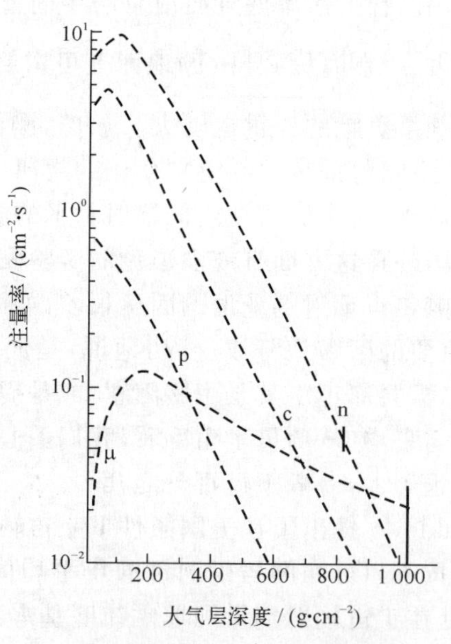

图 2 宇宙辐射粒子注量率随大气深度的变化(根据文献[3])

在低空,宇宙辐射几乎全是次级成分。从剂量学角度看,在这个空间,最有意义的成分是 μ 子、快电子及中子。在海平面高度附近,μ 成分占 $\frac{2}{3}$ 以上,且 90% 的 μ 子能量在 0.2～20 GeV间,具有极强的贯穿能力。在海拔约 3 km 以上,快电子占优势,它们的动能亦很大。同带电的 μ 子、快电子相比，中子成分在低空空气中的吸收剂量很小，但它在人体组织中的剂量当量却是不应忽略的，海拔越高，它的贡献也越大。

2. 绝对电离量* A 随海拔高度变化的解析式

为了获得宇宙辐射带电粒子成分随海拔高度的变化规律，1981 年 6 月我们同原子能研究所合作，进行了一次高空气球飞行测量。气球体积为 $3\times10^4\ m^3$，飞行高度从地面(海拔 10 m)到 30 km。气球携带的探测器是球形不锈钢壁电离室，壁厚 2 mm，容积 7.72 L(升)，内充 25 个大气压氩气。电离电流流入 MOS 静电计，静电计输出电压讯号经遥测设备发回地面打印记录。原始电压数据经修正和计算，得到不同高度上绝对电离量 A 的数值[4]。表 1 中列出了 6 km 以下 A 的实验值。

表 1　宇宙辐射绝对电离量 A 随高度 h 变化的实验值

高度 h/m	A/I	高度 h/m	A/I	高度 h/m	A/I	高度 h/m	A/I
750	2.42	1460	3.56	2650	4.99	5260	14.01
820	2.40	1640	3.52	2920	4.89	5570	14.34
880	2.63	1740	3.16	3420	5.19	5810	16.19
950	3.18	1840	2.75	3720	6.40	6410	19.33
1020	2.59	1965	3.12	3970	7.76	—	—
1080	2.75	2090	3.69	4180	7.84	0	2.07
1150	3.36	2245	3.95	4600	9.43	—	—
1210	3.04	2400	4.44	4760	10.31		
1280	3.59	2525	4.87	5000	11.75		

表 1 中没有列入地面附近的实验值，这是因为在这些近地高度上，电离室电流中有地面 γ 射线的明显贡献。从 300 m 高塔上所作的测量推算，离地约 700 m 以上时，地面 γ 射线的贡献已降到宇宙辐射贡献的 $\frac{1}{10}$ 以下。可以认为，700 m 以上的实验值已排除了地面的影响。表 1 中还列入了海平面高度上的绝对电离量 A_0 值，这是用另外专门的测量获得的，将在本文稍后加以详述。

对表 1 数据进行回归分析，得

$$\frac{A(h)}{A_0} = e^{7.8\times10^{-5}h^{1.17}} \tag{1}$$

或

$$A(h) = A_0 e^{7.8\times10^{-5}h^{1.17}} \tag{2}$$

式(1)、(2)就是宇宙辐射带电粒子成分的绝对电离量 A(以 I 为单位)随海拔高度 h(以 m 为单位)变化规律的解析式。

图 3 画出了实验值及其回归曲线 a，并与美国的资料作了比较(见图 3 曲线 b)。

---

* 绝对电离量的单位是 I，它定义为在标准状态下 1 cm^3 干空气中每秒产生 1 个离子对。

3. 带电粒子成分剂量当量率 $\dot{H}_e$ 经验公式

前已提到,低空宇宙辐射带电粒子中只有 μ 子及相关的快电子是对剂量有贡献的。它们穿过身体时几乎未被减弱,它们在全身或某器官中的吸收剂量与在空气中的吸收剂量之比,取决于 μ 子或电子在这两种介质中的阻止本领之比;事实上,这个比值同 1 很接近,以致可以认为,它们在空气中的吸收剂量也就等于在机体中的吸收剂量。再进一步,分析它们的传能线密度 LET 值就发现,它们的品质因子 Q 的平均值也都接近于 1。有了这一剂量学分析,由(1)式或(2)式就可导出相应的剂量当量表达式。

很容易算出,每单位绝对电离量(即 1I)相当于在空气中的吸收剂量率为 1.507 μrad/h(这里,取在空气中每形成一对离子所消耗的平均能量 $W=33.85$ eV[5])。因此,从上述分析中可得到下列近似的数量之间的关系式:

1I = 1.507 μrad/h(在空气中的吸收剂量率)

≈ 1.507 μrad/h(在机体中的吸收剂量率)

≈ 1.507 μrem/h(在机体中的剂量当量率)

这表示,在带电粒子成分的绝对电离量 A 与剂量当量率 $\dot{H}_e$ 之间,数量上有一简单的换算关系,即

$$\dot{H}_e(h) = 1.507A(h) \tag{3}$$

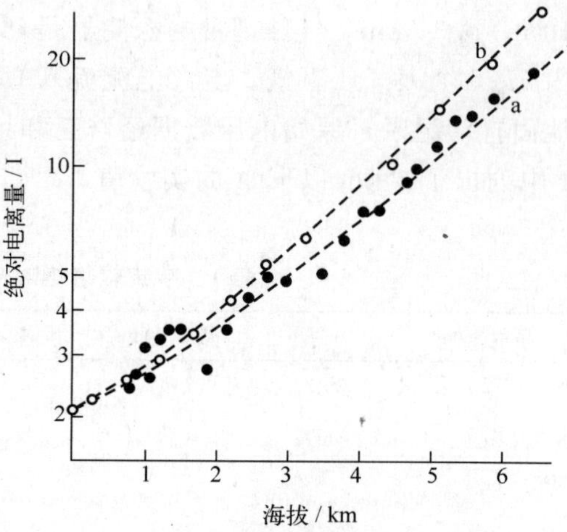

由式(1)、(2)和(3),得

$$\frac{\dot{H}_e(h)}{\dot{H}_e(0)} = e^{7.8\times10^{-5}h^{1.17}} \tag{4}$$

$$\dot{H}_e(0) = 1.507A_0 \tag{5}$$

式(4)、(5)就是我们要求的经验公式之一,即低空宇宙辐射带电粒子成分的剂量当量率 $\dot{H}_e$ 与海拔高度 h 的关系。$\dot{H}_e$ 以 μrem/h 为单位,h 以 m 为单位。

图 3　绝对电离量随海拔变化的实验点及回归曲线

a——香河,28°N;b——美国,42°—53°N

4. 地磁纬度效应

式(1)、(2)及(4)、(5)是根据在北京附近香河县的高空气球测量数据得到的,这里的地磁纬度 λ 为 28°N*。

为了估计地磁纬度效应的影响,我们可借用美国在高纬度上的实验数据。文献[6]提供了在地磁纬度 λ=42°～53°N 下测得的绝对电离量 A 的实验值。用获得式(1)或式(2)完全相同的步骤,对这批数据进行回归分析,得到 λ=42°～53°N 时 A 随 h 的变化规律(见图 3 中曲线 b):

---

* 地磁纬度 λ,可根据地理坐标(经度 a°,纬度 b°)计算出来[7]:
$\sin\lambda = \sin b^\circ \cos 11.7^\circ + \cos b^\circ \sin 11.7^\circ \cos(a^\circ - 291^\circ)$。

$$\frac{A'(h)}{A'_0} = e^{7.32\times10^{-5}h^{1.196}} \tag{6}$$

同样,可以得到:

$$\frac{\dot{H}'_e(h)}{\dot{H}'_e(0)} = e^{7.32\times10^{-5}h^{1.196}} \tag{7}$$

$$\dot{H}'_e(0) = 1.507A'_0 \tag{8}$$

文献[1]中给出了在不同海拔上 $\dot{H}'_e(h)$ 的数值,用以估计美国的居民剂量,文中没有给出 $\dot{H}'_e(h)$ 的解析式。若将文献[1]中的这些数值与(7)式计算出的数值比较,二者符合得极好(见表 2)。这表明我们的回归步骤是合理的。

(7)式与(4)式的差别,反映地磁纬度效应的影响。由于地球周围存在磁场,射向地球的初级宇宙射线会遭到偏转,能量于截止能量 E_C 者将不能进入大气层。地磁纬度 λ 越大,E_C 值会越小,即越能有较多的初级宇宙射线进入大气层,使得在任一高度上,宇宙辐射剂量率总是比低纬度上的要大(正如图 3 显示的,曲线 b 总在曲线 a 之上)。但另一方面,高纬度上进入大气层的初级宇宙射线粒子的平均能量较低,因而它们的级联扩展深度减小,即易于被减弱。这两个因素合在一起的结果,纬度效应的影响随海拔的降低而减小,图 3 同时显示了这一规律。

在海平面高度上,从 λ=0°N 到 λ≥40°N,绝对电离量差别仅 10%[2]。由此以及由(7)式和(4)式可知,在海拔只有几百米时,可以不作纬度效应修正,但当 h=4 km 时,绝对电离量或剂量当量率 $\dot{H}_e$ 的差别就可以达到 20%(λ=28°N与λ=42°N 相比较)。

表 2　$\frac{\dot{H}_e(h)}{\dot{H}_e(0)}$ 值的比较*

海拔,m	$\dot{H}_e(h)/\dot{H}_e(0)$ 数值Ⅰ	数值Ⅱ	数值Ⅱ/数值Ⅰ
16.5	1.0021	1.0028	1.0007
45.7	1.0071	1.0057	0.9986
76.2	1.0131	1.0113	0.9983
104	1.0191	1.0170	0.9980
154	1.0307	1.0283	0.9977
222	1.0480	1.0397	0.9920
314	1.0623	1.0735	1.0106
494	1.1161	1.1297	1.0122
628	1.1728	1.1765	1.0032
1080	1.3484	1.3645	1.0120
1381	1.5042	1.5175	1.0088
1575	1.6176	1.6291	1.0071
1768	1.7479	1.7514	1.0020

* 数值Ⅰ:按文献[1]表 4 所列值算得;
数值Ⅱ:按本文(7)式算得;
海拔值从文献[1]表 4 中选取代表值

至于经度效应,它在低空时可以忽略,对于我国高纬度地区,可以直接利用(7)式。

5. A_0 的测定及 $\dot{H}_e(0)$ 值

在以上讨论中,A_0 数值有作为比较的基础的作用;在回归分析中由于 700 m 以下的气球测量数据不能直接利用,要获得较好的回归曲线,A_0 值也是很重要的。

50 多年来不断有人测量 A_0 值,可是结果的分散性非常大,从 1.9I 到 3.22I。原因当然不是宇宙辐射本身有这样大的变化。主要原因在于所采用的探测方法不同,包括探测器的特性、刻度方法及如何消除宇宙辐射以外的其他因素对仪器读数的贡献,等等的不同。文献[8]对此问题作了评述。精确地测定 A_0,主要是地球物理的需要(例如研究宇宙辐射能量平衡问题)。就本文涉及的目的而言,显然并不要求很高的精度,但由于在我们讨论中 A_0 的重要性,实验测定 A_0 值仍是需要的。

1982 年 8 月及 10 月,两次在密云水库水面上(海拔 170 m)作了测量。使用的是全木结构小船，测量时小船位于开阔湖面，离岸边 2 km 以上，水深 30 m 以上，可以认为岸上陆地及湖底的放射性辐射对测量没有贡献。两次测量均在当天午后 2 点～4 点进行，天气晴或晴间多云，微风，测量所用的电离室的壁不锈钢厚 3 mm，容积8.12 L，内充 25 个大气压纯氩。测量时，每隔 5 秒钟从 MOS 静电计及数字电压表上读一次数，同时由自动记录仪连续记录[9]。两次测量结果及平均值列于表 3。

表 3　A_0 测量值

序　号	A_0/I
1	2.02±0.24
2	2.11±0.23
平均值	2.07±0.17

处理数据时，对湖面上氡子体的贡献，采用估算的方法扣除了。其在空气中的照射量率估计值约为 0.11 μrem/h[9]。从海拔 170 m 的测量值推算到海平面高度值时，采用了式(1)。

这个 A_0 值(对应于太阳活动接近最大期)，同最近公布的实验值 $A_0=2.15\pm0.05$(I)[8]是吻合的；同理论计算值[8] $A_0=2.2$I(对应于太阳活动最小期)，$A_0=1.99$I(对应于太阳活动最大期)也是吻合的。

根据式(5)，海平面高度上的带电粒子成分的剂量当量率* $\dot{H}_e(0)$应为：

$$\dot{H}_e(0)=3.12\ \mu\text{rem/h}=27.3\ \text{mrem/a} \tag{9}$$

Oakley[1]在计算美国居民宇宙辐射剂量分布时，取 $\dot{H}_e(0)$为 4.0 μre m/h 或35.3 mrem/a。这个值显然过大了，比 1975 年 NCRP[10]公布的宇宙辐射总剂量当量值 28 mrem/a 还高$\frac{1}{4}$。作者是把过去公布的几十个 A_0 不加分析地一齐相加取平均，这是不合理的。

顺便指出，比较不同作者所作的 $A(h)$测量时发现，尽管 A_0 值相差很大，$A(h)/A_0$ 却没有多大差别，即不影响 A 随高度的相对变化。例如，1970 年公布的 George[11]测量值 $A_0=2.60$I，是那时期报道的最高值(文献[7]对该工作有评述，认为偏高了)，但是如果根据他的原始数据计算 $A(h)/A_0$，却与本文(6)式的计算结果非常接近，而(6)式反映的是另一组测量值 $A(h)$，其中 $A_0=2.10$I[6](见表 4)。

表 4　A_0 测量值的不同对$\frac{A(h)}{A_0}$的影响

h/m	$A(h)$/I	$A(h)/A_0$	
	根据文献[11]	根据文献[11]	根据本文[6]式*
0	2.60	1.00	1.00
317	2.78	1.07	1.07
1539	4.37	1.68	1.61
3057	7.52	2.89	2.93
4609	15.22	5.85	5.80
5867	25.75	9.90	10.40

*本文(6)式是根据文献[6]实验值得到的，在该文中，$A_0=2.10$I。

二、关于中子成分的剂量

1. 低空宇宙辐射中子成分的特点及实验测定中的考虑

宇宙辐射中子构成了几乎全部环境天然本底中子辐射(除极少量自发核裂变之外)。为

* UNSCEAR—1982 给出的 $\dot{H}_e(0)$数值为 280 μSv/a，即 28 mrem/a。

了实验测定地面上或低空不同高度上的宇宙辐射中子剂量，首先应当弄清低空中子成分的物理特性。

第一，宇宙辐射中子注量率很低。在海平面附近，其值仅在 $10^{-2}s^{-1}\cdot cm^{-2}$ 上下，相应的中子剂量当量率每年仅几 mrem。这要求实验测量仪器有相当高的灵敏度。在文献[12]中报道了一个为此目的设计的探测器，它由三支并联的直径为 35.2 mm、有效长度为941 mm的 BF_3(浓缩硼)计数管，外包 6.5 cm 厚聚乙烯慢化体组成，它的中子注量率灵敏度达到 101 cps/($s^{-1}\cdot cm^{-2}$)。在 0.2 eV～5 MeV 范围内，灵敏度与中子能量基本上无关，但探测器的方向性很显著。

第二，关于宇宙辐射中子谱及角分布是否随海拔高度而改变。宇宙辐射中子能谱很宽，从热能到几十 MeV，甚至 GeV 量级的。倘若能谱随高度不断变化，那么在气球飞行测量中，像上述那样的探测器就毫无用处了。所幸，宇宙辐射中子具有一些有利于测量的特性：在大气深度大于 300 g/cm^2(约 10 km 以下)时，(1)存在中子平衡状态，因而中子注量率同该点处的中子产生率保持正比关系[13]；(2)中子能谱不随海拔高度而改变[14,15]，呈 Hess 谱形；(3)由以上两点可以推断，中子角分布也基本上不随高度而改变。

第三，如何由测得的注量率换算到剂量当量率。对此，有几种换算模式。涉及的主要问题有两个，一个是涉及低空宇宙辐射中子的角分布，即在照射人体时是各向同性的还是单向铅垂向下的？另一个是涉及人体受照射的方式，是单侧受照还是两侧受照？在我们的工作中[16]，对此作了分析，认为下述模式是比较合理的，即在低空的宇宙辐射中子是各向同性的、从两侧照射人体模型(30 cm 厚机体组织板)；占注量率值一半的中子，各向同性地入射到其一侧，另一半，则各向同性地入射到其另一侧。

关于各向同性问题，似可作如下解释。宇宙辐射中子按其产生的机制，可分为级联中子和蒸发中子。蒸发中子的平均能量较低，只有几 MeV[15]，它们显然是各向同性的。这类中子(包括它们被慢化和扩散后)，构成宇宙辐射中子的绝大多数，且其能量恰好处于探测器有效能响区域，探测器记录到的基本上就是这类中子。级联中子是在强子级联中产生的，而且又参与继后的级联过程，它们的能量很高，探测器对它们的探测效率极低；这类中子确有明显的方向性(铅垂向下为主)，但它们的数量很少。待到其能量减低到不足以再参与级联时，它将被慢化。在经多次散射、扩散之后，它们的“方向”的历史早已模糊不清了。

2. 低空中子成分随高度的变化和减弱长度 L

在作了必要的物理考虑后，1982 年 8 月，我们在香河县(28°N)进行了气球飞行测量，以便获得宇宙辐射中子成分随高度的变化规律。气球容积为 10^4 m^3，升速在 10 km 以下时保持在约 5 m/s 左右。气球携带的探测器是类似前面提到的高灵敏的 BF_3 装置。实验点画在图 4 中，每点计数率数值是由 100 秒累积计数算得的。关于实验的详细描述请参看文献[17]。

由于中子能谱不随高度而变化，理论上当然合理地预期，在半对数坐标纸上，计数率与大气深度的关系是一直线，即随大气深度的增加，计数率按指数函数规律下降，减弱长度记为 L。于是，由回归分析得，

$$L = (191 \pm 9)\,\mathrm{g/cm^2} \tag{10}$$

由于有地磁纬度效应，L 值与地磁纬度有关。Soberman[18] 汇集了不同作者测定 L 值的结果(见表 5)，可以看出，对 $\lambda = 28°$N 时，$L = 191 \pm 9$ 是合理的。

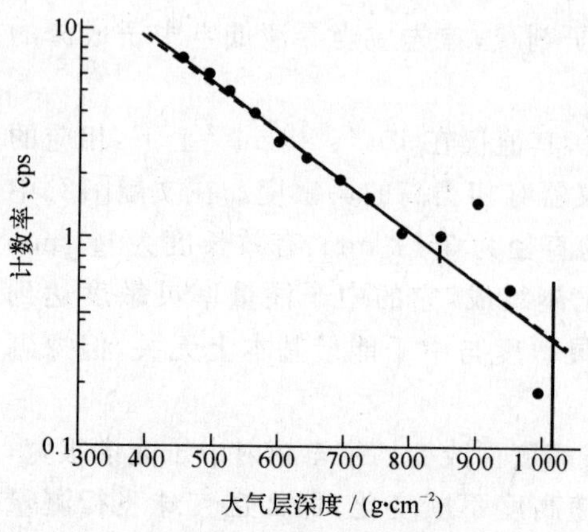

图4 中子计数率随高度的变化
——舍弃了大于 $900g/cm^2$ 的实验点；
---舍弃了地面上的实验点

既然中子能谱不随海拔（以大气深度 h' 表示海拔高度）改变，那么中子注量率 φ 及相应的中子剂量当量率 $\dot{H}_n$ 随 $h'(g/cm^2)$ 的变化关系应当是：

表5 减弱长度 L 与地磁纬度 λ 的关系

λ,°N	$L/(g/cm^2)$	λ,°N	$L/(g/cm^2)$
0	212	53	157
10.1	212	54.7	162
19	206	55.1	164
30.4	196	65	157
40	181	69	162
51	156	88.6	164

$$\phi(h)' = \phi_0 e^{(1030-h')/191} \tag{11}$$

$$\dot{H}_n(h') = \dot{H}_n(0) e^{(1030-h')/191} \tag{12}$$

式(11)和式(12)中，ϕ_0、$\dot{H}_n(0)$ 表示海平面高度上的中子注量率及相应的中子剂量当量率。海平面高度的大气深度 h' 取为 $1030\ g/cm^2$。海拔高度 h 与大气深度 h' 的换算关系见表6。

表6 海拔高度 h 与大气层深度 h' 换算关系

h/m	h'/gcm⁻²	h/m	h'/gcm⁻²	h/m	h'/gcm⁻²	h/m	h'/gcm⁻²
0	1030	2000	820	4000	645	6000	498
200	1000	2200	802	4200	628	7000	438
400	979	2400	783	4400	612	8000	385
600	959	2600	765	4600	596	10000	293
800	938	2800	747	4800	581	15000	137
1000	918	3000	728	5000	567	20000	60.8
1200	900	3200	710	5200	553	25000	27.7
1400	877	3400	694	5400	539	30000	13.3
1600	858	3600	677	5600	524	35000	6.3
1800	838	3800	661	5800	510	40000	3.2

3. 中子界面效应的影响

在气球起飞前，测量了在实验场地面上的计数率。经过必要的修正（主要是仪器的探测效率和能谱响应修正）后，获得相应的中子注量率为 $4.0\times10^{-3}\ s^{-1}\cdot cm^{-2}$。因为实验场地面的海拔高度只有 10 m，近似就是海平面高度，所以这个数值可以视作海平面高度的宇宙辐射中子注量率 ϕ_0。这个实验点也画在图4中。用类似的仪器，在北京玉泉路高能所作过将近两年的测量，其结果与上述数值一致[12,17]。

但是，在图 4 中若将回归直线外推到海平面高度，所得到的计数率经过与上面完全相同的修正，结果是，在海平面高度上的宇宙辐射中子注量率（记为 ϕ'）为 $9.9\times10^{-3}\,\text{s}^{-1}\cdot\text{cm}^{-2}$，即空中外推值为地面实测值的 2.5 倍。

引起这种差别的主要原因是中子的界面效应。用大地代替空气，形成了不连续介质（空气/大地）。这同无限大连续空气介质相比，引起了两个方面的变化。一是宇宙射线的中子产生率的改变，在大地中比在空气中产生率要高；二是对中子的慢化、扩散及吸收能力的改变。其结果，在空中不随高度而变的平衡中子能谱，在界面附近的空气中不能再保持，热中子明显上升，快中子及大部分慢中子将下降。文献[13]中从理论上计算了几种典型的宇宙辐射中子界面效应。对空气/大地界面（按该文中所列的原子组成比计算，大地含水量约为 8.6%）情形，在海平面高度的界面空气一侧上方 50 cm 处，热中子成分增加近 10 倍，而各组快中子成分却减少，其中有代表性的 1.055 MeV 能量组减少 2～3 倍（按文献[13]图 6 估计）。可是，由于我们所用的探测器外边包有 6.5 cm 厚的聚乙烯慢化体，0.2 eV 以下中子不能进入 BF_3 计数管，因而探测器只能记录到明显减少后的各组快成分。这一分析可能有助于理解在界面上我们实测的计数率同空中外推值相差 2.5 倍的原因。

至于边界效应起作用的范围，按文献[19]所示，在离地面 400～500 m 高度上仍有一定的影响。因而，在对图 4 中数据作回归分析以期找出应有的 L 值时，舍弃了离地面较近的几个点。

4. 中子成分的剂量当量率 $\dot{H}_n$ 经验公式

关于由中子注量率计算相应的中子剂量当量率的问题，Hajnal[20] 有比较系统的研究。对于我们在本文中采用的模型（即宇宙辐射中子各向同性地入射到 30 cm 厚半无限板状机体组织并且两侧各占中子注量率的一半），单位中子注量在体模表面的剂量当量（记为 K）为 $10.67\times10^{-9}\,\text{rem}\cdot\text{cm}^2$。

人们总是生活在地面上，不论那里的海拔高度是多少。因此，中子界面效应总是不得不考虑。界面效应使宇宙辐射 Hess 谱受到畸变，情形虽然比较复杂，总的说来是快中子成分减少，热中子成分增加。不过，由于单位注量热中子的剂量当量值要比快中子小得多，以致即使我们假定热中子成分也同快中子成分一道减少了，对总的剂量当量数值影响也不大。因此，从剂量的观点看，我们可以近似地说，在界面附近，中子能谱仍未畸变，上述 K 值仍然可用，只是中子注量率减至 $\frac{1}{2.5}$。

于是，得

$$\dot{H}_n(0) = \frac{\phi'}{2.5}\times K\times(3600\times24\times365) \tag{13}$$

将 $\phi'_0=9.9\times10^{-3}\,\text{s}^{-1}\cdot\text{cm}^{-2}$ 和 $K=10.67\times10^{-9}\,\text{rem}\cdot\text{cm}^2$ 代入(13)式，得

$$\dot{H}_n(0) = 1.35\times10^{-3}\,\text{rem/a}$$

由上式和(12)式，得关于宇宙辐射中子剂量当量率的经验公式为：

$$\dot{H}_n(h') = \dot{H}_n(0)\text{e}^{(1030-h')/191} \tag{14}$$

$$\dot{H}_n(0) = 1.35\text{mrem/a}$$

确定 ϕ_0、$\dot{H}_n(0)$ 的数值是一件困难的事，因为海平面附近中子注量率低，又有界面效应

干扰。Hajnal[20]列举了1962年至1970年间七位不同作者获得的海平面宇宙辐射中子注量率，其数值从 6.5×10^{-3} 至 $1.8\times10^{-2}s^{-1}\cdot cm^{-2}$。这种近3倍的差别，加上计算剂量当量模型的不同，使 $\dot{H}_n(0)$ 的差别甚至更大。

本文中 $\dot{H}_n(0)$ 的数值同近期的国外数据作比较，情况是：1970年 O'Brien 理论计算值为 2.2 mrem/a[20]。1975年 NCRP-45 号报告中认为：在整个美国范围内作为一种长期平均值，$\dot{H}_n(0)$ 约占海平面高度上宇宙辐射总剂量当量（带电粒子加中子）的5%。以此计算，$\dot{H}n(0)$ 应为 1.4 mrem/a。UNSCEAR 1982年报告给出的数据 $\dot{H}_n(0)$ 为 21 μSv/a，即2.1 mrem/a。

Oakley[1]中采用 $\dot{H}_n(0)$ 值为 5.6 mrem/a，这明显过大了，以此算出的关于美国居民剂量，自然也过高估计了。

中国科学院高能物理研究所宇宙线研究室主任霍安祥同志审阅了本文中涉及宇宙线物理的内容，谨致感谢。

先后参加本工作的有：刘桂林，李建平，张保襄，汤月里，姜文贵，唐鄂生，刘曙东，解延风，陈之布，蔡小平，朱国义，刘树德，岳忠厚，董振甲，赵升元。

参考文献

1 D. T. Oakley et al., in "The Natural Radiation Environment Ⅱ", Adams, J. A. S., Lowder. W. M. and Gesell. T., Eds(U. S. Atomic Energy Commission, Oak Ridge, Tennessee), 91(1975)

2 NCRP Report 50, 1976

3 K. O'Brien; in "The Natural Radiation Environment Ⅱ". Adams. J. A. S., Lowder. W. M and Gesell. T; Eds(U. S. Atomic Energy Commission, Oak Ridge, Tennessee), 15(1975)

4 张保襄，岳清宇等. 空间科学学报，2，2，160(1982)

5 ICRU Report 31, 1979

6 W. M. Lowder et al., USAEC Report HASL-254(1972)

7 人造地球卫星环境手册编写组，人造地球卫星环境手册，第69页，国防工业出版社，1971年

8 A. R. Liboff et al., *J. Geophys. Res.*, 83, A12, 5539(1978)

9 朱国义，刘树德等. 密云水库水面宇宙辐射的测量，未发表，1982

10 NCRP Report 45, 1975

11 M. J. George, *J. Geophys. Res.*, 75(19), 3693(1970)

12 李建平，常威克等. 高能物理与核物理，6，665(1982)

13 K. O'Brien; *J. Geophys. Res.*, 83, A1, 114(1978)

14 Satio Hayakawa; Cosmic Ray Physics, p. 430, Printed in USA, 1969

15 H. W. Patterson, R. H. Thomas, Accelerator Health Physics, p. 345, Academic Press, Inc., New York and London, 1973

16 刘桂林，李建平等. 测定宇宙线辐射的中子剂量当量率，未发表，1982

17 李建平，张保襄等. 宇宙辐射中子本底的测量，郑州大学学报(自然科学版)1983年增刊

18 R. K. Soberman; *Phys. Rev.*, 102, 5, 1399(1956)

19 H. D. Henbrick et al; *Phys. Rev.*, 145, 4, 1023(1966)

20 F. Hajnal et al; USAEC Report HASL-241(1971)

Cosmic Ray dose Measurement in the Lower Atmosphere and Empirical Formulas for the Dependence of dose on Altitude

(RP Group, High Energy Physics Institute, Beijing, Academic Sinica)

Abstract: As a result of summing up (in accordance with dose properties of cosmic rays) the balloon flight measurements and associated measurements on the ground that we made during last two years, two empirical formulas are obtained which might be used to estimate cosmic ray dose equivalent rate of the charged particle component $\dot{H}_e$ and of the neutron component $\dot{H}_n$ respectively.

The work reported here also mentions latitude effect, boundary effect of neutron transportation, and a few other problems associated with application of these formulas.

The results have been compared with the simular work done by foreign authors.

Key Words: Cosmic Radiation, Balloon Measurement, Charged Particle Component, Neutron Component, Dose Equivalent

K-600 中子发生器的中子天空反射测量*

郑华智　李桂生

（中国科学院近代物理研究所）

吴靖民　李建平

（中国科学院高能物理研究所）

摘要：以 K-600 中子发生器为对象，测量了中子在大气中散射的衰减规律，以评价中子发生器对周围环境的辐射影响。实验测得中子在大气中的衰减长度为 396 m。

关键词：中子　产额　屏蔽　天空反射　衰减长度

一、前　言

中国科学院近代物理研究所 K-600 中子发生器建于 20 世纪 60 年代初期。最初的目的是开展中子物理研究，中子产额为 $10^9\ s^{-1}$。近年来转向应用研究，从事快中子辐照、快中子活化分析和核化学实验等工作，使用 T(d,n)反应，中子产额提高到$(1\sim3\times10^{11})s^{-1}$，最大值为 $6\times10^{11}s^{-1}$。

中子发生器为立式结构，分为上下两层，主体及高压部件装在楼上主厅内，靶头装在楼下的中子厅内。主厅四周用普通混凝土屏蔽，墙厚为 0.5 m。顶盖为一般建筑结构，厚约 10 cm，未考虑屏蔽要求。中子厅为半地下结构，地上部分混凝土屏蔽墙的东、北两侧墙厚为 1.3 m，外面是辅助实验室，西、南两侧墙厚为 1 m，外面是庭院。主厅与中子厅之间为 1 m厚的混凝土楼板。靶头距楼板底面 1.3 m。

从防护观点看，中子发生器屏蔽已满足原设计要求，天空反射可以不考虑。但是，中子产额提高后，天空反射问题就不能忽视了。

天空反射是指被产生辐射的装置或辐射源上方的大气向地面反射的辐射，其强度取决于辐射装置或辐射源的类型。运行条件和屏蔽状况等因素。天空反射的剂量贡献虽然不大，但它是加速器对周围环境辐射影响的主要来源，常常成为外环境辐射影响评价的主要内容。对公众而言，天空反射必须予以重视[1]。

本工作的目的，在于利用该中子发生器顶盖屏蔽比较薄的情况，研究中子的天空反射现象，以便对其环境的辐射影响进行评价。同时，也为改进中子发生器的防护条件提供依据。

---

* 本文 1988 年 3 月在《辐射防护》第 8 卷第 2 期上发表。

二、测量仪器和方法

中子通过天空反射对外环境的剂量贡献一般与环境天然本底辐射水平(约为0.1 μSv/h)相近,所以要求中子探测仪器有足够高的灵敏度。此外,对加速器产生的各种能量的中子,在其通过屏蔽体中的2～3个平均自由程后,其次级带电粒子即可满足准平衡条件。对于一般加速器,无论是高能或低能加速器,中子经天空反射返回地面时的中子主要成分的能量都为0.5至几个MeV,这给天空反射的测量提供了方便的条件,因为一般中子剂量当量仪对几MeV中子都具有较好的能量响应。

本实验中中子的测量采用高灵敏度中子探测器[2],探头为$\phi 50\times 350$ mm的BF_3正比计数管,其外面包6.5 cm厚的圆柱形聚乙烯慢化体。计数管输出脉冲幅度约几十mV,经过二次线性放大、甄别,输出20 mA、1 ms宽的电流脉冲,送入高速低功耗单板计算机,通过打印机可获得实验数据。

高灵敏度中子探测器用Am-Be中子源刻度,其灵敏度为(15.9±0.3)cps/($n\cdot cm^{-2}\cdot s^{-1}$)。对能量为几个MeV的中子,则每个计数相当于$2.58\times 10^{-5}$ μSv。可见,这种中子探测器完全适用于天然本底或天空反射的测量。

天空反射测量选择在中子发生器的西北方向。这一侧有效屏蔽很厚,可避免直射中子的影响,又无高层建筑物,能较好地反映天空反射的情况。

测量点以靶头为圆心沿径向分布,其间隔为5～10 m,测量点离靶头的距离以r表示,一直延伸至200 m左右。

测量时利用氘核打氚钛靶,由T(d,n)反应产生14 MeV中子。中子发生器的高压为300～310 kV,流强为1～2 mA。用金硅面垒探测器测定(n,α)反应的α粒子数来确定中子强度,其误差<3%。中子发生器的中子强度在($1\sim 2\times 10^{11}$)s^{-1}左右,但随着工作时间的延长,氚钛靶的中子产额逐渐降低。为此,每测量一个点,都要同时记录中子发生器的工作状态;同时,我们还采用另一套相同的高灵敏度中子探测器,安装在距中子发生器约70 m处,作为固定参照点,以便对测量数据进行修正。

每一测点测量10个数据,每个数据计数1分钟。

三、测量结果与讨论

由测量数据求得各测点的平均计数率$\bar{n}_0$,减去天然本底后,再修正为中子产额为$2\times 10^1\cdot s^{-1}$时的计数率n(见表1)。然后,由仪器的灵敏度(15.9±0.3)cps/($n\cdot cm^{-2}\cdot s^{-1}$),求出各测点上的中子注量率$\phi$及$\phi r^2$,并绘于图1和图2中。从图1和图2可以看到:

1. 在加速器大厅外,随着测点与中子源距离r的增加,中子注量率ϕ逐渐增加,至30～40 m处呈现一峰值,然后按直线下降,到180 m左右达到天然中子本底水平。近源处ϕ值较低,是由于加速器侧墙阴影屏蔽的结果。稍远处(>30～40 m),阴影屏蔽消失,显示出天空反射的效果,并ϕ随距离r的增加而逐渐减小,这正是天空反射的一般规律。

2. 图2是消除了反平方律因素后中子在空气中减弱的情况。可以看到,ϕr^2在$r>40$ m后随距离的增加而缓慢下降,但曲线较为平坦,这一方面说明ϕ比平方反比规律衰减得快;

另一方面又说明空气对中子的吸收能力很弱，反映了较强的天空散射效应。

表 1　14 MeV 中子天空反射实验数据

序号	距中子源的距离 r/m	平均计数率 $\bar{n}_0$/cpm	修正后的净计数率 n/cpm	$\phi/10^{-2}(\text{cm}^2\cdot\text{s})^{-1}$	$\phi r^2/10^4\text{s}^{-1}$	中子剂量当量率 $H/(10^{-2}\mu\text{Sv/h})$
1	18.0	32.6	22.3	2.3	7.5	3.45
2	22.0	48.8	40.4	4.2	20.3	6.25
3	26.0	48.1	39.2	4.1	27.7	6.07
4	30.0	59.2	42.1	4.4	39.6	6.52
5	36.0	66.2	50.1	5.3	68.7	7.76
6	42.5	46.3	35.6	3.7	66.8	5.51
7	50.0	47.5	33.4	3.5	87.5	5.17
8	58.3	33.4	22.2	2.3	78.2	3.44
9	67.1	26.1	15.9	1.7	76.5	2.46
10	76.2	24.5	15.5	1.6	92.9	2.40
11	85.4	23.8	15.4	1.6	116.7	2.38
12	94.9	17.1	6.9	0.7	63.0	1.07
13	104.4	16.4	7.1	0.7	76.3	1.10
14	123.7	15.8	6.2	0.6	91.8	0.96
15	142.2	13.2	2.1	0.2	40.4	0.33
16	202.0	11.5(～本底)	0	—	—	—

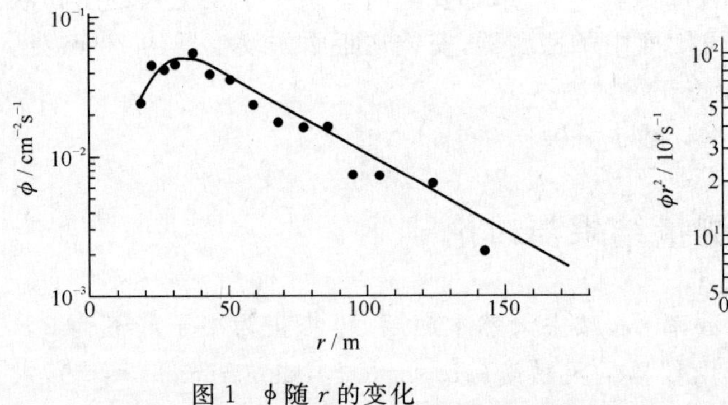

图 1　ϕ 随 r 的变化

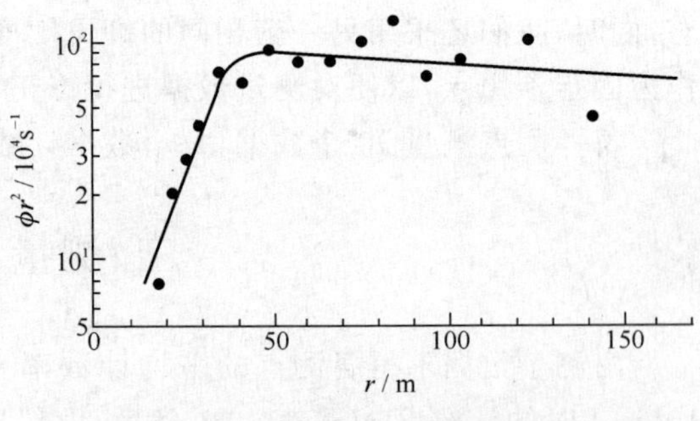

图 2　ϕr^2 随 r 的变化

3. Rindi 和 Thomas[3] 根据一系列天空反射实验，总结出一个简单而又实用的经验公式

$$\phi = \frac{aQ}{4\pi r^2}e^{-r/\lambda} \qquad (r > 40\ \text{m}) \tag{1}$$

式中，Q 是从屏蔽中泄漏出的有效中子源强；λ 是沿地面的衰减长度，其值在 267～850 m 之间。按式(1)，可以从图 2 求得本实验的衰减长度 λ=396 m。λ 值同屏蔽条件和中子能量等许多因素有关。本文计算 λ 值的方法具有普遍意义，但 λ 的具体数值不应任意取用。

4. 孙岳和吴靖民[4]用 MORSE 程序计算了能量为 2.38 MeV、14 MeV 和巨共振中子的天空反射规律，求得在该能量范围内中子的衰减长度 λ 为 286 m，与本实验测量值接近。

四、结　论

1. 在 K-600 中子发生器上，利用 T(d,n)反应产生 14 MeV 的中子，其源强为 $2\times10^{11}s^{-1}$，在现有屏蔽条件下，可以明显地观察到天空反射现象，它可波及半径约 200 m 范围。

2. 兰州市外照射贯穿辐射(中子和 γ 射线)剂量当量率为 0.128 μSv/h(12.8 μrem/h)。中子发生器大厅北侧 30 m 外即为市区公共道路，该处最大的中子剂量当量率为 0.078 μSv/h，低于本市天然本底。

3. 经验公式(1)既简单又实用，可用于该中子发生器的天空反射计算。本实验得到衰减长度 λ=396 m，与理论计算值接近。

4. 本实验采用的中子探测器，灵敏度高，工作稳定，完全可以用于天然本底或天空反射的测量。

本实验在中国科学院近代物理研究所进行，由近代物理研究所与高能物理研究所合作完成。参加实验测量工作的还有汤月里、刘曙东、屈国英等；近代物理研究所 K-600 中子发生器的全体运行人员为本实验提供了良好的条件，在此一并致谢。

参 考 文 献

1 郑华智. 核物理动态，2(2)，39(1985)
2 李建平等. 环境中子、γ 监测系统，中国科学院高能物理研究所，未发表，1986 年
3 Rindi, A. and Thomas, R. H., Particle Accelerator, 7, 23(1975)
4 Sun Yue and Wu Jiangmin, Use of MORSE Program to Calculate Skyshine, LBL-12/11/80, 1980

MEASUREMENT FOR SKYSHINE OF NEUTRON GENERATED BY THE K-600 NEUTRON GENERATOR

ZHEN Hua-shi　LI Gui-sheng
(Institute of Modern Physics, Academia Sinica)

Abstract: The attenuation low of neutron scattering in atmosphere that generated by K—600 Neutron Generator at IMP was measured in order to evaluate the effect of the neutron generator to surroundings. The attenuation lenth λ=396m was abtained and this result is in aggreement with the measured data at some laboratory abroad.

Key Words: Neutron, Yield, Shielding, Skyshine, Attenuation Lenth

北京正负电子对撞机本底辐射及高Z闪烁体辐照损伤研究*

陈　宇　戴长江**　顾以藩　雷传蘅**
李建平**　刘曙东**　邵贝贝**　汤月里**

(中国科学院高能物理研究所,北京　100039)

摘要:在北京正负电子对撞机上首次从粒子物理实验的需要出发开展了对撞区辐射本底的系统研究。发展了动态研究对撞区辐射水平的有效方法,能够灵敏地反映出对撞机不同工作状态下的本底辐射水平与其分布情况以及在对撞状态下随时间变化的规律。考察了国产 BGO 及 BaF_2 晶体在对撞机辐射环境中的抗辐照性能。

一、引　言

在正负电子对撞机上开展粒子物理实验,辐射本底是首先需要认真研究的问题。了解对撞区辐射环境,对于探测器的合理设计、实验条件的恰当安排以及保证实验高质量进行都有着重要意义。

国外对撞机上的实验工作提供了不少可资借鉴的正反经验。在 SPEAR 对撞机上工作的晶体球探测器,由于预先研究了对撞机本底辐射情况,并采取了相应措施,从而保证了它在对撞机上多年工作期间未曾受到本底的辐照损伤[1]。相反,在 PEP 对撞机上的双光子实验所采用的 NaI(T1)双臂磁谱仪,在未加必要的屏蔽措施的情况下,由于注入时电子束"丢失"所致的超量辐照,造成了 60 块大 NaI(T1)晶体严重损伤的不幸事故[2]。

在正负电子对撞机环境中,本底辐射的来源,除宇宙线外,还可能为:正负电子束在弯转磁铁处以及聚焦磁铁处产生的同步辐射;正负电子束在管道内以及在对撞点处与残余气体的相互作用;在对撞点处的束—束相互作用;以及双光子作用过程[3]。在通常类型的储存环对撞机环境中,本底主要来自聚焦磁铁处的同步辐射 X 射线以及束与残余气体的相互作用,后者形成的慢化电子和部分轫致辐射光子通过电磁簇射过程产生能量分布很宽的 γ 射线,而能量高出光核反应阈值的光子还可能产生中子。

在充分了解本底辐射情况的基础上,可以针对性地采取措施来改善对撞机辐射环境或减小其对粒子物理实验可能产生的不利影响。另一方面,由于探测器(以及若干电子学线路)所用材料与元件在工作条件下长时间地处于对撞区辐射环境中,它们的抗辐照能力也是

* 本文 1993 年 8 月在《高能物理与核物理》第 17 卷第 8 期上发表。

** 参加了 BEPC 对撞区本底辐射研究的实验工作。

探测器设计中不可忽视的一项指标要求。

近年来,为新一代对撞机实验而设计的探测器方案强调了对于电子和光子的精密测量,并建议采用高原子序数无机闪烁晶体(例如 BGO,CsI,BaF_2 等)作为全吸收电磁量能器材料[4—6]。这类晶体材料的辐照损伤性能及其可能的改进途径成为粒子物理实验人员与材料科学工作者共同关心的问题,随着对撞机能量和亮度的提高,其重要性愈见突出。

本文报道在北京正负电子对撞机(BEPC)上对于对撞区的本底辐射以及在该辐射环境中若干国产闪烁晶体的抗辐照性能进行研究的实验结果。

二、BEPC 对撞区本底辐射研究

1. 测量方法

在对撞机上通常采用热释光剂量计(TLD)来测量和监视对撞区本底辐射情况[1,7]。这种方法简便可靠,但仅能给出累积辐射剂量。

在本工作中,采用了多个 TLD 分布在北对撞区内紧贴与离开束流管道的一些选定点上,测量比较了 1989/1990 及 1990/1991 两次运行期间对撞区本底辐射水平及其分布情况。所用 TLD 外包工业塑料及铜过滤器,对 γ 射线的能量响应范围为 30 keV～4 MeV,总的测量误差不大于±10%。

与此同时,在原设计用于高能物理研究所质子直线加速器及 BEPC 环境辐射监测系统的 γ 及中子探测器的基础上,发展了动态研究对撞机辐射水平的有效方法。所用 γ 及中子探测器的性能详见文献[8],总的测量不确定度,前者约为 6%,后者约为 11%。由 6 套 γ 探测器和 3 套中子探测器组成的测量系统安放在北对撞区的特定位置上,在线测量各点本底辐射情况,通过数据采集处理器(D. D. L.)每 15 分钟采集一次数据,每周或每天一次将剂量率按时间分布作图输出。输出结果与对撞机运行历史在时间上进行归一,灵敏地反映出了对撞区辐射水平(及其分布)与对撞机工作状态之间的关系以及在对撞情况下随时间变化的规律。利用这种方法还成功地发现了北京谱仪(BES)实验大厅内辐射本底的额外来源,从而改善了 BES 的辐射本底水平(详见文献[9])。

此外,还采用 NaI(T1)闪烁谱仪测量了本底辐射场 γ 能谱。谱仪用直径为 5 cm、厚度为 4 cm 的 NaI(T1)闪烁晶体,经放射源检验线性并进行了能量刻度。

2. 实验结果

2.1 本底辐射水平与对撞机工作状态的关系

图 1 给出 γ 剂量率随时间变化的典型测量结果,与对撞机工作状态很好地对应起来:当束流向储存环注入时,辐射水平急剧增高;对撞建立后,辐射水平降低并随时间逐渐衰减;当束流突然丢失或被“打掉”时,辐射水平又随之增高。测量还显示:当注入顺利时,正负电子束依次注入的时间间隔很短,在 γ 剂量率的时间谱中将只观察到一个峰;而当注入不顺利时,则与正负电子注入相对应的两个峰能够清楚地分辨开来。

由位于离对撞点 5 米远处的 γ 探测器读得的对应于对撞机不同工作状态的辐射水平典

型数据归纳在表1中。从表看到,注入时的γ剂量率与对撞建立后相比至少高出1个数量级。同γ剂量率数据比较,中子剂量率至少要小1个数量级以上。

表1　不同对撞机工作状态下的γ剂量率

对撞机工作状态	γ剂量率/(10^{-6}Gy/h*)
不开机	约0.1
储存对撞	0.28～0.42
注入	5～28
束流丢失(或打掉)	与注入同一水平

*1 Gy=100 rad

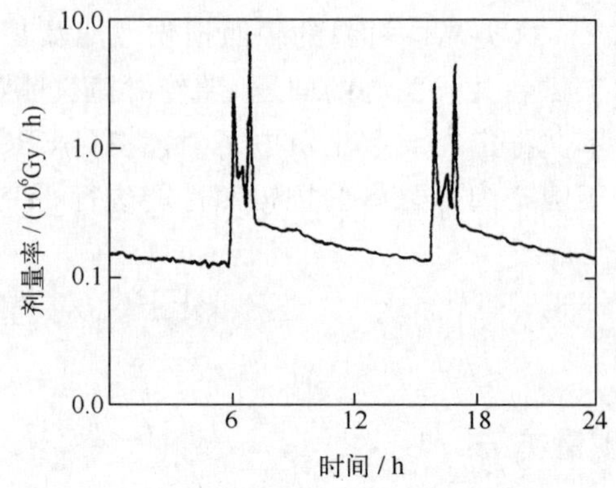

图1　γ剂量率随时间变化的典型结果

对撞机的本底辐射水平主要为束流注入及突然丢失(或打掉)所决定的事实不难从对撞机工作原理得到解释[10]。束流向储存环注入时,通过输运线导向元件、Lambertson磁铁与快速冲击磁铁系统引向注入点并到达储存环中心轨道。这个过程不可避免地造成束流的瞬间显著丢失,从而导致本底辐射陡增。束流突然丢失(或打掉)可以因为高频腔高压、磁铁电源或主电源等的突然中断引起,也将造成瞬间本底辐射的增加。至于束流进入储存环后,在储存对撞期间由于束—束韧致辐射、量子起伏、残余气体散射以及Touschek效应而导致的损失,则是一个按指数函数随时间逐渐进行的过程,束流寿命一般可达6～8小时;与此相应,本底辐射水平也基本上随时间作指数衰减。

2.2　本底辐射水平的几何分布

测量表明:在沿束流线的方向上,γ剂量率最大点当注入时靠近聚焦磁铁,对撞建立后移向对撞区中心点;累积剂量分布则表现为在聚焦磁铁附近为最大。这与本底辐射水平主要来自注入及突然丢失(或打掉)是一致的。在垂直于束流线的方向上,γ剂量率和累积剂量均随距离增加而递减。图2显示了在对撞区中心点处累积剂量与距离的关系。

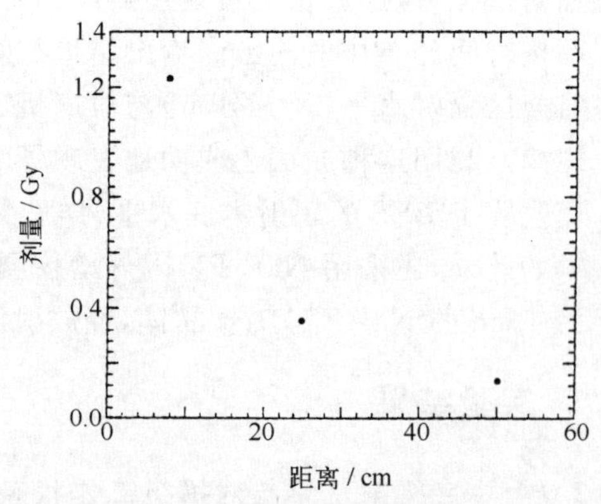

图2　累积剂量沿垂直束流线方向的分布

2.3　不同对撞机运行期间的累积剂量水平

表2列出BEPC两次运行期间在对撞区沿束流线的不同位置上累积剂量的测量结果。可以看到不同运行期间累积剂量水平的显著变化。在换算成日平均剂量率后进行比较,第二次较第一次各点大约降低了半个至1个数量级,而平均达到约0.01 Gy/天,相当于国外同类对撞机辐射水平[1,7]。这种变化看来与对撞机运行情况密切相关。从图3给出的两次运行情况的比较[11]不难看出,第二次较第一次运行水平明显提高,表现为储存环注入和调束时间缩短,故障时间减少,运行效率增加。预期随着运行水

平的继续提高，BEPC 辐射环境还有可能进一步得到改善。

表 2　BEPC 两次运行的累积剂量测量结果(单位:Gy)

运 行 日 期	累 计 天 数	TLD 位置(离对撞区中心点距离/cm)						
		−190	−100	−24	0	+24	+100	+190
89/9/8—90/1/23	135	19.33	10.19	7.82	6.99	9.08		9.72
90/10/4—91/2/6	122	1.38	1.28	1.08	1.23	1.32	1.49	1.85

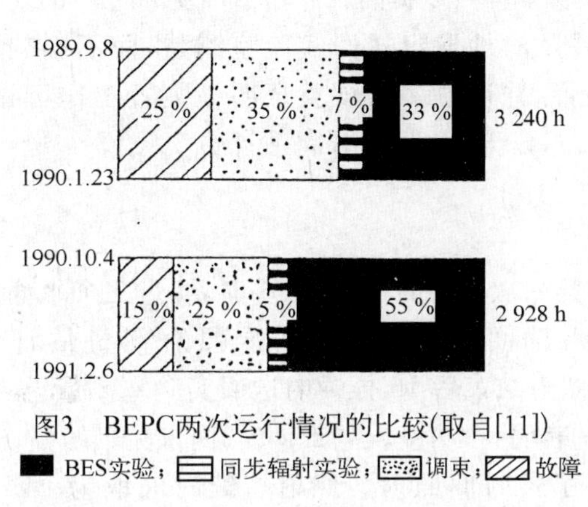

图3　BEPC两次运行情况的比较(取自[11])

BES实验；同步辐射实验；调束；故障

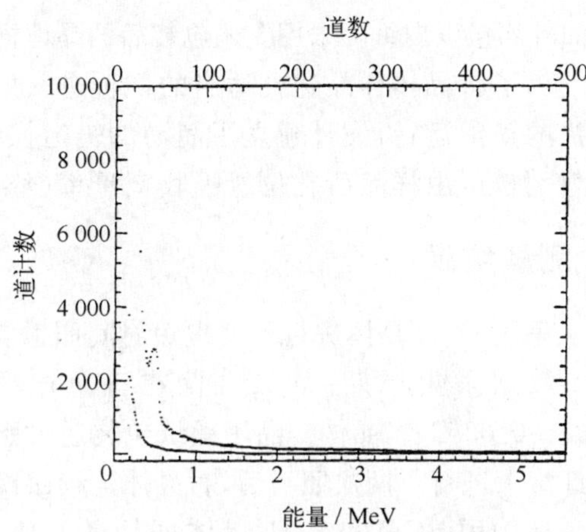

图 4　对撞建立后的 γ 本底能谱；同时表出去束情况下的相应能谱

2.4　本底辐射场 γ 能谱

图 4 为对撞建立后在离对撞点 2 米远处测得的 γ 本底能谱。除在 0.511 MeV 附近有一不甚明显的小峰外未见其他结构。图中同时表出去束时的谱形，后者到 $E_\gamma \approx 1$ MeV 处已可忽略不计。在 1～5 MeV 之间测得的能谱数据利用幂函数拟合得到 $381E_\gamma^{-0.59}-105$ 的能量关系，与 SPEAR 对撞机所得结果[12]在形式上基本一致。

三、国产高 Z 闪烁晶体在 BEPC 辐射环境中的辐照损伤研究

1. 实验方法

采用常规的核探测技术，通过测量辐照前后晶体闪烁光输出的变化来确定其辐照损伤。晶体样品放置于光电倍增管光阴极上，从光电倍增管阳极输出的讯号经放大器后送入多道脉冲幅度分析器中进行分析。测量系统的稳定性由发光二级管(LED)光源进行监测。同时测量 LED 光输出幅度与晶体对 ^{137}Cs 0.662 MeV γ 射线的输出脉冲幅度，得到晶体相对光输出幅度，用以消除测量系统不稳定性引起的误差。实验方法细节参阅工作[13]。

为使晶体辐照前后的输出幅度能够直接比较，特别需要控制重放晶体引起的误差。研究表明，重放误差主要来自晶体在光阴极上重放位置以及硅油耦合情况的变化。采用硅油耦合同时还影响到晶体光输出幅度的长期稳定性。为此，在光阴极上加设定位片以限定晶体每次重放的位置，同时将硅油耦合。改为空气耦合。测试表明，经过以上改进后，重放晶

体引起的误差同LED及光电倍增管系统稳定性达到了同一水平,约为0.3%。

建立了两套分别由GDB—44F及XP2020Q光电倍增管组成的探测系统,测量准确度各自达到0.5%及1%;其中XP2020Q光阴极由透紫外光的石英玻璃做成,专门用于BaF_2晶体测量。

辐照中采用了4块BGO晶体样品,由上海硅酸盐研究所提供,尺寸均为10×10×15 mm^3,两个端面(10×10)抛光,四侧及一端面涂以白漆;3块BaF_2晶体样品,由北京玻璃研究所提供,尺寸分别为ϕ20×10 mm^3,ϕ20×15 mm^3,ϕ20×20 mm^3,两端面及侧面均抛光,除开一个端面外均包以白纸。采用上述包装后的晶体样品较裸晶体可以提高脉冲输出幅度20%~60%。

为了将晶体样品送到适当的位置进行照射并及时地取出送回实验室测量,而不影响对撞机的正常运行,设计建立了简易的输运操纵装置,并通过多次试验证明该装置工作可靠。照射剂量可由样品所在位置吸收剂量率(约0.02 Gy/天)及照射时间估计。

2. 测量结果

采用BGO晶体进行了两次短时间照射实验:第一次照射时间为30小时,经过三个平稳的BES数据采集周期;第二次仅在正负电子注入期间进行照射。两次照射剂量估计为0.01~0.02 Gy。晶体样品用黑纸包装送去照射,照射结束后15分钟内送回实验室测量,操作在红灯下进行。两次照射后,对晶体连续跟踪测量表明:在测量误差±0.5%内未见辐照损伤。

还采用BGO和BaF_2晶体样品各一块进行了长时间照射。照射持续时间取为BEPC一次运行期,约4个月,在对撞机停止运行前取出晶体样品测量。照射剂量比照同时放置于相应位置处TLD给出的剂量值,估计为1.2 Gy。在两套装置上同时对照射后的BGO和BaF_2晶体样品进行跟踪测量,在78小时内的测量结果表明:在测量误差±2σ范围内,未见小块BGO和BaF_2晶体的辐照损伤。

作为测量自洽性的检验,采用BGO和BaF_2晶体样品在中国军事医学科学院放射医学研究所1.5×10^5Ci ^{60}Co放射源装置上进行了大剂量辐照实验(有关细节参阅工作[13])。在5×10^3Gy吸收剂量下,BGO晶体辐照损伤及其恢复情况与工作[13]一致。BaF_2晶体的两次辐照表明本工作所用晶体的抗辐照性能较工作[13]有了明显改进:辐照后呈浅蓝色,辐照损伤恢复时间约1天,损伤恢复达4%~6%,但仍保留15%~20%的损伤不能自然恢复;辐照后晶体自身发出乳白色光,并出现强噪声,其衰减时间约为1天。值得指出的是:晶体在经天然光或日光灯光再照射后,强噪声重新出现,而其辐照损伤并不因为光照而得到治疗。这与工作[14]中报道的情况是不一致的。关于噪声来源及其产生机制的问题看来需要作进一步的研究。

四、小 结

1. 在BEPC对撞区首次根据粒子物理实验的需要进行了辐射本底的系统研究。

2. 发展了动态研究对撞区本底辐射水平的有效方法:区别于通常采用的TLD技术,能够灵敏地反映出对撞机不同工作状态下的辐射本底及其分布情况,并给出储存对撞状态下辐射本底随时间变化的规律。基于这些规律,发现了北京谱仪实验大厅内额外本底来源。

3. 测量显示了对撞机辐射环境与运行水平的密切关系。在较好的运行情况下,BEPC

日平均本底辐射剂量率达到 0.01Gy/天的水平，与国外同类对撞机水平相当。

4. 测量表明：对撞机本底辐射水平主要由束流注入及突然丢失（或打掉）造成，在 γ 本底辐射剂量率的时间谱中表现为峰，与储存对撞状态下的逐渐衰减过程比较，γ 剂量率要高出 1 个数量级以上。

5. 测量还表明：对撞区本底辐射沿束流线方向的分布在靠近聚焦磁铁处趋于最大，在垂直于束流线方向上的分布，则随距离增加而递减。

6. 在 BEPC 辐射环境中首次测量了国产 BGO 及 BaF_2 晶体的辐照损伤性能：经过 4 个月的长时间辐照，在测量误差为 $\pm 2\sigma$ 范围内未发现损伤效应。

在工作过程中得到 BEPC 运行同志的配合和帮助，承蒙于鸿璇和吴英志同志进行了有益的讨论，上海硅酸盐研究所范世骥同志和北京玻璃研究所任绍霞同志提供了晶体样品，在此一并致谢。

参考文献

1 I. KirKbride, Crystal Ball Note No. 248, SLAC(Oct. 29, 1979)

2 M. A. Van Driel et al., *Nucl. Instr. and Meth.*, **A215**(1983), 113

3 SLAC-Report-229(June 1980), 176

4 顾以藩等. 锗酸铋晶体球实验方案建议（修订稿），高能物理研究所(1986)

5 J. Kirkby, Proceedings of the Tau-Charm Factory Workshop, SLAC-Report-343(June 1989)294

6 GEM Collaboration, GEM Letter of Intent to the Superconducting Super Collider Laboratory(Nov. 30, 1991)

7 E. Blucher et al., *Nucl. Instr. and Meth.*, **A249**(1986), 201

8 李建平等. 高能物理与核物理，**12**(1988)，12

9 李建平等. 北京谱仪大厅内的辐射水平测定（内部报告），高能物理研究所(1991)

10 CERN Accelerator School, CERN Report 8901, 2nd Advanced Accelerator Physics Course, edited by S. Turner(1989)

11 于鸿璇. BEPC 的运行和改进. BEPC 国家实验室学术委员会第一次会议报告(1992)

12 I. H. O'neill, Crystal Ball Note No. 202, SLAC(Apr. 7, 1975)

13 楚国柱. 中国科学院高能物理研究所硕士论文(1987)；朱国义等. 高能物理与核物理，**14**(1990)，8

14 Ren Yuan Zhu, CALT-68-1767, DOE Research and Development Report(Jan. 18, 1992)

Study on Background Radiation at Beijing Electron Positron Collider and Radiation Damage of High-*Z* Scintillation Crystals

CHEN Yu　DAI Chang-jiang　GU Yi-fan　LEI Chuan-heng

LI Jian-ping　LIU Shu-dong　SHAO Bei-bei　TANG Yue-li

(Institute of High Energy Physics, Academia Sinica, Beijing　100039)

Abstract: A systematic study of radiation backgrounds in the interaction region at the Beijing Electron-Positron Collider BEPC is carried out for the first time to the needs of particle physics experiment. An effective method to study dynamically the radiation environment of the collider is successfully developed which allows the measurement of the instantaneous radiation dose rate and its distribution for different beam conditions and as a function of time during a quiet luminosity run. The radiation sensitivity of domestic BGO and BaF_2 crystals in the BEPC environment is examined.

北京谱仪 BES 辐射本底水平的测定*

李　金　李建平　汤月里　刘曙东　安力生　李铁辉　邵贝贝

（中国科学院高能物理研究所，北京　100039）

摘要：北京谱仪 BES 辐射本底水平是由大厅内的辐射水平决定的。降低厅内的辐射水平是减少 BES 的辐射本底和提高 BES 探测效率和"信噪比"的重要途径。文中着重研究了谱仪厅内辐射本底的强度、来源及特点，并探讨了减少辐射的方法。

关键词：北京谱仪 BES　辐射本底　粒子丢失　辐射剂量

1. 辐射本底来源及特点

北京谱仪 BES[1] 是北京正负电子对撞机 BEPC[2] 上用于探测粒子的大型通用磁谱仪，位于 BEPC 储存环的南端，距能量为 1.1 GeV 正负电子注入点约 60 m。谱仪大厅与储存环隧道相联通，平面布置见图 1。

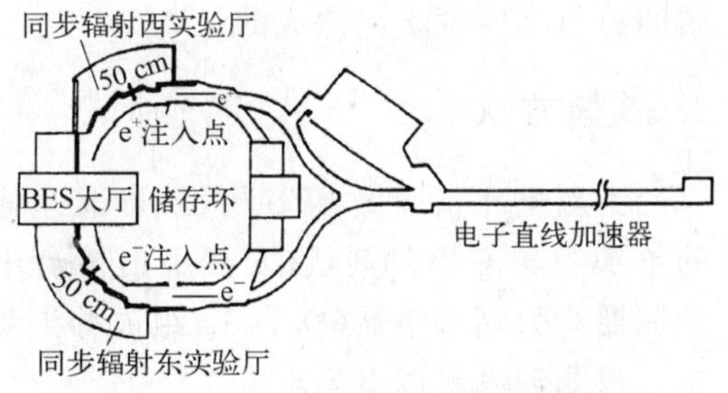

图 1　BEPC 和 BES 平面布置图

BEPC 储存环的注入是采用多圈阻尼方式进行的，当来自输入线的注入束流到达储存环注入点时，位于储存环注入区内的快速冲击磁铁将闭轨中心移向注入束，注入束以一定初始振幅进入储存环内，某些粒子由于角度或位置不合适，可能被损失在储存环注入区的其他位置。其余粒子经过一定时间的阻尼后，振幅衰减，等待进行第二次注入。所以注入有一定的效率. 特别是来自直线加速器的正电子（e^+）脉冲流强较低，注入效率一般只能达到约 50%，因此通常需要注入上万次才能达到储存环所要求的流强。

注入结束后，在束流被加速到储存环运行能量或转换到对撞（储存）模式过程中可能再损失约 10%。

束流在稳定地对撞（储存）时，束流还会由于各种原因逐渐衰减，主要有束—束韧致辐射损失，量子起伏损失和托歇克效应损失等。束流的衰减服从指数规律，BEPC 总的束流寿命一般为 6～8 h。

能量大于临界能量 E_c 的电子入射到介质中，会产生韧致辐射（通常称为韧致辐射光子，如图 2 中的波纹线所示），其中部分高能量（大于 1.02 MeV）的光子会产生正负电子对（图 2

---

* 本文 2003 年 3 月在《高能物理与核物理》第 27 卷第 3 期上发表。

中的虚线表示)，而电子再产生韧致辐射，光子又再产生电子对，如此重复进行直至能量全部损失。同时，部分具有足够能量的光子又能在核 N 上发生(γ,n)光核反应产生中子。当光子能量在光核反应阈值以上、30 MeV 以下时，称为巨共振反应。当光子能量大于30 MeV时，发生伪氘核反应，可以产生能量大于 20 MeV 的中子。

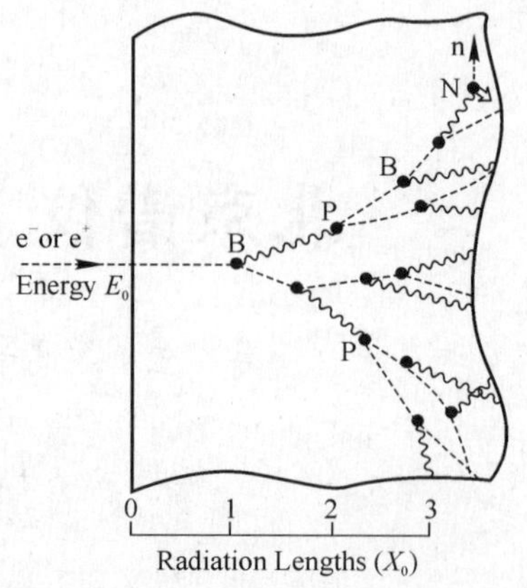

图 2 电磁级联过程示意图

电子束流在注入期间产生的辐射占空比是由注入束流的脉冲宽度(2.5 ns)和重复频率(12.5 pps)所决定。电子束流在存储期间产生的辐射场占空比是由束团长度(0.5 ns)和重复频率(12.5×10^5 pps)所决定。

1.1 GeV 电子与物质相互作用，产生的韧致辐射光子能谱为连续谱，最高能量为电子能量。角分布各向异性，在与入射电子束方向成 0°的方向最强。

根据巨共振光核反应的机制，产生的中子具有“蒸发能谱”，即近似于裂变中子能谱，角分布各向异性。光子、中子以及 μ 子的剂量当量率与电子能量(束流功率)的关系见图 3，该图给出 1 kW 电子束打靶产生的次级辐射在距靶 1 m 处造成的剂量当量率与电子能量 E_0 的关系，图中曲线的宽度是由于靶物质的材料和厚度不同造成的。

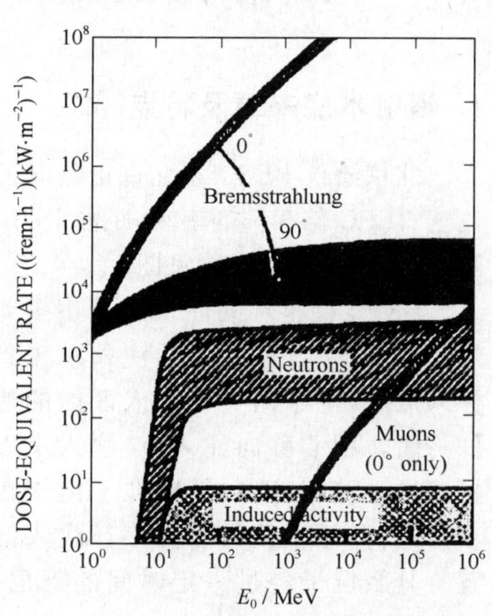

图 3 距靶 1m 处造成的剂量当量率与电子能量 E_0 的关系

2. 测量方法

为测量北京谱仪 BES 周围，即北京谱仪大厅内的 γ 和中子的辐射剂量，安排了由 3 台中子，5 台 γ 探测器和数据采集器(D. D. L)组成的测量系统。

探测器满足以下要求：

1) 对于脉冲辐射场有正确的剂量响应；

2) 能对低水平辐射和高水平辐射进行剂量测量，即有较宽的剂量测量量程；

3) 有合适的能量响应范围。

测量所用的监测器的主要技术指标如下：

a) 高灵敏度中子监测器[3]：

注量率灵敏度	12 cps/n/cm^2·s
能量响应范围	0.2 eV～5 MeV
抗 γ 性能	对 0.65 mSv/h 以下不灵敏

b) 中子雷姆计数器[4]：

灵敏度	200 cps/(mSv/h)
测量范围	10^{-3}～10^2 mSv/h
抗 γ 性能	对 2 Sv/h 以下不灵敏

c) γ监测器[4]：

灵敏度	5×10^{-4} μSv/脉冲
测量范围	0.1 μSv/h～1 mSv/h
能量范围	50 keV～3 MeV

3. 测量结果

为测量正负电子注入或对撞(存储)期间厅内的辐射水平,在北京谱仪的周围布置了8台中子和γ监测器。在BES大厅与BEPC隧道联接处,东、西耐火砖屏蔽墙(厚度为0.5 m)的两侧布置了中子和γ监测器(见图4)。在BEPC运行过程中,连续测量了各点的剂量当量率随时间的变化,并由数据采集器(D. D. L)采集和处理了数据,得到每天的剂量当量率随时间的变化。经数据分析处理后可以得出以下结论:

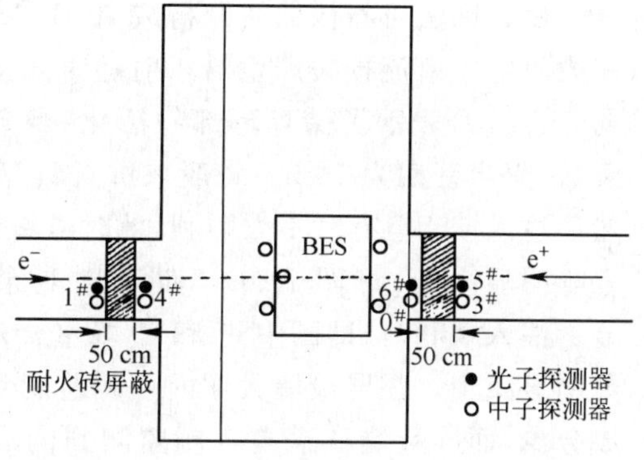

图4 BES大厅的屏蔽及测量点的布置

3.1 正负电子对撞(存储)期间辐射的来源由两部分组成

(1) 束流在储存环内对撞(存储)过程中,发生电子束流的损失,损失的电子与周围部件结构材料发生相互作用产生次级辐射,主要是轫致辐射光子,其次是中子,还可能有μ子等。这些辐射产生在北京谱仪大厅内真空管道及各部件附近,称之为"本地辐射"。(2) 另外一些辐射不是在大厅内各部件附近,而是在大厅外某处产生的,如e^+或e^-注入区产生,通过隧道经过多次散射传输到厅内,称为"外来辐射"。从图5、图6和图7中都可以看到,e^+或e^-束流向储存环注入和对撞(存储)过程中,中子和光子的剂量当量率随时间的变化。束流在注入期间产生较高的瞬时剂量当量率(图中的峰值),对撞(存储)期间剂量水平较低,并且随时间衰减,持续时间较长。本文首先讨论束流对撞(储存)期间的辐射来源和特点,然后再讨论注入期间的辐射强度及特点。

3.2 "本地辐射"

从图5(a)和图6(a)中可以看到,在束流处于对撞(储存)期间中子剂量当量率随时间的变化在半对数坐标中为一直线(个别有扰动),即按指数函数变化。我们知道,中子只能产生在电子束流损失形成的瞬时辐射中,与剩余辐射无关。这表明环内电子

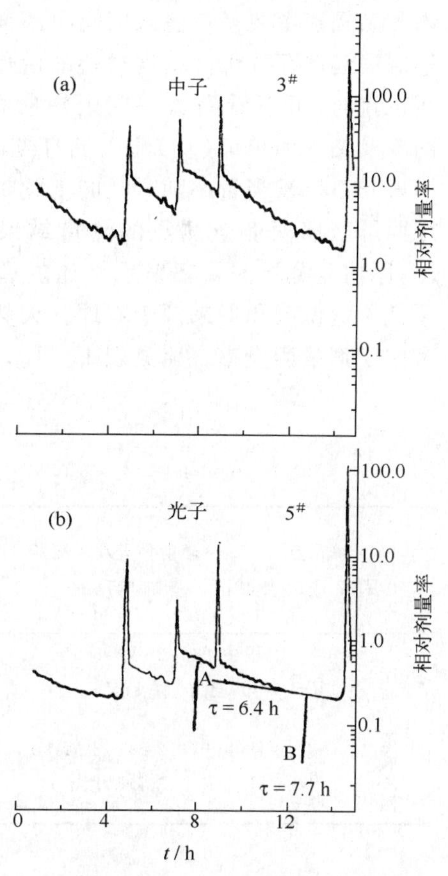

图5 (a),(b)束流注入和对撞(储存)期间,中子和光子剂量当量率随时间的变化(3号,5号位置)

束流损失与中子一样按指数函数随时间变化。从图 5(b)和图 6(b)半对数坐标中可以看到，在同一监测点，光子剂量当量率随时间变化不是 1 条直线，它是 2 条直线的和。

用作图法可将该曲线分析成 A，B 2 条直线。直线 A 表示电子束流损失产生的辐射随时间按指数函数减弱。直线 B 表示了储存环部件活化，剩余辐射随时间衰减，其半衰期为 14 h。一般来讲，储存环先注入 e^+，然后注入 e^-，但有时不太顺利，此时可看到 e^+ 和 e^- 注入峰明显分开(见图 7(b))，储存时剩余辐射成分明显。注入顺利时(即图中 e^+ 和 e^- 峰重合)，剩余辐射成分明显减少。在屏蔽墙大厅内一侧监测到的剩余辐射成分少，而屏蔽墙隧道内一侧监测到的剩余辐射成分明显增多(见图 5(b)和图 6(b))。这些现象说明了厅内剩余辐射主要是在注入期间由高强度的光子和中子辐照引起储存环部件结构材料的活化形成的。在环内无束流时，可以看到这一剩余辐射叠加在本底之上。图 5 及图 6 为单束(e^-)注入储存期间(同步辐射专用模式)时，剂量当量率随时间的变化。中子和光子从大厅西屏蔽墙两侧监测点的测量结果(见表 1)可以看出，厅内监测器测量辐射水平比隧道内监测器辐射水平低。这说明辐射来源于本地。天然辐射水平及光子和中子剂量当量率之比见表 1。

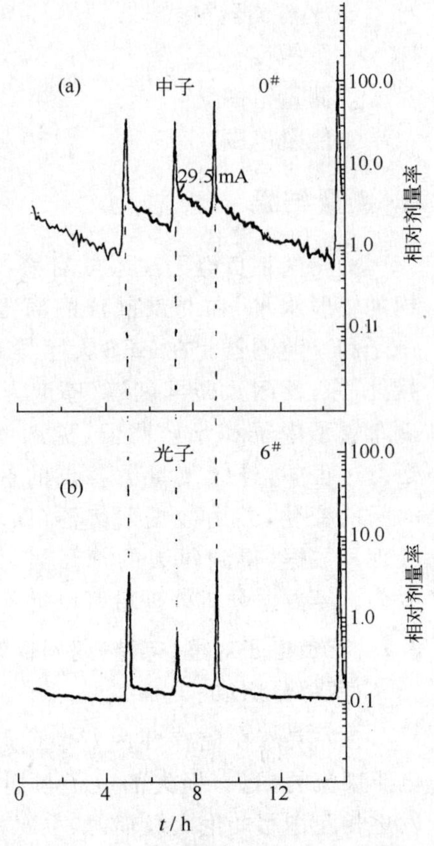

图 6 (a)，(b)束流注入和对撞(储存)期间，中子和光子剂量当量率随时间的变化(0 号，6 号位置)

表 1 中子与光子的剂量当量贡献比值

测量点(6 月 22 日 15 点测)			辐射种类及监测器能响范围	天然本底水平/(10^{-2} μSv/h)	储存期间辐射水平/(10^{-2} μSv/h) 最高	储存期间辐射水平/(10^{-2} μSv/h) 最低	最高辐射水平(减本底)/(10^{-2} μSv/h)	光子与中子剂量贡献比
大厅西屏蔽墙两侧	大厅内	0 号	中子(0.2 eV～5 MeV)	0.3	3	0.63	2.7	2∶1
		6 号	光子(30 keV 以上)	10	15	10	5	
	隧道内	3 号	中子(0.2 eV～5 MeV)	0.13	12	1.5	11.87	3∶1
		5 号	光子(30keV 以上)	16	52	20	36	

束流在储存过程中由于束流损失产生的辐射，由图 3 可知，在与电子束入射方向成 90°方向的辐射光子与中子的剂量当量率比与 0°方向比较为最小。在本次测量中得到的光子与中子剂量贡献比为 2∶1 与 3∶1。这表明测到的辐射水平，大都来自与入射电子束成大角度方向的辐射，即在测定附近部件产生的辐射。

束流在储存期间产生的中子剂量当量率比天然本底水平高 2～10 倍。光子的贡献比天然本底高 1.5～4 倍。

本工作中采用内充 20 大气压纯氩电离室，壁厚为 3 mm 的钛材料，因此对 30 keV 以下光子不灵敏，所以对电子产生的低能 X 射线（包括同步光）不灵敏。在此情况下，储存环的内侧比外侧的辐射水平高，这完全是由环内电子束流损失不对称引起的。

3.3 "外来辐射"

图 7(a)，(b)的测量结果表明，在 e^+ 和 e^- 束流处于对撞（储存）期间谱仪大厅内除"本地辐射"外，还有"外来辐射"。

监测点 5 号和 6 号（见图 4）给出环内束流处于对撞状态的辐射水平（见图 7(a)，(b)）。它们分别处于 BES 大厅与隧道之间西屏蔽墙的两侧，测量结果（5 月 26 日 11 点测）见表 2。

表 2 "外来辐射"的贡献

监测点	天然本底水平 /($10^{-2}\mu$Sv/h)	"本地辐射" ($10^{-2}\mu$Sv/h)	"外来辐射" /($10^{-2}\mu$Sv/h)	"外来辐射"/"本地辐射"
5 号	16	50	200	4 倍
6 号	10	50	0	0

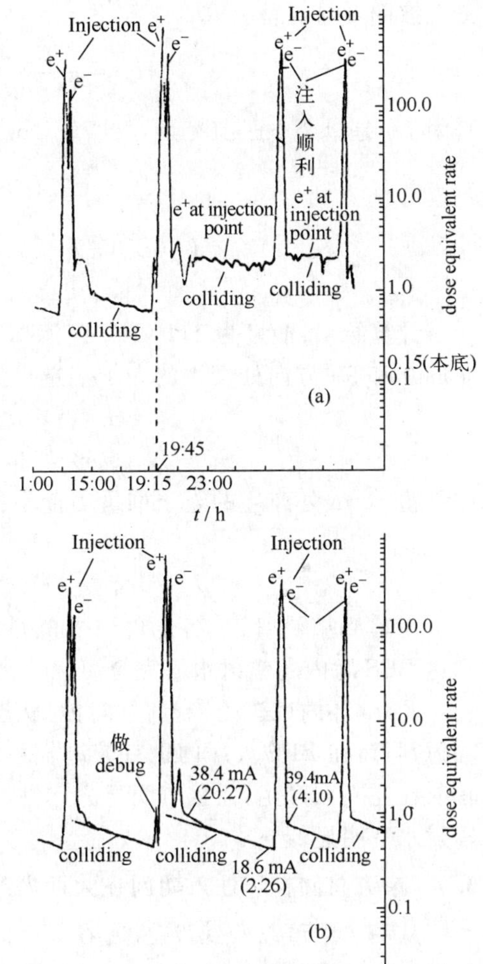

图 7 (a)，(b)e^+"停留"在注入点时西屏蔽墙的两侧的光子的辐射水平

由图 7(a)可知，"外来辐射"是在 e^+ 和 e^- 注入后，环内束流处于对撞（储存）出现的。它的辐射水平不随时间变化，不像"本地辐射"那样辐射水平随时间按指数函数衰减。按该辐射出现的时间与 e^+ 和 e^- 束流运行状况核对，表明此时是 e^+ 和 e^- 束流先后向环内注入完了之后，来自直线加速器的注入束流没有偏向垃圾桶而打在注入点附近的部件上，产生的次级辐射，通过隧道经过多次散射传输到 BES 大厅。

监测点 6 号在屏蔽墙大厅内侧，它测到的只是"本地辐射"，与监测点 5 号同一时刻测得辐射数据比较表明，由于耐火砖屏蔽墙的作用。"外来辐射"被 0.5 m 厚的耐火砖屏蔽墙屏蔽掉（见图 7(a)与(b)）。这一测量结果表明（见表 2），正负电子对撞期间，厅内辐射主要来源是"外来辐射"，它是天然本底的 20 倍，是"本地辐射"的 4 倍。在大厅的东、西两侧设置的屏蔽墙，是减少厅内"外来辐射"的有效办法。对正电子（1.1 GeV）打在注入点产生的瞬时辐射估算如下：

计算时用的参数：e^+ 的能量 1.1 GeV，脉冲宽度 2.5 ns，脉冲流强 3 mA，重复频率 12.5 pps，平均电流 9.4×10^{-11} A，平均功率 0.1 W。

按图 3 与经验公式：

$$H_\rho = \frac{K_\rho \cdot J \cdot B}{(s+d)^2/\sin^2\theta}\exp\left(\frac{\mu_\rho \cdot \rho \cdot d}{\sin\theta}\right),$$

其中 K_ρ 是单个电子打靶后，在距靶 1m 处由光子产生的剂量当量：

$$K_\rho(E_0,\theta) = \frac{1.8\times 10^{-5}E_0}{(1-0.9\partial\cos\theta)^{1.2}},$$

$$K_\rho(E_0 90^\circ) = 1.8\times 10^{-6}E_0(\text{GeV}) \quad (\mu\text{Sv}/e)$$
$$= 1.8\times 10^{-5}E_0(\text{GeV}) \quad (\mu\text{Sv}/e).$$

计算结果：能量为 1.1 GeV 束流功率为 0.1 W 的正电子打靶时，在距靶 1 m 与入射束流成 0°和 90°方向处产生的光子剂量当量率：

$$\dot{H}_\gamma(0^\circ) = 30\ \text{Sv/h/m}^2 \cdot 0.1\ \text{W},$$
$$\dot{H}_\gamma(90^\circ) = 3\times 10^{-2}\ \text{Sv/h/m}^2 \cdot 0.1\ \text{W},$$

在距靶 60 m 处产生的光子剂量当量率：

$$\dot{H}_\gamma(0^\circ) = 8\ \text{mSv/h},$$
$$\dot{H}_\gamma(90^\circ) = 8\mu\text{Sv/h}.$$

考虑到束流管道、各部件以及隧道墙壁对辐射的散射都会使辐射在传输过程中减弱。到达 BES 厅内的辐射水平完全可以达到 2.5 μSv/h。

此外，环内束流处于储存(对撞)状态，有 e^+“停”在注入点时，在同步辐射西厅产生较高辐射剂量，在 BES 大厅内也有较高辐射水平，但对第二对撞点的辐射剂量无影响。这表明辐射在注入点产生，而且有明显方向性，(见图 3)第二对撞点在 e^+ 入射点的大角度方向上，辐射水平明显低。

3.4 束流向储存环注入期间在大厅内产生的辐射剂量

从图 7 中可以看到，注入时在大厅内产生的瞬时剂量当量率比对撞期间明显高 2～3 个量级。这一辐射是在注入区产生的，属于“外来辐射”。并具有以下特点：

(1) 脉冲辐射场，其占空比为 3×10^{-8}；

(2) 光子与中子混合辐射场；

(3) 中子和光子能量范围宽。

e^+ 或 e^- 束流向储存环注入时，从图 7 可以看到，第一对撞点有显著高的瞬时剂量当量率，我们同样看到在第二对撞点明显高的剂量当量率。这里看到现象与 e^+“停”在注入点完全不同。说明注入期间束流损失，不仅在注入点，注入区有较大束流损失，而且沿整个储存环都有束流损失。一旦注入结束，束流进入储存状态，这束流损失明显减少，并随时间按指数规律变化。

在 BES 大厅和隧道相联接的屏蔽墙两侧，注入期间测量的结果同样表明，屏蔽对注入期间产生辐射无减弱作用。从环境辐射观察也看到这一点，屏蔽后环境辐射无明显减少。

4. 辐射本底的屏蔽的效果

通过测量和分析，不难看出，在大厅与储存环隧道联接处设置两堵耐火屏蔽墙(0.5 m 厚的耐火砖屏蔽墙，见图 4)有以下几点好处：

1) 可以屏蔽掉束流处于对撞(储存)期间的“外来辐射”。从表 2 看出，e^+ 打在注入点产生的辐射，在大厅内形成辐射是对撞期间厅内辐射的主要来源。屏蔽掉它是减少 BES 辐射本底，提高 BES 的“信噪比”的有效办法。

北京谱仪的实验数据也证明了这一点。没有屏蔽墙的时候，BEPC 的亮度为 $5\times10^{29}\ cm^{-2}\cdot s^{-1}$，桶部飞行时间计数器的计数率为 13400/s，端部飞行时间计数器的计数率为 6543/s，总的触发率为 4.75/s。有了屏蔽墙之后，BEPC 的亮度为 $7\times10^{29}\ cm^{-2}\cdot s^{-1}$，北京谱仪在相同条件下的测量，桶部飞行时间计数器的计数率为 9044/s，端部飞行时间计数器的计数率为 1 784/s，总的触发率为 2.56/s。做亮度归一之后，桶部飞行时间计数器的计数率减少到原来的 48%，端部飞行时间计数器的计数率减少到原来的 20%，总的触发率减少到原来的 37%。

2）屏蔽对束流注入期间在大厅内产生的辐射水平可以降低近一个量级，减少 BES 结构部件的辐照损伤。同时减少 BES 结构部件在束流注入期间的活化，从而降低储存期间活化部件产生的剩余辐射，即降低厅内的辐射水平。

3）减少由 BES 大厅顶盖的辐射泄漏产生的天空反射效应，使环境辐射水平降低。提高调束期间 BES 大厅内工作人员的辐射安全性。另外，在储存环实现 e^+，e^- 对撞后，将直线加速器来的束流偏向垃圾桶而不直接损失在注入点附近，将会减小隧道内不必要的辐射，也十分有利于减少 BES 的辐射本底。

参考文献

1 XIE Jia-lin et al. Beijing Electron-Positron Collider and Beijing Spectrometer. Hangzhou: Zhejiang Science and Technology Pub., 1996(in Chinese)
(谢家麟等. 北京正负电子对撞机和北京谱仪. 杭州：浙江科学出版社，1996)

2 BES Collaboration. BES Detector Nucl. Instr. Meth. 1994, **A334**:319

3 TANG Yue-li et al. Nuclear Electronics and Detection Techniques, 1988, **8**:244

4 LI Jian-ping et al. High Energy Phys. and Nucl. Phys., 1988, **12**:1(in Chinese)
(李建平等. 高能物理与核物理，1988，**12**：1)

Measurement for Radiation Background of BES Detector

LI Jin LI Jian-ping TANG Yue-li LIU Shu-dong
AN Li-sheng LI Tie-hui SHAO Bei-bei
(Institute of High Energy Physics, Chinese Academy of Sciences, Beijing 100039, China)

Abstract: The radiation background of BES detector depends on the radiation level in the BES experimental hall. The way to reduce radiation level of experimental hall is very important for suppression of radiation background of BES and improvement of detection efficiency. The radiation level, the source and distinguishing feature of radiation background have been studied. The way to reduce the radiation has been discussed.

Key words: Beijing Spectrometer(BES), radiation background, particle lost, radiation dose

第二篇　脉冲中子、γ剂量测量及自猝灭流光(SQS)探测器的应用

银探测器在窄中子脉冲场中的剂量响应*

李建平 唐鄂生

（中国科学院高能物理研究所）

摘要：本文建议在窄中子脉冲辐射场中，采用银探测器作为中子监测器。它是由包有0.25 mm厚的银箔的β G-M计数管置于6.5 cm厚的石蜡慢化体内，以及包有0.4 mm厚的锡箔的β G-M计数管置于同样厚度的慢化体内联合组成的。我们在日本高能物理研究所（KEK）的500 MeV质子同步加速器（增强器）的束流捕集器的屏蔽墙外窄中子脉冲场中做了实验。比较了银探测器、雷姆计以及包有6.5 cm厚的柱状聚乙烯 BF_3 管等探测器的剂量响应。从原则上证明了银探测器在脉冲场中有良好的剂量响应。雷姆计和包有聚乙烯的 BF_3 计数管在脉冲场中则有较大的漏计，在本实验的辐射场最强处，它们的漏计可达75%，而银探测器的漏计不超过2.5%。

关键词：中子脉冲辐射场　占空因子　漏计数　中子银积分探测器

一、引　言

加速器辐射场的时间特性是选择监测器的一个重要因素。对于低能加速器，如静电加速器和高压倍加器，一般来说，加速器的束流是连续的，其占空因子为100%。对于高能加速器，其占空因子较小，例如表1所示。

表1　几种加速器的占空因子列举

加速器类型	能量/GeV	束流脉冲宽度/μs	重复频率/pps	占空因子
SLAC 电子直线加速器	22	1～2	360	<0.1%
中关村电子直线加速器	0.03	1	50	0.5×10^{-4}
BPS 增强器（待建）	2	0.3	12.5	0.4×10^{-5}
KEK 增强器	0.5	0.07	20	0.1×10^{-5}

加速器运行时，由于束流损失而使其周围形成瞬发辐射场，它以脉冲形式向周围产生辐射。无论是在屏蔽墙内还是在屏蔽墙外，其辐射场的时间结构都与初级束流的时间特性密切相关。

---

* 本文是作者在KEK的增强器上完成的；有关工作小结在该所以内部报告方式散发。合作者：平山英夫、伴秀一、三浦重幸和加藤和明。1983年《原子能科学技术》第2期上发表。

不同类型的探测器，在窄中子脉冲场中，其剂量响应是不同的。例如：(1) 脉冲计数系统，这种探测系统在脉冲场中，漏计较为严重。假设计数器的死时间为 τ，辐射场的脉冲宽度为 Δt，重复频率为 f，实际计数率为 R_0，则真正的计数率 R 可按如下公式求出：

$$R/R_0 = f\Delta t/(f\Delta t - R_0\tau)$$

当 $f\Delta t \gg R_0\tau$ 时，漏计数率可以忽略。对反冲质子正比计数器，当 $\Delta t = 1.5\ \mu s$，$\tau = 2\ \mu s$，$f = 10$ pps，$R_0 = 2$ cps 时，$R/R_0 = 1.4$，即漏计数率达 40%，这就很可观了。对包有石蜡慢化体的 BF_3 计数管，漏计情况稍小些，因为中子在慢化体中的慢化和扩散，能使中子脉冲持续时间拉宽。例如，包有 6.3 cm 的石蜡慢化体的 BF_3 计数管，中子要经过 270 μs 才有 80% 的粒子到达计数管[1]。如果慢化体内含有吸收物质，例如雷姆计的情况，这个时间会短一些[2]。在这种情况下，BF_3 计数管所看到的脉冲宽度实际是加宽后的宽度，这对减少漏计数是有利的，但又由于 BF_3 计数管的死时间较长，漏计情况仍然存在。(2) 累计式电离室，在窄脉冲辐射场中电流电离室比脉冲计数系统要好些，但是在特别窄的脉冲场中，由于瞬时剂量率太高，在电离室内会发生体复合而产生漏计。缩小极间距离和提高工作电压能使这种复合减少。(3) 贮能型探测器，如热释光剂量计和中子乳胶等，它们在脉冲场中不存在漏计，但是它们不能作为工作场所的连续监测器，给不出瞬时剂量率。(4) 活化探测器，也是一种脉冲场中的良好探测器，但它也不能给出瞬时剂量率，而只能给出累积剂量。

本文提出的银探测器，作为窄脉冲中子场的辐射监测器，它既具有活化探测器的优点，克服了占空因子效应所引起的漏计数，又能连续监测给出瞬时剂量率。且价格低廉，便于大量使用。此类探测器在美国费米实验室曾用作加速器辐射场的常规监测[3]。本工作的目的是研究这种银探测器用于窄中子脉冲场作为辐射监测器的剂量响应。实验是在日本高能物理研究所 500 MeV 增强器的束流捕集器的屏蔽墙外的辐射场中进行的。

二、探　测　器

1. 包银中子探测器

探测器系统由三部分组成：银箔、G-M 计数管和慢化体。入射中子经石蜡慢化体热化后被包在 G-M 计数管的云母窗（ϕ50 mm、厚 2.9 mg/cm^2）外的银箔俘获（银箔含有两种同位素：^{109}Ag(48.65%)，^{107}Ag(51.35%)，发生如下反应：

(1) $$^{109}Ag(n,\gamma)^{110}Ag,\ ^{110}Ag \xrightarrow{\beta^-} {}^{110}Cd$$

$$\sigma_{n\gamma} = 113 \pm 13b,\ T_{1/2} = 24.4s,\ E_\beta = 2.87\ MeV(95\%)$$

(2) $$^{107}Ag(n,\gamma)^{108}Ag,\ ^{108}Ag \xrightarrow{\beta^-} {}^{108}Cd$$

$$\sigma_{n\gamma} = 45 \pm 4b,\ T_{1/2} = 2.42\ min,\ E_\beta = 1.69\ MeV(94\%)$$

由于第一个反应截面 113b 比第二个反应截面大 2.5 倍，因而 $T_{1/2}$ 为 24.4 s 的 ^{110}Ag 是反应的主要产物。G-M 计数管记录由 ^{110}Ag 放出的 β 粒子，由此可以测出中子通量。为了补偿银探测器对 γ 射线的灵敏度，采用另一个同样的 G-M 计数管，但外面包有与银当量厚的锡箔，作为辐射场中的 γ 补偿。这两个探测器的输出同时送到双定标器。中子计数可由 $(N_{Ag} - N_{Sn})$ 得到。银箔在这里起着廉价的天然中子积分器的作用。

2. Studsvik 雷姆计 2202 D

它是由包有聚乙烯和含硼塑料的 BF_3 正比计数管所组成。从热中子到 17 MeV 的能区内，剂量当量的响应大致是平坦的，其转换因子为 3.6 cps/mrem·h^{-1}。监测器对 200 R/h 以下的 γ 辐射不灵敏。

3. 包有聚乙烯慢化体的 BF_3 正比计数管(以下简称 BF_3 探测器)

其直径为 0.5″，有效长 2.50″，压力 55 cmHg，柱状慢化体厚度为 6.5 cm。

这三种探测器系统的方块图见图 1。电子学电路均由 Canberra 公司生产的 NIM 插件组成。由它们组成的典型的链式记录系统方框图见文献[4]。

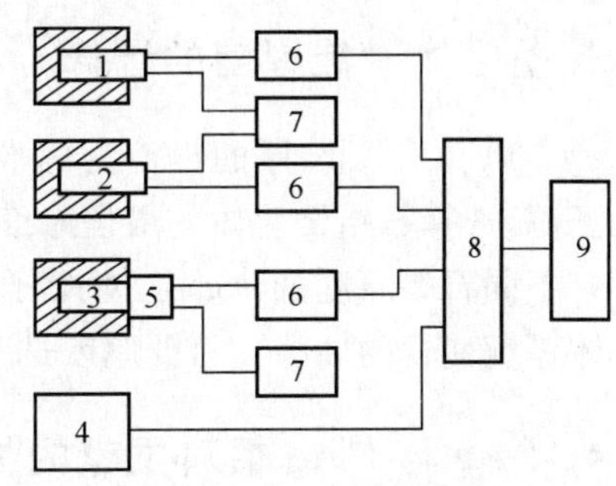

图 1　测量系统方框图

1——置于慢化体中的包银 G-M 计数管；
2——置于慢化体中的包锡 G-M 计数管；
3——置于慢化体中的 BF_3 正比计数管；
4——中子雷姆剂量仪；5——前级放大器；
6——线性放大器(2011 型)；7——高压电源；
8——定标器(包括甄别器，1774 型双定标器，1790C 型多用定标定时器，1975 型精密计时器)；
9——系列扫描打印机(2089 型)和数据插件

三、银探测器基本参数的测定

1. 银箔最佳厚度的选择

把不同厚度的银箔置于石蜡慢化体中，在一定的几何条件和中子通量的辐照下，经过六个 $T_{1/2}$ 的辐照，然后用自动换样的 β 测量装置，测定银箔的饱和活性。图 2 给出了银箔的饱和活性计数率与银箔厚度的关系曲线。银箔的最佳厚度为 0.25 mm。

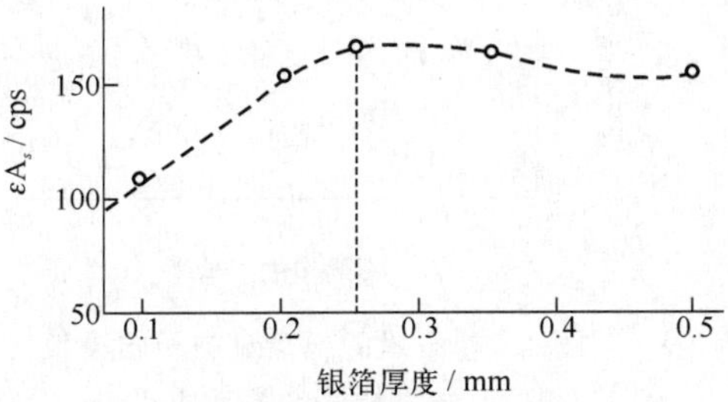

图 2　银箔的饱和活性计数率与厚度关系曲线

银箔的饱和活性计数率按如下公式计算：

$$\varepsilon A_s = \varepsilon N\sigma f = \frac{\lambda(C-B)}{(1-e^{-\lambda t_i})e^{-\lambda t_w}(1-e^{-\lambda t_c})} \qquad (1)$$

此处，λ——^{110}Ag 的衰变常数；N——^{110}Ag 的原子数；σ——^{110}Ag 的活化截面；f——中子注量率；ε——β 计数器的探测效率；t_i——辐照时间；t_w——等待时间；t_c——计数时间；C——在 t_c 时间内的总计数；B——t_c 时间内的本底计数；A_s——饱和活性。

2. 锡箔最佳厚度的选择

与 0.25 mm 厚的银箔相当的锡箔厚度应是 0.36 mm，它们对 γ 射线有相同的减弱效果。鉴于实验条件的限制，在本实验中，使用了 0.4 mm 厚的锡箔。其能量响应曲线如图 3 所示，对 $E_\gamma > 0.3$ MeV，它们有相同的吸收效果。事实上，高能加速器屏蔽墙外的 γ 射线有较高的能量[(n,γ)反应中 $E_{\gamma}\sim 3$ MeV],所以采用 0.4 mm 厚的锡箔作为 γ 补偿,不会引起大的误差。

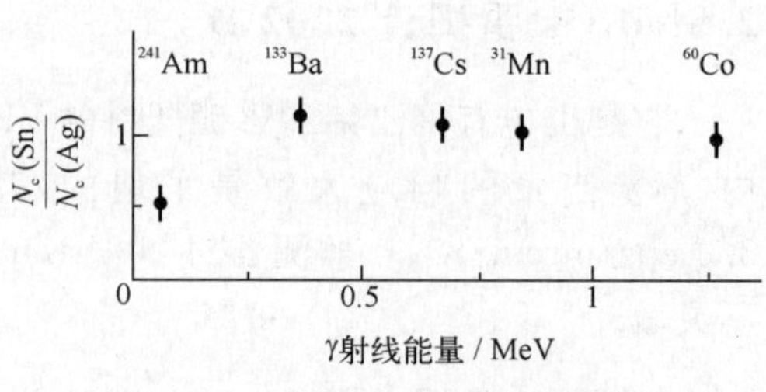

图 3　包银与包锡探测器计数比与γ射线能量关系曲线

3. 慢化体最佳厚度的选择

以 0.25 mm 厚的银箔为标准,利用 Am-Be 中子源,选择石蜡慢化体的最佳厚度。图 4 给出了包有不同石蜡厚度的 Ag 箔,对中子的灵敏度随慢化体厚度变化的曲线。最佳厚度选为 6.5 cm。

4. ^{108}Ag 与 ^{110}Ag 相对贡献的估计

将包有 0.25 mm 厚的银箔的 G-M 计数管放置在 6.5 cm 厚的石蜡慢化体内,将 Am-Be 中子源放在慢化体的顶部,照射 1 000 s,然后,把中子源迅速移开,并同时启动与计数管相联接的 1024 多道脉冲幅度分析器(此时处于多道定标工作状态),以测量银箔的活性随时间的衰减。测得的 ^{110}Ag 和 ^{108}Ag 的衰变曲线见图 5。由此看出,它们的相对贡献约为 3.0∶1.0。

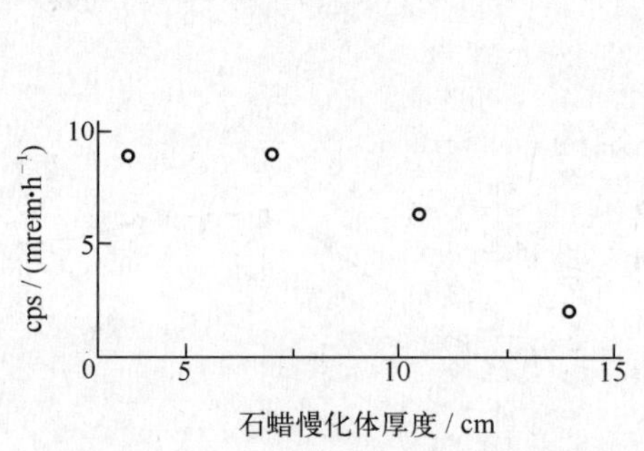

图 4　包石蜡的银箔对中子的灵敏度与石蜡厚度关系曲线

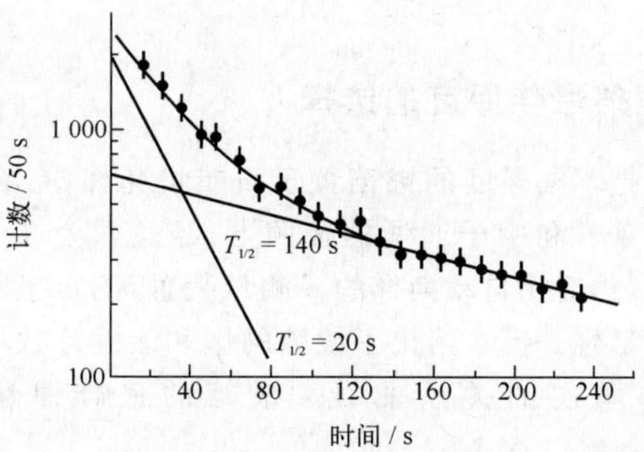

图 5　活化银箔衰变曲线

四、基本性能测定

1. 对 γ 射线的补偿

选择了一对坪曲线、工作电压和灵敏度都相近的 β 计数管,使在双道定标器中对 γ 射线给出相同的计数。图 3 示出用不同能量的 γ 源测定的响应曲线。显然包银计数器与包锡计数器有近似相同的计数率,从而在中子和 γ 混合场中,对 γ 射线的计数可以得到补偿。

2. 刻度曲线

将银探测器置于离 Am-Be 中子源的不同距离上进行辐照,按点源公式算出入射中子通量，用转换系数 1 mrem/h＝68 n/(cm^2·s)[5]可求出剂量当量。为了消除 Am-Be 源中 γ 射线在 G-M 计数管内引起的计数，我们采用了移源技术。当探测器的银箔在中子源的辐照下，达到饱和活性后，迅速移去中子源，并同时启动定标器，利用公式(1)，由 t_c 时间内的计数，可算出饱和活性时的计数率，图 6 给出了该计数率与中子剂量当量的关系曲线，由此可确定刻度系数 2.7 cps/(mrem·h^{-1})。对 BF_3 探测器在 Am-Be 源产生的稳定场中进行了刻度。对雷姆计也检查了出厂的刻度系数 3.6 cps/(mrem·h^{-1})其结果均列入表 2 和图 6。

由于 Am-Be 中子源的平均能量为 4.5 MeV，其谱形与加速器屏蔽墙外中子谱不完全相同，所以有必要在加速器计数厅束流靶室上方的屏蔽桥上，对上述三种探测器再次进行刻度。打靶的束流脉冲宽度为 400 ms，脉冲之间的间隔为 22 s。以雷姆计为标准，测定了银探测器和 BF_3 探测器的刻度系数，其结果也列入表 2。

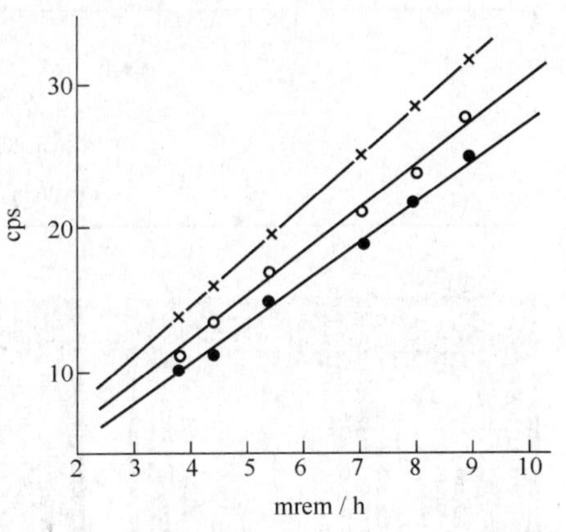

图 6 雷姆计量仪(×)、BF_3 探测器(∘)和银探测器(•)的刻度曲线

表 2 银探测器、BF_3 探测器和中子雷姆计的刻度系数

中子源	S_{Ag} cps/(mrem·h^{-1})	S_{BF_3} cps/(mrem·h^{-1})	S_{rem} cps/(mrem·h^{-1})
Am-Be	2.7	3.0	3.6
计数器厅	6.2	4.8	3.6

五、测量结果及讨论

在以上实验准备完成之后，将探测系统移至增强器的束流捕集器屏蔽墙外，进行窄脉冲场的剂量响应实验。增强器产生的质子束流能量为500 MeV，脉冲宽度 70 ns，重复频率 1 脉冲/2.5 秒，流强 6×10^{11} 质子/脉冲，选择了四个测量点，其几何布置见图 7。其中有两个点在与束流成 0°的方向上，另两个点与束流方向成 90°。每次测量都把三种探测器放置在同一个测量点上，通过长 50 m电缆把定标器、定时器和打印机布置在安全地方。各点测量结果列入表 3。

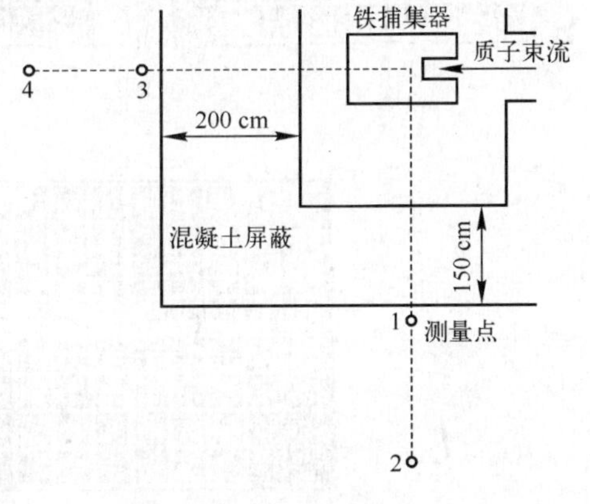

图 7 测量点的几何布置

以辐射场最强的第 3 点为例，BF_3 及雷姆计的剂量率漏计可达 75%。

从这两种探测器的输出波形也可看出它们的漏计状况。图 8、图 9、图 10 表示从雷姆计输出的波形。由图看出，由雷姆计经整形电路输出的等幅等宽的负脉冲已经发生畸变，脉冲随时间分布不均匀，在密集处有严重重叠。图 11、图 12、图 13、图 14 表示从 BF_3 输出的波形，它们互相重叠，已经无法分辨单个波形,显见有严重漏计发生。与此相反,银探测器输出波形(见图 15)与用 Am-Be 源照射时一样正常,没有畸变,而且随时间均匀分布。由此可以定性证明,银探测器对窄脉冲剂量场有较好响应。但需指出,此处没有考虑这几种探测器的中子能量响应。

表 3　三种探测器在各测量点的剂量率及其比值

测量点	D_{Ag}/mrem/h	D_{Rem}/mrem/h	D_{BF_3}/mrem/h	$\frac{D_{Ag}}{D_{Rem}}$	$\frac{D_{Ag}}{D_{BF_3}}$
1	3.22	1.86	0.46	1.72	6.69
2	2.39	1.59	0.70	1.52	3.46
3	15.80	3.65	3.40	4.14	4.47
4	0.71	0.24	0.35	2.96	2.03

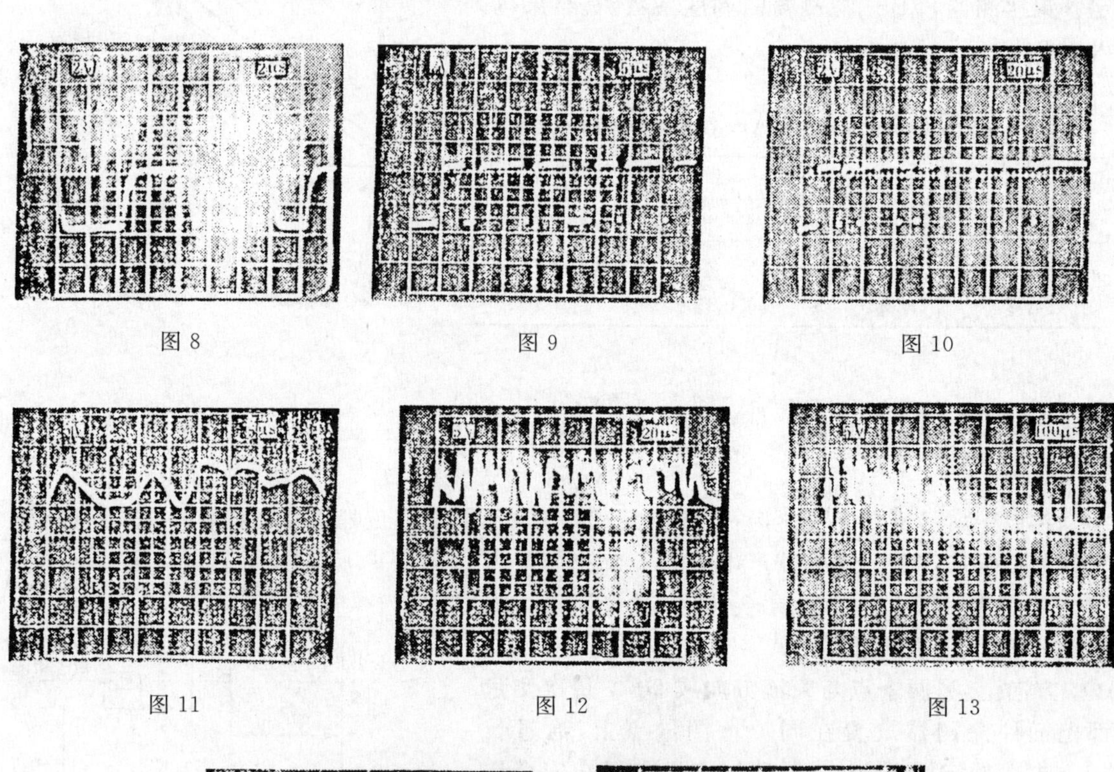

图 8　图 9　图 10

图 11　图 12　图 13

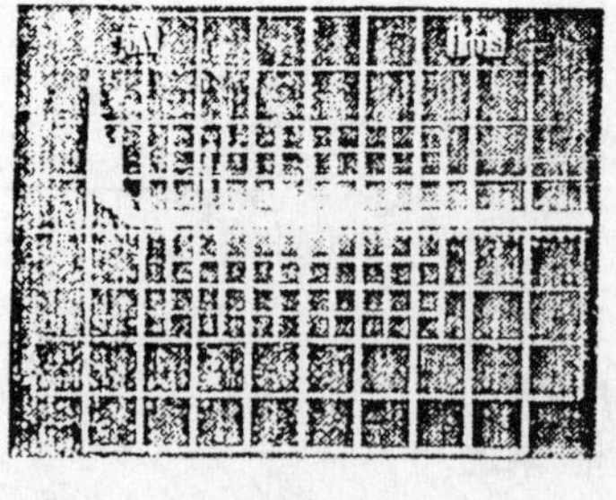

图 14

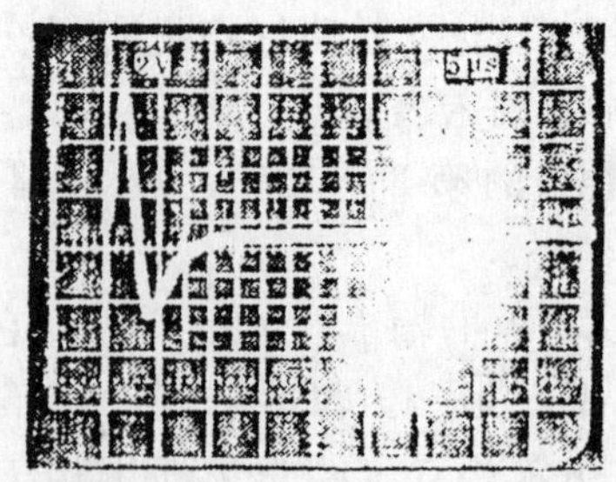

图 15

通过分析可对漏计状况作一粗略估计。对于银探测器，中子和 γ 通过石蜡慢化体后，中子脉冲被石蜡展宽（见图 16），而 γ 脉冲保持其原有宽度，石蜡起着中子脉冲“展宽器”的作用。慢化后的中子被银箔俘获放出 β，银箔起着“积分器”的作用，其时间常数约 24 s。银箔释放的 β 被 G-M 计数管记录。由于 G-M 管死时间的存在，也可能引起 β 粒子的漏计，从而造成银探测器对中子的过低估计。按死时间公式：$R = R_0/(1-\tau R_0)$，以及银探测器在计数厅测得的刻度系数，可以算出银探测器剂量率漏计百分数。为了便于比较，按公式 $R/R_0 = f\Delta t/(f\Delta t - \tau R_0)$ 计算了雷姆计在脉冲场中的漏计百分数（见图 17）。计算结果表明，在本实验辐射场的最强处（第 3 点），银探测器的剂量率漏计为 2.5%。雷姆计的剂量率漏计为 78%。在测量点 1 处，银探测器的漏计小于 0.5%，雷姆计约为 42%，计算结果与实验结果基本一致。

在实验中，观察到包锡的 G-M 计数管对 γ 的计数几乎不随距离变化，近似保持为一个常数。这是由于在该辐射场中，γ 脉冲宽度仅有 70 ns，远小于计数管的死时间 200 μs，因此即使瞬时 γ 剂量率极高，但由于漏计严重而只能显示低的计数率。

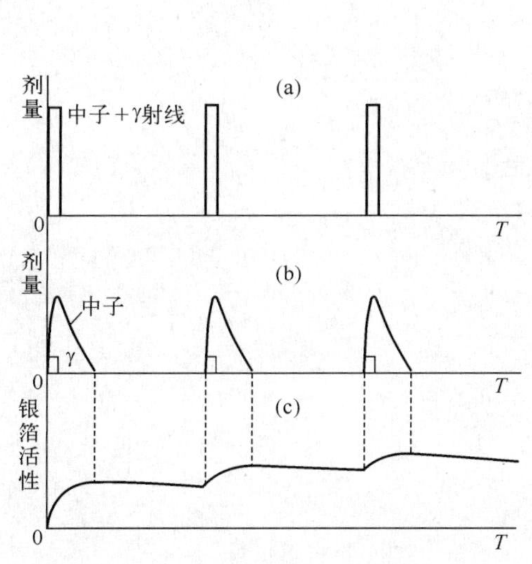

图 16　脉冲辐射场的时间特性

(a) 辐射场的中子和 γ 射线的脉冲波形；

(b) 通过石蜡慢化体后的中子和 γ 脉冲波形（石蜡展宽器）；

(c) 银箔俘获中子后活性增长与时间关系（银积分器）

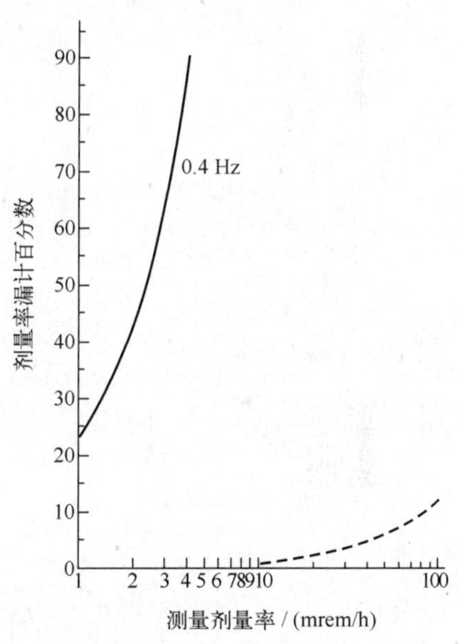

图17　雷姆计和银探测器的剂量率漏计百分数计算曲线

——雷姆计；- - - -银探测器

为了标定窄脉冲场的剂量率，可选用贮能型探测器，如包有聚乙烯的 TLD（含 ^{6}Li 及 ^{7}Li）作为测量标准。我们在测量点 1，曾用它测量过，结果与银探测器测量值接近。

银探测器在强 γ 本底辐射场中监测中子时，效果较差，但可采用与打靶束流同步的信号去关闭门电路，从而甄别掉瞬发 γ 射线。

刘桂林同志对本文仔细阅读并提出了有益意见，在此特表谢意。

参考文献

1 H. W. Patterson et al. Accelerator Health Physics，New York，1973，p. 206

2 C. O. Widell et al. Neutron Monitor for Radiation Protection，Proc. Symp.，Vienna，IAEA，vol. 1，1973，p. 228

3 M. Awschalom. Bonner Spheres and Tissue Equivalent Chamber for Extensive Radiation Area Monitoring Around a 1/2 TeV Proton Synchroton，Proc. Symp.，Vienna，IAEA，vol. 1，1973，p. 297

4 Canberra 77，NIM 插件产品目录

5 ICRP Publication 21(1971)

Ag-SQS 脉冲中子探测器*

李建平　杜远才　刘曙东　唐鄂生
张宝襄　蔡小平　王耀兰　解延风

（中国科学院高能物理研究所）

一、引　言

Ag-SQS 脉冲中子探测器是一种新的能给出实时信息的脉冲中子探测器。文献[1]和[2]中所描述的脉冲中子探测器的基础是 G-M 放电，所以有死时间长、计数率低等缺点。本工作的基础是用自猝灭流光(SQS)放电[3]来代替 G-M 放电，所以有明显的优越性。在高能物理研究所 30 MeV 电子直线加速器的宽度为 1 μs 的脉冲中子辐射场中，对 Ag-SQS 管和包银的 G-M 管两种脉冲中子探测器作了对比实验，证明了 Ag-SQS 脉冲中子探测器的可测脉冲中子注量率和剂量当量率的上限比包银的 G-M 管探测器的高出一个数量级以上。

这种新探测器的优点是：(1) 它具有被动型活化探测器的优点，适用于在窄脉冲强中子辐射场中测量中子注量率或剂量当量率，无漏计数发生，同时又具有主动型探测器的优点，能实时监测辐射场的连续变化；(2) 自猝灭流光计数管[3]的分辨时间短，计数率高，性能优于 G-M 管。在输出脉冲的上升时间、宽度等方面与闪烁计数器类似，但在抗电磁干扰和抗辐照能力方面又大大优于闪烁计数器；(3) 结构简单、造价低廉、使用方便。

二、探　测　器

Ag-SQS 脉冲中子探测器是由 Ag 箔(厚度为 0.12 mm)做阴极的圆柱形自猝灭流光计数管，外面包有 6.5 cm 厚的聚乙烯慢化体组成(见图 1)。入射中子经聚乙烯慢化体热化后被阴极 Ag 箔俘获，发生如下反应：

$$^{109}\mathrm{Ag}(\mathrm{n},\gamma)^{110}\mathrm{Ag},\ ^{110}\mathrm{Ag} \xrightarrow{\beta^-} {}^{110}\mathrm{Cd}$$

$$\sigma(\mathrm{n},\gamma) = 113 \pm 13\ \mathrm{b}, T_{1/2} = 24.4\ \mathrm{s}$$

$$^{107}\mathrm{Ag}(\mathrm{n},\gamma)^{108}\mathrm{Ag},\ ^{108}\mathrm{Ag} \xrightarrow{\beta^-} {}^{108}\mathrm{Cd}$$

$$\sigma(\mathrm{n},\gamma) = 45 \pm 4\ \mathrm{b}, T_{1/2} = 2.42\ \mathrm{m}$$

由于第一个反应截面比第二个反应的大 2.5 倍，因而半衰期为 24.4 s 的^{110}Ag 是反应的主要产物。所以，探测器对中子注量率和剂量率的变化有较快的响应。自猝灭流光计数管记

* 本文 1983 年在《科学通报》第 2 期上发表。

录由 Ag 衰变时放出的β粒子，计数管输出的脉冲经甄别器后送到定标器记录。

自猝灭流光计数管为一直径 8 mm、有效长度 40 mm（或直径 18 mm、有效长度 80 mm）的圆筒形 Ag 阴极的流气式计数管，其阳极丝为直径 60 μm 的镀金钨丝。工作气体为 $Ar/C_4H_{10}(40/60)+H_2C(OCH_3)_2$。该计数管的坪曲线见图 2（甄别阈为 10 mV）。

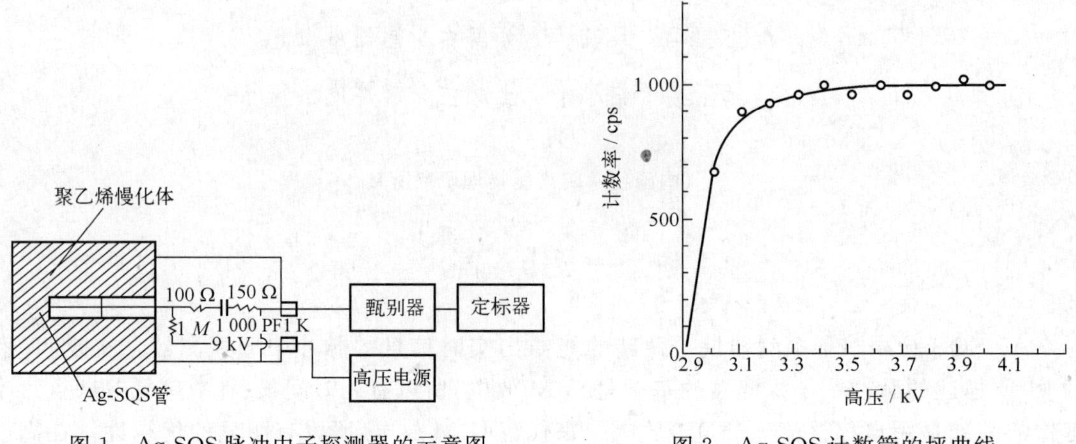

图 1　Ag-SQS 脉冲中子探测器的示意图

图 2　Ag-SQS 计数管的坪曲线

为了比较，我们制作了包银箔的 G-M 管探测器。它由三部分组成[1]：银箔（厚 0.12 mm）、G-M 计数管（J306β）和聚乙烯慢化体（厚 6.5 cm）。其结构及探测中子的原理与 Ag-SQS 探测器的相同。

为了测量加速器辐射场中高的中子注量率，把 Ag-SQS 探测器的中子灵敏度做得较低（灵敏体积小）。用铟活化探测器进行现场刻度。对铟活化探测器事先用标准 ^{252}Cf 裂变中子源进行了刻度。^{252}Cf 中子源谱与电子直线加速器打金靶产生的中子谱基本一致[4]，无能响问题。

三、Ag-SQS 探测器性能的测定

实验是在高能物理研究所 30 MeV 电子直线加速器上进行的。电子流的脉冲宽度为 1 μs，重复频率为 50 pps。

实验布置如图 3 所示。Ag-SQS 和铟活化探测器固定在靶室内离靶 3.8 m 处，与束流

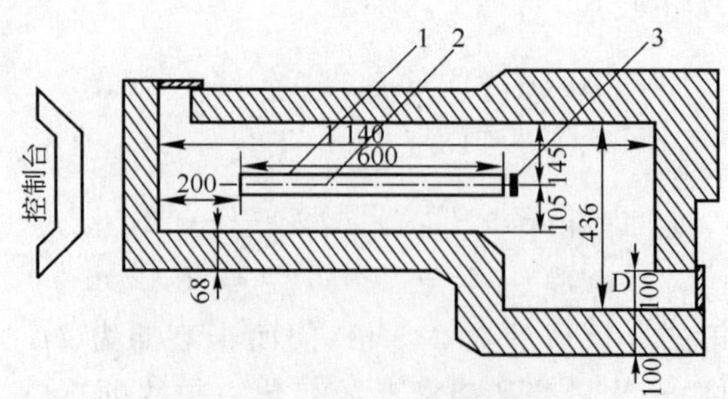

图 3　30 MeV 电子直线加速器实验区示意图

1——加速管；2——电子束流；3——金靶；D——测量点。图中尺寸以 cm 为单位

的入射方向成 45°角的 D 点。加速器运行时较强的干扰讯号用提高甄别阈方法将其甄别掉。

1. X 射线计数的扣除

由于电子直线加速器的窄脉冲强中子辐射场中伴随着非常强的 X 射线[5]，所以必须从脉冲中子探测器的计数中扣除 X 射线所引起的计数。在窄脉冲强辐射场中，包 Ag 的 G-M 管及 Ag-SQS 管对 X 射线的计数率为一常数，如图 4 所示。前者与电子直线加速器的重复频率(50 pps)相同，这是由于 G-M 管在死时间内死区遍及全管的缘故。后者为一较大的常数(130 c/s)，说明 SQS 管的死区是局部的，没有遍及全管。

图 4 是在电子能量低于 10.6 MeV 时(此时还不会产生中子)获得的。当加速器的束流能量大于 10.6 MeV 时，开始有中子产生，此时 Ag-SQS(或包 Ag 的 G-M 管探测器)对中子的计数率可由下面公式得到：

$$N_n = N_{n+\gamma} - \text{常数},$$

式中 $N_{n+\gamma}$ 为中子和 X 射线的总计数率。常数＝130 c/s(或 50 c/s)。

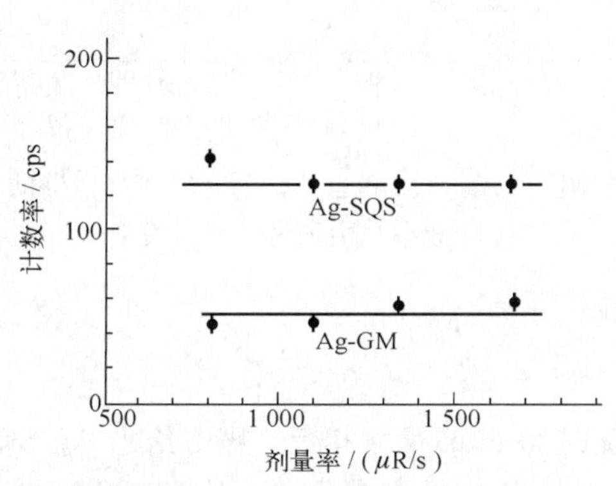

图 4　脉冲辐射场中包 Ag 的 G-M 管和 Ag-SQS 管探测器对 X 射线的计数率与剂量率的关系

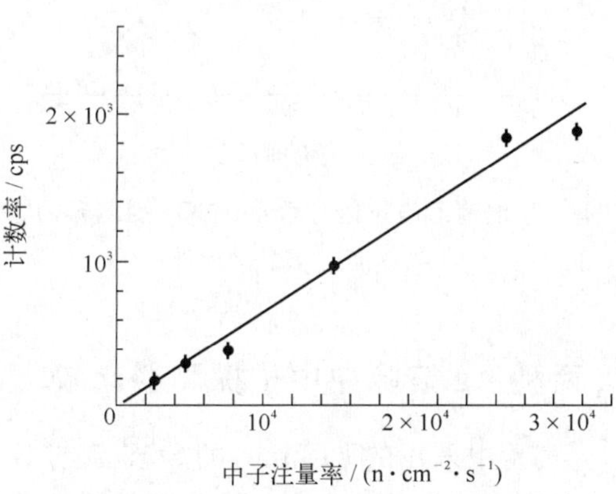

图 5　Ag-SQS 探测器的计数率与中子平均注量率的关系

2. 中子灵敏度和可测上限

对探测器的注量率灵敏度和可测上限在加速器脉冲场中进行了测量。Ag-SQS 探测器和 I_n 活化探测器固定在图 3 中的 D 点。改变打靶的电子束流的能量(由 10.6 MeV 到 25 MeV)，而保持束流强度不变时，中子的产额随电子能量的增加而增大，在 D 点将得到不同的入射中子注量率(或剂量当量率)。在每一电子束流能量上，加速器稳定运行 50～100 min，Ag-SQS 探测器给出该时间内的平均计数率。I_n 活化探测器的铟箔在同一时间(t_i)内受到辐照而活化。停机后经过时间 t_w 后进行记录在 t_c 时间间隔内铟箔的活性计数。然后算出饱和活性计数率，再由刻度常数算出中子注量率。图 5 给出 Ag-SQS 对中子的计数率与 I_n 活化探测器测出的中子注量率的关系曲线。对于 $\phi 8$ mm×40 mm 的 Ag-SQS 管构成的探测器，由曲线可算出其中子灵敏度是 0.063 cps/[n/(cm²·s)]，可测中子平均注量率上限大于 2×10^4 n/(cm²·s)，可测脉冲中子注量率为 10^9 n/(cm²·s)以上。当加速器停机时，测量了 Ag-SQS 探测器的计数率随时间的衰减的曲线（见图 6）。由曲线可算出两个半衰期，即 24 s 和 2.4 m。这与^{110}Ag 和^{108}Ag 的半衰期符合。这说明电子能量大于10.6 MeV 时，有中子产生并使 Ag 箔活化。

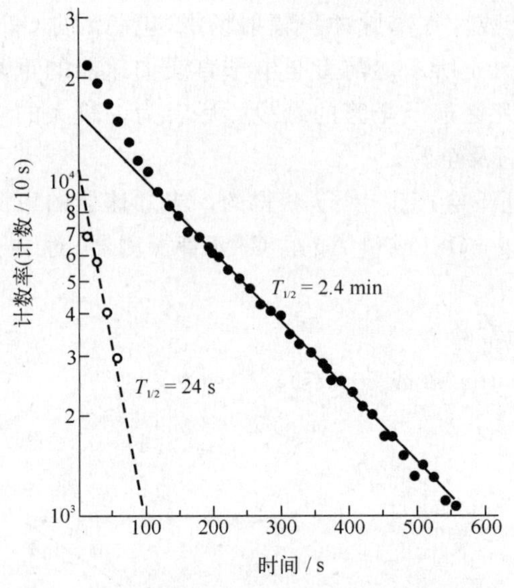

图 6　加速器停止运行后，Ag-SQS 探测器的计数率随时间衰减曲线

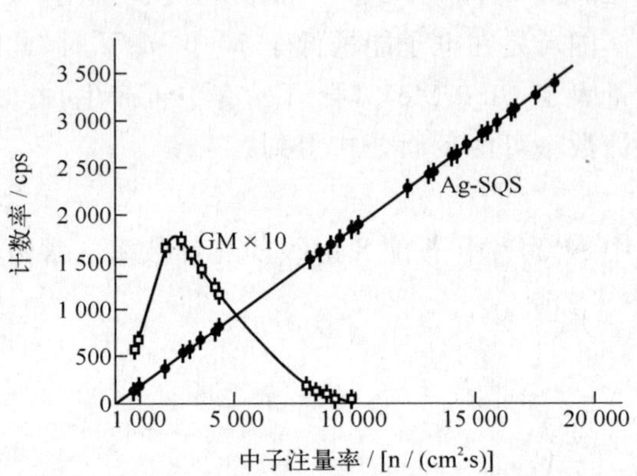

图 7　Ag-SQS 和包 Ag 的 G-M 管探测器的计数率与中子注量率的关系

3. 两种 Ag 箔脉冲中子探测器比较

实验中采用的 ϕ18 mm 的 SQS 管与 G-M 管（ϕ20 mm）尺寸相近。图 7 给出 Ag-SQS 和包 Ag 的 G-M 管探测器在脉冲辐射场中计数率随中子注量率变化的曲线，Ag-SQS 探测器可测平均注量率上限大于 2×10^4 n/(cm^2·s)，而包 Ag 的 G-M 管探测器的则为 2×10^3 n/(cm^2·s)，前者比后者高出一个数量级以上。

Ag-SQS 探测器可作为电子加速器或质子加速器脉冲中子辐射场的剂量监测器。如果采用对消法或关闭法，也可用于放射性工作场所作为中子剂量监测器。还可用于高能中子实验。

致谢：在实验过程中，本所 30 MeV 电子直线加速器运行组的同志们提供了很多方便；刘桂林、刘列夫同志给了支持和帮助；在用^{252}Cf 源进行刻度时，401 所的同志们提供了条件；张文裕教授和王淦昌教授对本工作的关心和支持，在此一并表示感谢。

参 考 文 献

1　Zurakowski，P R. & Shapiro，E. G.，UCRL-70170 Rev. 1(1971)

2　李建平、唐鄂生. 原子能科学技术(待发表)

3　杜远才等. 高能物理与核物理，1983，2

4　Stevenson，G. R.，HS-RP/IR/80-56

5　Swanson，W. P.，SLAC-PUB-2643 (1980)

脉冲中子希沃特计数器的研究*

李建平　刘曙东　汤月里
张振刚　梁小霞　屈国英
（中国科学院高能物理所）

本文介绍一种测量加速器脉冲中子辐射的希沃特(Sv)计数器，在 10 MeV 北京质子直线加速器的脉冲辐射场中给出的剂量当量值与理论值一致，它还有较好的 n，γ 分辨能力和较强的抗电磁干扰能力。

关键词： 脉冲辐射场，占空因子，脉冲中子希沃特计数器

一、原　理

某些带电粒子加速器加速的带电粒子不是连续的，而是脉冲束流（宽度窄、流强大），其占空因子很小，表 1 列出几种加速器的有关参数。

表 1　几种加速器的有关参数

加速器类型	能量/MeV	脉宽/μs	重复频率/(次·s^{-1})	流强/mA	占空因子
中关村电子直线加速器	30	1	50	200	0.5×10^{-4}
北京质子直线加速器	10	100	2	50～100	2×10^{-4}
北京正负电子对撞机	1.1×10^{8}	0.0025	50	20	0.125×10^{-8}

不同类型的探测器在脉冲辐射场中的剂量响应是不同的，如：(1) 脉冲计数系统具有有限的分辨时间，对于占空因子较小的辐射场，发生严重漏计，如瑞典生产的 2202 型中子希沃特计数器，在 10 MeV 北京质子直线加速器的辐射场中，平均剂量率为 0.2 mSv/h 时有 30%的漏计。(2) 电流电离室在脉冲场的瞬时剂量率足够高时，电离的离子密度高，在被电极收集之前发生体复合，使收集效率下降，需对电离室的收集效率进行修正。(3) 贮能型探测器，如 TLD，虽在脉冲场中不存在漏计问题，但不能作为辐射场的连续监测器用。(4) 活化探测器在脉冲场中不会发生漏计现象，但不能给出瞬时剂量率，只能在照射之后给出平均剂量率。

本工作在文献[1]的基础上，采用活化探测器与脉冲计数系统组合在一起，构成脉冲中子希沃特计数器。它既有活化探测器的优点，克服了占空因子效应所引起的漏计数，又能连续监测辐射场剂量率的变化。

* 本文 1988 年 9 月在《核电子学与探测技术》第 8 卷第 5 期上发表。

由包有银箔的薄壁 β GM 计数管组成热中子探测器，将其置于符合 Andersson Braun 几何结构的慢化体和内吸收体中心，其结构示于图 1。入射中子经聚乙烯慢化体慢化，并通过含硼塑料内吸收体后被银箔俘获。银箔含有两种同位素：^{109}Ag(48.65%) 及^{107}Ag(51.35%)，发生如下反应

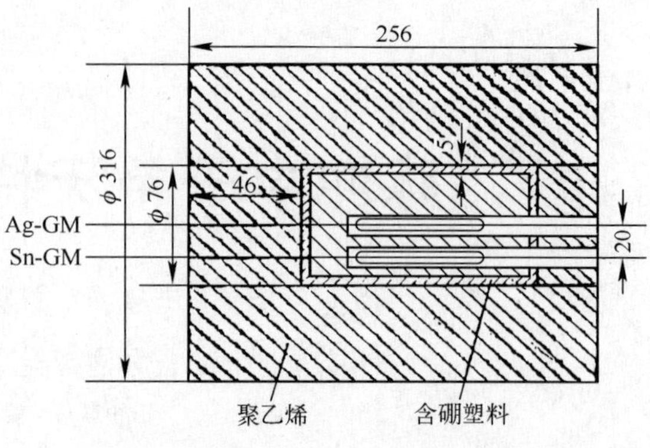

图 1　脉冲中子希沃特计数器结构

(1) $^{109}\mathrm{Ag}(n,\gamma)^{110}\mathrm{Ag}, {}^{110}\mathrm{Ag} \xrightarrow{\beta^-} {}^{110}\mathrm{Cd}$

$\sigma_{n,\gamma}=113\pm136, T_{1/2}=24.4\ \mathrm{s}$,

$E_\beta=2.87\ \mathrm{MeV}(95\%)$

(2) $^{107}\mathrm{Ag}(n,\gamma)^{108}\mathrm{Ag},\quad {}^{108}\mathrm{Ag} \xrightarrow{\beta^-} {}^{108}\mathrm{Cd}$

$\sigma_{n,\gamma}=45\pm46, T_{1/2}=2.42\ \mathrm{min}, E_\beta=1.69\ \mathrm{MeV}(94\%)$

反应(1)的截面比反应(2)的大 2.5 倍，且前者的半衰期又较后者短，反应的主要产物是^{110}Ag。GM 管记录由^{110}Ag 放出的 β 粒子，由此可求出中子注量率或剂量当量率。为了补偿 GM 管对 γ 射线的灵敏度，采用一支同类型的 GM 管外包与银箔当量厚的锡箔，放在包银 GM 管的附近，作为辐射场中的 γ 补偿。脉冲希沃特计数器的电路框图示于图 2。从上述两支 GM 管输出的脉冲，经放大、甄别和成形后，把脉宽 135 μs 幅度 20 mA 的电流脉冲送入数字数据记录仪(D. D. L.)进行运算，给出净中子计数率

$$N_n = N_{n+\gamma} - N_\gamma \tag{1}$$

式中，$N_{n+\gamma}$是包银 GM 管的计数率；N_γ 是包锡 GM 管的计数率。然后，按给定的灵敏度换算剂量当量率。

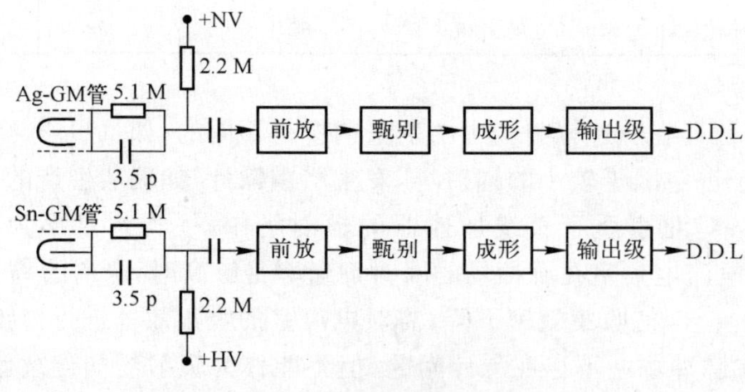

图 2　电路框图

对探测器采取了有效的电磁屏蔽措施，加之数据采集与处理的 D. D. L. 对脉冲宽度小于 135 μs 的窄脉冲不予记录，使本系统具有较强的抗电磁干扰能力。

二、性　能

1. 能量响应

测量是在 2.5 MeV 静电加速器上进行的，以长计数器作绝对中子注量率的测量，以另一长计数器作为监测器，所测能量响应曲线示于图 3。由图可见，其灵敏度（次·s^{-1}/10^{-5} Sv·h^{-1}）有平坦的能响特性。

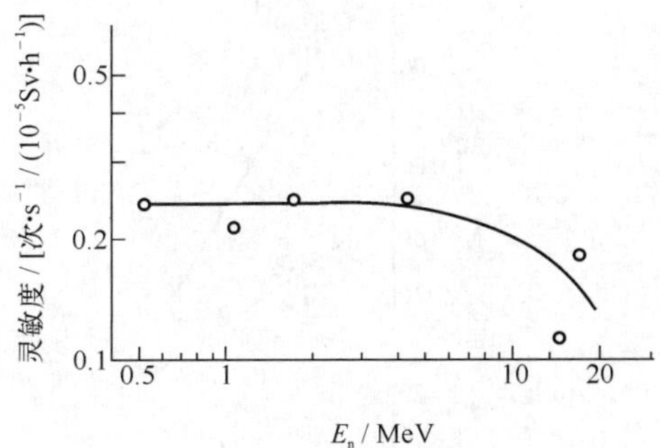

图 3　能量响应曲线

2. n，γ 分辨

在脉冲辐射场中，当 γ 辐射的脉冲宽度小于计数器的分辨时间并在辐射足够强时，出现计数率与加速器重复频率同步的现象，它与辐射场的强弱无关。例如，在中关村 30 MeV 电子直线加速器上，束流的脉冲宽度为 1 μs、重复频率为 50 次/s 时，包银 GM 管对 γ 射线的计数率为 50 次/s，它是与辐射场的剂量率无关的常数。此时，包银 GM 管对中子的计数率由下式求得

$$N_n = N_{n+\gamma} - K \tag{2}$$

式中，常数 $K=50$ 次/s。

对于质子加速器，由于靶及周围物质产生的感生放射性较电子加速器强，在 10 MeV 质子加速器的辐射场测量中，采用包锡 GM 管与包银 GM 管对消 γ 射线的办法。

3. 时间常数

银箔吸收中子后，变成活化核 ^{110}Ag、^{108}Ag。假设包银 GM 管探测器突然放入中子注量率为 ϕ_0 的中子辐射场中，输出计数率 N 随时间的变化为

$$N = \varepsilon_\beta \phi_0 \{ n_1 \sigma_1 [1 - \exp(-\lambda_1 t)] + n_2 \sigma_2 [1 - \exp(-\lambda_2 t)] \} \tag{3}$$

式中，σ_1 和 σ_2 分别为反应 ^{108}Ag(n,γ)^{110}Ag 和 ^{107}Ag(n,γ)^{108}Ag 的截面；n_1 和 n_2 分别为活化物质中单位体积内 ^{109}Ag 和 ^{107}Ag 的原子数；λ_1 和 λ_2 分别为 ^{110}Ag 和 ^{108}Ag 的衰变常数，t 为照射时间；ε_β 为 β 计数管的探测效率。计算结果表明，1 min 后包银 GM 管的计数率达到饱和活性计数率的 65%，即其时间常数为 1 min。

三、测　量

在高能物理研究所的 10 MeV 质子直线加速器上进行了测量。质子束流的脉冲宽度为 70 μs，重复频率为 2 次/s。测量时，一台脉冲中子希沃特计数器作为监测器，把它固定在靶室内距靶 5.35 m 与束流的入射方向成 25°的 M 点处。另一台脉冲中子希沃特计数器放置在与入射束流成 0°方向的活动滑轨支架上（离地面 1.5 m），测量时可改变对靶（法拉第筒）的距离。为了与 2202D 型希沃特计数器进行对比，把它也放在同一滑轨支架上。

测量结果用监测器的计数归一,以免因运行工况不周而引起系统误差。图 4 为对比测量的结果。经房间散射和漏计数的修正后,脉冲中子希沃特计数器随距离的变化接近反平方律。

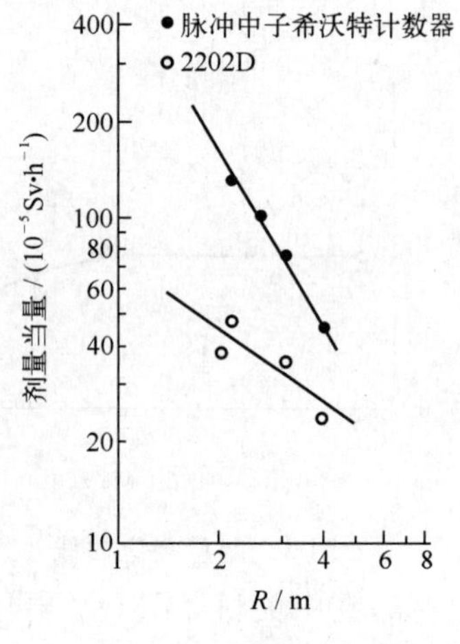

图 4 测量结果比较

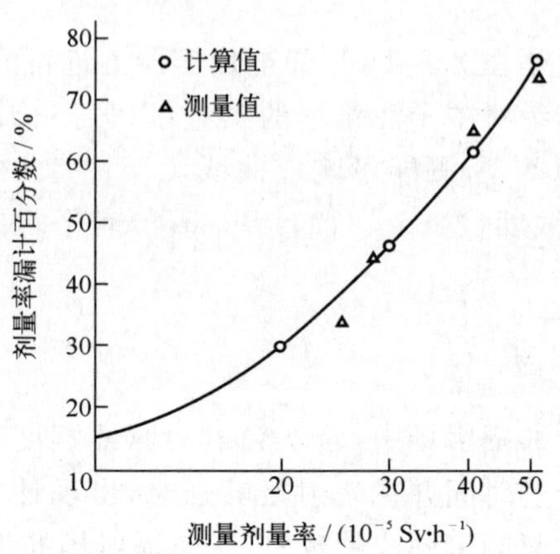

图 5 剂量率漏计百分数曲线

在 10 MeV 质子直线加速器的脉冲中子场中,由 2202D 型中子希沃特计数器和脉冲中子希沃特计数器测得各点的剂量率,以后者为准求出 2202D 型中子希沃特计数器在各测量点的剂量率漏计百分数曲线(见图 5)。

对于稳定辐射场的计数管失效时间因数为

$$f_\tau = R_0/R = 1 - R_0\tau \tag{4}$$

式中,R_0 为计数管的实际计数率;R 为计数管的真正计数率;τ 为计数管的分辨时间。

对于脉冲辐射场,失效时间因数为

$$f_\tau = R_0/R = 1 - R_0\tau/f\Delta t \tag{5}$$

式中,f 为脉冲辐射的重复频率;Δt 为辐射场的脉冲宽度。

由 2202D 型中子希沃特计数器测得 R_0,$\tau=0.6\ \mu s$,$\Delta t=70\ \mu s$,$f=2$ 次/s,可按式(5)计算出漏计百分数与测量剂量率的关系曲线。测量值与理论值符合较好,说明脉冲中子希沃特计数器在脉冲中子辐射场中剂量响应好,能克服由于占空因子效应引起的漏计数。同时也说明,2202D 型中子希沃特计数器在占空因子较小的辐射场中当平均剂量率较低时,就出现严重的漏计数现象。

当辐射场较强时,计数率较高,中子注量率监测的统计误差精度可达 1%或再好。由于加速器的中子产额随时间会发生变化,这将引起测量上的系统误差。为防止入射带电粒子能量变化引起中子角分布的变化,监测器设置在与入射束流方向成小角度处,并且在足够远的距离上,以防漏计数出现。

在稳定场中,当 γ/n 足够大时,测得的中子计数率远小于 γ 计数率,给测量带来困难。

参 考 文 献

1 李建平等,原子能科学技术,(2),206(1983)

Pulsed Neutron Sv Counter

LI Jian-ping LIU Shu-dong TANG Yue-li ZHANG Zhen-gang

LIANG Xiao-xia QU Guo-ying

(Institute of High Energy Physics, Academia Sinica)

Abstract: In this paper the principle, construction and performances of pulsed neutron Sv counter are described. The measuring results in the pulsed radiation field are analysed and discussed.

Key Words: Pulsed radiation field, Duty cycle, Pulsed neutron Sv counter

30 MeV 电子直线加速器脉冲中子注量率及剂量当量率的测定*

李建平　吴靖民　刘曙东　唐鄂生

(中国科学院高能物理研究所)

摘要：电子直线加速器的辐射场特点，要求探测器在窄脉冲辐射场中有正确的剂量响应，较高的 n，γ 分辨能力和抗电磁干扰能力。本文中采用 In 活化探测器测量脉冲中子，它能满足上述三点要求，是一种可靠的方法。此外，该探测器结构简单，造价低廉，便于大量使用。我们用它测定了 30 MeV 电子直线加速器屏蔽墙内外中子注量率及剂量当量率的分布。同时与 TLD 测量结果进行了比较。最后，讨论了轫致辐射的高能光子对 In 发生的光核反应生成的活性对探测器的 n，γ 分辨能力的影响。

一、加速器辐射场的特征

电子直线加速器运行时，电子在加速过程中由于束流损失或直接打靶，与物质相互作用而产生次级粒子。当电子能量较低时，电子在物质中的能量损失主要是使原子发生电离。当电子能量大于临界能量时，主要以轫致辐射损失能量，并在物质中发生电磁级联过程(如图 1 所示)。能量为 E_0 的电子入射于介质中，产生轫致辐射(以波纹线表示)，其光子又产生正负电子对(以虚线表示)，继而在核 N 上发生(γ，n)反应，当光子能量在阈值以上30 MeV以下时，称为巨共振反应。这样，在加速器周围形成瞬发的轫致辐射和中子的混合辐射场，由于加速器中电子是脉冲式的，所以，辐射场也是脉冲式的。

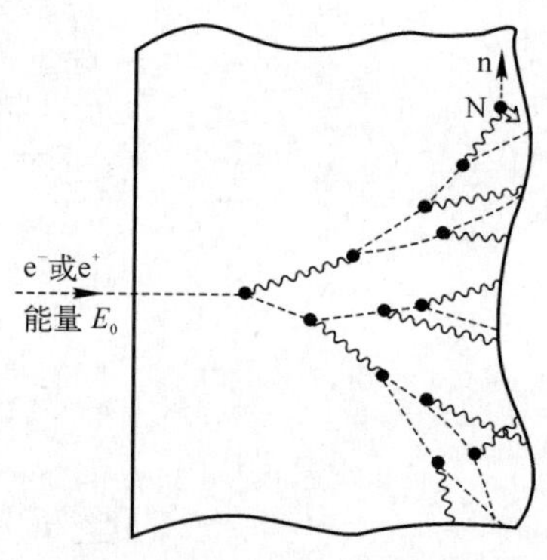

图 1　电磁级联过程

本测量是在高能所 30 MeV 电子直线加速器上进行的，电子最高能量为 26 MeV，束流脉冲宽度 1 μs，脉冲重复频率 50 pps，平均流强约 8 μA。

(1) 中子产额

电子轰击无限厚靶时，中子产额与电子能量 E_0 和靶材料的关系曲线见文献[1]图 34。当 E_0 为 26 MeV，平均流强 8.3 μA 时，求得金靶(厚度 4 mm)的中子产额约 3×10^{11} n/s。

(2) 中子能谱

按巨共振光核反应的机制，产生的中子具有“蒸发能谱”，即近似于裂变中子能谱。文献

---

* 本文 1987 年 5 月在《高能物理与核物理》第 11 卷第 3 期上发表。

[1]图 28 比较了铅的巨共振中子能谱和裂变中子能谱，两者极为相似。

(3) 中子角分布

蒸发中子能谱的特点是中子按各向同性分布，见文献[1]图 6。

此外，文献[1]图 20 和图 6 还给出韧致辐射的光子能谱、角分布和产额。30 MeV 电子直线加速器韧致辐射的能量较高，其光子的平均能量为 7.3 MeV，角分布各向异性，在与入射电子束成 0°的方向最强。

在测量中子注量率时，除有较强的韧致辐射场外，还有加速器速调管产生的强电磁干扰。

二、铟活化探测器

探测器(见图 2)是由铟箔(ϕ25 mm×0.2 mm)置于圆柱形聚乙烯慢化体中心组成。慢化体的尺寸是 ϕ125 mm×125 mm，慢化体外面包有 0.8 mm 厚的镉片。

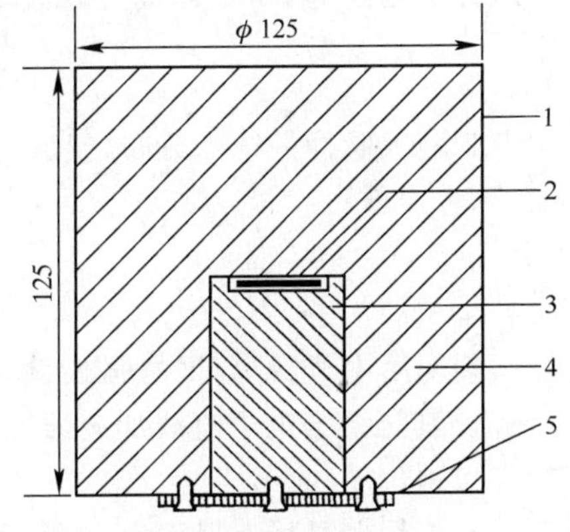

图 2　铟活化探测器结构

1——镉片；2——铟箔；3——聚乙烯芯柱；4——聚乙烯；5——铝板

入射的"镉上中子"进入聚乙烯慢化体被慢化，然后被铟俘获。铟有两种核素：^{113}In(4.23%)和^{115}In(95.8%)，热中子与铟发生如下反应：

$$^{115}\mathrm{In(n,\gamma)}^{116m}\mathrm{In}\quad T_{1/2}=54\ \mathrm{min}$$

$$^{115}\mathrm{In(n,\gamma)}^{116}\mathrm{In}\quad T_{1/2}=13\ \mathrm{s}$$

$$^{115}\mathrm{In(n,2n)}^{114m}\mathrm{In}\quad T_{1/2}=50\ \mathrm{d}$$

$$^{113}\mathrm{In(n,\gamma)}^{114m}\mathrm{In}\quad T_{1/2}=50\ \mathrm{d}$$

In 探测器在测点位置照射 t_i 时间，照射后等待 t_w 时间，再进行 β 活性测量，计数测量时间为 t_c，合理选择照射时间 t_i，例如 50～100 min，即 1～2 个^{116m}In 的半衰期，既可使^{116m}In 接近饱和活性，而^{114m}In 的活性又不大。照射完了至少等待 3 min 再测量，使^{116}In 充分衰变。这样，所测得的活化度主要是^{116m}In 的贡献。值得注意的是，探测器在长期连续使用后(如一个月)，在照射前还应测量 In 箔的本底计数。探测器外包有镉片，目的是减少靶室内壁散射的慢中子的影响。

In 的饱和活性计数率按如下公式计算：

$$\varepsilon A_s=\varepsilon N\sigma_{\mathrm{n},\gamma}\phi_{\mathrm{n}}=\frac{\lambda(c-B)}{(1-\mathrm{e}^{-\lambda t_i})\mathrm{e}^{-\lambda t_w}(1-\mathrm{e}^{-\lambda t_c})}\tag{1}$$

式中，λ 为^{116m}In 的衰变常数，N 为 In 片中 In 的原子数，$\sigma_{\mathrm{n},\gamma}$为 In 的热中子活化截面，$\phi_{\mathrm{n}}$ 为热中子注量率，ε 为 β 计数器的探测效率，c 为在 t_c 时间内的总计数，B 为 t_c 时间内的本底计数，A_s 为饱和活性。当计数时间为几分钟时，$\mathrm{e}^{-\lambda t_c}\ll 1$，则(1)式可简化为：

$$\varepsilon A_s=\frac{(c-B)\mathrm{e}^{\lambda t_w}}{t_c(1-\mathrm{e}^{-\lambda t_i})}\tag{2}$$

由公式(1)可见，饱和活性计数率 εA_s 与热中子注量率成正比，而热中子注量率又与入射的快中子注量率成正比。所以，当 In 活化探测器用已知强度的中子源刻度后，即可测得现场的中子注量率。

In 活化探测器对中子能量的响应见文献[2]，Stephens 和 Smith 用 Po-Li，Mock 裂变中子，d-d、Po-Be 和 d-t 等中子源，测量了注量率与能量关系的曲线，表明 In 活化探测器有较平坦的注量能量响应特性。

三、β放射性测量装置

β钟罩形 G-M 管测量装置* 的优点是：(1) 对 In 活化片发出的β粒子，凡能通过云母窗(厚度为 1.5 mg/cm^2)而进入计数管灵敏体积的都能被记录，探测效率约 100%；(2) 计数管坪长 250 V，坪斜≤0.05%/V；(3) 输出脉冲幅度可达 0.5 V，脉冲波形标准，对电子学电路要求不高。缺点是：死时间长 120 μs，测量装置的分辨时间(t_p)较死时间长，并与甄别阈的高低有关[3]。在现场测量时，为消除周围电磁场的干扰，设置甄别阈较高(2 V)，分辨时间用双源法测定为 200 μs，最大计数率为：

$$N_p = \frac{1}{t_p} = 5 \times 10^3 \text{ cps}$$

考虑到输入脉冲的统计分布，最大计数率约 2×10^3 cps。

四、刻　度

刻度用中子源^{252}Cf 的强度为 1.125×10^8 n/s，不确定度为±5%，平均能量为 2.35 MeV。其能谱与电子直线加速器巨共振光核反应产生的中子谱相似。所以，可不考虑能量响应问题。

刻度是在混凝土地面上，“露天”(木板房)条件下进行的。中子源和探测器间的距离 D=1 m，它们离开地面 H=1.5 m，即 H/D=1.5，在此情况下，散射剂量与直接剂量之比小于 4%[4]。

按^{252}Cf 源强求出离源 1 m 处的中子注量率 ϕ_0，再由公式(1)求出读数装置的刻度常数 K：

$$K = \frac{\varepsilon A_s}{m\phi_0} = \frac{\lambda(c-B)}{m\phi_0(1-e^{-\lambda t_i})e^{-\lambda t_w}(1-e^{-\lambda t_c})} \tag{3}$$

或

$$K = \frac{(c-B)e^{-\lambda t_w}}{m\phi_0 t_c(1-e^{-\lambda t_i})} \tag{4}$$

式中 m 为铟箔的质量。上式的物理意义是：每一克 In 对入射的单位中子注量率 In/(cm^2·s)的计数率(cpm)，用(cpm)[g·n/(cm^2·s)]$^{-1}$表示，K 为一常数，与入射中子注量率大小无关，仅与活化材料和中子能谱有关。对于本读数装置，K=3.4±0.2(cpm)[g·n/(cm^2·s)]$^{-1}$。刻度时的不确定度为 6%，它是由源本身(5%)、源和探测器间距离(1%)、读数(2%)、时间(1%)和其他(2%)不确定度，用方和根求得。

由此，可求得测量现场的平均中子注量率 ϕ 为：

---

* 北京综合仪器厂定型产品，带有一铅室。

$$\phi = \frac{\varepsilon A_s}{K \cdot m} \tag{5}$$

由测定的平均中子注量率 ϕ，利用^{252}Cf 中子源的平均剂量换算系数 $\bar{F}=2\times10^{-3}$ (Sv·h^{-1})(n·cm^{-1}·s^{-1})$^{-1}$[5]，求出中子的平均剂量当量率 $\dot{H}$：

$$\dot{H} = \frac{\varepsilon A_s}{K \cdot m} \cdot \bar{F} \tag{6}$$

利用占空因子可求出脉冲中子注量率及剂量当量率。

五、测量结果

电子直线加速器运行时，电子能量 $E_0=26$ MeV，平均束流强度 $\bar{I}=8\ \mu$A，电子轰击4 mm厚的金靶。在靶室内布置了三个测点：ϕ_1、ϕ_2 和 ϕ_3。铅屏蔽门外一个点 ϕ_4。在 1 m 厚的混凝土屏蔽墙外一个点 ϕ_5，见图 3。测量结果见表 1。

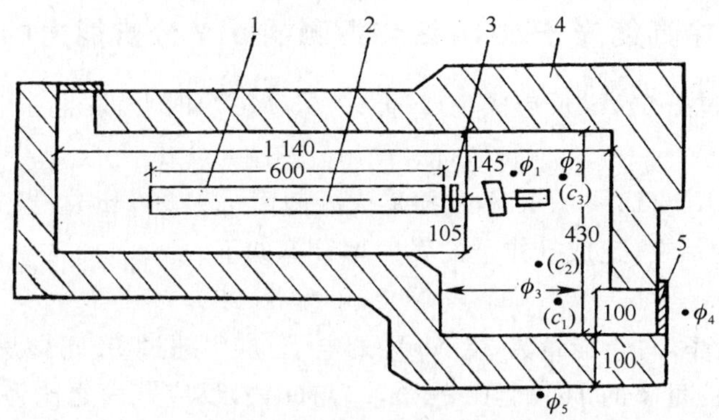

图 3　直线加速器靶周围测点分布

1——加速管；2——电子束；3——金靶；4——混凝土屏蔽墙；5——铅屏蔽门。(图中尺寸单位：cm)

表 1　加速器周围中子注量率分布

($E_0=26$ MeV　$\bar{I}=8\ \mu$A)

测量点	平均中子注量率 n/(cm²·s)	平均剂量当量率 Sv/h
ϕ_1	$(1.9\pm0.2)\times10^5$	0.228
ϕ_2	$(1.5\pm0.2)\times10^5$	0.180
ϕ_3	$(8\pm0.8)\times10^4$	0.096
ϕ_4	$(5\pm0.5)\times10^3$	0.006
ϕ_5	$(7\pm0.7)\times10$	8.4×10^{-5}

In 活化探测器测量中子注量率的结果与 TLD(^{6}LiF 和^{7}LiF)测量值作了比较，在靶周围取了三个测量点，分别以 c_1、c_2 和 c_3 表示。两种方法测量结果在它们的总不确定度范围内相符合(见表 2)。

表 2　In 箔与 TLD 测量结果的比较

测量点	探测器	平均剂量当量率/(Sv/h)
c_1	In[1)]	0.0889
	TLD[2)]	0.0857
c_2	In	0.0657
	TLD	0.0665
c_3	In	0.1684
	TLD	0.1695

1) In 活化探测器的总不确定度为 10%。

2) TID 的总不确定度为 10%。

六、讨　论

1. 关于韧致辐射中高能光子对 In 活化探测器 n,γ 分辨能力的影响问题

当光子能量超过 In(γ,n)反应阈值($K_{\text{th}}=9.03$ MeV)时[1]，发生如下反应：

$$^{115}\text{In}(\gamma,\text{n})^{114\text{m}}\text{In}\quad T_{1/2}=50\ \text{d}$$

截面最大处的能量 $K_0=15.63$ MeV，共振最大处截面 $\sigma_m=266$ mb。当 In 箔被照射 1 小时，由(γ,n)反应产生的活性，造成 β 粒子的发射率计算如下：

$$A_0=N\sigma_{\gamma,\text{n}}\phi_\gamma(1-\text{e}^{-\lambda t_i})$$

式中 ϕ_γ 为光子注量率，对于能量为 26 MeV 的电子，产生超过 In 光核反应阈值的韧致辐射光子注量率仅为总注量率的 15%。In 的(γ,n)与(n,γ)反应截面之比为：

$$\frac{\sigma_{\gamma,\text{n}}}{\sigma_{\text{n},\gamma}}=\frac{266\times10^{-3}\ \text{b}}{29\ 000\ \text{b}}\approx10^{-5}$$

另外，$^{115}\text{In}(\gamma,\text{n})^{114\text{m}}\text{In}$ 中的 $^{114\text{m}}\text{In}$，$T_{1/2}=50$ d，而 $^{115}\text{In}(\text{n},\gamma)^{116\text{m}}\text{In}$ 中的 $^{116\text{m}}\text{In}$，$T_{1/2}=54$ 分，所以，当 In 照射 1 h，由光核反应生成的 β 粒子发射率只占饱和活性的 5.8×10^{-4}。但电子直线加速器的光子注量率较中子注量率强约 10^4。综上所述，(γ,n)与(n,γ)反应产生的活性之比是：

$$G=\frac{N\sigma_{\gamma,\text{n}}\phi_\gamma(1-\text{e}^{-\lambda_1 t_i})}{N\sigma_{\text{n},\gamma}\phi_{\text{n}}(1-\text{e}^{-\lambda_2 t_i})}$$

$$\approx10^{-5}\times10^4\times10^{-4}\approx10^{-5}$$

可见，In 活化探测器对 γ 射线是不灵敏的，它是一种 n,γ 分辨能力较强的探测器。

2. 靶室对中子的散射

本测量中靶室的墙壁、顶盖和地板的厚度，均大于中子在混凝土内的衰减长度 λ 值，所以靶室内的散射中子，是经过多次散射形成的，其散射贡献大小与靶室的大小有关，文献[6]给出具体数据。对本工作靶室散射的注量贡献约 100%。

散射中子能谱。原初中子谱经过靶室的多次散射后使其软化，可参考 Pu-Be 中子源的散射谱形[6]，表明散射中子中镉下中子贡献较小。我们在同一测量点，对包有聚乙烯慢化体

的^{6}LiF 和^{7}LiF，与不包慢化体的^{6}LiF 和^{7}LiF 测量的结果作了比较，表明热中子的剂量贡献占 5%。

由于 In 活化探测器的注量—能量响应特性平坦[2]，所以，当测量现场的中子谱较刻度源的能谱软时，对中子注量率的测量影响不大。但是，当由注量率转换成剂量当量率时，其换算系数与能量有关（见 ICRP-21 号报告），如果测量现场的中子能谱较刻度源的能谱软时，求得的剂量当量率要偏高，但在本测量中散射剂量贡献小于 30%[6]。

3. In 活化探测器的优点可归纳如下

（1）由于它是贮能型探测器，对窄脉冲中子辐射场无漏计问题，可以给出正确的剂量响应；（2）对 γ 射线（包括高能光子在内）不灵敏，有较高的 n，γ 分辨能力；（3）可同时测量加速器周围各点的中子注量率分布；（4）不受电磁场干扰。在电子或质子直线加速器上测量中子时，对一般探测器来说电磁场的干扰往往是个严重的问题。

感谢王耀兰同志提供有关 TLD 的测量数据和刘桂林同志审阅文稿。

参 考 文 献

1 W. P. Swanson, Radiological Safety Aspects of the Operation of Electron Linear Accelerator IAEA—188(1979)

2 L. D. Stephens, A. R. Smith, Fast Neutron Surveys Using Indiu-Foil Activation UCRL-8414(1958)

3 Е. И. Долшрев, Детекторы Ядерных Излучений, Судпромгиз(1961)

4 F. H. 阿蒂克斯等. 辐射剂量学，第三卷（上），**383**(1981)

5 陈常茂等. 原子能科学技术，**5**(1980)，633

6 A. K. Са Винский, Neutron Monitoring for Radiation Protection Purposes, Vol. **1**(1973), 220

Measurement of Pulsed Neutron Flux and Dose Equivalent Rate for a 30 MeV Electron Linac*

LI Jian-ping WU Jing-min LIU Shu-dong TANG E-sheng
(Institute of High Energy Physics, Academia Sinica)

In this paper an active indium detector is suggested to measure the pulsed neutrons around an electron linac. It can be expected to have a correct dose response of the detector in the short pulsed neutron field, high discrimination ability between neutrons and γ-rays and against electromagnetic disturbances. This detector was used to measure the distribution of neutron flux and dose equivalent rate both inside and outside of the 30 MeV electron linac shield. The results are compared with TLD measurements. At the end of this paper the indium activation products by the high energy photon reaction (γ, n) are estimated.

I. CHARACTERISTIC OF THE ACCELERATOR RADIATION FIELD

During the operation of an electron linear accelerator, secondary particles are produced in the process of accelerating the electrons. This is caused either by the interaction with matter by electrons lost from the beam, or when the beam strikes the target. If the electron energy is low, the electron loses energy in matter through ionization of the atoms. If the electron energy is higher than a certain critical energy, the main loss is due to bremsstrahlung radiation. In addition, electromagnetic cascade processes can take place inside matter as shown in Fig. 1. When electrons of energy E_0 are injected into a medium, bremsstrahlung radiation is produced (indicated by wavy lines in the figure). These photons in turn produce electron-positron pairs (indicated by dashed lines). At the same time (γ, n) reactions can take place with a nucleus N. For photon energies below 30 MeV, the reaction is called a giant-resonance reaction. As a result, a prompt radiation field of bremsstrahlung and neutron radiations is set up around the accelerator. Since the accelerator is pulsed, the radiation field is also pulsed.

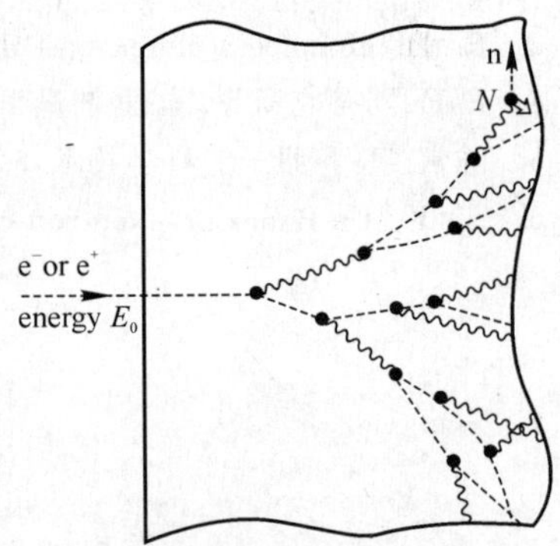

Fig. 1 Electromagnetic cascade process

The measurements we report here were made on the 30 MeV electron linear accelerator of the Institute of High Energy Physics. The maximum electron energy was 26 MeV. The width of the beam pulse was 1 μs and the repetition rate of the pulses was 50 pps with

* Chinese Physics, Vol. 8, No. 2, April-June 1988.

an average intensity of ~8 μA.

(1) Neutron production rate

The relation between the rate of neutron production, the electron energy E_0 and the target material for electrons impinging on an infinitely thick target can be found in Fig. 34 of Ref. 1. When E_0 is 26 MeV and the average intensity is 8.3 μA, the neutron production rate was found to be $\sim 3\times10^{11}$ n/s for a gold target.

(2) Neutron energy spectrum

Based on the reaction mechanism of a giant resonance, the neutrons produced have an "evaporation energy spectrum," similar to that obtained in fission. A large degree of similarity was found between the neutron spectra produced by giant resonances in lead and fission shown in Fig. 28 of Ref. 1.

(3) Neutron angular distribution

One of the characteristics of evaporation neutrons is an isotropic angular distribution, see Fig. 6 of Ref. 1.

In addition, the production rates, energy spectra and angular distributions of photons in bremsstrahlung radiation are given in Figs. 20 and 6 of Ref. 1. The bremsstrahlung radiation energy produced by a 30 MeV linac is relatively high. The average energy of the photons is 7.3 MeV. The angular distribution is anisotropic and is strongest in the forward direction of the electron beam.

In the measurement of incident neutron flux, we have electromagnetic interference from the klystrons of the accelerator as well as the strong radiation field due to bremsstrahlung.

Ⅱ. INDIUM ACTIVATION COUNTER

The detector, shown in Fig. 2, was made of indium foils (25 mm×0.2 mm) placed inside a cylindrically shaped polyethylene moderator. The dimension of the moderator was 125 mm × 125 mm and shielded on the outside with 0.8 mm thick cadmium sheets.

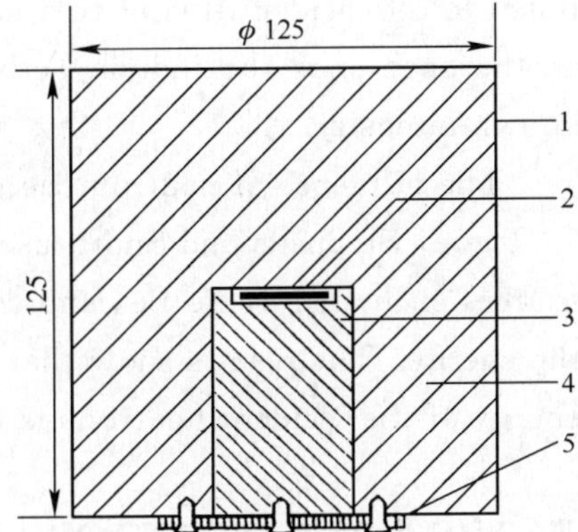

Fig. 2 Structure of the indium activation detector

1. cadmium plate, 2. indium foils, 3. polyethylene core, 4. polyethylene, 5. aluminum plate

The incident neutrons above the cadmium threshold entered the polyethylene moderator and were slowed down before being captured by the indium. There are two isotopes, ^{113}In (4.23%) and ^{115}In (95.8%), in natural indium. The possible reactions between thermal neutrons and indium are

$^{115}In(n,\gamma)^{116m}In \quad T_{1/2}=54$ min

$^{115}In(n,\gamma)^{116}In \quad T_{1/2}=13$ sec

$^{115}In(n,2n)^{114m}In$ $T_{1/2}=50$ day

$^{113}In(n,\gamma)^{114m}In$ $T_{1/2}=50$ day.

The indium detector was first exposed for a time t_i at the point of measurement. After the exposure, we waited a time t_w before the β-activity was measured for a time t_c. By a judicious choice of the exposure time t_i, for example 50 to 100 minutes, i. e., one to two ^{116m}In half-lives, one can obtain ^{116m}In close to its saturation activity without making it too radioactive. We waited for at least three minutes after the exposure before starting the counting. In this way, most of the ^{116}In would have decayed, and the measured activity would be mainly from ^{116m}In. It should be pointed out that if the detector was used for a long time (say one month), the background from the indium foils should be counted before the exposure. The outside of the detector was wrapped in cadmium sheets so as to reduce the influence due to slow neutrons scattering from the walls inside the target room.

The saturation activity of the indium may be obtained from the following equation,

$$\varepsilon A_s = \varepsilon N\sigma_{n,\gamma}\phi_n = \frac{\lambda(c-B)}{(1-e^{-\lambda t_i})e^{-\lambda t_w}(1-e^{-\lambda t_c})}, \tag{1}$$

where λ is the decay constant of ^{116m}In, N is the number of In nuclei in the foils $\sigma_{n,\gamma}$ is the activation cross section for thermal neutrons, ϕ_n is the incident rate of thermal neutrons, ε is the efficiency of the β-counter c is the total number of counts in time t_c. B is the total number of background counts in time t_c, and A_s is the degree of saturation. If the counting time is only a few minutes, $e^{-\lambda t_c} \ll 1$, and Eq. (1) can be simplified to

$$\varepsilon A_s = \frac{(c-B)e^{\lambda tw}}{t_c(1-e^{-\lambda t_i})}. \tag{2}$$

From Eq. (1) we can see that the saturation activation counting rate εA_s is proportional to the incident flux of thermal neutrons. As a result, we can obtain the neutron flux on the spot once the indium activation detector is calibrated with a neutron source of known intensity.

The influence of neutron energy on an indium activation counter can be found in Ref. 2. There, Stephens and Smith used fission neutrons from Po-Li, and Mock used neutron sources such as d-d, Po-Be, and d-t to measure the relation between the incident flux and the energy. The results show that the dependence of the indium activation counters on the energy of the incident neutrons is fairly flat.

Ⅲ. THE β-RAY DETECTOR SETUP

The advantages of using a bell-shape G-M tube setup[a)] for detecting β-rays are: (1) All the β-particles emitted by the activated indium foils that can enter the sensitive area of the tube through a mica window (thickness approximately ~1.5 mg/cm^2) are detected. The detection efficiency is ~100%. (2) The applied voltage to the tube is 250 V with a gradient of≤0.05%/V. (3) The output pulse amplitude can reach 0.5 V. The pulse shape is calibrated and does not impose any stringent requirement on the electronics. A weak point is the long dead time of 120 μs. The discrimination time (t_p) of the complete setup is longer than the dead time, and is also related to the level of the discriminator setting.[3] In order to eliminate the influence due to the surrounding electromagnetic fields, the discriminator voltage was set to be relatively high (2 V) when the measurements were taken on site. The resolving time was determined to be 200 μs by a double-source method. The maximum counting rate is

$$N_p = \frac{1}{t_p} = 5 \times 10^3 \,(\text{cps}).$$

When the statistics of the distribution of the incident flux is folded in, the maximum counting rate is $\sim 2 \times 10^3$ cps.

Ⅳ. CALIBRATION

For calibration, a ^{253}Cf neutron source of strength 1.125×10^8 n/s with uncertainty $\pm 5\%$ was used. The average energy of the neutrons was 2.35 MeV and their energy spectrum was very similar to that of neutrons produced by the giant resonances in photonuclear reactions induced by photons from the electron linear accelerator. As a result, there is no need to consider any further energy corrections.

The calibration was carried out on a concrete floor in "open space" (a building constructed of wooden planks). Both the neutron source and the detector were placed at a distance $H = 1.5$ m above the ground, and the distance between them was $D = 1$ m. Under the condition $H/D = 1.5$, the fraction of scattered dosage was less than 4% of the direct dosage.[4]

From the strength of the ^{252}Cf source we obtained the neutron input rate ϕ_0 at 1 m distance. From this we can obtain the calibration constant for our counter setup through Eq. (1),

$$K = \frac{\varepsilon A_s}{m\phi_0} = \frac{\lambda(c - B)}{m\phi_0(1 - e^{-\lambda t_i})e^{-\lambda t_w}(1 - e^{-\lambda t_c})}, \tag{3}$$

or

$$K = \frac{(c - B)e^{-\lambda t_w}}{m\phi_0 t_c(1 - e^{-\lambda t_i})}, \tag{4}$$

where m is the mass of the indium foils. The physical meaning of the above expression is the counting rate (cpm) for one gram of indium and one unit of incident neutron flux ($n \cdot cm^{-2} \cdot s^{-1}$) with the result expressed in terms of cpm/[g·n/(cm^2·s)]. The constant K depends on the activation material used and the energy spectrum of neutrons but is independent of the neutron input rate. For our present counter setup, $K = 3.4 \pm 0.2$ cpm/[g·n/(cm^2·s)]. The uncertainty in the calibration is 6% consisting of the root-mean-square sum of the uncertainties in the source (5%), on the distance between the source and the counter (1%), on the counting rate (2%), on the time (1%), and on other factors (2%).

From this we obtain the average on-site incident neutron flux ϕ to be

$$\phi = \frac{\varepsilon A_s}{K \cdot m} \tag{5}$$

From the calibrated average input neutron rate ϕ, and the average dosage conversion coefficient $\bar{F}=2\times10^{-3}\,(\mathrm{Sv/h})/(\mathrm{n\cdot cm^{-2}\cdot s^{-1}})$, for the ^{252}Cf neutron source,[5] we obtain the average neutron dosage rate $\dot{H}$ to be

$$\dot{H} = \frac{\varepsilon A_s}{K \cdot m} \cdot \bar{F}. \tag{6}$$

From the occupancy factor, we can obtain the pulsed neutron incident flux and the equivalent dosage rate.

Ⅴ. RESULTS OF THE MEASUREMENTS

When the electron accelerator is in operation, the electron energy is 26 MeV with an average beam current of $\bar{I}=8\ \mu$A. The electrons strike a 4 mm-thick gold target. Three measurement points ϕ_1, ϕ_2, and ϕ_3, were located in the target room, one point outside the lead shielding door ϕ_4, and one point outside the 1 m-thick concrete wall ϕ_5. The results of the measurement are listed in Table Ⅰ.

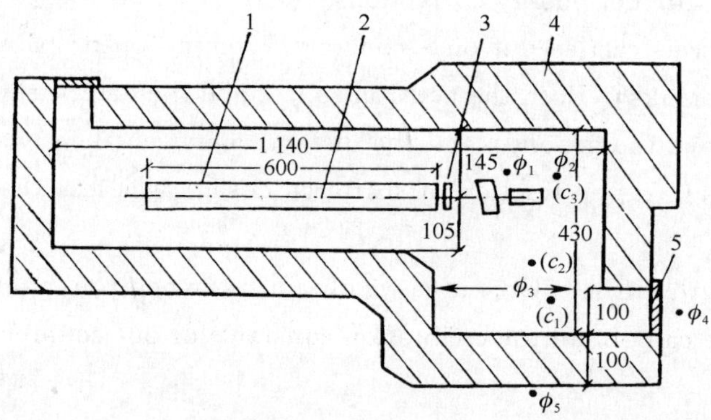

Fig. 3 Distribution of measurement locations around the linac

1. Accelerating tubes, 2. electron bunches, 3. gold target, 4. concrete shielding walls, 5. lead shielding door (All dimensions are given in units of cm)

TABLE Ⅰ Distribution of neutron input rate around the accelerator ($E_0=26$ MeV, $I=8\ \mu$A)

Measurement points	Average neutron flux n/(cm²·s)	Average equivalent dosage rate Sv/h
ϕ_1	$(1.9\pm0.2)\times10^5$	0.228
ϕ_2	$(1.5\pm0.2)\times10^5$	0.180
ϕ_3	$(8\pm0.8)\times10^4$	0.096
ϕ_4	$(5\pm0.5)\times10^3$	0.006
ϕ_5	$(7\pm0.7)\times10$	8.4×10^{-5}

We have compared the measured incident neutron flux using the indium activation counter with that using TLD (^{6}LiF and ^{7}LiF). Three points, c_1, c_2, and c_3, were taken around the target. The results from the two sets of measurements were the same within their uncertainties (seeTable Ⅱ).

Ⅵ. DISCUSSION

1. The influence of high-energy bremsstrahlung photons on the ability of the indium activation detector to distinguish between n and γ. When the photon energy is above the In (γ,n) reaction threshold energy of $K_{th} = 9.03$ MeV,[1] the following reaction can take place,

$$^{115}\mathrm{In}(\gamma,\ n)^{114m}\mathrm{In} \quad T_{1/2}=50 \text{ day}.$$

The maximum in the cross section occurs at energy $K_0 = 15.63$ MeV and the maximum resonance cross section is $\sigma_m = 266$ mb. The rate of β-ray emission caused by (γ,n) reactions after the indium foil has been irradiated for an hour is

$$A_0 = N\sigma_{\gamma,n}\phi_\gamma(1-e^{-\lambda t_i}),$$

where ϕ_γ is the incident photon flux. For 26 MeV electrons, the fraction of photons with energy above the threshold is 15% of the total. The ratio of (γ,n) and (n,γ) reaction cross sections in indium is

$$\frac{\sigma_{\gamma,n}}{\sigma_{n,\gamma}} = \frac{266\times10^{-3}b}{29000b} \approx 10^{-5}.$$

In addition, the ^{114m}In produced by the ^{115}In$(\gamma,\ n)$ ^{114m}In reaction has$T_{1/2}=50$ days, whereas the ^{116m}In produced by the ^{115}In(n,γ) ^{116m}In reaction has $T_{1/2}=$ 52 minutes. As a result, the fraction of β-particles produced by photonuclear reaction is only 5.8×10^{-4} of the total activation after an exposure of the indium for an hour. On the other hand, the incident photon rate from the electron linear accelerator is $\sim 10^4$ Combining all the arguments above, the ratio of the activity produced by (γ,n) and (n,γ) reactions is

TABLE Ⅱ Comparison of the measured results with In foil and TLD

Measurement points	Detector	Average equivalent dosage rate(Sv/h)
c_1	In[1]	0.0889
	TLD[2]	0.0857
c_2	In	0.0657
	TLD	0.0665
c_3	In	0.1684
	TLD	0.1695

[1] The total uncertainty of the indium activation counter is 10%.

[2] The total uncertainty of the TLD is 10%.

$$G = \frac{N\sigma_{\gamma,n}\phi_\gamma(1-e^{-\lambda_1 t_i})}{N\sigma_{n,\gamma}\phi_n(1-e^{-\lambda_2 t_i})} \approx 10^{-5}\times10^4\times10^{-4}\approx10^{-5}.$$

We see that the indium activation counter is not sensitive to the γ-ray, and is a counter with good discrimination between n and γ.

2. Neutron scattering in the target room. The measurements were carried out in a target room where the thicknesses of the concrete walls, ceiling and floor were larger than λ, the decay length of neutrons in concrete. As a result, the scattered neutrons inside the target room came from multiple scattering. The contribution from scattered neutrons depends on the size of the scattering room and the values are given in Ref. 6. For the present work, the contribution from the scattered neutrons to the incident neutron flux in the target room is ~100%.

The spectrum of the scattered neutrons. After multiple scattering in the target room, the neutrons are moderated. The spectral shape of the scattered neutrons for the Pu-Be neutron source can be found in Ref. 6. The results show that the contribution from neutrons below the cadmium threshold is small. We made measurements using ^{6}LiF and ^{7}LiF. On comparing the results at the same location with and without the polyethylene moderator we found that contribution to the dosage from the thermal neutrons was 5%.

Since the response of the indium activation counter to the incident flux and incident energy is rather flat,[2] the influence on the incident neutron rate is not large if the on-site neutrons are softer than the calibration neutrons. However, in the conversion from the incident neutron rate to the equivalent dosage rate, the coefficients involved are energy-dependent (see report no. ICRP-21). If the on-site neutrons are softer than the calibration neutrons, the equivalent dosage obtained tends to be higher than the actual dosage. However, in our measurement, the contribution to the dosage from the scattering was less than 30%.[6]

3. The advantages of the indium activation counter may be summarized below. (1) Since it is an energy storing counter, it does not miss counts from a pulsed radiation field of short durations. It is therefore capable of providing the correct dosage. (2) It is not sensitive to γ-rays (including high energy photons) and it has good discriminating power between neutrons and photons. (3) It can measure the distribution of the incident neutron rate around the accelerator simultaneously. (4) It is not affected by perturbations from the electromagnetic fields. In general, the electromagnetic interference is a problem for the usual types of neutron dosimeters in measuring the neutrons around electron and proton linear accelerators.

The authors wish to acknowledge Wang Yao-lan for supplying us with the data relating to the TLD measurements and Liu Gui-ling for reading the manuscript.

REFERENCES

1 W. P. Swanson, Radiological Safety Aspects of the Operation of Electron Linear Accelerator IAEA-188 (1979)

---

[a] A standard product of the Beijing Composite Instrument Factory, being furnished with a lead chamber.

2 L. D. Stephens and A. R. Smith, Fast Neutron Surveys Using Indiu-Foil Activation UCRL-8414 (1958)

3 E. (1961)

4 F. H. Atkins *et al*. Radiation Measurements **3**,383(1981)

5 Chen Chang-mao *et al*. Atomic Energy Technology(in Chinese) **5**,633(1980)

6 A. K. Ca B, Neutron Monitoring for Radiation Protection Purposes **1**,220 (1973)

BEPC 工作场所辐射监测系统*

汤月里　李建平　邵贝贝　刘曙东　张振刚　屈国英

（中国科学院高能物理研究所）

北京正负电子对撞机(BEPC)是一台高能粒子加速器。为了监测和评价加速器工作场所的辐射剂量水平，确保工作人员安全，我们建立一套适合加速器辐射场特点的中子-γ 监测系统。

关键词： 脉冲辐射场，I-F 变换电路，数字数据处理器

一、中子监测器

把 BF_3 正比计数管置于圆柱形聚乙烯慢化体和吸收体中心组成探头(图 1)。中子在慢化体内的慢化过程，使其到达 BF_3 管的时间展宽，相当于使脉冲辐射场的脉冲展宽。BF_3 管对 γ 辐射产生的脉冲幅度比中子的小得多，并有明显的界限，具有较好的中子-γ 分辨能力。

计数管输出的十几毫升脉冲，经前放、主放、甄别、成形和输出级送入 D. D. L(图 2)。

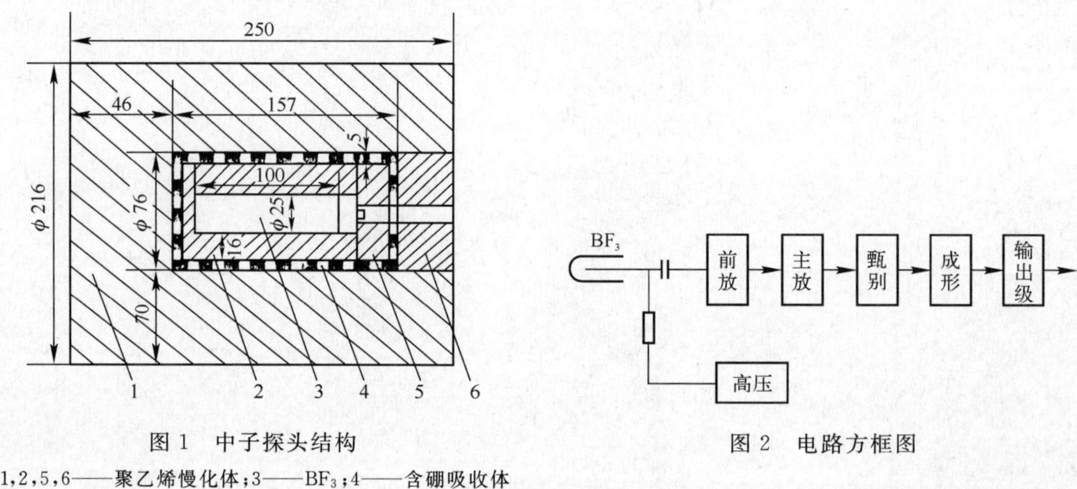

图 1　中子探头结构

1,2,5,6——聚乙烯慢化体；3——BF_3；4——含硼吸收体

图 2　电路方框图

用 Pu-Be 源在露天场地刻度，经漏计和地面散射修正后，测得中子灵敏度为 2.0±0.1 次·s^{-1}/(10^{-5} Sv·h^{-1})。

在 0.025 eV～16 MeV 的中子能量范围测定了能响曲线(图 3)。

用 ^{60}Co γ 源进行了耐 γ 场强度测试。在照射量率 5.68 mC·kg^{-1}/h 照射下，中子、γ 比

* 本文 1988 年 11 月在《核电子学与探测技术》第 4 卷 4 期上发表。

为 4.5×10^{-14} 时，阈值以上的积分计数增加10%。

在 Pu-Be 源照射下，中子相对于监测器轴线成不同角度入射时，0°和 90°方向的灵敏度相差12%。

监测器在 Pu-Be 源辐射场中连续工作 4 天，进行稳定性测试，每 15 min 读数一次，测量数据的相对偏差为±10%。

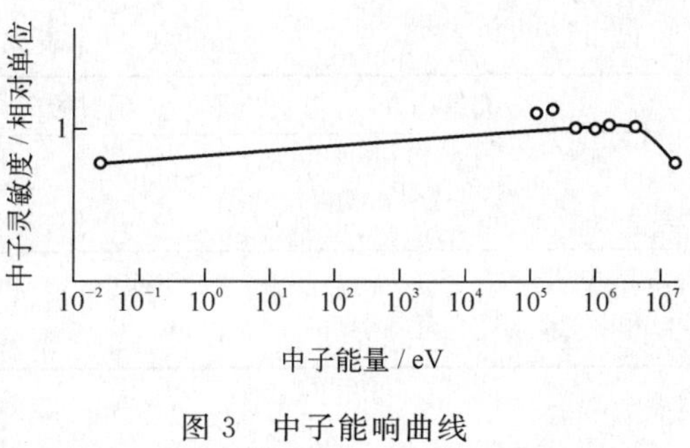

图 3　中子能响曲线

二、γ 监测器

针对加速器辐射场的特点，选用圆柱形充氩电离室作为探测器。根据复合原理及 BEPC 辐射场脉冲宽度和重复频率，设计了电离室内部结构(图 4)，其极间距离为 45 mm，室壁采用钛材料，壁厚 2.5 mm，内充 203 kPa 或 2.03 MPa 纯氩。此探测器对中子不灵敏，在中子、γ 比为 25 的辐射场条件下，其响应不受影响。电离室的信号经 I-F 变换电路(图 5)输出。

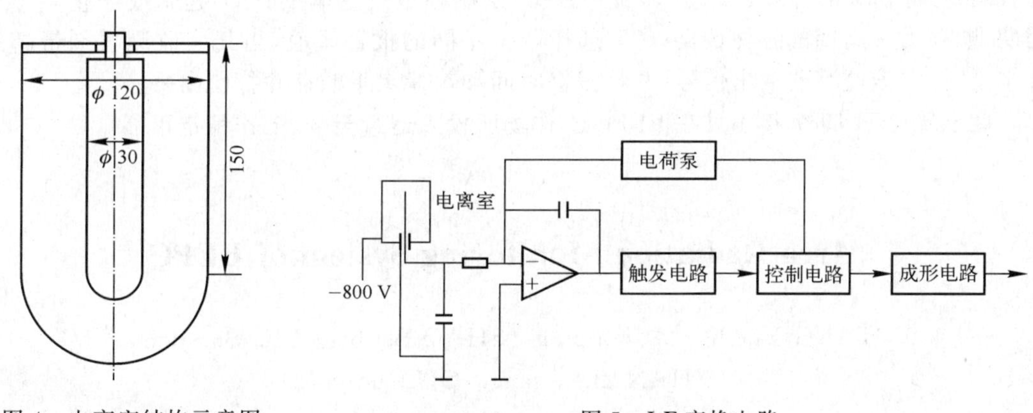

图 4　电离室结构示意图

图 5　I-F 变换电路

对充气压力为 2.06 MPa 的电离室，其灵敏度可在 1.29×10^{-10} C·kg^{-1}/脉冲以下调节。

此电离室的能量响应测定结果列于表 1。其中能响比值是指电离室能量响应的最大值与其对 ^{60}Co 能量点响应的比值。

表 1　能量响应

电离室充气压力	能响范围/MeV	能响比值
203 kPa	0.25～1.25	4.27
2.03 MPa	0.16～1.25	2.37

此 γ 监测器在稳定 γ 辐射场连续工作 96 h 测定其稳定性，每 15 min 读数一次，数据的相对偏差为 0.3%。

BEPC 的工作场所是一个窄脉冲辐射场，占空因子很小，瞬时剂量率很高。在这种情况下，电离室内的正负离子向两极漂移时产生复合，使收集电流达不到饱和状态，影响收集效率。为此，我们测定了此监测器的饱和特性，其结果列于表 2。

表 2　电离室饱和特性

充气压力	辐射场/2.58×10^{-4} $C\cdot kg^{-1}\cdot h^{-1}$	收集效率/%
2.03 MPa	514	70
	42	96
203 kPa	460	90
	58	98

中子和 γ 监测器都有相应的声、光信号，当监测点辐射场超过预置的阈值时，发出报警信号。

三、D. D. L 数字数据处理机

D. D. L 是以 6809 为芯片的专用数字数据处理机，它可采集和处理 32 路监测器传送来的数据，具有 100 种处理信息的功能，并向中心计算机传送数据资料。

利用面板上的拨字轮可以选择预先配置的 100 种功能，其主要功能如下：(1) 输入并显示日期，时间；(2) 输入各种参数；(3) 显示各道当前的计数率、剂量率及累积剂量等；(4) 贮存各道每 15 min 的计数；(5) 打印各种数据，绘制各道剂量率图；(6) 起始或停止一个积分周期，贮存上一周期的各种数据；(7) 选择两个不同的报警阈值，当某一监测器剂量超过预置水平时，向该监测器输出信号，并将报警时间和剂量水平贮存并打印出来。

此系统已于 1987 年 4 月在 BEPC 工作场所投入运行至今，工作稳定可靠。

Area Radiation Monitoring System of BEPC

TANG Yue-li　LI Jian-ping　SHAO Bei-bei　LIU Shu-dong
ZHAN Zhen-gang　QU Guo-ying
(Institute of High Energy Physics，Academia Sinica)

Key Words: Pulsed radiation field，I-F converter，Digital data logger

自猝灭流光(SQS)探测器的研究结果*

杜远才　李建平　王先佩　刘曙东　唐鄂生

(中国科学院高能物理研究所)

摘要:本文描述了自猝灭流光(SQS)探测器在我国的具体条件下研究的第一批结果:在 50 Ω 负载上输出脉冲的上升时间为 3 至 5 mμs,脉冲宽度约 30 mμs,幅度约 100 mV。计数率随电压变化的曲线的坪长约 700 V。工作气体的比例在可变范围 20%之内变化不影响其性能。对带电粒子的探测效率接近 100%。可正常工作的计数率在每毫米阳极丝内每秒>10^3 次,在 2 mm 阳极丝上测得的局部死时间约 10 μs。当工作在流气式时可连续使用,没有寿命问题。密闭式使用时,寿命>5×10^8 次脉冲。造价低廉,长度 1 m 左右的 SQS 管造价约 10 元。我们制成了很多种 SQS 管及 SQS 多丝室。多丝室的性能与管状的相似。本文还给出了把 SQS 探测器用于电子直线加速器窄脉冲强中子辐射场的测量的初步结果以及研制 SQS 放射性测量仪的初步结果。我们的结论是:SQS 探测器可以部分地取代费用较高的闪烁计数器,可以全部取代盖革计数管。

一、引　言

在高能物理实验中,在保证实验要求的前提下,尽量降低探测器的造价及运行费用有着重要的意义。如果能够研制出一种不需要光电倍增管而能够直接给出幅度足够大的快脉冲的探测器单元来部分地代替闪烁计数器及漂移管等,则可大幅度地降低这些庞大设备的开支。

直到现在,在低能核技术、保健物理、环境保护、医疗设备等方面还在一定程度上使用简便的盖革计数管。但是由于盖革计数管的许多固有的缺点,特别是死时间长、寿命短等方面的缺点,使得许多工作受到了限制。这就需要有新的、性能更好、使用方便、造价低廉的探测器。

SQS 探测器可能是上述在高能物理、低能核技术、保健物理、环境保护和医疗设备等方面所追求的那种新探测器中最有希望的候选者之一。

二、原　理

致电离粒子在气体放电探测器的工作气体中产生的电子在足够高的外加电场的作用下,能够引起雪崩。雪崩内部的电场方向与外加电场方向相反。当雪崩发展到一定大小之后,由于内部电场与外加电场相抵消,所以雪崩不再扩大,这时的雪崩叫做临界雪崩。临界

* 本文原载于 1983 年 3 月出版的《高能物理与核物理》第 7 卷第 2 期。

雪崩内部的电子被冷却，此时因离子复合而产生光子，即 $A^{+}+e^{-}\longrightarrow A^{*}+h\nu$。其中有一部分能量较高的光子可能穿透临界雪崩中的空间电荷云而逃出 50 至 100 μm 的距离而从工作气体中产生光电子。这些光电子只有在临界雪崩所形成的空间电荷的电偶极子的正离子锥体的顶部(此处电场最强)才能获得足够的能量并在漂移回来时倍增。这样就产生了定向的流光。如果猝灭性气体的比例很大而且工作气压为大气压力，那么光子的自由程很短，所以离子复合产生的光子很难逃出很远，因此雪崩区域不会沿着阳极丝漫延扩展。由于较长的正离子柱能起屏蔽作用而且与阳极丝的距离增大时电场强度锐减，所以当流光发展越来越长时，流光顶部的电场强度越来越小，因而流光自行猝灭。这就是说，当工作气体中猝灭性气体的比例很大(占一半或更多)而且在大气压力下，此时的放电方式与盖革放电有本质的区别，它称为自猝灭流光(SQS)放电。它具有如下的特征：高的输出脉冲幅度；脉冲幅度分布谱中在小幅度区有一明显的断开；在阳极丝上放电是局部的；死时间很小；输出脉冲的宽度很窄而且形状统一；脉冲幅度与初级电离无关。

这种新的放电方式的发现使得人们不得不把对放电过程的理解改变为如图 1 所示。过去，人们已经利用不同的放电方式研制成功了相应的不同类型的探测器。因此，利用 SQS 放电方式研制 SQS 探测器是很自然的事情。杜布纳[1]和费米实验所[2]对 SQS 放电机制进行了初步的研究，他们用光学和电子学的方法都观察到了自猝灭流光并研制成了 SQS 探测器。弗拉斯卡蒂[3]也和杜布纳差不多同时研制成了 SQS 探测器。

本工作的目的是在我国的条件下研制成 SQS 探测器，进一步研究其性能，找出最佳的工作条件，以便推广应用到我国的高能物理[4]、低能核技术和保健物理[5]以及环境保护[6]、医疗设备等方面。

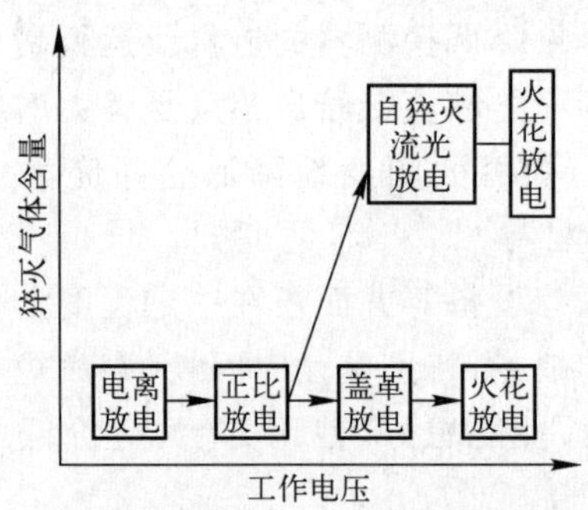

图 1　气体放电方式与工作电压及猝灭性气体的含量的关系示意图

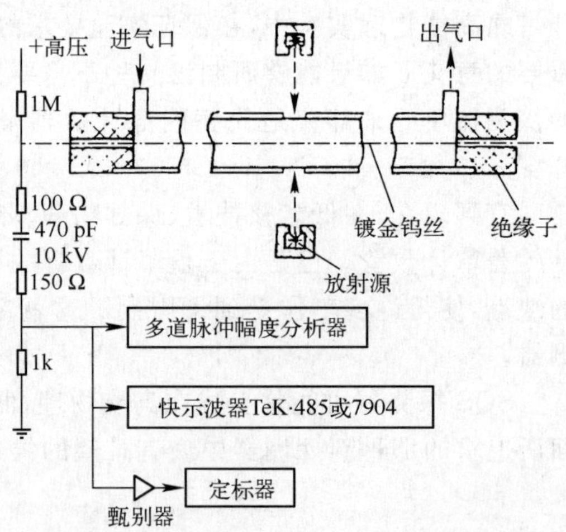

图 2　SQS 管的结构及测试线路的示意图

三、结构及测试电子学线路

考虑到结构简单、材料现成、使用方便等因素，我们首先选用了圆柱形的单管结构。SQS 管的结构及性能测试线路的示意图如图 2 所示。

我们选用了不同直径和不同材料的导体管，包括直径为 8 mm，12 mm，17 mm 的紫铜管，直径为 8 mm，18 mm 及 30 mm 的衬银作为阴极的有机玻璃管，直径为 15 mm 的内涂有氯化亚锡的透明阴极玻璃管，直径为 30 mm 内涂有紫铜粉的玻璃管。管子的长度由 4 cm 到 3 m。测试结果表明，各种金属阴极材料对探测器在用于探测带电粒子时的性能没有影响。但是，在用于记录光子或中子时，阴极材料的种类和厚度作为转换体的作用是十分明显的，例如银(Ag)阴极的 SQS 探测器可作为记录热中子的探测器，但锡(Sn)阴极的 SQS 探测器则不能记录中子。为了便于利用放射源对探测器进行性能测试，在管子中部开有 $\phi 2$ 或 $\phi 5$ 的窗子。为了使窗子附近的电场分布尽量均匀对称，窗子用厚度为 10 μm 的镀铝 Mylar 膜密封。堵头、窗子与管体的气密封接用 502 胶。进、出口气嘴或者用锡焊或者用 502 胶与管体粘接。阳极丝用 60 μm 或 80 μm 的镀金钨丝。阳极丝的固定用锡焊和 502 胶。

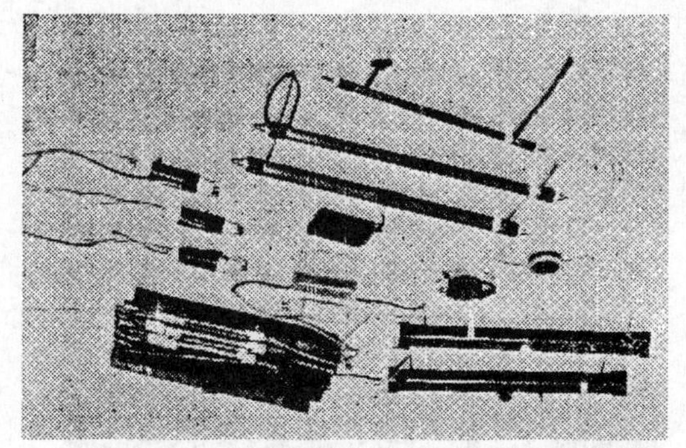

照片 1　我们制成的 SQS 探测器

为了增大接收度以便于低强度的测量，我们也研制了 SQS 多丝室。SQS 多丝室由中间阳极丝平面及上、下阴极丝平面组成。

照片 1 为我们的 SQS 探测器的一部分。长度为 3 m 的因与短的一起拍照不方便，故未列入。扁的为 SQS 多丝室。

四、性能测试结果

测试线路如图 2 所示，测试结果如下：

1. 输出脉冲波形

用高压快示波器 Tek、7904 拍得的在 50 Ω 负载上的波形如照片 2 所示。每小格的水平方向为 20 mμs，垂直方向为 20 mV。工作气体成分为 42％的氩加 58％的异丁烷混合后通过室温的二甲氧基甲烷($H_2C(OCH_3)_2$)，然后进入 SQS 管，阳极丝为直径 80 μm 的镀金钨丝。SQS 管子的内径为 12 mm，工作电压为 3.9 kV，负载为 50 Ω。经过多次在快示波器上的仔细测定，输出脉冲的上升时间为 3 至 5 mμs，半高度上的全宽度约为 30 mμs，幅度约 100 mV。

由此可以得出结论，在作为快触发使用时，SQS 探测器是可以代替闪烁计数器的。

2. 计数率与电压变化的关系——坪曲线

所有的 SQS 管都有一个比盖革计数管的大得多(大几倍甚至十倍!)的坪长。我们得到的典型的坪曲线如图 3 所示。

图 3 中所有坪曲线都是在 SQS 探测器工作在流气式、工作气压为大气压力的情况下测得的。我们的结论是，用不同的导体材料和不同内径的阴极，不同的阳极丝直径，不同的放射源(包括 ^{55}Fe，^{90}Sr，^{137}Cs)，不同的氩与异丁烷的比例(从50/50到28/72)，坪曲线除了坪

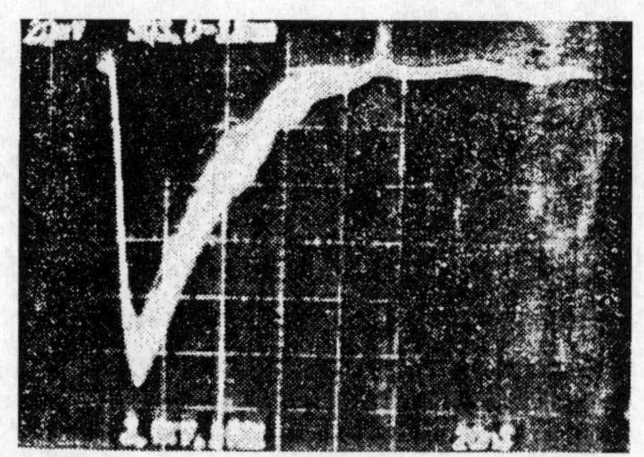

照片 2　我们的 SQS 探测器的输出脉冲波形

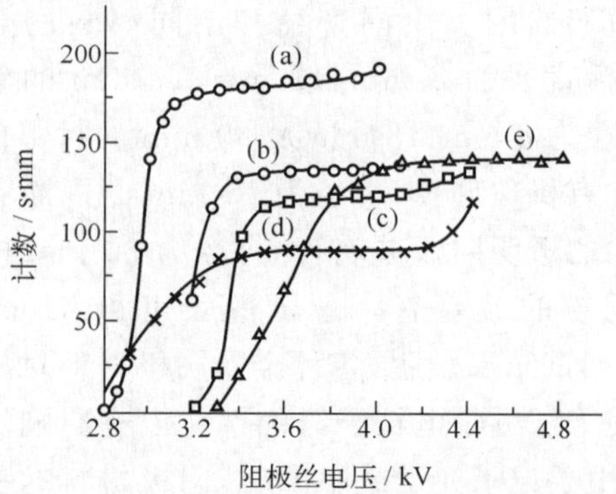

图 3　SQS 管的坪曲线

(a) ϕ_{8-80}, Ar/C_4H_{10}(42/58)+$H_2C(OCH_3)_2$, ^{55}Fe;

(b) ϕ_{8-80}, Ar/C_4H_{10}(28/72)+$H_2C(OCH_3)_2$, ^{55}Fe;

(c) ϕ_{12-80}, Ar/C_4H_{10}(42/58)+$H_2C(OCH_3)_2$, ^{55}Fe;

(d) ϕ_{8-60}, Ar/C_4H_{10}(50/50)+$H_2C(OCH_3)_2$, ^{90}Sr;

(e) ϕ_{17-80}, Ar/C_4H_{10}(50/50)+$H_2C(OCH_3)_2$, ^{90}Sr

区稍有移动之外，其他特征都是相似的，坪长约 700 V。

由此可见，SQS 探测器作为计数器，其工作是非常稳定的。

3. 二甲氧基甲烷的影响

二甲氧基甲烷（$H_2C(OCH_3)_2$）对直径较小的 SQS 管（例如直径为 8 mm）的坪曲线影响十分显著。在异丁烷含量较低时（例如氩/异丁烷为 50/50），不加 $H_2C(OCH_3)_2$ 时，计数率随电压的变化曲线几乎没有坪区。在氩/异丁烷为 42/58 时，加上它就可以把坪区向高工作电压区延长，如图 4(a)所示。当异丁烷含量较高时（例如氩/异丁烷为 28/72），加上 $H_2C(OCH_3)_2$ 可以使坪区向低工作电压端扩展，如图 4(b)所示。二甲氧基甲烷对直径为 12 mm的 SQS 管则影响不大，如图 4(c)所示。

由此可见，对直径较小的 SQS 管，二甲氧基甲烷起着坪区扩展剂的作用，可能是因为它既能强烈地猝灭能引起次级电离的光子，又有较大的电子雪崩系数的缘故。

4. 死时间的测定

我们用双源法来测定死时间。设死时间为 t，每秒实际上的计数为 n，则每秒钟内总的死时间为 nt。设每秒入射粒子数为 N，则每秒钟内漏记了的粒子数为 $n+N$，故有：

$$N - n = n + N \tag{1}$$

$$\therefore N = \frac{n}{1 - nt} \tag{2}$$

设从第一个放射源每秒入射的粒子数为 N_1，计数管给出的计数率为 n_1；从第二个放射源每秒入射的粒子数为 N_2，计数管给出的计数率为 n_2；从这两个放射源每秒内入射的粒子数为 N_{12}，计数管给出相应的计数率为 n_{12}，则有

$$N_{12} = N_1 + N_2 \tag{3}$$

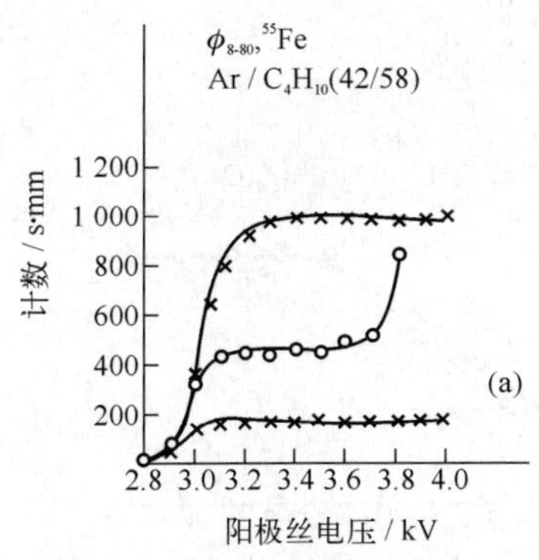

图 4(a) 二甲氧基甲烷对 SQS 管的坪曲线的影响。管子的内径为 8 mm,工作气体为氩/异丁烷(42/58)

○——不加 $H_2C(OCH_3)_2$,

×——加 $H_2C(OCH_3)_2$

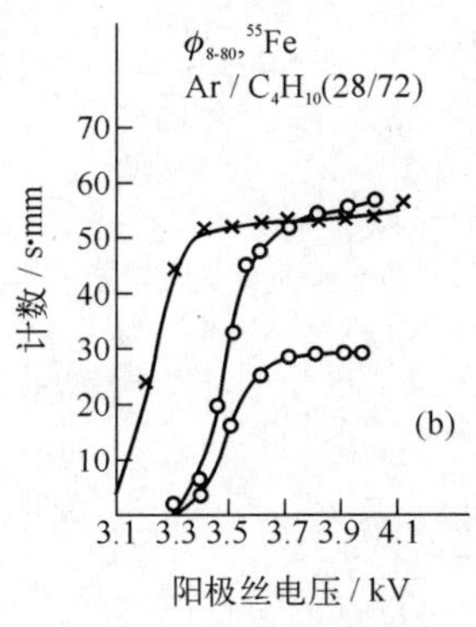

图 4(b) 二甲氧基甲烷对 SQS 管的坪曲线的影响。管子的内径为 8 mm,工作气体为氮/异丁烷(28/72)

○——不加 $H_2C(OCH_3)_2$,

×——加 $H_2C(OCH_3)_2$

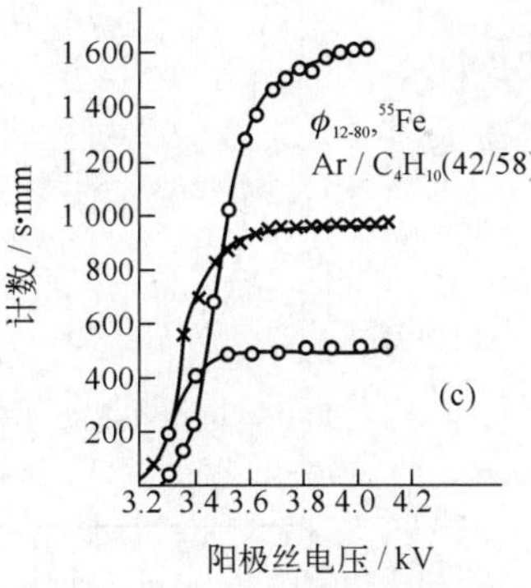

图 4(c) 二甲氧基甲烷对 SQS 管的坪曲线的影响。管子的内径为 12 mm,工作气体为氩/异丁烷(42/58)

○——不加 $H_2C(OCH_3)_2$,

×——加 $H_2C(OCH_3)_2$

由(2)及(3)得

$$\frac{n_{12}}{1-n_{12}t}=\frac{n_1}{1-n_1 t}+\frac{n_2}{1-n_2 t} \tag{4}$$

解方程(4)得

$$t=\frac{1}{n_{12}}\{1-[1-(n_1+n_2-n_{12})\div n_1\div n_2\times n_{12}]^{\frac{1}{2}}\} \tag{5}$$

(5)式中最外层的括号内取负号的原因是当 $n_{12}=n_1+n_2$ 时,死时间应为零。用双源法测量死时间的示意图如图 2 所示。所用的管子为 $\phi8$ 的紫铜管,阳极丝的直径为 80 μm。窗子的直径为 2 mm,用厚度为 10 μm 的镀铝 Mylar 膜密封。工作气体为氩/异丁烷(40/60)+ $H_2C(OCH_3)_2$,放射源为^{55}Fe,准直孔的直径为 2 mm。测得的局部死时间如图 5 所示。由图 5 可见,工作电压在 3.8 kV 至 3.9 kV 时,局部死时间约为 10 μs/2 mm。值得指出的是,自猝灭流光管的死时间是局部的,不像盖革管在死时间内整个管子都不能工作。至于局部死区的细节,我们将在以后的文章中给出。

5. SQS 探测器的探测效率的测定

a. 对带电粒子的探测效率

由于我们没有高能加速器作为高能量的带电粒子源,所以选用了标定过的^{90}Sr 的 β^- 通过厚度为 10 μm 的 Mylar 窗子进行计数率/立体角的测量。把测量结果和公认为探测效率是百分之百的云母簿窗钟罩形有机盖革管(J141αβ 型)及簿壁圆柱形 β 盖革管(J306β)以及标准剂量仪(FY-1 辐射仪)的测量结果比较而得出结论:当自猝灭流光探测器工作在坪区时,其对带电粒子的探测效率接近百分之百。

我们还利用宇宙射线中的高能带电粒子对 SQS 管进行了效率的测量。其结果如图 6 所示。当工作在坪区时,其效率接近百分之百。

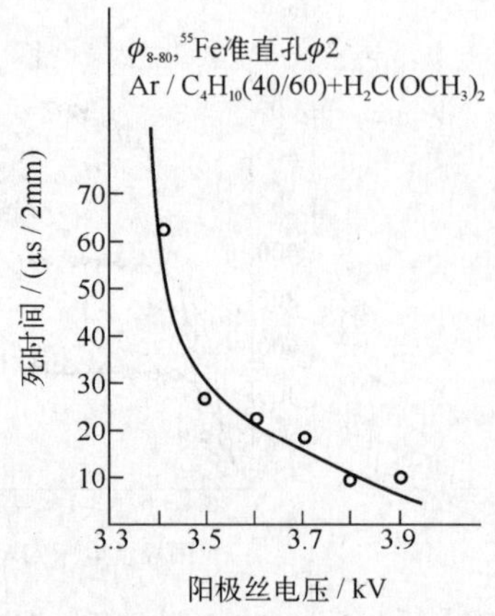

图 5　用双源法测得的 SQS 管的局部死时间随工作电压的变化曲线

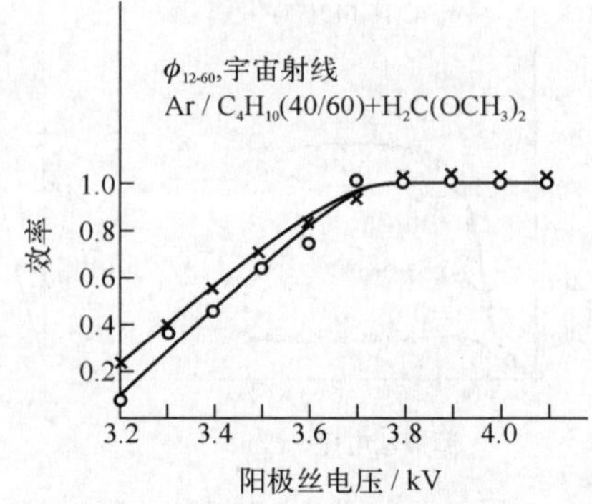

图 6　用宇宙射线中的带电粒子对 SQS 管测得的效率随工作电压的变化曲线○——效率　×——计数率

b. 银阴极自猝灭流光管对中子的探测效率

当热中子进入银阴极的 SQS 管时，由于中子使银活化而放出 β^- 粒子，所以银阴极的 SQS 管可以作为中子探测器。由于银阴极的 SQS 管对中子的计数率与其几何大小有关，因此我们曾用镅铍中子源及锎(^{252}Cf)裂变中子源直接和间接地对银自猝灭流光管在探测中子效率方面进行了刻度。刻度的结果如下：长度为 120 mm 内径为 30 mm 的银 SQS 管(外包 6.5 cm 的石蜡作为中子的慢化体)，对每平方厘米每秒每个中子的计数率接近于 1；长度为 40 mm 内径为 8 mm 的银 SQS 管(外包 6.5 cm 的聚乙烯作为中子的慢化体)，对每平方厘米每秒每个中子的计数率为 0.064。

6. 寿命

当 SQS 管工作在流气式时，连续使用半年以上没有发现寿命问题。长度 40 cm，内径 30 mm 的 SQS 管封闭式连续工作积累计数 $>5\times10^8$ 之后其效率仍然不变。

我们曾用液化石油气代替异丁烷，在输出脉冲波形、坪曲线、死时间和效率等方面获得类似的结果[4]。

五、SQS 探测器的初步应用

我们已经开始把研制成功的自猝灭流光探测器用于 30 MeV 的电子直线加速器的实验工作。用银阴极的 SQS 管测量了窄脉冲电子束(每束电子的持续时间为 1 μs，每秒 50 束)打金靶所产生的中子注量率，并证明了银阴极 SQS 管是一种性能良好的实时的加速器脉冲中子场的监测器[5]。其对中子的响应曲线如图 7 所示。

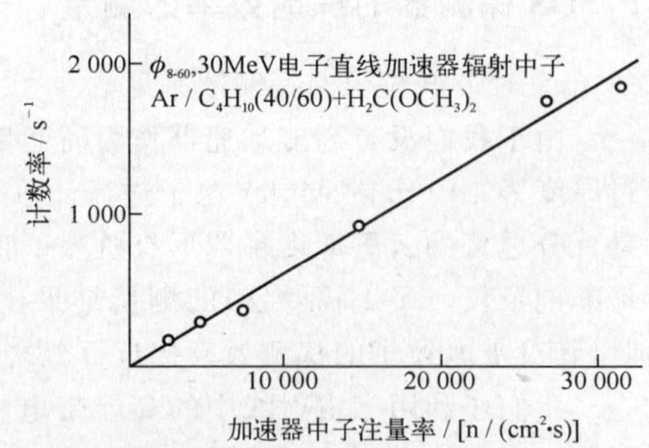

图 7　银 SQS 管的计数率与中子注量率的关系曲线

由于 SQS 探测器在本底计数、死时间、坪长、寿命等方面都比 GM 管的优越得多，所以我们已经把以钟罩形 GM 管为基础的放射性测量仪革新为以 SQS 探测器为基础的放射性测量仪[6]。SQS 放射性测量仪的最大计数率比同样几何条件的钟罩 GM 管放射性测量仪的大一个数量级以上。这两者的比较如图 8 所示。

作者在工作过程中得到王淦昌教授的鼓励和经常关心，得到张文裕教授的支持，特此表示感谢。还感谢英国卢瑟福实验室的 J. F. Connolly 博士的有益的讨论。十分感谢高能物理所的物理一室、物理二室、电子学室、技安室和工厂中曾经给予支持和协助的同志们，特别是肖健，郑林生，唐孝威，章乃森，胡家伟，郑志鹏，谢一冈，王继华，何景棠，张英平，李如柏，卢新华，徐蓉芬，赵海泉，李世忠，李燕，张宝襄和刘列夫等同志。

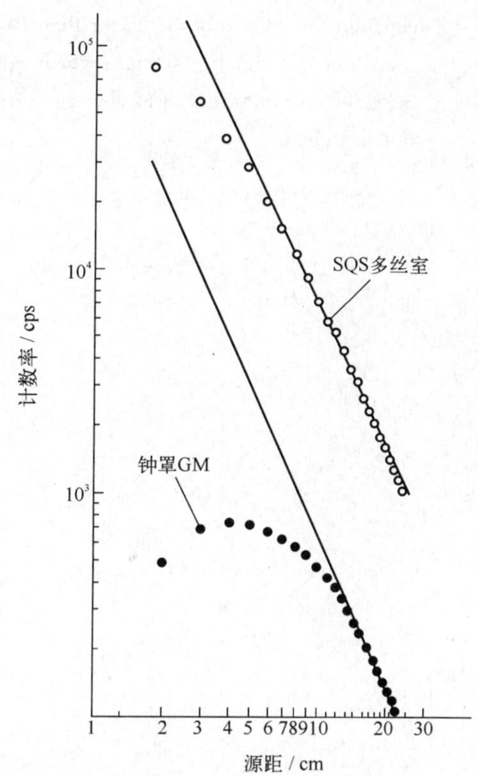

图 8　SQS 与 GM 方式放射性测量仪的计数率随与放射源的距离的变化曲线

参 考 文 献

1　G. D. Alekseev et al., *Nucl. Instr. and Methods*, **177**(1980), 385
2　M. Atac et al., Fermilab Report FN-339 (1981)
3　G. Battistoni et al., *Nucl. Instr. and Methods*, **176**(1980), 297
4　杜远才，李建平，刘曙东，唐鄂生，李向程. 高能物理与核物理，**7**(1983)，126
5　李建平，杜远才，刘曙东，唐鄂生等. 科学通报，**28**(1983)，87
6　杜远才，李建平，刘曙东，唐鄂生. 核电子学与探测技术，**3**(1983)

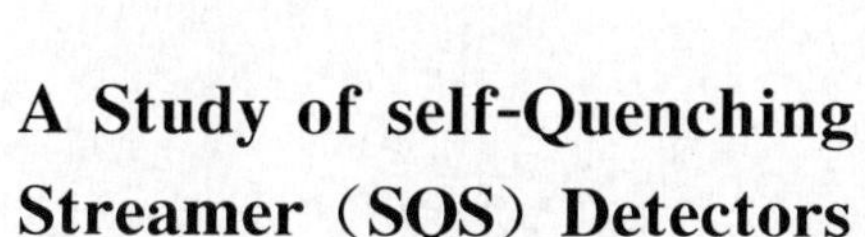

A Study of self-Quenching Streamer (SQS) Detectors

DU Yuan-cai　LI Jian-ping　WANG Xian-pei
LIU Shu-dong　TANG E-sheng
(Institute of High Energy Physics, Academia Sinica)

Abstract: In this paper the principle of self-quenching streamer (SQS) discharge and construction of SQS detectors are described. The main performances of our SQS detectors are: Pulses with a rise time of 3 to 5 ns reach 100 mV into 50 Ω with a decay time of 30 ns. The plateau in counting rate vs voltage is about 700 V. The efficiency for registing charged particles is 100%. The rate capability of SQS tubes is better than 10^3 per second per millimeter along the wire. The localized dead time is about 10 μs/2 mm which equals a dead zone of 2 μs. cm. Some examples of using our SQS detectors in areas of low-energy nuclear technology, health physics and environment protection are given.

液化石油气粒子探测器*

杜远才[1] 李建平[1] 刘曙东[1] 唐鄂生[1] 李向程[2]

(1. 中国科学院高能物理研究所，2. 中山大学)

摘要： 我们首次用液化石油气制成粒子探测器。它工作在 SQS 方式。如果把它作为探测器单元之一应用于正、负电子对撞机谱仪或其他高能谱仪，可大幅度降低造价和运行费用。它还可以用于低能核技术、保健物理、环境保护等领域。

一、引　言

当气体放电粒子探测器的工作气体的状况(种类、混合成分、气压等)改变时，往往可以导致奇妙的结果。几年之前发现，当猝灭性气体在工作气体中的比例超过一半时，出现一种新的放电现象——自猝灭流光(SQS)放电，并且已经利用这种新的放电机制研究成功了 SQS 探测器[1]。我们在研究 SQS 探测器时[2-4]注意到，工作气体中起猝灭作用的异丁烷的比例(压力比)可以由 50%变到 78%而不明显影响其性能。别的作者[1,5]不用异丁烷而用甲烷或乙烷也可以使探测器工作在 SQS 方式。由此可见，只要限制在一定的范围之内，工作气体的状况也允许一定的可变性(起猝灭作用的成分可由 $CH_4 \longrightarrow C_4H_{10}$，其比例可由 50% →80%)。这种可变性使得有可能用比较便宜的液化石油气来代替较昂贵的提纯的猝灭性气体而节省开支。在这种思想指导下，我们使用了北京市煤气公司的液化石油气(主要成分为丁烷、丁烯和丙烷、丙烯)代替异丁烷来研制 SQS 探测器。我们的初步结果是令人兴奋的。由于 SQS 探测器将作为高能谱仪的单元工作在流气式，所以这种“代替”将节省大量的运行费用。由于工作气体的主要成分为液化石油气，所以我们称这种 SQS 探测器为液化石油气粒子探测器(类似于把充有卤素的 GM 计数管称为卤素计数管)。

二、工作原理、结构和性能

液化石油气粒子探测器的工作原理、结构和测试方法与文献[2]中的 SQS 探测器的相同，这里不再描述。经过初步测试，这种探测器的性能如下：

1. 输出脉冲波形

用快示波器 Tek-485 对充石油气/氩(67/33)+$H_2C(OCH_3)_2$ 的 SQS 管在 50 Ω 负载上的波形进行了观测。其波形与文献[2]中的完全相同：输出脉冲的上升时间为 3 至5 mμs，半高度上的全宽度约为 30 mμs，幅度约 100 mV。

* 本文 1983 年 1 月在《高能物理与核物理》第 7 卷第 1 期上发表。

2. 坪曲线

液化石油气粒子探测器的坪曲线如图 1 中曲线(a)及(b)所示。为了比较,我们引入了异丁烷与氩混合作为工作气体时的坪曲线(图 1 中曲线(c))。

由图 1 可见,这两条坪曲线是很相似的,都有大约 600 V 的坪宽。

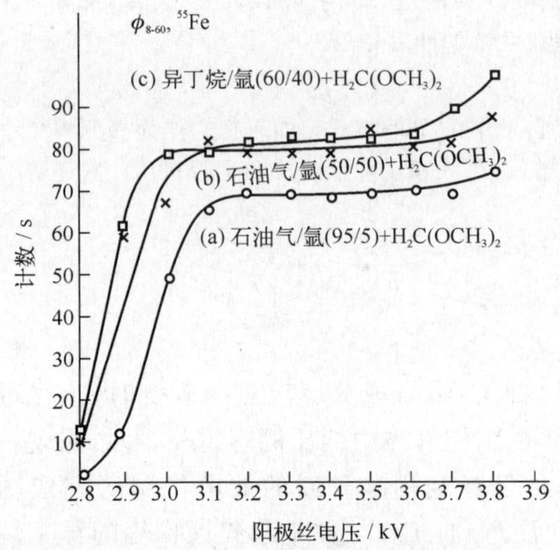

图 1　液化石油气粒子探测器的坪曲线

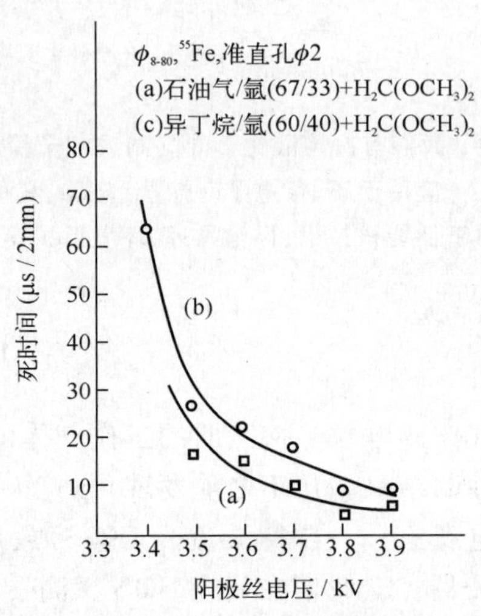

图 2　液化石油气粒子探测器的局部死时间与工作电压的关系

3. 死时间

像我们在文献[2]所述,我们还是用双源法对液化石油气粒子探测器的局部死时间进行了测量。为了便于比较,我们仍用文献[2]中测量死时间的装置,但工作气体改为石油气/氩(67/33)+$H_2C(OCH_3)_2$。所得结果如图 2 中曲线(a)所示。图 2 中的曲线(b)引自文献[2]。

由图 2 可见,液化石油气粒子探测器的局部死时间与异丁烷的 SQS 探测器的相似,在工作区也约为几微秒/2 mm。

4. 计数率的稳定性

把探测器的外界条件固定,测量其计数率随时间的变化。结果如图 3 所示。由图 3 可见计数率随时间的变化可以认为在统计误差范围之内,就是说,是不变的。为了比较,也引入了异丁烷/氩(60/40)+$H_2C(OCH_3)_2$ 的探测器的数据。这说明液化石油气粒子探测器的计数是稳定的。

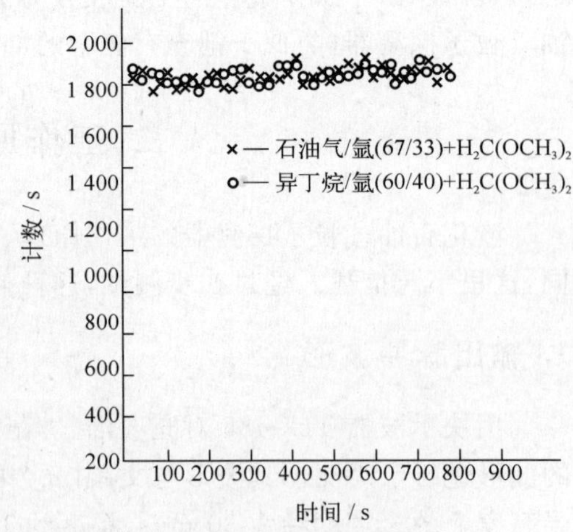

图 3　液化石油气粒子探测器的计数率随时间的变化曲线

5. 效率

由于目前北京市煤气公司的液化石油气含有一定数量的负电性气体，(如水蒸气等。按照液化石油气的质量标准，应该没有。)它会把“种子电子”吸附起来而成为负离子因而不能产生雪崩，所以纯石油气作为工作气体时，探测器的效率低于100%，坪斜也较大。(其程度依赖于负电性气体的性质和含量。例如广州市民用的液化石油气由于含水及硫化氢太多，所以几乎没有坪。)当北京市煤气公司的液化石油气占95%，氩占5%时，坪曲线已经很好(见图1中的曲线(a))，但此时坪区的效率只有85%。当石油气与氩的比例变到60/40时，效率已接近100%，能正常工作的石油气与氩的比例的可变范围大约为67/33到50/50。所以液化石油气能代替异丁烷作为工作气体的成分。

三、讨　论

由于我国各地炼油厂生产的液化石油气还没有标准化，其成分(特别是负电性气体的含量)差别很大，所以使用之前必须了解其成分并进行取样试验。由于硫化氢有很强的腐蚀性，所以应该使用低硫化氢的石油气。有时还需要把石油气通过除去负电性气体和硫化氢的过滤装置。当然，如果液化石油气是符合质量标准的，这些问题都不存在。

本工作得到王淦昌教授以及高能物理研究所和中山大学领导的关心和支持，特此表示感谢。作者还感谢方澄同志在观测输出脉冲波形时的帮助。

参 考 文 献

1 G. D. Alekseev, et al., *Nucl. Instr. and Methods*, **177**(1980), 385

2 杜远才，李建平等.“自猝灭流光(SQS)探测器的研制结果”.(待发表)

3 李建平，杜远才等.“Ag-SQS脉冲中子探测器”，科学通报(1982)

4 杜远才，李建平等.“SQS放射性测量仪的研制”，核电子学与探测技术.(待发表)

5 M. Atac, et al., Fermilab Report FN-339(1981)

A New Kind of Particle Detector Using Petrolic Gas

DU Yuan-cai　LI Jian-ping　LIU Shu-dong　TANG E-sheng

(Institute of High Energy Physics, Academia Sinica)

LI Xiang-cheng

(Zhong Shan University)

Abstract: We have first developed a new kind of particle detector using petrolic gas, which is based on the SQS (Self-Quenching Streamer) discharge mode. It is possible to save a lot of money if this kind of detector will be used as some elements of high-energy spectrometer at electron-positron collider or other kinds of high-energy accelerators. It is possible to use this kind of detector to low-energy Nuclear technology, health physics and environment protection regions, too.

SQS 放射性测量仪的研究*

杜远才　李建平　刘曙东　唐鄂生

（中国科学院高能物理所）

一、引　言

不久前发现，当在大气压力下的工作气体中含有大量猝灭性气体时（例如占一半或更多），在中心电场的作用下会出现一种新的放电方式，这就是自猝灭流光（SQS）放电。在这种情况下，临界雪崩中因离子复合所产生的光子的自由程很短，在雪崩产生的电偶极子的电场作用下雪崩区不会像盖革放电那样沿着阳极丝漫延，而是沿着垂直于阳极丝方向发展，这就产生定向流光。由于较长的正离子柱会产生屏蔽作用，而且随着与阳极丝的距离增大使电场强度锐减，流光发展到一定程度之后即自行猝灭。

SQS 放电有如下特征：输出脉冲幅度高；脉冲幅度谱的小幅度区有一明显的断开；阳极丝上的放电是局部的；死时间很小，输出脉冲的宽度很窄而且形状统一；脉冲幅度与初级电离无关。

SQS 探测器[1,2]的结构简单、造价低廉（每只约 10 元）、性能稳定、抗干扰能力强、死时间短、寿命长（流气式可连续使用）、接收度可做得近于 2π、室壁很薄（采用 10 μm 厚的 Mylar 膜），既可记录 β 粒子也可记录 α 粒子及 X 射线。我们已对 FJ365 型计数管探头进行改进，制成 SQS 放射性测量仪。除此之外，还可推广应用到与放射性测量有关的许多领域。

二、SQS 放射性测量仪探头的性能

SQS 放射性测量仪的探头由铅屏蔽及 SQS 多丝室组成。图 1 是 SQS 多丝室的示意图，探头的电子学电路示于图 2。

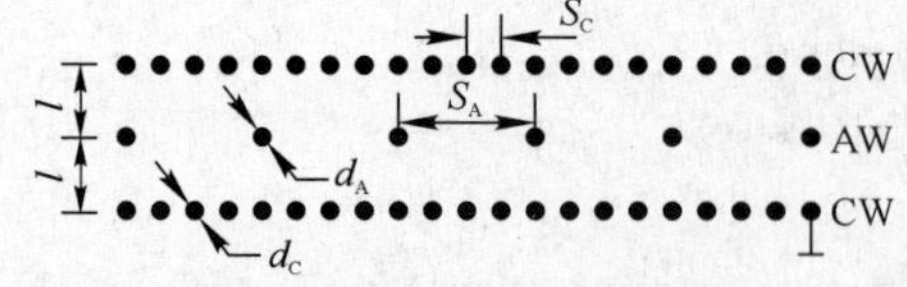

图 1　SQS 多丝室示意图

CW—阴极丝；AW—阳极丝；$d_A=60$ μm；$d_C=80$ μm；$S_A=8$ mm；$S_C=2$ mm；$l=4$ mm

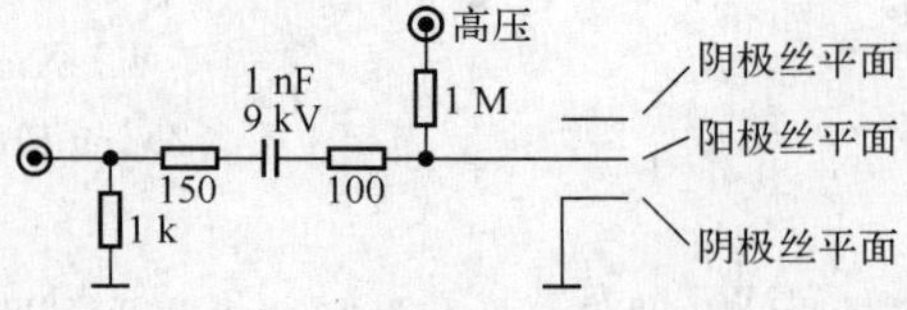

图 2　探头的电子学电路

* 本文 1983 年 3 月在《核电子学与探测技术》第 3 卷第 2 期上发表。

1. 坪曲线

SQS 多丝室的坪曲线与 SQS 管的坪曲线[1]相似，但坪斜稍大些。当工作气体为氩/异丁烷(50/50)+$H_2C(OCH_3)_2$ 时的坪曲线如图 3a 所示。为了比较，我们把用作放射性测量仪探头的钟罩形 GM 管(J141αβ 型)的坪曲线示于图 3b。从图 3 可见，SQS 多丝室的坪比钟罩形 GM 管的宽得多，因而工作稳定得多。

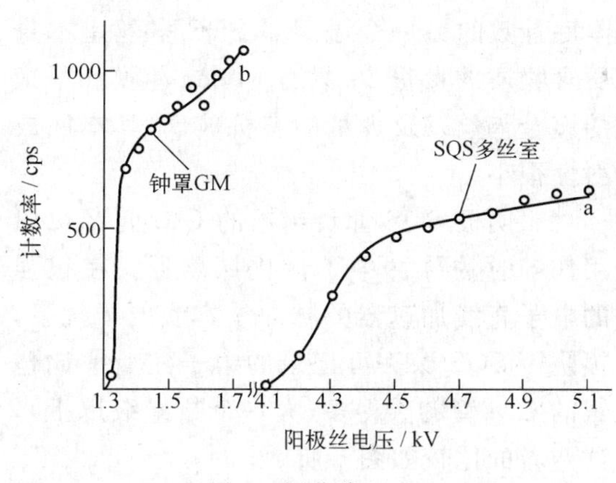

图 3 坪曲线

2. 死时间和最大计数率

SQS 多丝室的死时间是局部的，即某一局部处于死时间时，其他地方仍然是灵敏的；而钟罩形 GM 管的死时间则是全局的，即在记录一个粒子时，GM 管全部处于死时间。为此，只把相同接收度的 SQS 多丝室和钟罩形 GM 管的最大计数率作一比较(见图 4)，图中的直线表示计数率与源距平方成反比的关系。SQS 多丝室的实验点，当距离小于 5 cm 时，逐渐离开与距离平方成反比的直线，这是由于放射源和探测器的几何因素造成的，并不意味着漏计数，因为我们已经测量过 SQS 探测器的最大计数率>10^3 cps/mm[1]，由此可计算出这个 SQS 多丝室的最大计数率应>$5\times40\times10^3$ cps，也就是比偏离点(图 4 上边的 * 点)大一个数量级以上。钟罩形 GM 管的实验点早在与放射源的距离还有 15 cm 时(图 4 下边的 * 点)，就已偏离与距离平方成反比的直线关系，并在小于 4 cm 时计数率反而下降，这说明其漏计数在每秒约 2.5×10^3 时已经开始(与图 4 下边的 * 点对应)。由此可见，SQS 多丝室探头的最大计数率比钟罩形 GM 管的至少大一个数量级。

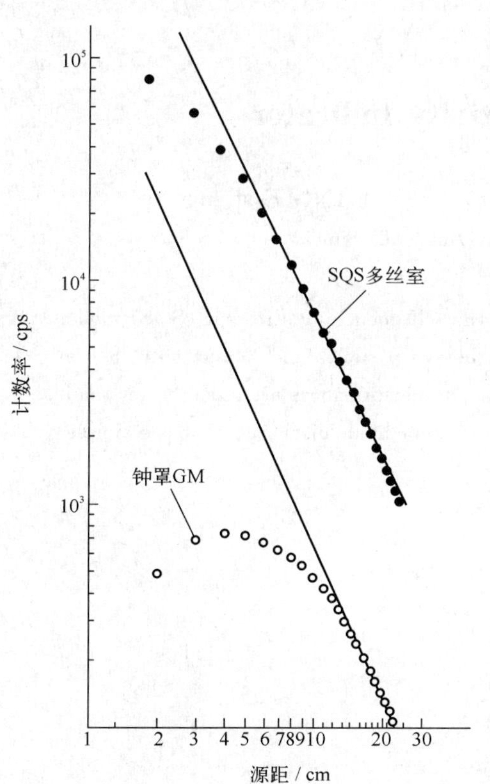

图 4 计数率随源距的变化曲线

三、讨 论

SQS 探测器由于含有大量的猝灭性气体而且工作气压为大气压力，光子的自由程很短，它引起的假计数的可能性是很小的；CM 管则不然，猝灭性气体含量很少而且工作气压低(只有 10 cmHg 左右)，光子的自由程相当长，它引起二次潮所产生的假计数的可能性比较大。因此，用 SQS 多丝室代替钟罩形 GM 管作为放射性测量仪的探头既可以提高最大计数率,还可以降低本底计数(初步数据表明,大约降低一半)。降低本底计数的另一个原因是 SQS 多丝室本身所含物质的量很少,只有 Mylar 薄膜和很细的镀金钨丝以及少量的有机玻璃,其本底放射性很小。

银阴极 SQS 管及包银的 GM 管都可以用作实时的脉冲中子活化探测器。在很强的电子直线加速器的脉冲 γ 本底的干扰下,银阴极 SQS 探头可记录的中子注量率比包银的 GM 管的大得多(大一个数量级以上),这两者的比较如图 5 所示。

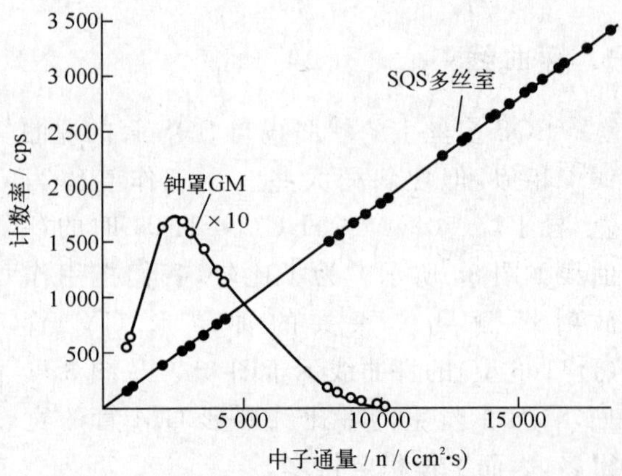

图 5　监测中子注量率时的性能比较

我们在工作中得到刘桂林、王耀兰、张宝襄、解延风、蔡小平等同志的协助,特此表示感谢。十分感谢高能物理研究所中关村电子直线加速器运行组给我们提供实验条件。

参考文献

1　杜远才等. 高能物理与核物理 7,142(1983)

2　杜远才等. 高能物理与核物理 7,126(1983)

A Study of SQS Radioactivity Indicator

DU Yuan-cai　LI Jian-ping　LIU Shu-dong　TANG E-sheng

(Institute of High Energy Physics, Academia Sinica)

Abstract: A new kind of radioactivity indicator based on the self-quenching streamer (SQS) mode discharge is described. It can be used for the detection of α, β particles and X-rays both in the very high intensity and in the very low level of radiation. Its performances are much better than that of the radioactivity indicator based on the G-M counter tube mode discharge. It has a simple construction and lower cost.

80 MeV 电子打靶次级中子产额和角分布的测量*

吴靖民　李建平　雷传蘅　刘列夫

（中国科学院高能物理研究所）

摘要：本实验采用包有慢化体的铟活化探测器测量 80 MeV 电子打铅厚靶后次级中子的产额和角分布。测得次级中子按各向同性分布，中子产额为$(2.20\pm0.13)\times10^{12}$ n/(s·kW)，与理论计算结果相符。

本文还就铟活化探测器是否适用于电子直线加速器中子场的测量问题进行了讨论，认为在电子能量小于 100 MeV 时该方法是可行的。

在电子直线加速器中，电子打靶时与靶原子核非弹性碰撞产生轫致辐射，进而由光致蜕变产生中子。了解次级中子的产额和角分布，在核物理实验中有重要意义，从辐射防护观点看，对于估计加速器周围部件、仪器设备、冷却水、空气的活化，以及相应的防护措施是必要的。此外，本文所采用的方法，原则上对测量 100 MeV 以下电子直线加速器中子场，以及估计低能电子加速器的中子污染问题是适用的。

本实验是在高能物理所 90 MeV 电子直线加速器上进行的。运行时电子能量为 81 MeV，束流脉冲强度约 300 mA，脉冲宽度 2.5 ns，重复频率 50 Hz。电子打靶分两种情况：一种是束流功率为3.12×10^{-3} kW，电子沿束流 0°方向打入法拉第筒（由 9 cm 厚的铝和 13 cm 厚的铅组成）；另一种是束流功率为3.04×10^{-3} kW，电子经过偏转磁铁，与束流线成 90°方向打铅靶（铅厚 15 cm）。

一、测量方法和结果

本实验采用铟活化探测器测量次级中子，测量原理和方法详见文献[4]。测量时铟探测器距靶 100 cm，并与靶在同一束流水平面上，分别与束流线成 0°、30°、60°和 90°，照射时间 t_i 为 1 h，测量计数时间 t_c 为 1 min。

在两种打靶情况下，铟箔的测量计数列于表 1 中（括号内为统计涨落），相应的中子注量率 ϕ_n 列于表 1 和图 1 中。从图中可以看到，次级中子接近于各向同性分布，并由此可以求得单位束流功率下，电子打靶

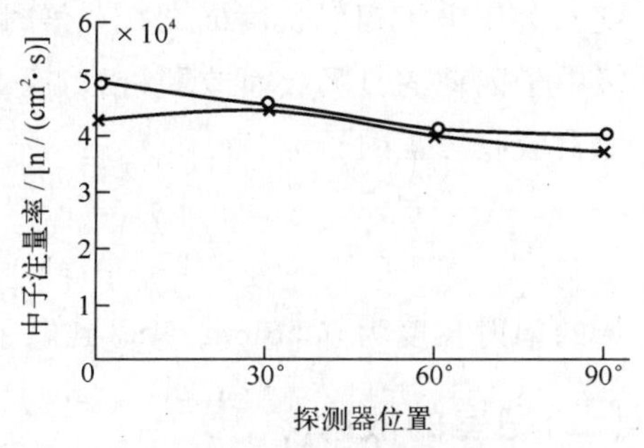

图 1　电子打靶中子注量率分布

○——情况 1；×——情况 2

* 本文 1987 年 7 月在《高能物理与核物理》第 11 卷第 4 期上发表。

的中子产额：

$$Y = \frac{4\pi d^2 \phi_n}{P} \qquad n/(s \cdot kW)$$

式中：P——电子束流功率(kW)；

d——探测器至靶的距离(cm)。

表 1　次级中子测量结果

运行情况	0° 打 靶				90° 打 靶			
铟箔编号	1	2	3	4	5	6	7	8
铟箔质量/g	0.681	0.701	0.735	0.748	0.721	0.710	0.785	0.769
铟箔位置	0°	30°	60°	90°	0°	30°	60°	90°
衰变时间/分	25	29	33	38	5	9	13	17
测量计数/(cpm)	4.414×10^4 (±210)	4.087×10^4 (±202)	3.757×10^4 (±194)	3.695×10^4 (±192)	5.228×10^4 (±229)	5.160×10^4 (±227)	5.112×10^4 (±226)	4.642×10^4 (±215)
中子注量率/[n/(cm²·s)]	4.888×10^4 (±221)	4.624×10^4 (±210)	4.274×10^4 (±207)	4.356×10^4 (±209)	4.234×10^4 (±206)	4.466×10^4 (±211)	4.211×10^4 (±205)	4.111×10^4 (±203)
平均中子注量率[n/(cm²·s)]	4.535×10^4(±213)				4.256×10^4(±206)			

二、测量值的修正

影响测量值的因素主要有三个：靶的自吸收、靶室散射和读数装置的定标系数。

(一)靶的自吸收

电子打靶后次级中子产额与靶的厚度有关。文献[1]给出了相互间的关系曲线，当靶厚度 x 大于电子辐射长度 x_0 的 10 倍时，其相对产额最大。本实验条件下，x/x_0 远大于 10，次级中子因靶的自吸收而减弱，铅对巨共振中子的减弱系数 $\lambda_n = 0.04\ \text{cm}^{-1}$[2]，作为一次近似，取自吸收修正因子 η_1 为

$$\eta_1 = e^{0.04(13-5.6)} = 1.34 \qquad (情况\ 1)$$

$$\eta_1 = e^{0.04(15-5.6)} = 1.46 \qquad (情况\ 2)$$

铅的辐射长度为 0.56 cm，考虑到电子微分径迹长度的分布，靶的实际自吸收要更大些。

(二)靶室的散射

靶室的空间是有限的，中子经过靶室内地面、天棚、墙壁和加速器设备等引起散射，形成额外的贡献，其大小与靶和探测器之间的距离，以及它们与地面或天棚之间的距离有关。在本实验条件下，靶与探测器间距离为 100 cm，它们距地面和天棚分别为 120 cm 和 100 cm，文献[3]给出其散射贡献分别为 6% 和 8%，合计为 14%，取散射修正系数 η_2 为

$$\eta_2 = \frac{1}{(1+14\%)} = 0.877$$

实际上，由于中子的多次散射，贡献会更大些。散射对中子的贡献和靶的自吸收引起的中子减弱，在一定程度上互相弥补。

(三)读数装置的定标系数

读数装置的定标系数为(3.4±0.2)(cpm·g^{-1})[n·cm^{-2}·s^{-1}]$^{-1}$，引起测量误差的修正因子 η_3 为：$\eta_3 = 1 \pm 0.059$

经修正后的中子产额为

$Y_0 = (2.15 \pm 0.13) \times 10^{12}$ n/(s·kW)　(情况 1)

$Y_0 = (2.25 \pm 0.13) \times 10^{12}$ n/(s·kW)　(情况 2)

求得中子的平均产额为$(2.20 \pm 0.13) \times 10^{12}$ n/(s·kW)。

三、讨　论

1. 铟活化法对电子加速器的适用性

文献[4]对于铟活化探测器测量 30 MeV 电子直线加速器次级中子的问题作了研究讨论，认为它是有效的。但是，随着加速器能量的提高，可能出现新的问题，现以 100 MeV 电子直线加速器为例，分析讨论。

(1) 能量响应问题

直径 12.5 cm 的慢化体可以有效地慢化能量从几个 keV 到 15 MeV 的中子[5]。100 MeV电子打靶可产生能量大于 15 MeV 的中子，随着中子能量的提高，慢化体的慢化能力降低，从而降低探测器的探测效率。但是，100 MeV 电子打靶后主要产生的仍然是巨共振中子[1]，其平均能量为几个 MeV，大于 15 MeV 的中子只占 10%左右，所以，对能量响应的影响是很小的。

(2) 对 n、γ 的分辨问题

电子加速器的辐射场成分以轫致辐射为主，当光子能量超过 In(γ,n)反应阈值(K_{th} = 9.03 MeV)时，产生^{115}In(γ,n)^{114m}In 光核反应，文献[4]讨论了由于铟的(γ,n)与(n,γ)反应截面不同，以及^{114m}In 和^{116m}In 半衰期不同，两者产生活度之比为 10^{-8}。对于 100 MeV 电子加速器，光子注量率比中子强 10^4(0°方向)～10^2(90°方向)，此外，超过(γ,n)反应阈值的光子占总光子数的 50%[5]，所以，^{114m}In 与^{116m}In 活度之比为 5×10^{-3}(0°方向)约 5×10^{-5}(90°方向)，亦即，^{115}In 由于中子作用产生的 β 发射率要比光子产生的大 2～4 个数量级。可见，铟活化探测器对 γ 射线是不灵敏的，具有较高的 n，γ 分辨率。此外，辐射场中 γ 光子在探测器慢化体中产生的中子，同辐射场本身的中子相比是很少的。因此，本方法可适用于 100 MeV电子直线加速器中的中子测量。

2. 测量与理论计算的比较

已有不少学者对电子打靶中子产额问题作了研究[1,6]，近年来，W. P. Swanson 根据电

磁级联理论，并在光子微分径迹长度分布的基础上，进一步考虑了光子谱的分布，以光子的固有谱代替了原来的矩形谱，作了二次近似计算[7]，求得电子轰击不同靶材料时的中子产额，同时还给出了电子能量大于 60 MeV 时，某些高 z 材料中子产额的经验公式：

$$Y=1.21\times10^{11}z^{0.66\pm0.05}\ \mathrm{n/(s\cdot kW)}$$

对于铅（$z=82$），则：$Y=(2.22\pm0.15)\times10^{12}$ n/(s•kW)。

本测量结果 $(2.20\pm0.13)\times10^{12}$ n/(s•kW) 与 Swanson 计算结果相符。但是，两者符合得极好却属偶然，因为对测量值只作了一次近似修正，更何况实验条件的不同，有时会有较大的差异。

参考文献

1 W. P. Swanson. Radiological Safety Aspects of the Operation of Electron Linear Accelerators, IAEA-188 VIENNA 1979

2 J. H. Poole. Shielding for the SRS Storage Ring, DL/SCI/P 199A 1979

3 F. H. 阿蒂克斯. 辐射剂量学，第三卷（下），原子能出版社，1981

4 李建平等. 高能物理与核物理，**11**(1987)，第 314 页

5 H. W. 帕特森. 加速器保健物理，原子能出版社，1983

6 W. P. Swanson. *Health Physics*, Vol. **35**(Aug.) 1978, P. 353

7 W. P. Swanson. *Health Physics*, Vol. **37**(Sept.) 1979, P. 347

Yield and Angular Distribution Measurement of Neutron Released by 80 MeV Electron Incident on Target

WU Jing-min LI Jian-ping LEI Chuan-heng LIU Lie-fu

(Institute of High Energy Physics, Academia Sinica)

Abstract: Measurements of secondary neutron yields and angular distribution released by 80 MeV electron incident on Pb thick target with moderated Indium foils are described. The angular distribution of neutron is isotropic and the yield is $(2.20\pm0.13)\times10^{12}$ n/s•kW, these results agree with that of the theoretical calculation.

The possibility of using moderated Indium foil to measure the neutron field around the electron linear accelerator with energy less than 100 MeV is also discussed, and the answer is positive.

Yield and Angular Distribution Measurement of Neutrons Released by 80 MeV Electrons Incident on a Target*

WU Jing-min LI Jian-ping LEI Chuan-heng LIU Lie-fu

(Institute of High Energy Physics, Academia Sinica)

Abstract: Measurements of secondary neutron yields and angular distributions released by 80 MeV electrons incident on a thick Pb target with moderating indium foils are described. The angular distribution of neutrons is isotropic and the yield is $(2.20 \pm 0.13) \times 10^{12}$ n/s•kW; these results agree with those of the theoretical calculations. The possibility of using moderating indium foils to measure the neutron field around the electron linear accelerator with energy less than 100 MeV is also discussed, and the answer is positive.

In an electron linear accelerator, Bremsstrahlung radiation is produced when the electrons are scattered inelastically from a target. The photons produced in turn are converted into neutrons by photonuclear reactions. From a physics point of view it is of interest to understand the rate and angular distribution of the secondary neutrons produced. From a radiation protection point of view, the knowledge is necessary for estimating the activation of the various parts of the accelerator, the equipment associated with it, the cooling water and the air around it. Furthermore, the method used here is in principle suitable for estimating the neutron field and the pollution of electron accelerators below 100 MeV in energy.

The present experiment was carried out on the 90 MeV electron accelerator of the Institute of High Energy Physics. The electron energy was 81 MeV and the beam current was 300 mA. The pulse width was 2.5 ns with a repetition rate of 50 Hz. The experiment was carried out under two different conditions: one with a beam power of 3.12×10^{-3} kW and the electrons entering the Faraday cup made of 9 cm of aluminum and 13 cm of lead at 0°, and the other with a beam power of 3.04×10^{-3} kW and the electron deflected 90° by a magnet and striking a 15 cm thick lead target.

I. METHOD OF MEASUREMENT AND RESULTS

An indium activation counter was used in the experiment to detect the secondary neutrons. The principles behind the counter and the method of measurement can be found in Ref. 4. The indium counter was placed at angles of 0°, 30°, 60°, and 90°, 100 cm from the target in the same horizontal plane as the target and the beam. The exposure time t_i was one hour and the counting time t_c was one minute.

---

* 本文原载于 Chinese Physics, Vol. 8, No. 2, April-June 1988。

The counts of the indium foils, together with their fluctuations in brackets, are listed in Table Ⅰ. The corresponding neutron fluxes ϕ_n are also listed in Table Ⅰ and are plotted in Fig. 1. From the figure, we can see that the secondary neutrons are approximately isotropic. Using this we can obtain the neutron production rate due to electron scattering per unit of beam power,

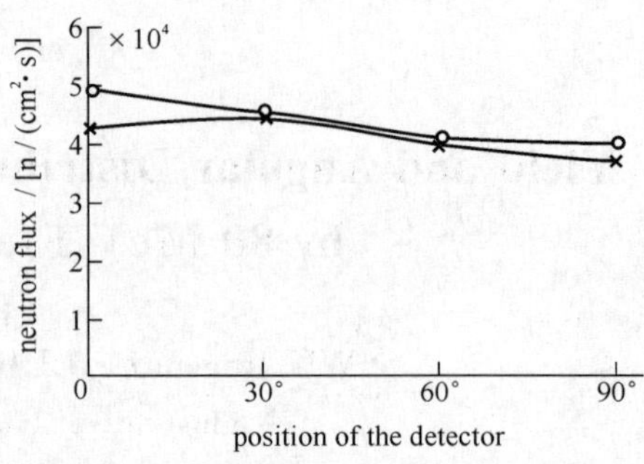

Fig. 1 Distribution of incident neutron flux due to electron scattering from a target. o ——condition No. 1, and × ——condition No. 2.

$$Y = \frac{4\pi d^2 \phi_n}{P} \quad \text{n/(s·kW)},$$

where P is the power of the electron beam in kW and d is the distance between the counter and the target in cm.

Ⅱ. CORRECTIONS TO THE MEASURED VALUES

There are three main factors that can affect the measured results: the absorption in the target, the scattering in the scattering chamber, and the calibration coefficients of the readout.

1. Absorption in the target

The production of secondary neutrons due to electron scattering from a target depends on the target thickness. The relevant curves are given in Ref. 1. When the target thickness x is larger than 10 times the radiation length x_0 for electrons, the relative production is at a maximum. For our experimental conditions, x/x_0 is much larger than 10 and the secondary neutrons are reduced owing to absorption by the target. The reduction coefficient in lead for neutrons produced by giant resonance reactions is $\lambda_n = 0.04\ \text{cm}^{-1}$[2]. Using a first order approximation, the correction factor η_1 due to absorption is taken to be

$$\eta_1 = e^{0.04(13-5.6)} = 1.34 \quad \text{(condition 1)},$$

$$\eta_1 = e^{0.04(15-5.6)} = 1.46 \quad \text{(condition 2)}.$$

The radiation length in lead is 0.56 cm. The actual absorption in the target will be larger when we also consider the distribution of the differential track length of the electrons.

2. Scattering in the target chamber

The space in the target chamber was limited. The scattering from the bottom, the top and the walls of the target chamber produced additional contributions. The sizes of these contributions depend on the distance between the target and the detector. For our experiment, the distance between the target and the detector was 100 cm and their distances to the floor and the ceiling were 120 cm and 100 cm, respectively. The contributions due to scattering were given by Ref. 3 as 6% and 8% respectively, making a total of 14%. The correction factor η_2 due to scattering is taken to be

TABLE Ⅰ. Measured results of secondary neutrons

Operating conditions	0° scattering				90° scattering			
Foil no.	1	2	3	4	5	6	7	8
Foil mass/g	0.681	0.701	0.735	0.748	0.721	0.710	0.785	0.769
Foil position	0°	30°	60°	90°	0°	30°	60°	90°
Decay time/min	25	29	33	38	5	9	13	17
Measured counts /cpm	4.414×10^4 (±210)	4.087×10^4 (±202)	3.757×10^4 (±194)	3.695×10^4 (±192)	5.228×10^4 (±229)	5.160×10^4 (±227)	5.112×10^4 (±226)	4.642×10^4 (±215)
Incident neutron flux/[n(cm²·s)]	4.888×10^4 (±221)	4.624×10^4 (±210)	4.274×10^4 (±207)	4.356×10^4 (±209)	4.234×10^4 (±206)	4.466×10^4 (±211)	4.211×10^4 (±205)	4.111×10^4 (±203)
Average incident neutron flux /[n/(cm²·s)]	4.535×10^4 (±213)				4.256×10^4 (±206)			

$$\eta_2 = \frac{1}{(1+14\%)} = 0.877.$$

In practice, the contribution will be larger due to multiple scattering. To a certain extent, the increased contribution due to scattering is cancelled somewhat by the decrease due to target absorption.

3. Calibration coefficient of the readout

The calibration coefficient of the readout is $3.4\pm0.2\ (\text{cpm}\cdot\text{g}^{-1})[\text{n}\cdot\text{cm}^{-2}\cdot\text{s}^{-1}]^{-1}$. The correction factor to the uncertainty of the measurement is $\eta_3=1\pm0.059$.

The neutron production rate after making all the corrections is

$$Y_0=(2.15\pm0.13)\times10^{12}\ (\text{n/s}\cdot\text{kW}) \quad (\text{condition 1}),$$

$$Y_0=(2.25\pm0.13)\times10^{12}\ (\text{n/s}\cdot\text{kW}) \quad (\text{condition 2}).$$

The average production rate of neutrons obtained is $(2.20\pm0.13)\times10^{12}$ (n/s·kW).

Ⅲ. DISCUSSION

1. Usefulness of the indium activation method for electron accelerators

The question of using a neutron activation counter to measure the secondary neutrons produced in a 30 MeV electron linear accelerator was discussed in Ref. 4 and it was found that the counter is effective. With the increase in the energy of the accelerator, new problems may arise. We shall now analyze the possible problems.

(1) The influence due to the energy

Moderators of 12.5 cm diameter can effectively slow down neutrons in the energy region of a few keV to15 MeV.[5] The scattering of 100 MeV electrons can produce a large amount of neutrons above 15 MeV. With increased neutron energy, the ability of the moderator to slow down neutrons is decreased. As a result, the efficiency of the counter is reduced. On the other hand, the main neutron production mechanism for 100 MeV electrons is still the giant resonance.[1] Since the average energy of the neutrons produced is only a few MeV, with 10% of neutrons being above 15 MeV, the influence due to the energy is small.

(2) Distinction between n and γ

The radiation field of an electron accelerator is dominated by Bremsstrahlung. When the photon energy is above the In(γ,n) reaction threshold (K_{th}=9.03 MeV), the photonuclear reaction ^{115}In(γ,n) ^{114m}In takes place. In Ref. 4, we discussed that, because of the difference between the reaction cross section of (γ,n) and (n,γ), and the difference in the decay half-lives of ^{114m}In and ^{116m}In, the ratio of the two activations is 10^{-8}. For 100 MeV electron accelerators, the photon flux is stronger than the neutron flux by a factor of 10^4 at 0°, and 10^2 at 90°. In addition, the portion of photons above the threshold is 50%. As a result, the ratio of the activities of ^{114m}In and ^{116m}In is 5×10^{-3} at 0° and 5×10^{-5} at 90°. That is, the β-activity of ^{115}In produced by the neutrons is larger by 2 to 4 orders of magnitude than that produced by photons. From this we can see that the indium-activation counter is not sensitive to the γ-ray, and has a high-discrimination power between n and γ. In addition, the number of neutrons produced by γ-rays in the moderator is relatively smaller than those in the radiation field itself. Consequently, the method used here is suitable for the measurement of neutrons around 100 MeV electron accelerators.

2. Comparison between measured and calculated values

There have been several studies made on the neutron production rate due to electron scattering.[1,6] Recently, Swanson[7] considered the distribution of the photon spectrum based on the theory of an electromagnetic cascade and the distribution of differential track lengths. Neutron production rates for different target materials were obtained in a second-order approximation calculation by using the intrinsic photon spectrum instead of the giant resonance spectrum. For electron energy above 60 MeV, the following empirical formula for neutron production was given for certain high-Z materials,

$$Y=1.21\times10^{11}Z^{0.66\pm0.05} \quad \text{(n/s·kW)}.$$

For lead (Z=82), $Y=(2.22\pm0.15)\times10^{12}$ (n/s·kW).

The result of our measurement is $(2.20+0.13)\times10^{2}$ (n/s·kW), the same as the result calculated by Swanson. However, the agreement between the two values is fortuitous since only first-order corrections were applied to the measured value. Furthermore, for different experimental situations, much larger differences can be expected.

REFERENCES

1 W. P. Swanson. Radiological Safety Aspects of the Operation of Electron Linear Accelerators, IAEA-188 Vienna, 1979

2 J. H. Poole. Shielding for the SRS Storage Ring, DL/SCI/P 199A, 1979

3 F. H. Atkins *et al.* Radiation Measurements 3,383 (1981)

4 Li Jian-ping *et al*. High Energy Phys. and Nucl. Phys. 11, P. 314 (1987) (translation Chin. Phys. (1987))

5 H. W. Patterson. Accelerator Health Physics (in Chinese), Atomic Energy Press, 1983

6 W. P. Swanson. Health Physics 35, P. 353 (1978)

7 W. P. Swanson. Health Physics 37, P. 347 (1979)

强脉冲混合场中测量中子和γ剂量的电离室方法*

唐鄂生　李建平　刘曙东
蔡小平　陈之布　解延风

（中国科学院高能物理所）

摘要：中子雷姆仪是目前最常用的中子剂量当量仪器，用它测得的剂量当量率在 0.025 eV～10 MeV间隔内与能量无关。但这种计数系统的雷姆仪在强中子脉冲辐射场中因瞬时剂量率极高，计数系统严重漏计而不能正常工作。我们使 BF_3 正比计数管工作在电离室状态，代替计数系统制成了中子电离室雷姆仪，它在强脉冲辐射场中能可靠的工作。该仪器的中子灵敏度为：1.9×10^{-13} A/(μrem/s)，光子灵敏度为：3.1×10^{-14} A/(μrem/s)。我们用该仪器测量了30 MeV电子直线加速器靶室内与束线成 90°方向上的中子剂量当量率，并与理论估算值作了比较，偏差在 10%左右。测量中考虑了光子成分的扣除和电离室在脉冲辐射场中的收集效率修正。

一、引　言

中子雷姆仪是目前最常用的中子剂量仪。它测量的中子剂量率 $\dot{H}$ 在 0.025 eV～10 MeV范围内与能量无关。中子探头通常采用 BF 正比计数管或 ZnS(Ag)＋B 闪烁体等热中子探测器，外面包有聚乙烯慢化体及热中子吸收体。它对中子有较高的灵敏度（例如国产 FJ—342 为 1.4 cps/(mrem/h)），对 γ 有良好的甄别性（＜36 rem/h）。

但是这种计数系统的雷姆仪在强脉冲中子辐射场中（例如在加速器辐射场或核爆炸中都可能遇到）因瞬时剂量当量率极高（大约 10^3～10^4 rem/s）致使计数系统严重漏计及其他原因而不能正常工作。例如从英国 REM/N 型雷姆仪的漏计曲线[1]可以看出，当加速器脉冲重复频率为 50 pps，占空因子取 5×10^{-5}，平均剂量当量率为 100 rem/h（瞬时剂量当量率约为 500 rem/s）时，REM/N 型雷姆仪已无法正常工作。图 1 示出了国产 FJ—342 型雷姆仪在 30 MeV 电子直线加速器靶室内工作时的漏计曲线。当平均

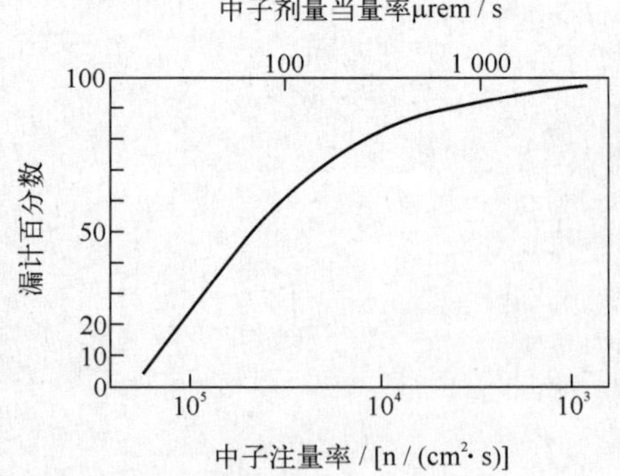

图 1　FJ—342 型中子 rem 计在加速器脉冲场中的漏计曲线

* 本文 1983 年 8 月在《核仪器与方法》第 3 卷第 3 期上发表。

剂量当量率为 4 rem/h 时，漏计数已超过 90%。

我们采用中子 BF_3 电离室系统代替计数系统制成的中子电离室雷姆仪成功地解决了它在脉冲场中的漏计问题。

二、测量系统及方法

1. 中子 BF_3 电离室雷姆仪的结构

我们用 $\phi=25$ mm，有效长度 1=75 mm 的 BF_3 正比计数管，使其工作在电离室状态，并置于雷姆慢化体内制成中子 BF_3 电离室雷姆仪，其结构如图 2 所示。按照这种 Anderson—Braun 慢化体的设计[2]，基本上保证了剂量当量灵敏度在 0.025 eV～10 MeV范围内有平坦的能量响应。

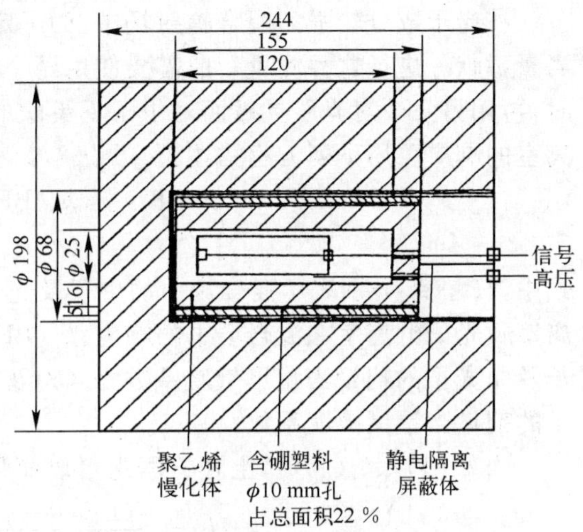

图 2　中子 BF_3 电离室雷姆仪结构

这种慢化型中子探测器在脉冲辐射场的测量中，对提高电离室内离子收集效率未必是有利的。实验和计算表明[2]：1 μs 宽的脉冲中子入射到厚度为 6.3 cm 的聚乙烯慢化体后，经 270 μs 约有 80%的中子进入 BF_3 电离室。即 1 μs 宽的窄中子脉冲实际已被展宽成300 μs，继而使瞬时脉冲剂量率大为降低，因而有利于离子收集效率的提高。

2. 灵敏度

BF_3 电离室的中子剂量当量灵敏度 $K_n(BF_3)$用中子源^{252}Cf 刻度。图 3 表示刻度时作出的距离反平方律。^{252}Cf 的剂量当量值是按 ICRP—23 报告中提供的数据计算出来的。由此得出：

$$K_n(BF_3) = 5.2\times10^{-14}\ \text{A/(mrem/h)} = 18.8\times10^{-14}\ \text{A/}(\mu\text{rem/s}) \tag{1}$$

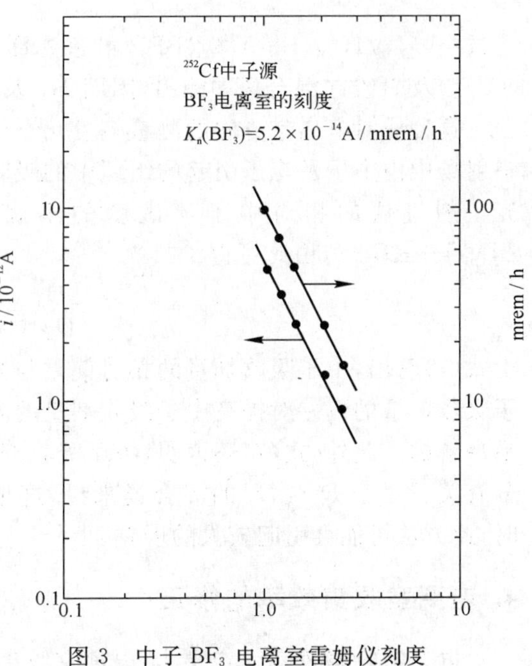

图 3　中子 BF_3 电离室雷姆仪刻度

BF_3 电离室不仅对中子灵敏，而且对 γ 光子也有一定的灵敏度。

用^{60}Coγ 源在 23.4 mrad/h 的辐射场中测量了 BF_3 电离室的饱和特性，以电离室电流为纵轴，极化电压 V 的倒数(1/V)为横坐标，线性外推得到的饱和电流为 2.6×10^{-12} A。由此得到中子 BF_3 电离室雷姆仪对 γ 光子的剂量当量灵敏度：

$$k_\gamma({}_\gamma BF_3) = 3.1 \times 10^{-14}\ A/(\mu rem/s) \quad (2)$$

由此看出：电离室雷姆仪的中子灵敏度相对于 γ 灵敏度（每单位 rem 值）为 6∶1。因而在 γ 较中子吸收剂量低的混合辐射场中，中子电离室雷姆仪可以直接给出中子剂量当量值，而不必对 γ 成分进行修正。

3. 混合辐射场中光子成分的扣除

在光子成分较强的混合辐射场中，为了定量测出中子剂量当量值，必须扣除光子的剂量当量贡献。进行这种测量一般需要使用两个剂量计，即在用中子灵敏电离室测量中子的同时，再用另一个对光子灵敏而对中子不灵敏的光子电离室作为光子成分的监测。这两种电离室的响应可用下列方程描述：

$$\begin{cases} i(BF_3) = k_n(BF_3)\dot{H}_n + k_\gamma(BF_3)\dot{H}_\gamma & (3) \\ i(\gamma) = k_n(\gamma)\dot{H}_n + k_\gamma(\gamma)\dot{H}_\gamma & (4) \end{cases}$$

式中，$\dot{H}_n$，$\dot{H}_\gamma$ 分别表示混合场中的中子及光子的剂量当量率；$i(BF_3)$，$i(\gamma)$分别表示 BF_3 电离室及光子电离室在混合场中的响应；$k_\gamma(BF_3)$，$K_n(BF_3)$表示 BF_3 电离室对混合场中的中子及 γ 光子的剂量当量灵敏度系数；$k_\gamma(\gamma)$及 $k_n(\gamma)$表示光子电离室对混合场中的光子及中子的剂量当量灵敏度系数。

当 $k_n(\gamma) \ll k_\gamma(\gamma)$时，上述方程组可以简化为：

$$\dot{H}_n = \frac{i(BF_3) - k_\gamma(\gamma) - i(\gamma)k_\gamma(BF_3)}{k_n(BF_3) - k_\gamma(\gamma)} \quad (5)$$

$$\dot{H}_n = \frac{i(\gamma)}{k_n(\gamma)} \quad (6)$$

上式中，$k_\gamma(\gamma)$，$k_n(BF_3)$，$k_\gamma(BF_3)$可事先在实验室刻度好，并认为它们有平坦的能量响应。$i(BF_3)$及 $i(\gamma)$在混合场中测出，因而 $\dot{H}_n$ 及 $\dot{H}_\gamma$ 即可由式(5)及式(6)给出。

这种成对电离室方法的测量精度可作这样简单的分析[3]。设 D_n 和 D_γ 分别表示混合辐射场中由中子及光子引起的组织中的吸收剂量，ΔD_n 及 ΔD_γ 分别表示混合场测量中由于光子剂量仪的相对中子灵敏度的不确定性引起的中子及光子吸收剂量的偏差。$\Delta D_n = -\Delta D_\gamma$[4]，由此可得：

$$\frac{\Delta D_n}{D_n} = -\frac{\Delta D_\gamma}{D_\gamma} \cdot \frac{D_\gamma}{D_n} \quad (7)$$

由式(7)看出，中子吸收剂量的相对偏差与光子吸收剂量的测量偏差成正比，因而减小 γ 光子吸收剂量的偏差对提高中子吸收剂量的测量精度有着重要意义，这点在物理意义上是容易理解的。此外，式(7)还说明，中子吸收剂量的相对偏差与辐射场的中子和光子是相对成分有关。对于 $D_\gamma \leqslant D_n$ 的混合场来说，这种方法会有高的精度，而用于 $D_\gamma \leqslant D_n$ 的混合场时，此方法可能会引起较大的误差。

4. 电离室收集效率的修正

电离室收集效率 f 定义为：电离室收集电极上收集到的电荷与被脉冲辐射在电离室中产生的电荷之比。电离室雷姆仪在强脉冲辐射场中，由于离子复合效应可以使电离室的收集效率大大下降,因而必须测出收集效率 f,并对实验值进行修正,才能给出真实的剂量当量率。

离子的复合效应可以分为两类:初始复合及一般复合。初始复合指的是单个致电离粒子径迹中形成的正离子负离子相遇而引起的复合,它仅决定于径迹中的离子密度,而与辐射场的强度或剂量率无关。一般复合指的是致电离粒子以形成的正离子和负离子向相应电极漂移时,相遇而发生的复合,它随着剂量率的增加而增加。一般来说,对中子探测应该考虑到初始复合的影响,但由于 BF_3 计数管内部压力较低 700 mmHg 极化电压相对较高(700 V)等原因,据初步估计在强脉冲辐射场的测量中,由初始复合引起的收集效率的下降要比一般复合引起的效率下降要小得多。下面应用 J. W. Boag 的脉冲辐射场中离子的复合理论,讨论收集效率的实测方法。

J. W. Boag 对脉冲辐射场中的离子复合理论有过详细的论述[5],并给出了计算公式:

$$f = \frac{1}{u}\ln(Hu)(1+u) \tag{8}$$

$$u = \frac{\alpha}{(k_1+k_2)\cdot e}\cdot\frac{rd^2}{V} \tag{9}$$

式中:α——复合系数;

k_1, k_2——分别表示正负离子的迁移率;

e——电子电量;

d——电离室极间距离;

V——电离室的极化电压;

r——每个机器脉冲在电离室内释放出的总电荷密度。

公式(8)的适用条件是:①$\tau < t$,τ——脉冲辐射的宽度;t——离子在电极间的漂移时间。②$t < T$,T——脉冲辐射场的周期。在高能物理研究所 30 MeV 电子直线加速器上 $\tau \approx 1\ \mu s$,经 Rem 慢化使中子脉冲拉宽为 300 μs;$T = 20$ ms,t 与电离室的工作电压及极间距离有关,通常 $t \approx 1$ ms。这些参数基本满足公式(8)的要求。

由式(8)看出:电离室的收集效率 f 是 $u(r)$ 的函数,但对一个未知的待测的辐射场来说,r 是未知数,故 f 实际上并不能直接从式(8)求出。

实验中,我们应用相对测量法,即对同一个测量点同时测量两次,从而消去了 r 的影响。设第一次测量时,电离室工作电压为 V_1,此时收集效率为 f_1,测得的电离电流为 i_1。然后改变电离室的工作电压为 V_2,并使 $V_2 = 2V_1$,此时电离室的收集效率为 f_2,测得的电离电流为 i_2。设 i 为真实的饱和电流,则有 $i = i_1/f_1 = i_2/f_2$,由此:$i/i_2 = f_1/f_2$,因而在实验上很容易从两次的测量信号之比测出 f_1/f_2。

另外,在理论上不难从式(8)计算出 f 与 u 以及 f_1/f_2 与 u 的关系曲线。如图 4 所示。

因而,我们在实验中通过 i_1/i_2 的测量得到 f_1/f_2,然后从图 4 的(b)曲线上找出对应的 u_1 继而从(a)曲线上找出对应的 $f_1(u_1)$ 或 $f_2(u_2)$,真实的饱和电流 $i = i_1/f_1 = i_2/f_2$。

应用这种方法可以事先不必知道 α_1, k_1, k_2 等常系数,从而可以避免许多不必要的计算误差,使测量更为方便准确。

以上改变电离室工作电压测 f 的方法适用于较为稳定的脉冲场作测量,如果要监测随时间变化的脉冲场或一次性爆炸中子场的测量,可选用一对工作于不同极化电压的性能相同的一对电离室，用微型计算机同时记录信号电流 i_1, i_2，经过运算后即可实时给出混合场的剂量场分布。

5. 实验装置

整个实验装置包括 BF_3 电离室雷姆仪，测量光子用的空气平行板电离室，I/F 变换器，定标器等。全部测量系统均采取了严格的电磁屏蔽，极化电极与信号电极静电隔离等措施，以消除加速器辐射场中的强电磁干扰信号。系统如图 5 所示。

空气平行板电离室极间距离为 1.0 cm，用 ^{60}Co γ 源在 23.4 mrad/h 的辐射场中测量了它的饱和特性，以电离室电流为纵坐标，极化电压 V 的倒数 $\left(\frac{1}{V}\right)$ 为横坐标，线性外推得到的饱和电流为 4.0×10^{-12} A，由此得到光子电离室对 γ 辐射的剂量当量灵敏度为：

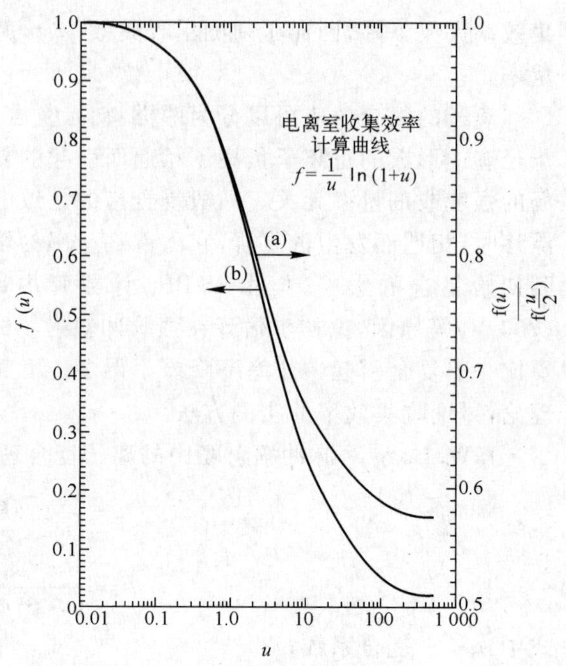

图 4　电离室在脉冲辐射场中的收集效率 f 与 u 的关系

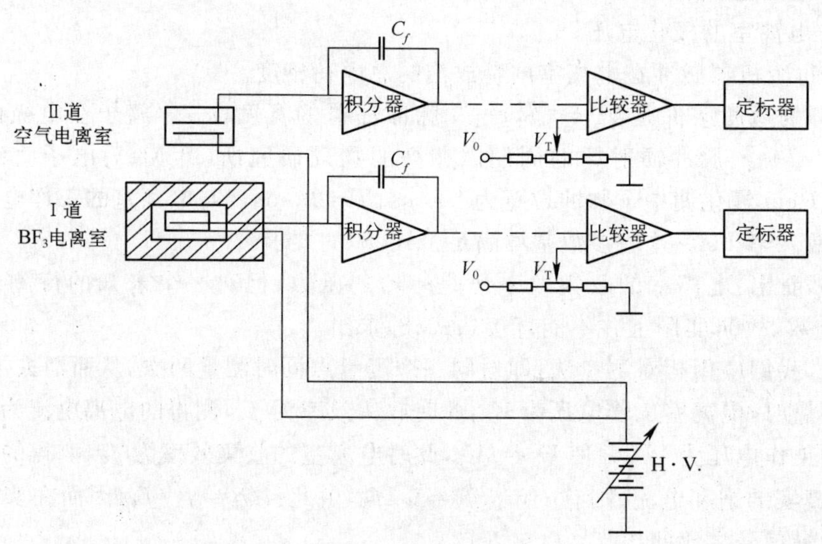

图 5　脉冲中子剂量当量测量系统图

$$k_\gamma(\gamma) = 4.6\times10^{-14}\ \text{A}/(\mu\text{rem/s}) \tag{10}$$

电离室的输出电流经 I/F 变换器转换成脉冲频率，然后送入定标器计数。I/F 变换器的灵敏度事先用弱电流进行了刻度，其灵敏度系数如下表：

I/F 变换器的灵敏度

C_f=0.16 μF				
$V_T^{[V]}$		0.5	0.1	2.0
灵敏度 [A/Hz]	Ⅰ道	8.80×10^{-8}	1.76×10^{-7}	3.52×10^{-7}
	Ⅱ道	8.08×10^{-8}	1.60×10^{-7}	3.20×10^{-7}

注：C_f——反馈积分电容；

V_T——比较器阈值电压

三、测量结果及讨论

我们应用上述实验装置测量了高能所 30 MeV 电子直线加速器靶室内混合辐射场的空间分布。探测器在靶室内的布置见图 6。

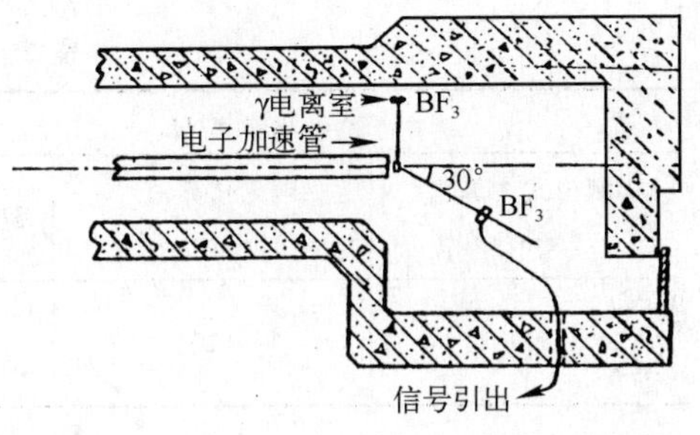

图 6　加速器靶室内的测量布置

1. 距离反平方律的验证

用 BF_3 电离室测量了与电子束线成 28°方向上的辐射场分布。电离室工作电压 V=350 V,V_2=700 V,电子能量 22 MeV,束流平均流强 8.5 μA,脉宽 1 μs,Au 靶,测得的结果如图 7 所示。

由此看出,使 BF_3 计数管工作于电离室状态,用于测量辐射强度是可行的,它克服了计数系统在强脉冲辐射场中严重漏计而不能正常工作的致命弱点。但电离室用于强脉冲辐射场测量时,收集效率明显地小于 1,并且随辐射场增大而减小。图 7 中 (a)表明未经修正前的测量值,它明显地偏离了距离反平方律。(b)表明测量值经对应的收集效率修正后给出的电离室电流,它有很好的距离反平方律。这说明本工作中提到的脉冲场中电离室收集效率的实验方法是行之有效的。

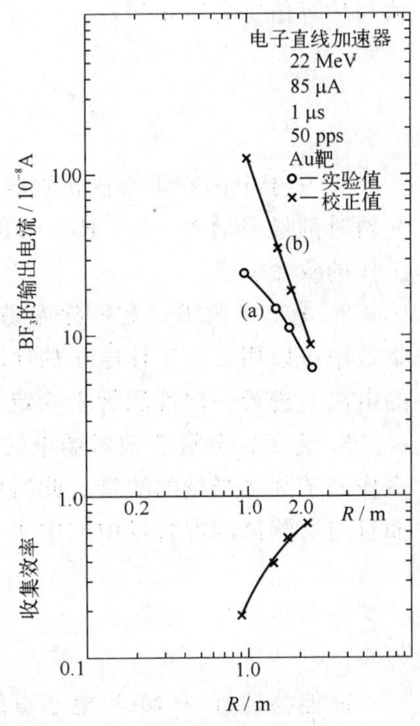

图 7　BF_3 距离反平方律

2. 中子剂量当量率的测量

将中子 BF_3 电离室雷姆仪及平行板电离室同置于与电子束线成 90°方向,距靶 90 cm 处。电离室工作电压 V=350 V,V_2=700 V,电子束能量22 MeV,平均流强 5 μA,脉宽1 μs,Au 靶,测得结果如表 1,表 2 所示。

表 1 测量结果比较表

	BF$_3$ 电离室雷姆仪		平行板电离室	
工作电压/V	700	350	700	350
cps(实测)	0.12	0.094	0.14	0.12
f_1/f_2	0.78		0.86	
u	1.1	2.3	0.46	0.93
$f(u)$	0.67	0.52	0.82	0.70
cps(修正值)	0.18	0.18	0.17	0.17
i(A)	1.58×10^{-8}		1.36×10^{-8}	

表 2 实测与理论估算比较

中子剂量当量率 $\dot{H}_n$			光子剂量当量率 $\dot{H}_\gamma$		
实测公式[5]算出/(rem/h)	理论估算值/(rem/h)	偏差/%	实测公式[6]算出/(rem/s)	理论估算值/(rem/s)	偏差/%
127	140	9.2	0.29	0.34	13

表 2 中所列理论估算值是根据 1979 年 Swanson 的计算曲线[6]估算出来的。显见测量值与估算值符合得相当好。

四、几点简要结论

1. 中子电离室雷姆仪在强脉冲中子辐射场中仍然可以用作中子剂量当量的测量，甚至在瞬时剂量当量率>500 R/s 时仍可以使用。它克服了计数系统雷姆仪因严重漏计而不能工作的致命弱点。

2. 电离室雷姆仪在强脉冲场中工作时，为了给出准确值，需要作收集效率的修正。收集效率可以用改变工作电压的比较方法来确定。也可以用一对性能相同，但工作电压不同的电离室进行一次性测量来确定。

3. 为了区分混合辐射场中的中子与光子的剂量当量贡献，应该同时启用一个光子电离室作光子剂量当量的测量。此时中子剂量测量的精度不仅与光子电离室的测量精度有关，而且与所测试的混合场中的中子与光子的相对比例有关。

五、感　谢

高能物理所 30 MeV 电子直线加速器组的同志在提供实验条件和加速器的稳定运行方面给予了很大的支持。401 所，生物物理所提供中子源和 γ 源为刻度仪器提供了方便。刘桂林同志在讨论中提出了许多有益的建议。在此一并表示感谢。

参考文献

1 《Neutron Detector for Dosimetry》, 20th centary Electronics Limieed

2 H. Wade Patterson and Raiph H. Thomas，《Accelerator Heaith Physics》New York and London(1973)

3 ICRU Publication 21

4 ICRU Report 26 (1977)

5 F. H. 阿蒂克斯. W.C. 罗奇《辐射剂量学》第二卷，原子能出版社(1981.7)

6 IAEA—188 RADIOLOGICAL SAFETY ASPECTS OF THE OPERATION OF ELECTRON LINEAR ACCELERATORS VIENNA，(1979)

电离室在强脉冲 X 辐射剂量场中的收集效率*

唐鄂生　张宝襄　解延风　蔡小平　陈之布
李建平　刘曙东　王跃兰　杜远才
（中国科学院高能物理研究所）

摘要：电离室是剂量测量中最常用的探测器之一，在稳定辐射场的测量中，它常被用作标准仪表。但在强脉冲辐射场中，由于离子复合效应而使电离室的收集效率大为下降。本文研究了电离室在电子直线加速器靶室内，收集效率的现场测量方法和实验结果，证明此种方法是简单可靠，行之有效的。

一、引　言

高能电子直线加速器靶室内辐射场的主要特征是辐射成分复杂，瞬时剂量率极高，与质子或其他粒子加速器不同。在电子加速器中，电子束与靶核作非弹性碰撞中释放出具有连续谱分布的强 X 射线是该混合辐射场中的主要成分。从剂量贡献来说，X 辐射的贡献要比中子高出 1～2 个数量级。脉冲电子束流的宽度一般为 μs 或更短，因而其瞬时剂量率可高达 10^5～10^6 R/s，甚至 10^9 R/s。如何测量这种强脉冲 X 辐射剂量场是我们的任务。

电离室是剂量测量中最常用的仪器之一，它结构简单，性能稳定可靠，物理意义明确，因而它在辐射剂量的测量中有着重要的地位，常用作刻度其他剂量仪表的标准探测器。但是当它用于测量强脉冲 X 辐射场时，有一个因素必须考虑，这就是电离室的收集效率。收集效率 f 定义为：电离室收集电极上收集到的电荷与脉冲 X 射线在电离室中产生的电荷之比。其余的电荷在离子漂移过程中由于复合而损失掉了。通常当辐射场不是太强时，这种复合可以忽略，即 $f\approx1$。而在加速器强脉冲辐射场，脉冲的瞬时剂量率可达 10^5 R/s，甚至更高时，f 可能比 1 小得多，因而必须考虑收集效率 f 的修正，这对开发加速器的应用来说是十分重要的。本文描述和讨论了平行板电离室对电子加速器脉冲 X 辐射场的测量装置、收集效率 f 的确定方法及部分实验结果。

二、测量原理

电离室作为一种标准和绝对测量的探测器在物理、医学以及其他工业诊断中有着广泛的应用。它通常用于稳定辐射场的测量，但在强脉冲辐射场的测量中，只要对等效室壁电离

* 本文 1983 年 11 月在《核仪器与方法》第 3 卷第 4 期上发表。

室的收集效率 f 作适当修正，仍然可以用作标准的剂量仪表。

J. W. Boag 对脉冲辐射场中离子的复合理论有过详细的论述[1]。并给出了计算公式：

$$f = 1/u \ln(1+u) \tag{1}$$

$$u = \frac{\alpha}{(k_1 + k_2) \cdot e} \tag{2}$$

式中：α——复合系数；

k_1，k_2——分别表示正负离子的迁移率；

e——电子电量；

d——电离室的极间距离；

V——电离室的极化电压；

r——每个机器脉冲在电离室内释放出的总电荷密度。

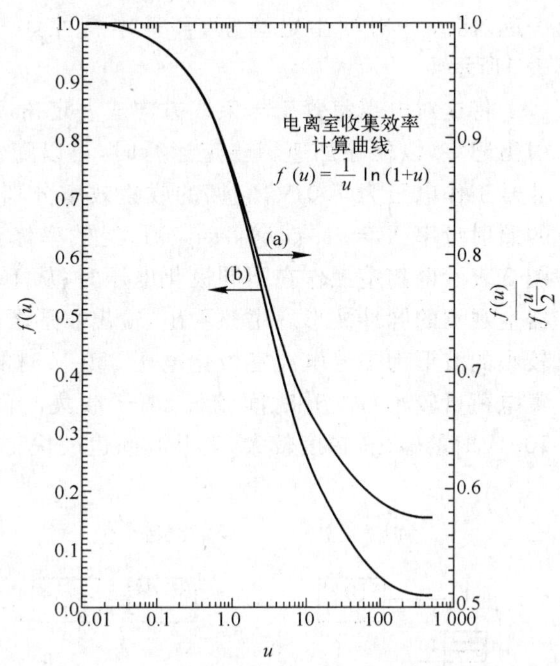

图 1　电离室收集效率的计算曲线

公式(1)的适用条件是：① $\tau < t$，τ——脉冲 X 辐射的宽度；t——离子在电极间的漂移时间。② $t < T$，T——脉冲辐射的周期。这两个条件在一般加速器上是容易满足的。例如，在高能物理所的 30 MeV 电子直线加速器上，$\tau \approx 1\ \mu s$，$T \approx 20$ ms，t 与测量用的电离室的极化电压及极间距离有关，通常 $t \approx 1$ ms。

由式(1)看出：电离室的收集效率 f 是 $u(r)$ 的函数，其关系如图 1 中(a)所示。但对一个未知的辐射场来说，r 是未知数，故 f 实际上并不能由式(1)确定。山本幸佳[2]理论上提出可以用比较法消除 r 的影响来估计 f。实验上，我们采用了一对灵敏度相同的孪生电离室，放在同一个辐射场中同时测量。其中Ⅰ号电离室的工作电压为 V_1，Ⅱ号电离室的工作电压为 V_2，并使 $V_2 = 2V_1$。与此相对应的有 $u_1 = 2u_2$。设 i 表示真实的饱和电流，i_1 和 i_2 分别表示工作在 V_1 和 V_2 时Ⅰ号和Ⅱ号电离室的输出电流。则 $i_1 = f_1(u_1)i$；$i_2 = f_2(u_2)i$，由此可得：

$$\frac{i_1}{i_2} = \frac{f_1(u_1)}{f_2(u_2)} = \frac{f_1(u_1)}{f_2(u_1/2)} = \frac{f_1(2u_2)}{f_2(u_2)} \tag{3}$$

f_1/f_2 与 u 的函数关系可从式(1)数字解出，已绘于图 1(b)。

实验上，可以通过一对不同工作电压的孪生电离室的输出之比 i_1/i_2，测出 f_1/f_2，然后从图 1(b)找出 u_1，继而从图 1(a)找出 $f_1(u_1)$，同理不难找出 u_2 及 $f_2(u_2)$。应用这种方法，可以不必事先知道 α，k_1，k_2 等常系数，因而避免了许多不必要的计算误差，使测量更加方便、准确。

三、实验装置

我们对高能所 30 MeV 电子直线加速器靶室内的 X 辐射场进行了测量，所用的实验装置如图 2 所示。整个测量系统采取了严格的电磁屏蔽，单点接地，极化电极与信导电极静电隔离等措施以消除加速器辐射场中的强电磁干扰。

1. 探测器

用一对结构相同的平行板电离室组装在一起，构成一对孪生电离室，其基本特性如表 1所示：

表 1　孪生电离基本特性

极间距离 /cm	灵敏体积 /cm^3	照射量灵敏度 [A/(μR/s)]
0.6	40	4.3×10^{-14}

将这对电离室置于与束线方向成一定角度的滑轨车上，用滑轮将连接滑轨车的铜丝绳引出靶室，以便在加速器稳定运行时，可以随意改变源距。Ⅰ号电离室工作电压为 350 V，Ⅱ号工作电压为 700 V，它们的收集效率分别为 f_1 及 f_2；输出平均电流分别为 i_1，i_2；对应的照射量率 $\dot{X}_1=i_1/\mathrm{kr}$，$\dot{X}_2=i_2/\mathrm{kr}$；经效率修正后的真实照射量率为 $\dot{X}=\dot{X}_1/f_1=\dot{X}_2/f_2$。图 3 表示电离室工作在不同极化电压时；从 100 kΩ 的负载电阻上取出的电压信号，在示波器上观测的脉冲波形。由此看出，输出波形干净、清晰，加速器高频电磁干扰信号已经消除。较小的波形为Ⅰ号电离室极化电压 350 V 时的输出，它辐度较小(即由于离子复合严重，收集电荷量较小)，上升时间较长(离子收集时间较长)；较大的波形为Ⅱ号电离室极化电压 700 V时的输出，辐度较大，上升时间也较快。

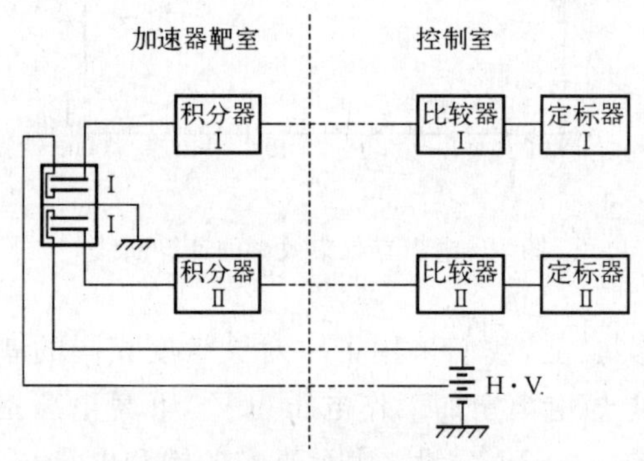

图 2　孪生电离室测量系统

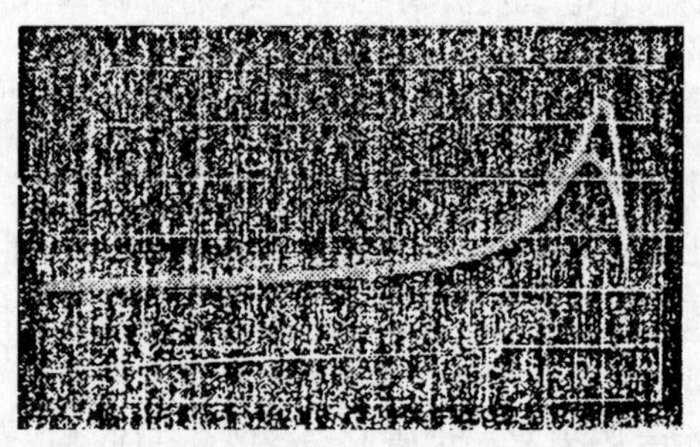

图 3　孪生电离室在脉冲 X 辐射场中观测到的输出波形

2. 电子学

为了给出定量的数据，将电离室的输出电流信号送入 I/F 变换器，将电流信号转换成脉冲频率，并送入定标器计数，其线路如图 4 所示。

I/F 变换器由积分器、比较器、放大器、置零继电器四部分组成。第一级用 MOSFET 差分放大以提高输入阻抗，它与 F007 一起组成积分电路 BG307 用作比较器，当积分器的输出达到 BG307 的预置阀值时，它翻转产生负跳变，干簧继电器置零，输出一个脉冲。输入信号电流越大，积分越快，输出脉冲频率 F 也越高，I～F 之间有线性关系(见图 5)。

I/F 的灵敏度可由 $I/F=C\cdot V_T$ 来估算。C_f 为积分电容，V_T 为比较器上的预置电压值。C_f积分电容应选用漏电流小的聚苯乙烯电容，并事先用精密电容测试仪做好校准，V_T 的改变可作为灵敏度的细调。实验与计算结果的比较如表 2 所示。

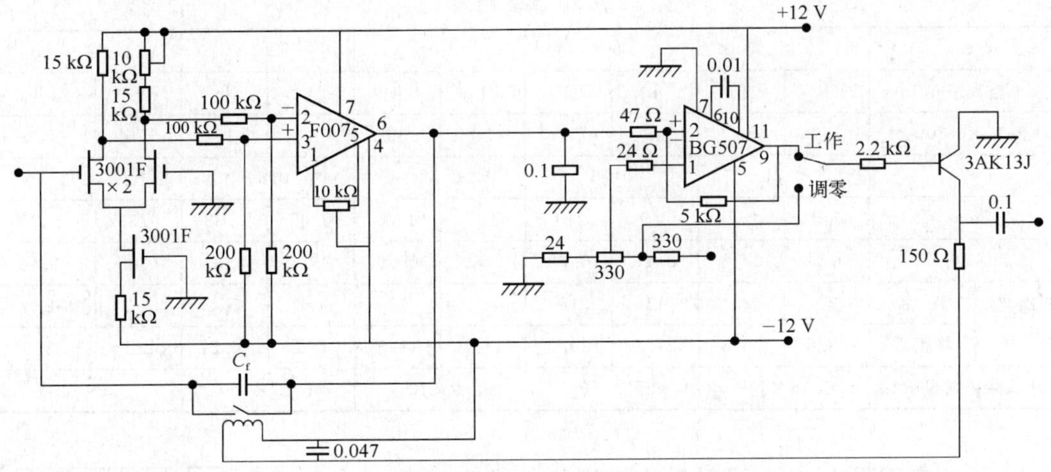

图 4 I/F 变换器线路图

表 2 I/F 的灵敏度

$C_f=0.122\ \mu F$					
V_T		0.5	1.0	2.0	3.0
I/F /10^{-7} A	算	0.61	1.22	2.44	3.66
	实	0.61	1.23	2.45	3.65

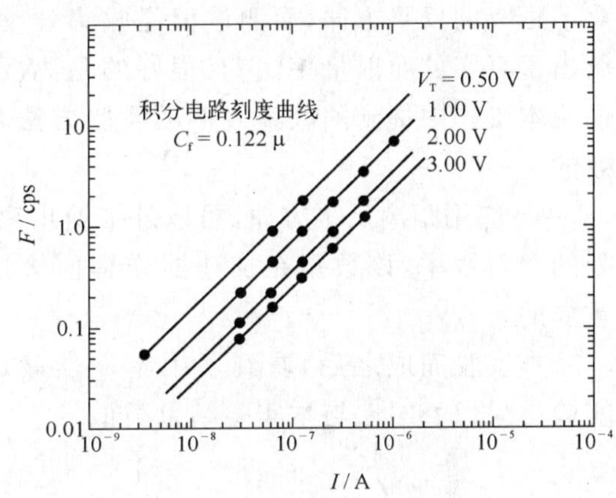

图 5 I/F 电路的刻度曲线

显见，两者符合得很好，线性范围跨 3～4 量级。

四、测量结果及讨论

我们用上述实验装置验证了高能所 30 MeV 电子直线加速器上与电子束线成 28°方向沿线上的 X 照射量的距离反平方律。机器脉冲重复频率 50 Hz，电子束能量 20 MeV，平均流强 8.5 μA，脉宽 1 μs，Au 靶。测量结果如表 3 及图 6 所示。

1. 电子直线加速器打靶产生的 X 射线具有连续的能谱分布，并且其平均能量极高(≈7 MeV)。严格地讲此时照射量的定义已不再适用，但 ICRU-14 报告[3] 指出："对于防护目的的测量，高到 8 MeV 的光子仍可能继续使用照射量来测量。"此外，由于 X 谱的连续分布，因而很难找到达到完全电子平衡的空壁厚度。因而这里引用的照射量并不认为是绝对测量。

2. 电离室用于测量强脉冲 X 辐射场时，由于正负离子对复合而引起的收集效率的下降是很明显的。减小电极间的距离，增加电离室的工作电压虽然可以提高收集效率，但这总是有一定的限度，因而在精确的测量中，必须考虑到收集效率的修正。

表 3　实验结果

R/cm		40		60		90		140		230	
电离室		Ⅰ	Ⅱ	Ⅰ	Ⅱ	Ⅰ	Ⅱ	Ⅰ	Ⅱ	Ⅰ	Ⅱ
计数率/(c/30 s)		171	99	46	64	32	39	17	19	7.5	8.0
f_1/f_2		0.71		0.76		0.82		0.89		0.93	
u		9.3	2.7	2.9	1.4	1.5	0.70	0.66	0.33	0.33	0.16
$f(u)$		0.34	0.48	0.47	0.62	0.61	0.76	0.76	0.87	0.85	0.93
平均照射量	实　测	20	28	13	18	9.0	11	4.8	5.4	2.1	2.3
	修正后	58.8	58.3	27.7	29.0	14.7	14.5	6.3	6.2	2.5	2.5
瞬时脉冲照射量 R/s		1.16×10^6		5.6×10^5		2.9×10^5		1.25×10^5		5×10^4	

3. 图 6 表示强 X 射线照射量率随靶距的变化规律。由图 6 看出，测量值在未经修正前明显地偏离了距离的反平方律，而测量值经收集效率修正后，给出了真实的照射量率，它有很好的距离反平方律，说明本工作中提到的收集效率的实验方法是行之有效的。

4. 应用距离反平方律，可以外推给出离靶10 cm处的照射量率，该数据在加速器作辐照应用是十分重要的。

本实验完成之后，看到了山本幸佳最近发表的实验结果(1982)[4]与本实验结果类似。

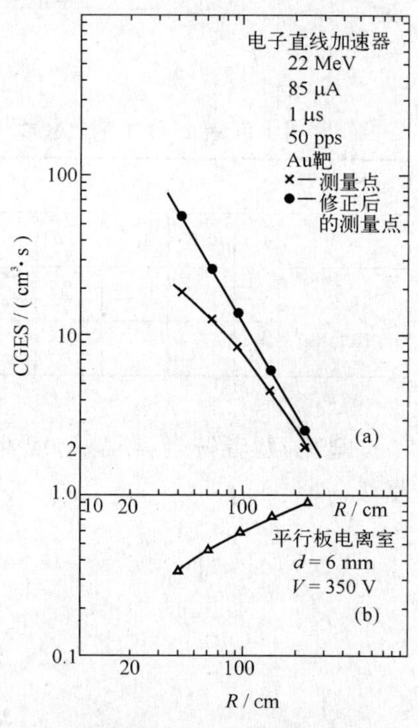

图 6　(a)测量值及修正值随靶距的变化
(b)收集效率随靶距的变化

五、感　谢

高能所中关村 30 MeV 电子直线加速器组的同志们为本实验提供了良好的实验条件，刘桂林同志在讨论中提出了许多有益的建议和帮助。在此一并表示感谢。

加速器混合辐射剂量场的测量*

唐鄂生　陈之布　李建平　刘曙东

（中国科学院高能物理研究所）

摘要： 高能粒子加速器周围的辐射场是粒子成分复杂的混合场。并且具有脉冲性。我们用三探头混合场剂量测定仪，初步测量了 10 MeV 质子直线加速器调机过程中直线厅的辐射场分布，给出了中子与 γ 成分的吸收剂量率，剂量当量率及混合场的平均品质因子，对测量结果及不确定度作了分析和讨论。

一、引　言

高能粒子加速器周围的剂量场是粒子成分复杂的混合辐射场，占空比小，瞬时辐射剂量率极高。为了评价辐射场的特性，我们制作了三探头混合辐射场剂量测定仪，分别给出了中子与 γ 成分的组织吸收剂量率、剂量当量率以及混合场的平均品质因子等。

二、测量原理和方法

1. 组织吸收剂量率 $\dot{D}$ 的测量

在混合场的组织吸收剂量的测量中，我们选用两种剂量计。中子灵敏剂量计采用组织等效电离室（T 计），中子不灵敏剂量计采用铝壁空气电离室（U 计）。它们在 (n,γ) 混合场中的响应可用下列方程式描述：

$$\begin{cases} R(T) = \varepsilon_\gamma(T)\dot{D}_\gamma + \varepsilon_n(T)\dot{D}_n & (1) \\ R(U) = \varepsilon_\gamma(U)\dot{D}_\gamma + \varepsilon_n(U)\dot{D}_n & (2) \end{cases}$$

式中，$R(T)$，$R(U)$ 分别表示 T 计及 U 计在混合场中的读数（cps）；$\varepsilon_\gamma(T)$，$\varepsilon_n(T)$ 和 $\varepsilon_\gamma(U)$，$\varepsilon_n(U)$ 分别表示 T 计和 U 计对混合场中的 γ 与中子的吸收剂量率灵敏度[cps/(mrad/h)]，$\dot{D}_\gamma$ 和 $\dot{D}_n$ 分别表示混合辐射场中 γ 和中子的组织吸收剂量率（mrad/h）。

为了便于误差分析及运算，$\dot{D}_n$ 及 $\dot{D}_\gamma$ 的解，通常总是用相对灵敏度的形式来表示，由方程式(1)、式(2)可得：

$$\begin{cases} \dot{D}_n = \dfrac{h_U R'(T) - h_T R'(U)}{h_U k_T - h_T k_U} & (3) \\ \dot{D}_\gamma = \dfrac{k_T R'(U) - h_U R'(T)}{h_U k_T - h_T k_U} & (4) \end{cases}$$

---

* 本文 1986 年 3 月在《高能物理与核物理》第 10 卷第 2 期上发表。

$R'(T)$和$R'(U)$分别表示T计和U计在混合场中的读数与刻度用的^{60}Co γ灵敏度ε_{Co}之比，即$R'(T)=R(T)/\varepsilon_{Co}(T)$，$R'(U)=R(U)/\varepsilon_{Co}(U)$；$k_T$和$k_U$分别表示$T$计和$U$计对中子的灵敏度与刻度用的^{60}Co γ灵敏度之比，即$k_T=\varepsilon_n(T)/\varepsilon_{Co}(T)$，$k_U=\varepsilon_n(U)/\varepsilon_{Co}(U)$；$h_T$和$h_U$分别表示$T$计和$U$计对混合场中的$\gamma$灵敏度与刻度用的^{60}Co γ灵敏度之比，即$h_T=\varepsilon_\gamma(T)/\varepsilon_{Co}(T)$，$h_U=\varepsilon_\gamma(U)/\varepsilon_{Co}(\gamma)$。

通常，电离室对不同能量的γ射线几乎有相同的灵敏度，因此可以认为$h_T=h_U=1$[1]。因此只要知道k_T和k_U，代入式(3)、式(4)后，即可求出$\dot{D}_n$及$\dot{D}_\gamma$。

机体组织在混合场中总的吸收剂量率可用下式求出：

$$\dot{D}_t=\dot{D}_n+\dot{D}_\gamma \tag{5}$$

2. 剂量当量率$\dot{H}$的测定

中子剂量当量率$\dot{H}_n$通常用雷姆仪来测量，但市售的雷姆仪(例如2202 D等)在占空比很小的中子辐射场中应用时，会有严重的漏计数发生。为了适应脉冲场的特性，我们研制了以包银的GM计数管为中心探测器的雷姆仪(简称Ag-rem仪)，其工作原理及在脉冲场中的响应可见文献[2]。

混合场中的中子剂量当量率$\dot{H}_n$可用下式求出：

$$\dot{H}_n=R(\mathrm{rem})/\varepsilon(\mathrm{rem}) \tag{6}$$

式中：ε(rem)为中子灵敏度[cps/(mrem/h)]，用标准中子源标定。R(rem)为雷姆仪的读数(cps)。

混合场的γ剂量当量率$\dot{H}_\gamma=\dot{D}_\gamma$。

混合场的总剂量当量率：

$$\dot{H}_t=\dot{H}_n+\dot{D}_\gamma \tag{7}$$

3. 混合场平均品质因子$\bar{Q}$

组织中某一点的剂量当量H与该点的吸收剂量D之间的关系由下列方程描述[3]：

$$H=DQN \tag{8}$$

式中，Q为品质因子，N为其他修正因子的乘积，目前ICRP指定$N=1$。实际的辐射场总是多粒子成分并且粒子具有复杂的能谱分布，此时可使用平均品质因子$\bar{Q}$：

$$\bar{Q}=H/D=\dot{H}_t/\dot{D}_t \tag{9}$$

将式(5)与式(7)代入式(9)即可得出混合场的$\bar{Q}$。

三、测量系统与仪器标定

测量系统如图1所示，它包括三个探头及有关电路及仪器，它们装置在一辆小仪器车上，便于移动，有时我们把它称之为“三头狗”。

1. 组织等效电离室

组织等效电离室为以A-150 TE塑料为室壁的P型电离室，灵敏体积：500 cm^3；充气压力：0.4 atm；气体成分：CH_4-64.4%；CO_2-32.4%；N_2-3.2%。

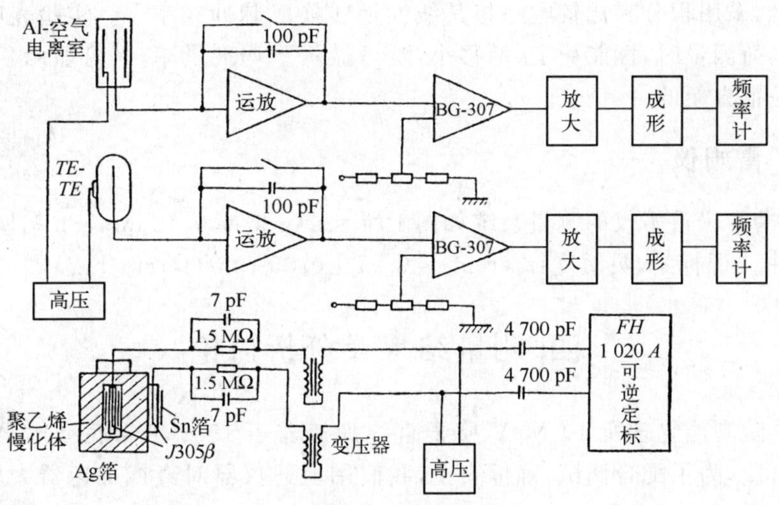

图 1　三探头剂量测定仪原理图

用^{60}Co 及^{252}Cf 对它进行了 γ 与中子响应的标定。γ 辐射场:200 μr/s,源强不确定度±4%。中子辐射场:6.2 mrad/h,源强不确定度±4%。由于^{252}Cf 中含有约 1/3 的 γ 成分,我们按照 ICRP-21 号报告中提供的数据作了修正,其吸收剂量灵敏度如表 1 所示。

表 1　组织等效电离室的吸收剂量灵敏度

$\varepsilon_n(T)$/[10^{-4} cps/(mrad/h)]	$\varepsilon_\gamma(T)$/[10^{-4} cps/(mrad/h)]	k_T
6.5±0.9	6.3±0.3	1.02±0.19

由表 2 看出,T 计的 $\varepsilon_n(T)$与 $\varepsilon_\gamma(T)$有近似相同的灵敏度,这是符合组织等效要求的。

2. 圆柱形 Al-Air 电离室

中子不灵敏电离室为自制的 Al 壁充空气柱状电离室,灵敏体积 1 150 cm^3,外面包有不锈钢筒,用以屏蔽加速器电磁场的干扰。

将电离室置于同上的^{60}Co 及^{252}Cf 辐射场中标定,其灵敏度系数如表 2 所示。

表 2　Al-Air 电离室的吸收剂量灵敏度

$\varepsilon_n(U)$/[10^{-4} cps/(mrad/h)]	$\varepsilon_\gamma(U)$/[10^{-3} cps/(mrad/h)]	k_U
1.2±0.2	1.53±0.08	0.08±0.01

由表 2 看出,Al-Air 电离室的中子相对 γ 的灵敏度约为 0.1。

3. 脉冲电荷积分器

当电离室置于脉冲辐射场中测量时,输出的电离电流是与加速器脉冲辐射场同步的脉冲电流,其宽度等于离子在电离室内的渡越时间,它决定于极间距离及电场强度。对于这种脉冲电流，我们采用积分和比较电路将其线性地转换成脉冲频率[4]。实验表明此种积分电路用于脉冲电荷测量时，性能稳定、漂移小，既可显示平均剂量率，又可显示积分剂量，这在实际应用中是很方便的。

4. 脉冲中子雷姆仪

Ag 箔脉冲中子雷姆仪的测量系统如图 1 所示，Ag 箔厚 0.12 mm，Sn 箔厚 0.2 mm。探测器用 ^{252}Cf 中子源标定，灵敏度：ε_n(rem)＝0.27±0.05 cps/(mrem/h)。

四、测量结果及分析讨论

中国科学院高能物理所 10 MeV 质子直线加速器于 1982 年年底首次出束成功，1983 年处于调试阶段，为了配合调试，确保安全，我们用上述仪器对直线加速器大厅内的辐射场分布，作了初步测量与分析。

10 MeV 质子直线加速器的结构及测量点布置如图 2 所示，测量结果列于表 3。

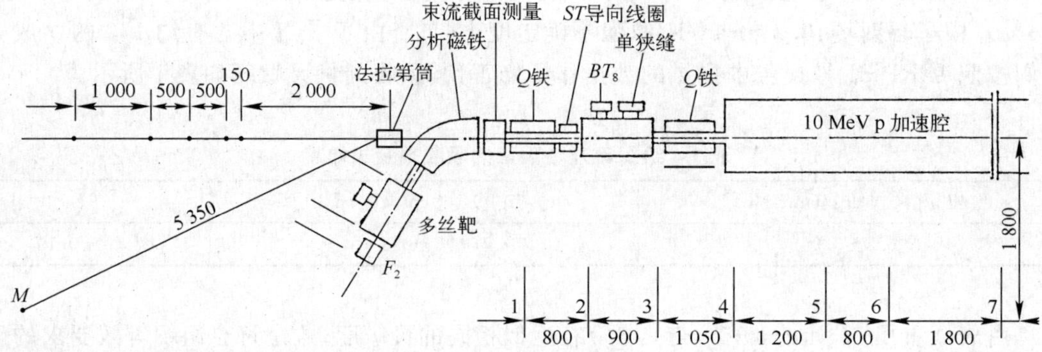

图 2　10 MeV 质子直线加速器辐射场测量点

1. 测量偏差的分析

成对电离室测量吸收剂量的不确定度主要来自以下四项。

1. 标定：包括源强、剂量当量转换系数、散射、饱和修正等因素，其不确定度约为 7%～10%。

2. 能量响应：10 MeV 质子打 c 靶发生(p，n)反应，出射中子的能谱主要分布在 2～5 MeV范围[5]，在该能区内，T 计及 U 计对中子有较为平坦的响应，保守的估计可以认为 $\Delta k_U/k_U<40\%$，按关系式(10)[1]：

$$\frac{\Delta D_{\rm n}}{D_{\rm n}}=\frac{\Delta k_U/k_U}{1/k_U-(1+\Delta k_U/k_U)} \tag{10}$$

可以估算出由于 k_U 的不确定度引起的 D_n 的相对偏差<4%。

3. 测量过程中的不确定度：包括积分器的撞击电荷、电离室的漏电、离子的复合效应等。按照估计电离室收集效率两点法的理论[4]，我们在电离室的极化电压分别为 800 V 及 400 V两种条件下作了测量，由此测得的电离室收集效率约为 92%。由以上各项引起的不确定度为 8%～9%。

表 3　10 MeV 质子直线加速器厅内的剂量场分布

位　置		0°方向，c 靶(法拉第筒)					90°方向，Al 片	加　速　腔　平　行　区						
靶　距/m		2.00	2.15	2.65	3.15	4.15	2.77	1	2	3	4	5	6	7
瞬时流强/mA		42	32	48	40	/	10							
读数/cps	$R(T)$	1/11.0	1/22.5	1/17.5	1/38.2	1/46	1/23.8	1/83.8	1/185.7	1/162.8	1/104.3	1/101.0	1/104.5	1/154.9
	$R(U)$	1/5.7	1/11.0	1/9.0	1/17.5	1/20.5	1/15.9	1/109.3	1/107.9	1/101.2	1/169.8	1/157.0	1/163.4	1/176.8
	R(Ag-rem)	26.8	16.1	28.1	8.3	7.8	95	29.3	18.0	17.5	35.3	38.4	40.7	28.2
吸收剂量率/(mrad/h)	$\dot{D}_t$	142 ±28	69 ±14	89.3 ±17.8	40.9 ±8.8	30.4 ±7.4	92.7±12.0	18.6 ±4.0	8.4 ±1.6	9.6 ±1.8	15.0 ±3.4	15.5 ±3.4	14.9 ±3.4	10.1 ±2.0
	$\dot{D}_n$	30.8 ±13.8	11.5 ±7.1	18.8 ±8.8	4.3 ±4.4	2.6 ±3.7	26.9±5.9	13.8 ±2.0	2.6 ±0.8	3.4 ±0.9	12.0 ±1.7	12.2 ±1.7	11.8 ±1.7	6.9 ±1.0
	$\dot{D}_\gamma$	111.2 ±14.0	57.5 ±7.1	70.5 ±8.8	36.6 ±4.4	31.4 ±3.7	65.8±6.1	5.1 ±2.0	5.8 ±0.8	6.2 ±0.9	3.0 ±1.7	3.3 ±1.7	3.1 ±1.7	3.2±1.0
剂量当量率/(mrad/h)	$\dot{H}_n$	99.2 ±27.1	59.7 ±16.3	104.1 ±28.4	30.7 ±7.5	29.0 ±5.7	293.8±73.4	105.3 ±30.0	65.0 ±19.5	63.7 ±19.1	127.4 ±38.1	139.0 ±41.7	146.9 ±44.1	102.7 ±30.8
	$\dot{H}_t$	207.9 ±41.1	115.7 ±23.4	171.9 ±37.2	66.5 ±11.9	60.6 ±9.4	359.6±79.5	110.4 ±32.0	70.8 ±20.3	69.9 ±20.0	130.4 ±39.8	142.3 ±43.4	150.0 ±45.8	105.9 ±31.8
品质因子 $\bar{Q}$		1.5	1.7	1.9	1.6	2.0	3.9	5.9	8.4	7.3	8.7	9.2	10	10.5

综合以上三项引起的总不确定度：$\frac{\Delta D_n}{D_n} \leqslant 13\%$；$\frac{\Delta D_\gamma}{D_\gamma} \leqslant 11\%$。

④ 用成对电离室测量混合场时，分剂量的不确定度不仅与探测器本身的不确定度有关，而且与混合场中的中子与 γ 吸收剂量的相对比值有关：

$\frac{\Delta D_n}{D_n} = -\frac{\Delta D_\gamma}{D_\gamma} \cdot \frac{D_\gamma}{D_n}$[1]，或者反之：$\frac{\Delta D_\gamma}{D_\gamma} = -\frac{\Delta D_n}{D_n} \times \frac{D_n}{D_\gamma}$。从表 3 看出，在 0°方向，由于 D_γ 成分相对较高（$D_\gamma > D_n$），因而 $\frac{\Delta D_n}{D_n}$ 较大，而在加速腔平行区则正相反，$D_n > D_\gamma$，因而 D_γ 的测量偏差较大。

2. 距离反平方律的初步验证

由于当时 10 MeV 质子直线加速器还处于调试阶段，流强、能量等都还不够稳定，实验条件也不太理想。为了避免不同运行情况在测量上引起的系统误差，我们在与束线成 25°方向的 5.35 m 处设立了固定的中子监测器，结构同 Ag-rem 仪。三探头测量系统在 0°方向沿轨道在 2～4.5 m 之间作了测量，经流强及监测器归一后，在不确定范围内给出了近似的距离反平方关系，见图 3。由此说明探测系统在加速器脉冲场中有近似正确的响应。为了便于比较；图 3 中同时给出了 2202D 中子雷姆仪在同一个点的测量结果，显见由于加速器脉冲场较低的占空因子，2202D 因漏计严重而不能给出辐射剂量的正确响应。

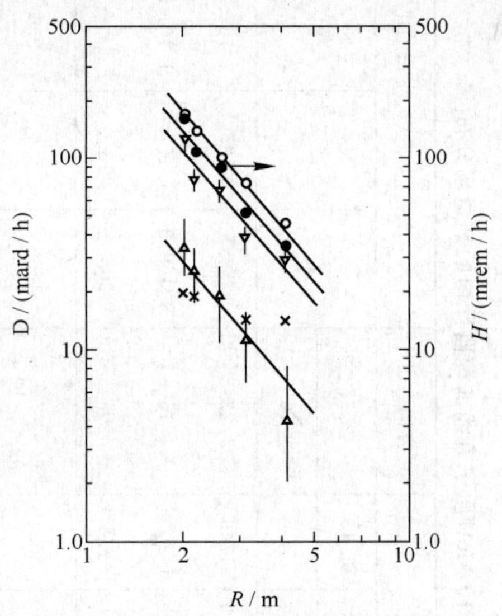

图 3　束线 0°方向辐射场的分布

$E_p = 10$ MeV，$I = 48$ mA，$F = 2$ pps，

$\tau = 100\ \mu s$，c 靶（法拉第筒），0°方向

○——$\dot{H}_n$，●——$\dot{D}_t$，▽——$\dot{D}_\gamma$，△——$\dot{D}_n$，

×——$\dot{H}_n$(2202D)

3. 加速腔平行区

辐射的主要成分是散射中子以及较低能的束流损失打在加速腔壁而产生的中子，它们的能量较低。由于电离室方法测中子是建立在测量反冲核方法的基础上的，它对低能中子可能给出偏低的估计，与此相反，Ag-rem 可能给出偏高的估计。

4. $\bar{Q}$ 的变化规律

由表 3 中的数据看出，与束线成 0°方向的辐射场的平均品质因子 $\bar{Q}$ 约为 2，90°方向为 4，加速腔附近 $\bar{Q}$ 增至 8 左右。$\bar{Q}$ 的变化反映了辐射场的品质。在质子加速器周围的混合场中，中子对总剂量当量的贡献起着主要的作用，在 0°方向约占 50%，而在加速腔周围则几乎主要是中子的贡献，因而当在开机时进入加速器厅调试仪器或设备时，要特别注意对中子的防护和监测。

5. 角响应

$\bar{Q}$ 的区域性变化还反映了在质子束打靶产生的辐射场中，γ 辐射场具有较明显的角分布，它主要向 0°方向出射，而中子相对于 γ 而言，则有较小的角响应和较大的散射效应。

五、简要结论

1. 实验结果表明，三探头剂量探测仪不仅可以分别测出加速器周围混合辐射场中的中子及 γ 成分的吸收剂量率分布，而且可以给出混合场的平均品质因子 $\bar{Q}$•$\bar{Q}$ 的合理确定对了解混合场的品质有很大的现实意义。例如，对混合场的监测通常总是要同时采用中子及 γ 两种探测器，但如果某处的 $\bar{Q}$ 一经测定，则此后只要单个组织等效电离室（或对中子和 γ 都灵敏的充氢电离室）作监测器，就可以确定 $\dot{H}_t$，因为组织等效电离室测出的 $\dot{D}_t$ 乘以 $\bar{Q}$ 值后，即可给出 $\dot{H}_t=\bar{Q}\cdot\dot{D}_t$。这样在实际应用中，既可确保安全监测，又可减少探测器及其相应的电子仪器的数量，因此，在监测点众多的大型核企业辐射监测系统的实施中是有实际的经济效益的。

2. 在质子直线加速器周围的辐射场中，中子在总剂量当量中起着主要的作用，而在监测时要注意脉冲场的特点，注意选择适合于脉冲场特点的剂量仪表。

3. 三探头测量仪的性能还有待进一步改进和提高，例如灵敏度、测量精度、能响标定等方面都有待细做。将三探头的信号送入微机进行自动记录和运算，会使整个系统变得更加轻便。

解延风参加了部分探头的设计和讨论，顾凤岭在电路和场效应管配对方面给予了帮助。401 所刻度室的同志在仪器定标方面给予了方便。张振刚、张宝襄、王跃兰、雷传蘅、刘列夫等一起参加了测量，在此一并表示谢意。特别感谢 1 号厅质子直线加速器运行组的同志们对我们的支持。刘桂林审阅了全文并提出了许多有益的意见，深表感谢。

参 考 文 献

1 ICRU REPORT，No. 26 (1977)

2 李建平，唐鄂生. 原子能科学技术，2(1983)，206

3 ICRU REPORT No. 19 (1971)

4 唐鄂生等. 核仪器与方法，Vol. 3，4(1983)，6

5 ICRU REPORT No. 13 (1969)

Measurements of the Mixed Radiation Field Around a Proton Linac

TANG E-sheng　CHEN Zhi-bu　LI Jian-ping　LIU Shu-dong

(Institute of High Energy Physics, Academia Sinica)

Abstract: The radiation field around a high energy accelerator is a pulsed mixed radiation field of complex particle constituents. The distribution of the radiation field around a 10 MeV proton Linac in commissioning is measured with a three detector system. The absorbed dose and dose equivalent of both the neutrons and γ-rays in the Linac hall are measured. The average quality factor of the mixed radiation field is given too. The results and uncertainty of the measurements are analyzed and discussed.

北京正负电子对撞机(BEPC)同步辐射实验厅辐射剂量水平的测定*

李建平　汤月里　刘曙东　姜文贵　雷传蘅

邵贝贝　李铁辉　蔡小平　张清江

(中国科学院高能物理研究所,北京 100039)

摘要: 本文描述了北京正负电子对撞机(BEPC)同步辐射实验厅内辐射的来源和特点,辐射测量方法及其测量结果。通过对东、西两个实验厅的辐射剂量水平随时间和空间变化的分析,得出一个重要结论:同步辐射实验厅内辐射剂量水平与实验厅相对正负电子束流注入点的位置、屏蔽墙厚度、束流注入的时间和效率有密切关系。

一、引　言

目前世界各国同步辐射装置的建造正在迅速发展,但在辐射防护方面还存在着一系列问题有待解决,其中之一就是关于同步辐射实验厅的辐射来源、特点及对其影响因素的研究,这方面的实验结果甚少。在 BEPC 同步辐射实验厅的屏蔽设计中,由于缺乏这方面的实验数据及对其变化因素的了解,虽然参照了国外同类装置的屏蔽厚度,但仍未能避免屏蔽厚度不够,使得厅内辐射剂量水平偏高。在 BEPC 投入运行后,在隧道屏蔽内外增加了大量的局部屏蔽,才使辐射水平降下来。

在 BEPC 实际运行中 e^+ 和 e^- 在注入区的束流损失变化范围较大。在注入困难时,束流损失可达 100%,并且注入频繁。在注入顺利时,束流损失很小,注入次数明显下降。同步辐射厅内辐射水平或累积剂量当量值不仅与束流的注入效率和注入频繁程度有关,而且还与同步辐射实验厅相对束流注入点的几何位置有关。在屏蔽设计中只有充分考虑到上述因素,才能得到合理的设计结果。

本文的测量数据和结论,为现有 BEPC 同步辐射实验大厅内辐射来源和防护措施的确定提供了依据,也为其他同步辐射装置实验厅的布局和屏蔽设计提供参考资料。

二、辐射来源及特点

BEPC 同步辐射东、西两个实验厅位于储存环的东南和西南两侧,分别靠近能量为 1.1 GeV的电子和正电子注入点。大厅与束流线之间的混凝土屏蔽墙厚度为 50 cm 见图 1。

当 e^+ 或 e^- 束流向储存环注入时,通过输运线和注入束流偏转系统,引导束流到注入

* 本文 1992 年 2 月在《高能物理与核物理》第 16 卷第 2 期上发表。

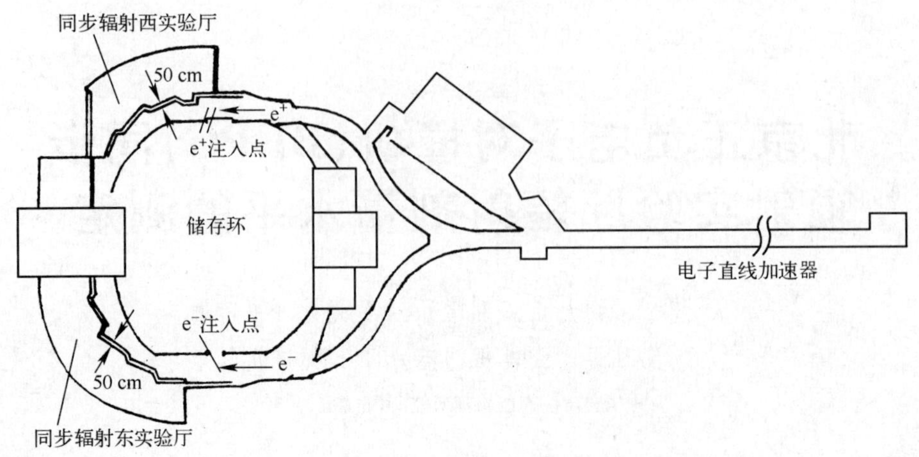

图 1　同步辐射东、西实验厅布局及屏蔽厚度

点，并通过快速冲击磁铁(Kicker)将闭轨中心移向注入束，使束流进入储存环的中心轨道。这一注入过程不可避免地要发生电子束流损失，损失的多少取决于每次注入的质量(注入效率)。损失的电子与周围部件的结构材料发生相互作用，通过电磁级联过程产生韧致辐射，并通过光核反应产生中子。

在注入区单位束流功率产生的各类辐射的剂量当量率与电子能量的关系见文献[1]、图 6。

注入的 e^+ 和 e^- 束流参数见表 1。在对撞工作状态下，一般先由予注入器(电子直线加速器)产生 e^+ 束流，通过输运段向储存环注入约 30 min，然后产生 e^- 向环内注入约 5 min。注入结束后，环内束流进入储存对撞状态。这时预注入器再产生 e^+ 并全部打在注入点附近的部件上，等待下次注入。

表 1　注入电子束流参数

注入束流	能　量/GeV	脉冲流强/(mA/脉冲)	脉冲宽度/ns	重复频率/pps	注入时间/min
e^+	1.1	≈3	2.5	12.5	30
e^-	1.1	≈300	2.5	12.5	5

当 e^- 注入时，如果注入效率为零(最坏情况)，在距束流损失地点 1 m 处，与入射电子束流成 0°方向上产生的韧致辐射约为 2×10^3 Sv/h，中子为 0.21 Sv/h。对 1.1 GeV 的电子产生的 μ 子剂量可以不考虑[1]，产生的辐射通过大厅的混凝土屏蔽墙在同步辐射厅内形成辐射剂量场。束流注入和储存期间的剂量当量率有明显差别。束流注入期间产生较高的瞬时剂量当量率，储存期间剂量水平接近本底。

束流向储存环注入期间的束流损失是产生辐射的根本原因，其辐射场的特点是：

1. 是一个脉冲辐射场，其占空比等于注入束流的脉冲宽度(2.5 ns)与重复频率(12.5 pps)的乘积 3.1×10^{-8}。

2. 是一个由光子和中子构成的混合辐射场，光子在束流的 0°方向上的剂量当量率比 90°方向上高 4 个量级。巨共振中子的角分布为各向同性。

3. 辐射场中有能量大于 20 MeV 的中子和光子存在。

4. 辐射场中有能量低于 30 keV 的光子存在。

三、测量方法

针对上述辐射场特点，测量中采用了以下五种中子，γ 探测器。

1. 中子雷姆计数器，其结构和技术性能见文献[2]。在未采用电路分频的情况下，能满足当前辐射水平测量。对于 20 MeV 以下的中子有平坦的能量响应特性。

2. 碳活化探测器，利用$^{12}C(n,2n)^{11}C$ 和$^{12}C(\gamma,n)^{11}C$ 反应可测大约 20 MeV 以上中子和光子的剂量当量贡献[3]。

3. 包有聚乙烯慢化体的 In 活化探测器[4]，它能给出 20 MeV 以下中子的剂量当量贡献。

4. γ 监测器，其结构和技术性能见文献[2]。设计时考虑到了脉冲场的剂量响应，有较高的可测上限。

5. 热释光剂量计(^{7}LiF-TLD)，它能给出 γ 射线的累积剂量，在脉冲辐射场中有正确的剂量响应。TLD 外面包有工业塑料和铜过滤器，使剂量计在 30 keV 处有平坦的能量响应，能量响应范围由 30 keV 到 4 MeV[5]，与 γ 监测器一致。

四、测量结果

1. 同步辐射东厅内沿 4B9 光束线方向，中子和光子(轫致辐射)测量点的布置和剂量当量率随距离减弱情况见图 2 及图 3。由图 3 可见中子和光子的剂量当量率随距离减弱较快，离开 4B9 光束线的窗口 5 m 处，光子减弱 2 倍、中子减弱约 8 倍。

沿光束线方向光子和中子剂量当量率之比在各测量点不同，但一般在 4～8 倍之间，表明厅内的剂量贡献主要来自轫致辐射。当 BEPC 运行在正常状态和特殊状态下，测量到各点光子和中子剂量当量率比不变。这一比值只与屏蔽厚度有关。这个结论符合电子加速器薄屏蔽外轫致辐射是主要剂量贡献的计算结果[6]。

2. 东厅内各窗口剂量水平分布见表 2。由表 2 可知，2 号窗口的辐射剂量最高，其次是 5 号窗口。这是由于原设计屏蔽薄，后来增加了局部屏蔽，2 号窗口处由于空间位置的限制无法进行局部屏蔽。5 号窗口处曾在 Q_{12} 磁铁处增加屏蔽，使厅内剂量水平降低 6 倍。

3. 累积剂量水平与束流注入时的瞬时剂量率及频繁程度有关。图 4 给出东厅内 2 号窗口一周内的瞬时剂量当量率随时间的变化，最高达 0.25 mSv/h。由图可见周累积剂量水平与一周内束流向储存环注入的次数有关。在 1990 年 10 月 15～22 日开机调束期间(见图 4(a))，注入较频繁，周累积剂量接近 1 mSv。在 1990 年 11 月 15～22 日机器进入正常注入储存工作状态(见图 4(b))，一周内注入次数明显下降，周累积剂量当量远低于 1 mSv。全年累积剂量当量为 1.5×10^{-2} Sv，可以达到年剂量当量限值的 3/10。

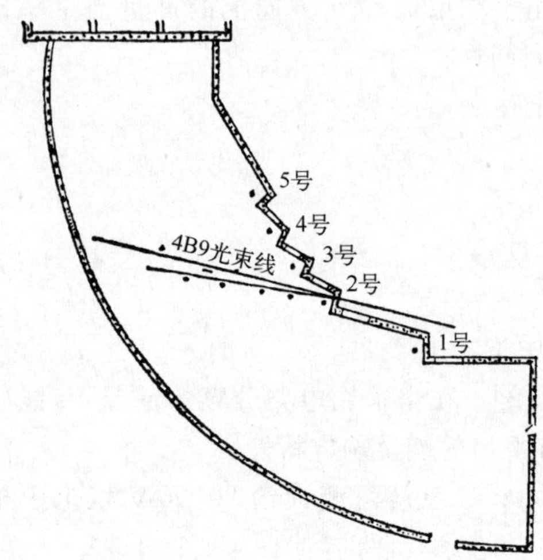

图 2　同步辐射东实验厅测量布点

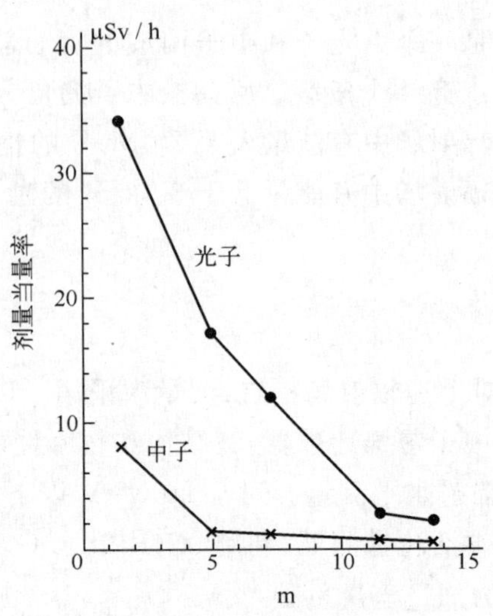

图 3　东实验厅内沿 4B9 光束线中子和光子剂量当量率随距离减弱的情况

表 2　东厅内各窗口剂量水平比较表

窗　口	1号		2号		3号		4号		5号	
辐　射	γ	n	γ	n	γ	n	γ	n	γ	n
峰值剂量率 10^{-2} mSv/h	1	0.5	6	4.2	3	2	0.4	0.2	5	0.5
总剂量率 10^{-2} mSv/h	1.5		10.2		5		0.6		5.5	

4. 西厅各窗口的剂量水平测量布点见图 5，束流在正常注入和储存过程中，厅内 D 点剂量当量率值最高，但不大于 40 μSv/h。只有在 e^+ 注入时，并用 R_3PR_3 荧光靶阻挡，才在厅内产生高辐射剂量。

1991 年 1 月 24 日 11 点 30 分 e^+ 束流(脉冲流强 2.5 mA)注入时，用荧光靶 R_3PR_3 阻挡束流，在 D 点产生光子剂量当量率 $\dot{H}_\gamma = 0.6$ mSv/h。在其他监测点较低。重复多次实验，又经理论估算，表明在这种条件下西厅内 D 点产生这样高的剂量当量率是可能的，这是厅内引起高辐照的主要原因。

5. e^+ 束流注入时对东、西两厅的影响。

当 e^+ 束流向储存环注入时在西厅内产生了明显的辐射剂量，与此同时在东厅内无任何影响，仍然处于本底水平，见图 6。当 e^+ 5 mA 束流注入时，在西厅瞬时剂量当量率为 40 μSv/h，东厅为本底水平。

6. e^- 束流注入时对东、西两厅的影响。

当 e^- 束流向储存环注入时在东厅产生了明显的辐射剂量，与此同时在西厅内产生了较低的辐射剂量见图 7。

由图 7 可见 1991 年 1 月 30 日只有 e^- 注入时在东厅产生 350 μSv/h 的瞬时剂量当量

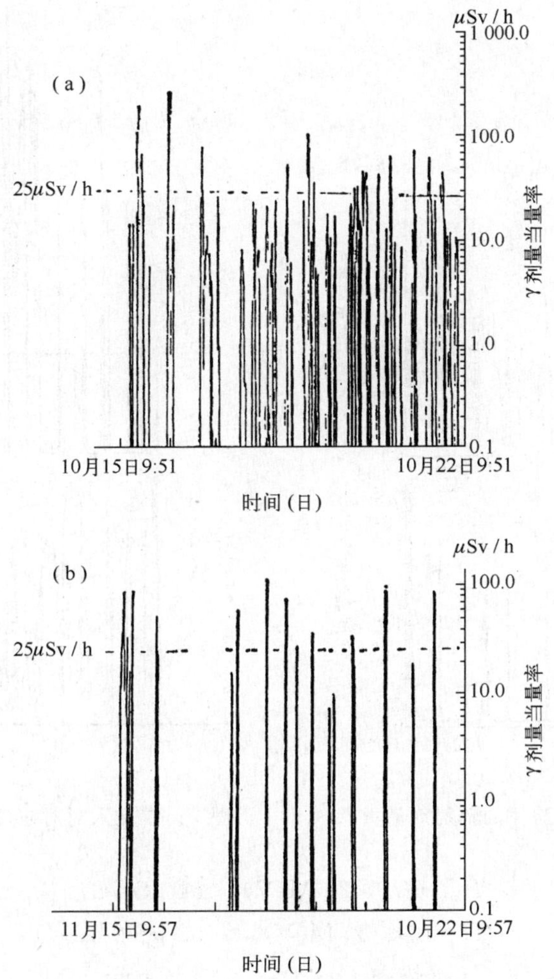

图 4　东实验厅 2 号窗口一周内累积剂量与束流注入次数的关系

率，此时西厅的剂量当量率为 0.5 μSv/h。

7. 20 MeV 以上中子和光子的剂量贡献。

用碳铟比法测量了 20 MeV 以上中子和光子的剂量贡献，当脉冲流强 300 mA、能量为 1.1 GeV 的 e^- 注入时，在同步辐射东厅内剂量水平较高处，对石墨活化体进行 1 h 照射，然后将石墨活化体用低本底 NaI(Tl)γ 谱仪进行测量，获取井型石墨活化探测器 β^+ 的饱和活性计数率为 $5.67 \times 10^3\ \mathrm{min}^{-1}$，经数据处理后给出 20 MeV 以上中子和光子的混合剂量当量率。同时用包有聚乙烯慢化体的 In 探测器和裸铟探测器测量 20 MeV 以下中子剂量贡献。测量结果如下：

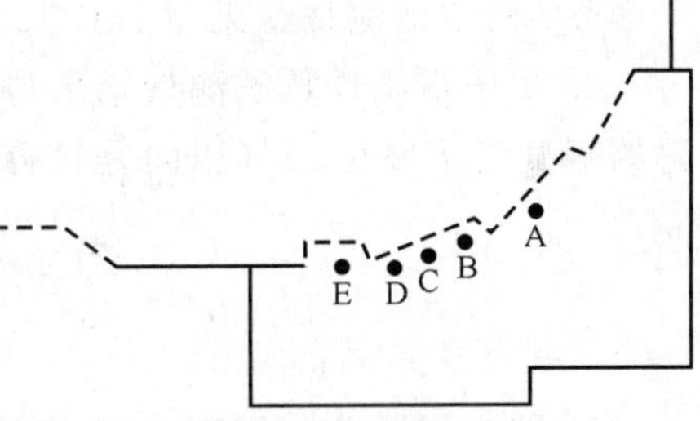

图 5　同步辐射西实验厅测量布点

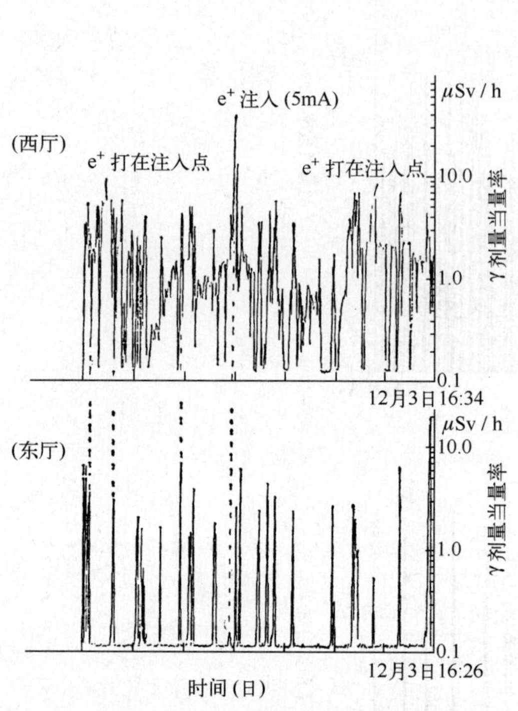

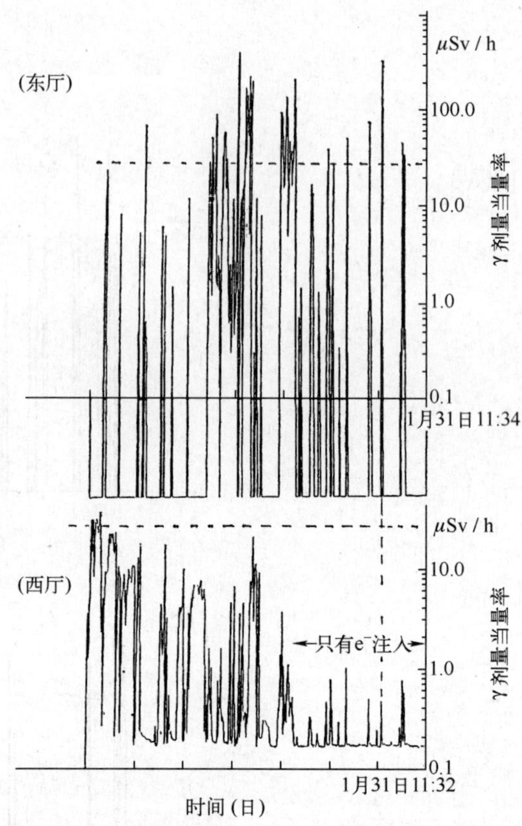

图6 e^+注入时对东、西实验厅的辐射剂量贡献

图7 e^-注入时对东、西实验厅的辐射剂量贡献

$\dot{H}_{n+\gamma}(E>20\ \mathrm{MeV})$ 51 μSv/h;

$\dot{H}_{n}(E<20\ \mathrm{MeV})$ 52 μSv/h;

$\dot{H}_{热}$(热中子) 1.4 μSv/h。

与此同时用γ、n监测器在测量点测到的剂量当量率分别为188 μSv/h和41 μSv/h。所以20 MeV以上中子和光子剂量贡献最大不超过总剂量当量的18%。

8. γ监测器测量结果与LiF-TLD比较,表明γ监测器在脉冲场中有正确的剂量响应。

9. 中子雷姆计数器测量结果与包有聚乙烯慢化体的In探测器比较,两种探测器所测得的剂量当量率在21%以内是符合的。

五、几点结论

1. 同步辐射西厅靠近e^+束流注入点,东厅靠近e^-束流注入点,并且它们都位于束流注入的朝前方向上。实测数据表明,e^+和e^-分别注入时,对两个厅的辐射影响有明显差别。这说明同步辐射实验厅相对束流注入点的几何位置,是决定厅内辐射剂量水平的重要因素之一。如果同步辐射实验厅设置在远离注入点的地方,或在注入束流的大角度方向上,它的屏蔽墙厚度相应可以薄一些。

2. 同步辐射实验厅内辐射剂量水平与束流注入时产生的瞬时剂量当量率(或注入效

率)有关。在调机注入频繁期间,特别是注入困难时,在局部地区的年累积剂量当量可以达到放射性工作人员年剂量当量限值的3/10。该区称为控制区,在边界线上应设置辐射危险标志。在BEPC正常注入对撞状态,同步辐射厅内的年剂量当量值可以低于限值的1/10。

3. 厅内中子、光子辐射场的时空分布和能量特性,即20 MeV以上的光子和中子对剂量当量的贡献都与屏蔽墙厚度有关。由于在同步辐射实验厅屏蔽墙(50 cm混凝土)内外又增加了大量的局部屏蔽,并且屏蔽情况对各窗口又不一致,所以中子,光子辐射场差别较大。东厅2号窗口处未加局部屏蔽,该处的辐射场分布是薄屏蔽外辐射场的特性。本文着重讨论了该处辐射场。

4. 对于同步辐射光束线周围的低能X射线的测量是辐射剂量测量中的一个难题。我们准备用薄壁自猝灭流光(SQS)探测器解决这一问题。但是对低能X射线的防护是很容易的,在光束线管道外包有1 mm厚的铅皮就可使30 keV以下光子至少减弱8个量级。

丁大钊教授对同步辐射实验厅的辐射防护十分关心,对这次测量提出了宝贵意见,在测量过程中得到了于鸿璇、唐鄂生、董宝中等同志的支持和帮助,在此一并表示感谢。

参考文献

1 William P. Swanson, Radiological safety aspect of the operation of electron linear accelerater, Technical reports series No. 188

2 汤月里等. 核电子学与探测技术,**4**(1988),244

3 姜文贵等. 碳铟比法测定中子(E_n>20 MeV)剂量贡献,未发表(1988)

4 李建平等. 高能物理与核物理,**3**(1987),314

5 陈妮. 热释光剂量测量技术(1978年会议资料选编),原子能出版社,1980年,102

6 W. R. Nelson and T. M. Jenkins. IEEE Transaction on Nuclear Science Vol. NS-**23**, No. **4**, August 1976

Measurement of Radiation Dose Level of Synchrotron Radiation Experimental Hall of BEPC

LI Jian-ping TANG Yue-li LIU Shu-dong JIANG Wen-gui

LEI Chuan-heng SHAO Bei-bei LI Tie-hui

CAI Xiao-ping ZHANG Qing-jiang

(Institute of High Energy Physics, Academic Sinica, Beijing 100039)

Abstract: This paper describes the radiation source and its characteristics of the Synchrotron Radiation Experimental Hall of BEPC, the radiation measuring method and measured results. It has been found that the radiation dose level of the Synchrotron Radiation Experimental Halls is closely correlative with the relative location of the Experimental Halls to the injection points of the electron and positron beams, the thicknesses of the shielding walls, the times and efficiencies of the beam injections.

ЧУВСТВИТЕЛЬНОСТЬ СЛОИСТЫХ ДЕТЕКТОРОВ НЕЙТРОНОВ К γ-ЛУЧАМ* (1594)

Ли Цзянь-пин, Попов Ю. П.
ОБЪЕДИНЕННЫЙ ИНСТИТУТ ЯДЕРНЫХ ИССЛЕДОВАНИЙ,
ЛАБОРАТОРИЯ НЕЙТРОННОЙ ФИЗИКИ

В работе показано, что чувствительность сцинтилляционных детекторов нейтронов (состоящих из слоев плексигласа, между которыми засыпается порошок Zn S(Ag) с бором) к γ-лучам от захвата нейтронов($E_\gamma \sim 3$ Мэв) определяется черенковским излучением комптоновских электронов в плексигласе. В связи с этим оценка эффективности слоистых детекторов нейтронов к захватным γ-лучам по γ-лучам Co^{60} ($E_\gamma \approx 1,2$ Мэв) дает существенно заниженное значение.

В связи с разработкой сцинтилляционного детектора для регистрации рассеянных иейтронов(типа, описанного Л. Б. Пикельнером и др. [1]) было проведено исследование чувствительности такого детектора к γ-лучам различных энергий. Эта работа представляет интерес в связи с тем, что чувствительность слоистых детекторов исследовалась для γ-пучей Co^{60} ($E_\gamma \sim 1,2$ Мэв), в то время как спектры γ-лучей от захвата нейтронов в различных ядрах имеют максимум при $E_\gamma \sim 2 \sim 3$ Мэв[2].

Исследования проводились на отдельном блоке детектора, который представлял собой кассету с размерами сторон $47 \times 49 \times 37$ мм: состоящую из слоев технического плексигласа толщиной 2 мм, отстоящих друг от друга на 1 мм. Пространство между слоями засыпалось порошком Zn S (Ag) с сбогащенным бором (светосостав Т-1[3]). К торцу кассеты примыкал фотоумножитель ФЭУ-13 (напряжение на ФЭУ 1600 в, радиотехническое усиление-1000). В качестве источников γ-излучения использовались Co^{60}, Na^{24} ($E_\gamma = 2,8$ Мэв)[x] и Po-Be источник нейтронов ($E_\gamma = 4,4$ Мэв). В последнем случае для защиты детектора от нейтронов использовался конус из парафина с углекислым литием.

Исследования дали следующие результаты:

1) Эффективность регистрации γ-квантов резко возрастает при переходе от анергии $E_\gamma = 1,2$ Мэв к $E_\gamma = 2,8$ Мэв (см. рис. 1).

2) Скорости счета, полученные при регистрации γ-квантов с энергиями 2,8-4,4 Мэв с

* Препринт Объединенного института ядерных исследований. Дубна. 1964.

x) Вклад линии $E_\gamma = 1,3$ Мэв можно оценить, зная эффективность к γ-лучам Co^{60}.

помощью пустой кассеты, а также засыпанной Zn S (Ag) или MgO оказались близкими, следовательно, основной вклад в эффективность регистрации вносит плексиглас.

3) Свечение, возникающее в плексигласе под действием γ-лучей, распространяется направленно.

4) Протоны отдачи от нейвронов Po-Be источника плексигласом не регистрировались.

Зто говорит о том, что мы имеем дело с черенковским излучением быстрых злектронов в плексигласе.

Из результатов измерений следует, что определять эффективность детектора к захватным γ-лучам целесообразнее с источником Na^{24}, для которого энергия γ-лучей совпадает с максимумом в спектре эахватных γ-лучей для многих ядер. Необходимо отметить, что соотношения между кривыми на рис. 1 будут меняться в зависимости от конструкции слоистого детектора и его расположения по отношению к нсточнику γ-квантов[x)].

Полученное значение эффективности слоистых детекторов нейтронов к захватным γ-лучам говорит о том, что в измерениях резонансного рассеяния нейтронов в области малых энергий нейтронов, где преобладают резонансы с $\Gamma\gamma > \Gamma n$, поправки на регистрацию γ-лучей могут играть существенную роль.

Для дискриминации γ-фона можно использовать различие в спектрах излучения Zn S(Ag) (для максимума интенсивности $\lambda \sim 4500$ Å) и черенковского излучения (интенсивность$\sim\lambda^{-3}$), применяя фильтры с порогом 3500～4000 Å. Измерения показали (см. п. 2) отсутствие заметного преобразования в Zn S(Ag) черенковского излучения в более длинвоволновую часть спектра[xx)].

Исследования эффективности к γ-лучам двух сплошных цилиндров из плексигласа и полистирола показали существенное различие в энергетической зависимости эффективности (рис. 2) и отсутствие направлнности световых вспышек в полистироле. Это указывает на то, что в полистироле основную роль играет не черенковское излучение, а обычные, хотя и слабые сцинтилляции.

Полученные в настоящей работе резулвтаты могут представлять интерес также при проектировании различных световодов, предназначенных для работы в полях γ-излучений, при анализе слабых световых вспышек в сцинтилляторах и т. д. Кроме того из

---

x) По сообщению авторов работы[/1/], для их детектора, в котором суммируются световые вспышки с двух торцов кассеты, отношение эффективностей регистрации квантов с энергией 2,8 и 1,2 Мэв не столь велико, как на рис. 1. При учете роста эффективности регистрадии с энергией γ-квантов поправка на регистрацию γ-лучей для результатов работ[/4/] все еще остается в пределах ошибок измерения.

xx) Использование в слоистых детекторах фотоумножителей с фотокатодами из Bi AgOCs (ФЭУ-14), имеющих диапазон спектральной чувствительности вплоть до 7000-8000 Å, приводит к увеличению эффективности регистрации γ-квантов с $E_\gamma = 4,4$ Мэв в плексигласе на 20% для порога 6в и почтн вдвое-для порога 13в. (Коэффициенты усиления на ФЭУ-13 и ФЭУ-14 подбирались одинаковыми путем совмещения фотопиков γ-квантов Co^{60} в кристалле Na J(T1)).

сплошных кривых на рис. 2 видно, что использование черенковского излучения позволяет довольно просто создавать пороговые детекторы γ-лучей больших объемов.

Литература

1. Л. Б. Пикельнер, М. И. Пшитула, Ким Хи Сан, Чэн, Лин-янь. Э. И. Шарапов. ПТЭ, No 2, 51(1963)
2. Л. В. Грошев, А. М. Демидов, В. Н. Луценко, В. И. Пелехов. Атлас спекторов γ-лучей радиационного захвата тепловых нейтронов. Атомиздат (1958)
3. Т. В. Тимофеева, С. П. Хромушко. Изв. АН СССР, серия физ. 22, 14(1958)
4. Д. Зелигер, Н. Илиеску, Ким Хи Сан, Д. Лонго, Л. Б. Пикельнер, Э. И. Шарапов. ЖЭТФ, 45, 1294 (1963)

Ван Най-янь, И. Визи, В. Н. Ефимов и др. ЖЭТФ, 45, 1743(1963)

Рукопись поступила в издательский отдел

16 марта 1964 г.

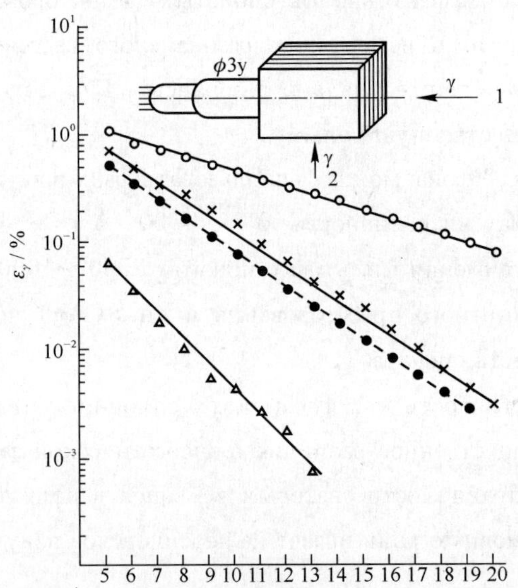

порог дискри минации, в.

Рис. 1 Зависимость эффективности регистрации γ-квантов различной энергии слоистым детектором нейтронов от порога регистрации.

▲—— для $E_\gamma = 1{,}2$ Мэв; ● И ×—— для $E_\gamma = 2{,}8$ Мэв,

○—— для $E_\gamma = 4{,}4$ Мэв. Пунктирная линия получена при облучении детектора под углом 90° к оси фотоумножителя (положение(2)).

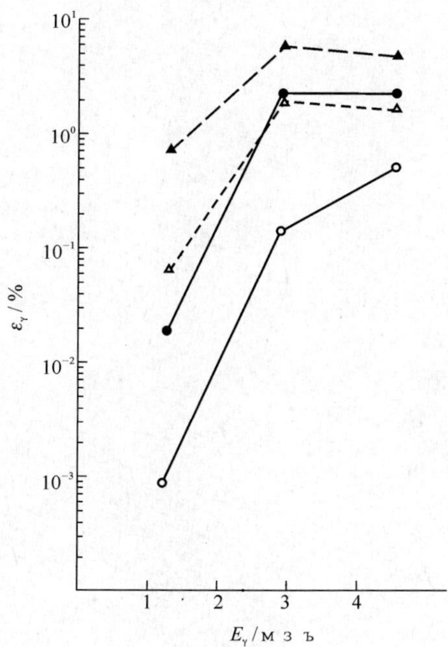

Рис. 2 Зависимость эффективности регистрациии γ-квантов от их энергии детекторами в виде цилиндров из плексигласа (сплошные кривые) и из полистирола (пунктирные кривые). ▲ и ●——сняты при пороге дискриминатора 6 в, △ и ○——при пороге 13 в.

第三篇　高能中子剂量的测量

碳铟比法测定中子($E_n>20$ MeV)剂量当量贡献

姜文贵　李建平　张清江

(中国科学院高能物理研究所 北京 100039)

一、前　言

最近几年,我国粒子加速器的建造和应用有了较快地发展,随着粒子加速能量的提高,给保健物理工作者提出一个新课题,即如何测定能量大于 20 MeV 的中子剂量贡献,现有的中子剂量当量仪最高能量响应约为 20 MeV,给不出能量大于 20 MeV 的中子剂量当量。

北京正负电子对撞机和北京质子直线加速器需要解决这一课题,本文工作的指导思想是:在不用解谱程序的前提下,以 20 MeV 能量为分界线测量出中子辐射场的注量率。选用合适的注量——剂量转换系数计算 20 MeV 以上剂量当量率及其剂量贡献比值。

碳、铟比方法在 35 MeV 质子直线加速器上做了实验性应用。现就方法本身及其测量结果予以介绍。

二、碳、铟比法的原理

碳、铟比法的实质是阈能活化探测器在剂量当量率测量中的应用:利用碳活化探测器只对 20 MeV 以上中子灵敏;包有慢化体铟探测器只对 20 MeV 以下中子灵敏,实现以 20 MeV能量为分界线分别计算两个能区内的剂量当量率及其比值。

活化探测器探测中子的理论依据是中子和选定元素的核反应,在反应阈能、反应截面已知时可以计算其饱和活性:

$$A_0 = K \cdot \int_{E_{min}}^{E_{max}} n \cdot d \cdot \varphi(E) \cdot \sigma(E) \cdot \mathrm{d}E \qquad (1)$$

其中:K 为归一化常数。

$\varphi(E)$是预测中子场能量为 E 的注量率。

E_{min}是反应起始阈能。

E_{max}是反应截止能量。

n 是单位体积内探测器的原子核数。

d 是活化探测器厚度。

如果反应截面$\sigma(E)$在预测的中子能量范围内是一常数或可根据测量精度允许选取某一可接受的常数,此时的饱和活性就正比能量在 E_{min} 到 E_{max}之间的中子注量率,碳的(n,2n)

反应具有这种特性；在慢化体内铟的(n，γ)反应，由于含氢慢化体对入射中子慢化积累效应，在一定能量范围内也具备这种特性。通过测量活化探测器的饱和活性计算出中子注量率，进而换算出剂量当量率。

1）碳活化探测器

用^{12}C(天然丰度 98.9%)探测中子是基于$^{12}C(n,2n)^{11}C$ 反应：反应阈值能量 20.4 MeV；截面 $\sigma(E)$ 自阈能起随能量迅速增长达到一个常数值 22 mb，且响应到几个 GeV，图 1 给出了这种特性；^{11}C 半衰期 20.34 分；具有能量为 0.98 MeV 的 β^{+} 衰变。作为活化探测器它具有阈能为 20 MeV，截面响应宽且为常数、半衰期合适等特点。由公式(1)可知，^{11}C 的饱和活性将正比于入射能量大于 20 MeV 的中子注量率。

用碳做活化探测器的另一个优点是：它既可选择单质碳的石墨，也可以选择碳的化合物，例如塑料闪烁体。(n，2n)反应生成的^{11}C 就存在于塑料闪烁体中，用它配光电倍增管做成计数器时无立体角校正问题，是一种(4π)计数器，具有很高探测效率。

此外，碳的另外两个反应：$^{12}C(\gamma,n)^{11}C$ 和$^{12}C(p,pn)^{11}C$ 亦生成^{11}C，它将会对探测中子产生干扰。关于这一点留在讨论中说明。

2)慢化铟探测器

铟探测器在辐射测量中已有较多的应用，它的能量响应特性取决于慢化体的尺寸，ϕ15 cm慢化球的能量响应范围$(2\times10^{-6}\sim20)$ MeV。实验标定灵敏度时，从 20 keV 到 14 MeV能量区间灵敏度在 20%误差范围内是平坦的，图 2 给出了国外标定的实验结果。可见，慢化球内铟探测器的饱和活性正比于该能区间中子注量率。

天然铟同位素^{115}In(丰度 95.8%)和^{113}In(丰度 4.2%)它们和中子产生下述几种反应：

$^{115}In(n,\gamma)^{116}In$，半衰期 54 分，具有 β、γ 衰变，对 0.025 eV 的热中子(2 200 m/s)，有效截面为(155±10)巴恩。应用者多以^{116m}In 作为探测对象。

$^{115}In(n,\gamma)^{116}In$ 的半衰期太短只有 13 秒钟，$^{113}In(n,\gamma)^{114m}In\rightarrow^{114}In$ 反应中^{114m}In 半衰期 50 天，它的子体^{114}In 半衰期 72 秒，它们在一般活化测量中均可以排除其影响。

$^{115}In(n,\gamma)^{115m}In$ 反应阈能 1.2 MeV，半衰期 4.5 时具有 0.34 MeV γ 射线。若用 NaI (Tl)探测器探测^{116m}In 衰变 γ 射线，应注意它对^{116m}In 的 0.417 MeV γ 射线的干扰。

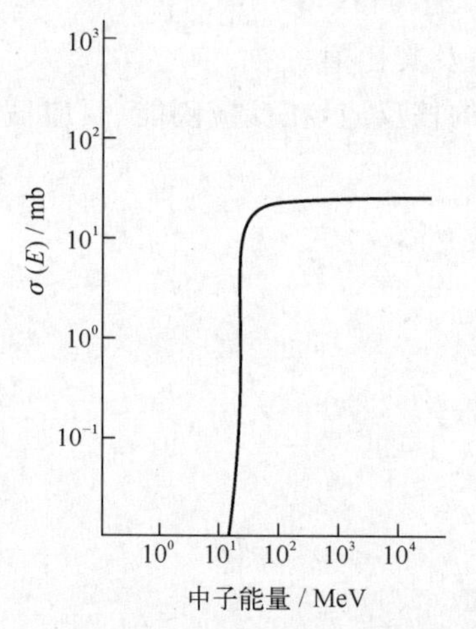

图 1　$^{12}C(n,2n)^{11}C$ 反应截面曲线

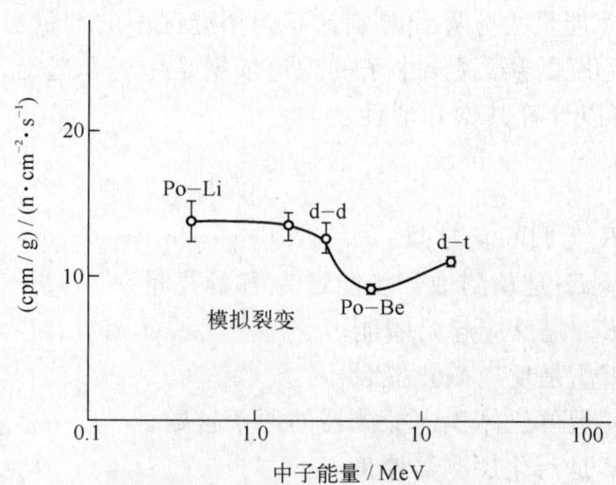

图 2　慢化铟实验标定灵敏度曲线

3)活化探测器主要特性

石墨、塑料闪烁体、铟活化探测器的主要特性列于表1。铟探测器饱和灵敏度是用(Pu+Be)中子源标定的,碳的饱和灵敏度是计算的。

表1 活化探测器特性

探测器类型	铟探测器		碳探测器			
	ϕ15 cm慢化球	裸铟	塑料闪烁体		石墨	
尺寸/cm	$\phi 5.0\times 0.03$		$\phi 7.5\times 7.5$	$\phi 10\times 20$	$\phi 7.5\times 7.5$	$\phi 15\times 12.7$ $\phi 9.3\times 9.5$
密度/(g/cm^3)	7.31		1.06(C:H=1:1)		1.72	1.76
核反应	$^{115}In(n\cdot\gamma)^{116m}In$		$^{12}C(n\cdot 2n)^{11}C$			
有效截面/mb	$(155\pm 10)\times 10^3$		22.0			
能量响应/MeV	$2\times 10^{-6}\sim 20$	$2.5\times 10^{-8}\sim 2\times 10^{-6}$	$En>20$			
饱和灵敏度 Kr $(cpm/n\cdot cm^{-2}\cdot s^{-1})$	3.68 (1.09+1.29)MeV	0.19 (1.09+1.29)MeV	20.9(β^+)	166.4(β^+)	38.6(β^+)	186.6(β^+)
探测效率(%)			85(β^+)	90(β^+)	8.9(β^+)	10.8(β^+)
可测下限 $14.1\sigma_s/Kr$ $/(n\cdot cm^{-2}\cdot s^{-1})$	1.92	37.1	5.6		11.4	2.2

三、测量与数据分析

1) 数据获取方法

对活化探测器饱和活性的测量采用两种方法:一是(4π)闪烁计数器;二是γ能谱测量。

a)(4π)闪烁计数器

它由ϕ7.5 cm×7.5 cm和ϕ10 cm×20 cm两种塑料闪烁体配3英寸或4英寸光电倍增管组成(4π)闪烁计数器,用1024道分析器记录获取数据,该计数器记录闪烁体内β^+粒子和与此同时伴随的湮没γ光子产生的次级电子。因此多道分析器记录的是一个β^+的连续谱(见图3)。

在塑料闪烁体内,^{11}C衰变的β^+粒子将会100%的被阻止在闪烁体中。因此(4π)计数器理应具有100%探测效率。但是,由于闪烁体边界效应,闪烁体与光电倍增管的耦合,积分测量时甄别阈的选取等因素存在,使其探测效率小于100%,实际探测效率可以用塑料闪烁体的有效体积估算,按Kate和Penfald推荐的β粒子射程公式计算,^{11}C衰变的能量为0.98 MeV的β^+粒子在塑闪中的最大平均射程为0.379 cm,取平均射程一半为失效区时,对ϕ7.5 cm×7.5 cm闪烁体有效体积为84.1%;对ϕ10 cm×20 cm闪烁体有效体积为91.8%。

(4π)计数器采用积分测量,计数器本底较高,使(4π)计数器的效应本底比低。ϕ7.5 cm×7.5 cm塑料闪烁体配ϕ10 cm光电倍增管组成的(4π)计数器在铅室内本底计数率为

(1064±7)cpm。取探测效率为85%,按本底标准偏差的14.1倍作为可测下限时,此(4π)计数器探测下限注量率为5.6 $n\cdot cm^{-2}\cdot s^{-1}$。选取不同甄别阈时的探测效率和效应本底比值在图4上。

b) γ能谱法

能谱法测量具有高效应本底比的优点。石墨、铟活化探测器均用低本底γ谱仪测量γ射线衰变数,计算饱和活性。3英寸NaI(Tl)γ谱仪的能量分辨率为9.4%。谱仪的本底和可测下限列于表2,其中井型石墨探测器的可测下限为2.2 $n/(cm^2\cdot s)$,接近单位注量率。

表2 谱仪本底和可测下限

同位素	能量 keV	道区 (光峰面积)	本底 cpm	可测下限:$14.1\sigma_B$/ $(n\cdot cm^{-2}\cdot s^{-1})$
^{198}Au	412	32~46	33.1±0.7	
^{7}Be	477	34~50	33.7±0.8	
^{11}C	511	36~52	31.7±0.7	11.4(柱);2.2(井型)
^{116m}In	1090 1290	86~117	16.7±0.5	1.92(慢化);37.1(裸)
^{24}Na	1370 2750	103~124 214~239	10.1±0.4 1.7±0.2	

2)饱和活性计算

活化探测器的灵敏度是以饱和活性换算的可用标准源标定或计算求得。然而使用时不可能都按饱和时间给予照射;测量时又是照射后某一个时间间隔的计数。最终将由某个时间间隔计数换算出饱和活性。通用的饱和活性换算公式为:

$$A_0 = \frac{\lambda C}{\eta(1-e^{-\lambda t_c})e^{-\lambda t_w}(1-e^{-\lambda t_i})f} \tag{2}$$

式中:C是在t_c计数时间内的净计数;

λ是待测核素衰变常数;

f为其分支比;

η是探测器对待测射线的探测效率;

t_i是照射时间;t_w是等待时间;

A_0是待测核素的饱和活性。若半衰期以分为单位,A_0的单位为(cpm)。

3)饱和灵敏度的标定或计算

饱和灵敏度是在单位注量率照射时的饱和活性。对于一个已知体积的活化探测器,设中子注量率是均匀的。此时饱和灵敏度可由下式求得:

$$K_r(\mathrm{cpm}) = k\cdot f\cdot\left(\frac{N_0}{A}\rho\right)\cdot V\cdot\sigma(E) \tag{3}$$

式中:k为时间换算系数;

f 为元素的丰度值；

A 为克分子量；

N_0 为阿佛加德罗常数：6.024×10^{23}/mol。

V 为探测器体积(cm^3)；

ρ 为密度(g/cm^3)；

$\sigma(E)$为有效截面(cm^2)。

用公式(3)计算的塑料闪烁体；石墨饱和灵敏度列于表 1 内；铟探测器饱和灵敏度是用(Pu+Be)源标定的。

4)注量率、剂量当量率计算

由已知的饱和灵敏度(K_r)和由原始计数计算的饱和活性(A_0)，可以给出入射中子注量率(φ)。

$$\phi = A_0/K_r \tag{4}$$

用碳活化探测器求得的注量率($\varphi(E)$)包含能量大于 20 MeV 的所有中子；慢化铟探测器求得的注量率($\varphi(E)$)可以视为能量小于 20 MeV 以下的所有中子。

使用注量率对剂量当量率的转换系数(g(E))可以直接求得剂量当量率。即

$$H = \varphi(E)/g(E) \tag{5}$$

转换系数 $g(E)$是中子能量函数，如何选取适合注量率 $\varphi(E)$的转换系数将直接影响剂量当量率的准确程度，有关转换系数选取将在下面讨论说明。

四、探测效率计算与标定

1) 柱体、井型活化探测器的效率计算

NaI(Tl)对 γ 射线的探测效率的资料较多，本文采用《应用 γ 能谱学》推荐的数据。使用这些数据前用 EGS4 电磁级联程序对点源效率做了计算(模拟数 1×10^4，有效能量 1 keV、源晶距为 2 cm、立体角 Ω=0.267)，其结果与 Grosjean 整理的数据符合得很好。该书附录Ⅲ中给出计算圆盘源效率近似公式：

$$\eta(Eh) \doteqdot \eta_p(Eh) + \frac{L}{2}\left(\frac{R}{r}\right)^2 + \frac{M}{3}\left(\frac{R}{r}\right)^4 \tag{6}$$

式中：$\eta_p(E,h)$是能量为 E 的各向同性点源在晶体轴线上方 h 高度的效率。

$L(E,h)$、$M(E,h)$是与能量，高度相关的修正系数，附录Ⅲ给出了它们的值。

R 是圆盘源半径；

r 是晶体半径，公式适应 $R<r$ 的条件。

$\eta(E,h)$是位于晶体端面 h 高度，且与晶体同轴、平行的圆盘源效率。对于柱源，按公式(6)计算了效率：

首先假设在柱体内^{11}C是均匀的，这是可接受的，合理的。因为按 22 mb 截面计算、能量大于 20 MeV 中子通过 15 cm 厚石墨时其总损失小于 2%。

其次假设柱体源的效率可视为有限圆盘源效率的叠加。对第 i 层源的效率做(i－1)层厚度的吸收校正。

根据上面两点设，取 2 mm 为一薄层源计算 ϕ7.5 cm×7.5 cm 柱源在晶体端面 1.4 cm

处，能量是 511 keV 的石墨柱源效率为 4.47%；KCl 的柱源效率为 3.87%。

自制一个 ϕ7.4 cm×7.3 cm 的 KCl 柱源，样品净重为 349 g 按 106.9 $(min\cdot g)^{-1}$ 的 γ 活度计算，样品总活度为 621.8 dps。低本底 γ 谱仪实测效率为 3.32%，比计算值低 14%。

井型石墨探测效率用 EGS4 程序计算。对 511keV 能量、探测效率为 5.04%。该值和日本 KEK 使用的同样尺寸探测器的效率 4.7%接近。

2) (4π)计数器探测效率

前已说明，(4π)计数器的探测效率按塑料闪烁体的灵敏体积定义，取 ϕ7.5 cm×7.5 cm 塑料闪烁体的效率 85%；取 ϕ10×20 塑料闪烁体的效率为 90%。

1988 年 12 月，在质子应用测量时，把塑闪和井型石墨放在同一点上照射，然后分别用 γ 能谱法和(4π)计数器测量该点注量率，测量结果列表 3 予以比较。资料[1]中指出，塑闪法与 NaI(Tl)谱仪法测定 ^{11}C 时，两者所得结果的误差小于 2%。

表 3 (4π)计数器法、γ 能谱法测量结果比较

	探测效率/%	测量日期、结果	
		12 月 18 日	12 月 21 日
(4π)计数器法(3 英寸)	85	82.9/$(n\cdot cm^{-2}\cdot s^{-1})$	$4.9\times10^3/(n\cdot cm^{-2}\cdot s^{-1})$
γ 能谱法(井型)	10.9	85.9	4.78×10^3
两种方法平均值		84.3	4.84×10^3
两种方法最大偏差/%		1.7%	1.2%

五、35 MeV 质子直线加速器应用测量

碳、铟比法首先在质子直线加速器上给予应用，在四次测量中取得的部分结果介绍如下。

1) 35 MeV 质子打重元素靶产生大于 20 MeV 中子在 0°和 45°方向上的注量率比。

1986 年 12 月，401 所利用 35 MeV 质子打铋、铀混合靶求高 Z 元素裂变截面实验时，用石墨活化探测器测量到两个方向上大于 20 MeV 的中子注量率。

0°方向、52 cm 处的注量率 $5.76\times10^3\ n\cdot cm^{-2}\cdot s^{-1}$。

45°方向、46cm 处的注量率 $2.89\times10^3\ n\cdot cm^{-2}\cdot s^{-1}$。

按打靶平均束流 0.33μA 计算，

0°方向上每个质子产生注量率 $7.43\times10^{-6}\ n\cdot cm^{-2}\cdot s^{-1}$。

45°方向上每个质子产生注量率 $2.92\times10^{-6}\ n\cdot cm^{-2}\cdot s^{-1}$。

两个方向上注量率比 $\varphi_0/\varphi_{45}=2.6$。比文献(2)用液闪法测得的 52 MeV 质子打 Pb 时的比值 3.2 低。从打靶能量上分析，偏低是合理的。

2)大靶室质子打铊靶时大于 20 MeV 中子角分布

为了了解试制 ^{201}Tl 打靶时大于 20 MeV 中子的角分布，给靶室周围辐射提供分析数据，1988 年 12 月做了一次测量，靶装置及实验布点如图 5 所示。四个方向测量结果换算到 1.5 米处的注量率列于表 4。

表 4　大靶室内打靶时 $E_n>20$ MeV 的角分布

位置 1.5 m 角度	0°	35°	45°	90°
平均束流/(μA)	2.0	1.4	2.17	2.34
注量率/($n\cdot cm^{-2}\cdot s^{-1}$)	201.9	1.23×10^{3}	279.5	295.9
(注量率/平均束流)/ ($n\cdot cm^{-2}\cdot s^{-1}/\mu A$)	101.0	876.9	128.8	126.5
碳铟比值		3.47×10^{-3}		2.03×10^{-4}

这个结果不是正常角分布现象，靶装置图 5 可以解释清楚实际分布的原因，即 0°方向水吸收作用使其注量率降低。另一方面靶室外剂量分布的方向性，即^{11}C 生产线中子剂量水平偏高和这种角分布是否关联有待多次监测验证。

表中给出了两个受屏蔽影响较小的方向的碳铟注量率比值。

3)大靶室冷却水装置处中子辐射水平

靶回路　冷却水的热交换装置设在大靶室内，在监测二回路排放水时，出现高出本底标准偏差近十倍的总 γ 放射性，表明冷却装置处一定具有较高的中子注量率，总 γ 放射性偏高是由它照射引起的。两次监测结果列表 5。它表明上述推断是正确的，冷却水装置处大于 20 MeV中子占万分之四。

铟的两次监测结果偏差较大的主要原因是平均束流计算误差引起的。

表 5　大靶室冷却水处中子注量率

测量日期	慢化铟测量结果 $2\times10^{-6}<E_n<20$ MeV	碳测量结果 $E_n>20$ MeV	碳铟比 ϕ_c/ϕ_{In}
1987.12	3.3×10^{5} $n\cdot cm^{-2}\cdot s^{-1}/\mu A$		
1989.6	1.39×10^{5} $n\cdot cm^{-2}\cdot s^{-1}/\mu A$	59.2 $n\cdot cm^{-2}\cdot s^{-1}/\mu A$	4.3×10^{-4}

4) 35 MeV 质子打铍靶时零度方向治疗室内中子注量率测量。

该次测量是十一室中子治癌研究组提出的。测量布置见图 6。实验条件、束流参数明确。

a) 铍靶是中子治癌研究专用厚靶。

b) 几何条件好，趋于准直束。

c) 铍靶生成中子场强度、能谱比较清楚，便于比对。

d) 加速器提供束流稳定、较准确。

测量结果和根据资料(4)估算数据列表 6 给予比较(归一化到 208 cm 处的注量率)

表 6　治疗室零度方向中子注量率

	中子注量率($n\cdot cm^{-2}\cdot s^{-1}/\mu A$)			
	全中子	$E_n>5$ MeV	$E_n>20$ MeV	$E_n<20$ MeV
估算数据	1.03×10^{6}	7.07×10^{5}	$\sim3.47\times10^{5}$	$\sim7.58\times10^{5}$
测量数据			3.24×10^{5}	1.13×10^{6}

从表中看出：大于 20 MeV 中子注量率的实验值与估算值较接近；小于 20 MeV 中子注量率远高出估算值，主要原因是治疗室太小（$5\times5m^2$），散射严重这种多次散射对碳活化影响可忽略，对铟活化影响很大，实测数据比估算数据高出近 50％。从剂量角度观察，该点测定的碳铟比低于估算比值。低能比例增加对未来治疗无益处。

六、碳、铟比法的讨论

碳铟比法是为解决中子剂量当量仪不能响应大于 20 MeV 中子的剂量当量率提出的。在实际应用时必须解决以下几方面问题。

1）注量率、剂量当量率换算系数的选择

用碳铟比法测定中子剂量当量率时，首先得到的是一定能量范围的中子注量率，由注量率换算剂量当量率时使用的换算系数 $g(E)$ 是能量函数。根据资料[1]推荐，可以选择 Thomas 建议的解析表达式。

表 7　注量率与剂量当量率解析表达式

中子能量范围/MeV	$E_n<10^{-2}$	$10^{-2}<E_n<1$	$1<E_n<10$	$E_n>10$
换算系数/[$(n\cdot cm^{-2}\cdot s^{-1})/(mrem\cdot h^{-1})$]	232	$7.2\times E_n^{-\frac{3}{4}}$	7.2	$12.8\times E_n^{-\frac{1}{4}}$

碳活化法的转换系数 $g(E)=12.8\times E_n^{-\frac{1}{4}}$。从偏安全估算，又考虑到能量高的注量率偏低，取 $g(E)=6.1\ n\cdot cm^{-2}\cdot s^{-1}/(mrem\ h^{-1})$ 是适用的。这个系数用于 20 MeV～500 MeV能量间，最大偏差低于 40％。

慢化铟活化法的转换系数 $g(E)$ 取决于中子场的能谱。国内现有研究资料提供，（Am＋Be）源转换系数：$7.04(n\cdot cm^{-2}\cdot s^{-1}/mrem\cdot h^{-1})$；$^{252}Cf$ 源的转换系数：$8.33\ n\cdot cm^{-2}\cdot s^{-1}/(mrem\cdot h^{-1})$；（Po＋Be）源转换系数：$7.61\ n\cdot cm^{-2}\cdot s^{-1}/(mrem\cdot h^{-1})$；Hass 谱换算系数：$13.9\ n\cdot cm^{-2}\cdot s^{-1}/(mrem\cdot h^{-1})$。

国外保健物理工作者研究结果证明，高能电子（质子）加速器厚屏蔽外的中子谱近似宇宙射线低空的 Hass 谱。因此，在加速器厚屏蔽外测量时，可直接用 Hass 谱换算系数，即：

碳活化法取转换系数为 $6.1\ n\cdot cm^{-2}\cdot s^{-1}/(mrem\cdot h^{-1})$。

慢化铟法取转换系数为 $13.9\ n\cdot cm^{-2}\cdot s^{-1}/(mrem\cdot h^{-1})$。

2）碳铟比法的适应范围

碳的（n，2n）反应生成的 ^{11}C 是我们测量的对象，但是碳的（γ，n）；（p，pn）反应亦生成 ^{11}C。它们的阈能分别为 18.7 MeV 和 20.6 MeV。因此碳活化测定中子剂量当量率时只能是纯中子场或 γ，质子能量低于上述阐能的中子场。文献[2]对 52 MeV 中子打靶测量中子谱的实验中证明：低能质子加速器辐射场中大于 10 MeV γ 射线可以忽略。因此它用于 35 MeV质子直线加速器屏蔽内测量是允许的。

3）高能电子加速器辐射场具有强韧致辐射，在屏蔽内迷宫或薄屏蔽外会存在大于 20 MeV韧致辐射，用碳活化测定中子剂量当量率时一定要甄别出（γ，n）反应的贡献。资料

[1]中指出:在厚屏蔽层外,大于 20 MeV 的韧致辐射可以忽略,碳活化的产物^{11}C可视为(n,2n)反应生成。该资料同时指出:塑料闪烁体对中子和能量大于 20 MeV 的韧致辐射响应仅仅相差 30%。因此碳活化法可以作为能量大于 20 MeV 的 n,γ 混合场监测方法予以研究。

1989 年 4 月,电子直线加速器运行时对直线末端准直孔上方(无屏蔽)用碳活化法测量。该点和束流线成 90°方向、γ 辐射水平为 20~25 mR/h;中子为 3~4 mrem/h。运行工况为:频率 12.5 次/s,脉冲宽度 2.5 ns,能量 1.38 GeV,脉冲流强 800 mA,两次测量的平均注量率 2.5 n/(cm^2·s)。

若认为均系中子贡献,其剂量当量率为 0.41 mrem/h,约是该点中子剂量当量率的十分之一。若认为均系 γ 贡献,(取 50 MeV 转换系数 28.6 n·cm^{-2}·s^{-1}/(mrem·h^{-1})其剂量当量率为 8.7×10^{-2} mrem/h,约是该点 γ 剂量率的千分之四。以安全剂量要求,可选择中子贡献的剂量当量串。

4) 碳铟比法在 35MeV 质子加速器应用是成功的。在电子加速器上只能用于屏蔽外的测量。进一步研究区分(γ,n)和(n,2n)反应是必要的,以求在屏蔽内迷宫处等位置予以应用。

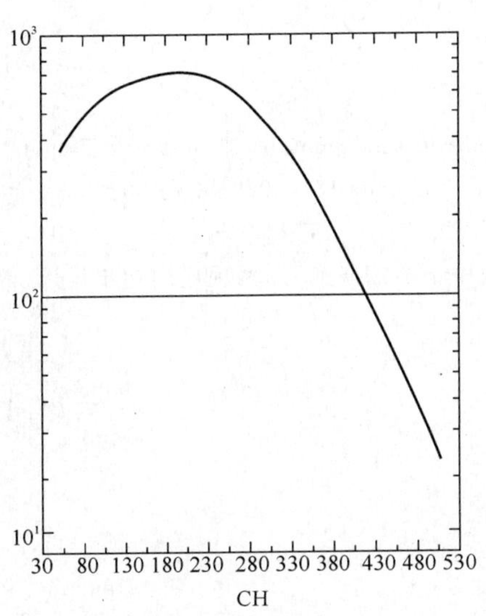

图 3 (4π)计数器在铅室内的多道 β^+ 谱

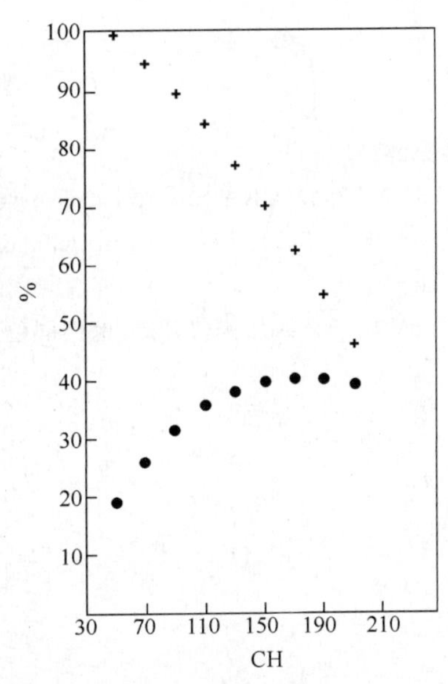

4 (4π)计数器甄别阈效率曲线;效应本底比曲线

(+)相对效率曲线 (●)效应本底比曲线

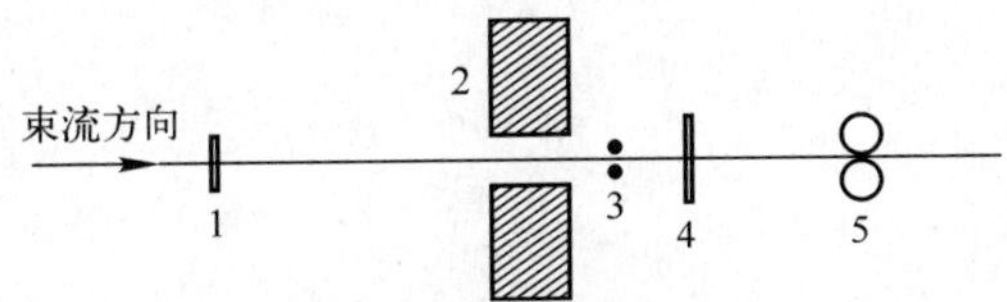

图 6 35 兆电子伏质子打铍靶示意图

1——铍钯;2——准直器;3——组织当量电离室;4——活化片;

——慢化铟、碳、铝活化探测器;1 5——间距 208 cm;治疗室面积 500 cm×500 cm

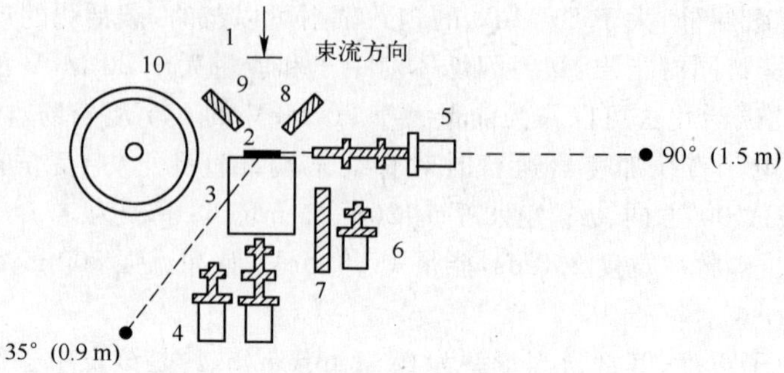

图 5　大靶室打靶装置平面示意图

1——束测位置；2——铊靶；3——冷却水；4，5，6——传动电机；
7，8，9——铅屏蔽（5cm）；10——靶盘

参考文献

1 《加速器保健物理》

2 TAKASHI NAKAMURA Spectral measurements of Neutrons and photons from Thick Targets of C. Fe. Cu. and pb by 52MeV protons nuclear instruments and methods 151(1978)493—502

3 《应用 γ 能谱学》

4 利用 35MeV 质子直线加速器开展《医用同位素生产和快中子治癌研究》的两项应用初步设计（内部资料）

Neutron Energy Response of a Modified Andersson-Braun Rem Counter*

LI Jian-ping TANG Yue-li LIU Shu-dong
Radiation Protection Division
Institute of High Energy Physics, Academia Sinica
Beijing, China
S. Ban T. Suzuki K. Iijima and H. Nakamura
Radiation Safety Control Center
National laboratory for High Energy Physics
Oho 1-1, Tsukuba, Ibaraki, 305 Japan

Abstract: The energy response of four models of Andersson Braun (A-B) rem counters in different energy neutron radiation fields has been investigated. In three higher monoenergetic points and two high-energy stray radiation fields the energy response for modified A-B rem counters is better than that of conventional A-B rem counters. In the field of high-energy neutron radiation underestimations of the neutron dose equivalent will be unavoidable with the conventional A-B rem counter.

1 Introduction

The prompt radiation field around a high-energy accelerator is closely correlated with the primary beam energy. When the accelerated electron or proton energy is higher than a certain energy a secondary neutron (energy above 20 MeV) is produced. For a high-energy proton accelerator approximately 50% of the dose equivalent (D. E.) is contributed by neutrons with an energy greater than 50 MeV [1]. The measurement and evaluation of the high-energy neutron (above 20 MeV) dose equivalent is important for radiation protection.

The present commercial rem counter (conventional Andersson-Braun rem counter) is usually used to measure the neutron dose equivalent. However as is well known, the response of the conventional rem counter is underestimated in the energy interval from thermal to about 1 eV, and overestimated in the region from 1 eV to 100 keV. The adequate energy range is from 100 keV to 6 MeV. The response decreases with energy above 6 MeV, and diverges from the ICRP standard curve.

The carbon activation detector had been developed by a few high -energy physics laboratories to measure the neutron D. E. at an energy above 20 MeV. It is a passive-type de-

* 本文原载于 KEK Internal 95—8. July 1995(R).

tector which can not be used as an on-line monitor.

According to the parameters provided by R. K. Sun, a modified A-B rem counter was developed by Radiation Protection Division of IHEP. According to a theoretical calculation [2], it could extend the energy response range to a high-energy region.

The purpose of this experiment was to investigate the neutron energy response of the modified A-B rem counter in the high-energy region. A few monoenergetic neutron source facilities, the ^{252}Cf radioactive neutron source and the radiation field outside the shielding in the east counter hall of the 12 GeV proton synchrotron at KEK (E-hall of KEK-PS), were used for this experiment. Four types of A-B rem counters were used in this energy response calibration (Table 1).

2 Modified A-B rem counter

The conventional A-B rem counter consists of a BF_3 proportional counter, an inner polyethylene moderator, a boron plastic attenuator and an outer polyethylene moderator (Fig. 1).

The modified A-B rem counter has a similar construction to that of a conventional A-B rem counter (Fig. 2). The unique point is adding a layer of 10mm lead (Pb) around the boron plastic attenuator. This Pb layer plays an important role in extending the energy response range of the A-B rem counter.

The moderation effect in a conventional rem counter is not sufficient to allow the high-energy neutrons to be recorded by a BF_3 counter. Therefore the response in high-energy region decreases. After passing through the outer polyethylene layer of a modified A-B rem counter, the low-energy neutrons interact with Pb nuclei, and cause elastic scattering. This process doesn't produce moderation. Therefore, this Pb layer of a modified A-B rem counter doesn't affect the correct response in the low-energy region, as does the conventional A-B rem counter.

When high-energy neutrons interact with Pb nuclei, inelastic scattering takes place. The high-energy neutrons give up a part of the initial energy to Pb nuclei and are moderated. They can then be detected by a BF_3 proportional counter.

The construction parameters of the A-B rem counter used in the energy response calibration are given in Table 2.

3 Low-energy response calibration (< 20 MeV)

3.1 Thermal neutron calibration

A calibration with thermal neutrons was carried out in the standard field at the Radiation Dosimetry Division of Department of Health Physics, Tokai Research Establishment, Japan Atomic Energy Research Institute. A-B rem counters were placed 40 cm from the surface of graphite pile which contains a ^{235}Cf neutron source. The cadmium cover was used to subtract the over-cadmium neutron. The measured data and results are listed in the

Tables 3 and 4. The uncertainty in the measurements is on the order of 12%.

3.2 8 keV semi-monoenergetic neutron calibration

This energy calibration was carried out using the Dynamitron facility at the Fast Neutron Laboratory (FNL) of the Department of Nuclear Engineering, Tohoku University [3].

An 8 keV neutron field was set up at the 30° port of the Dynamitron accelerator located at the center of the experimental room (Fig. 3). The rem counters to be calibrated were placed 1 meter from the target on the 0° beam line.

A BF_3 counter (monitor 1) and the proton beam current (monitor 2) were used for monitoring. Monitor 2 was used for normalizing the measured data. The effect of scattering neutrons was corrected by means of a shadow bar. The absolute fluence conversion factor is 5.27×10^3 n/cm^2/μc at 1.27cm, and 100 counts of monitor 2 equals 1μc. The measured data and results are given in Tables 5 and 6. The uncertainty of this measurement is on the order of 20%.

3.3 Calibration using a ^{252}Cf ($\overline{E}_n=2.5$ MeV) neutron source

The calibration was carried out in the calibration room at the Cyclotron and Radioisotope Center (CYRIC), Tohoku University. The ^{252}Cf standard source was evaluated in the national standard field at the Electron Technical Laboratory (ETL). Its neutron emission rate was 1.7218×10^6 n/(s·4π) on 24 th of May, 1995. Rem counters were placed 1 meter and 1.5 meters from the ^{252}Cf neutron source.

The same method as that for 8 keV was used to correct for the neutron scattering effect. The measured data and results are given in Tables 7 and 8. The uncertainty in these measurements is on the order of 16%.

4 High-energy response calibration

A high-energy response calibration was carried out using semi-monoenergetic neutron source facilities.

4.1 22.0 and 32.5 MeV semi-monoenergetic neutron calibration

The monoenergetic neutron field in the cyclotron facility at CYRIC was used in the cal-ibration (Fig. 4). Protons of 25 and 35 MeV were injected into a Li target to produce semi-monoenergetic neutrons of 22.0 and 32.5 MeV [4].

The neutrons emitted within 10° of the forward direction were used for the calibration after passing through two collimators, while proton beams penetrating through the Li-target were injected into a Faraday cup (Fig. 5).

Since the A-B rem counters were located in the time of flight room, which is a long corridor, the neutron scattering effect could be neglected. The absolute values of the neutron fluences had been measured with a proton recoil counter telescope. Three monitors were used for monitoring: a ^{232}Th fission chamber (monitor 1), an NE213 liquid scintillator (monitor 2), and a proton current monitor (monitor 3). The fission chamber was used for normalization of the measured data.

The neutron energy spectra had been measured using the time of flight method (Fig. 6 and Fig. 7). The peak fluence conversion factors are given in Table 9. As can be seen in the above figures, the neutron energy distribution contains a continued spectrum below the peak. At 22.0 MeV the neutron fluence of the peak part is 43.3%; the rest is 56.7%. At 32.5 MeV, the neutron fluence of the peak part is 40.1%; the rest is 59.9%. The A-B rem counters are sensitive to this part of the neutrons as well as the peak neutrons, though the sensitivities are different for these two parts. In the data process, the low energy counts of neutrons were subtracted using the calculated response curves of the conventional rem counter.

The measurement data and results are shown in the Tables 10, 11, 12 and 13. The total uncertainty of this measurement is on the order of 9%.

4.2 45.4 MeV semi-monoenergetic neutron calibration

The 45.4 MeV monoenergetic neutrons were provided by the 90 MV cyclotron facility of The Takasaki Ion Accelerators for Advanced Radiation Application (TIARA), Takasaki Radiation Chemistry Research Establishment, Japan Atomic Energy Research Institute (JAERI) (Fig. 8) [5]. Fig. 9 shows a vertical view of the semi-monoenergetic neutron source facility.

The proton beam bombard a Li-target so as to produce neutrons; the penetrating protons are bent downward by a clearing magnet so as to convey them into a Faraday cup. During the experiments the neutron source was monitored using the proton current of the Faraday cup (monitor 1), the ^{238}U (monitor 2) and the ^{232}Th (monitor 3) fission chamber. The rem counters were placed 885cm far from the exit of the collimator. The measured data and results are given in the Tables 14 and 15.

In the case that proton current was more than 300 μA, there was a dark current for the monitor 1. So the fission chamber (monitor 2) was used for normalization of the measured data. The neutron energy spectra had been measured using the time of flight method (Fig. 10). The peak absolute fluence conversion factor is 2.71×10^9 n/sr/μc and 100 counts of monitor 1 equals 1μc. The ratio of counts of monitor 2 to monitor 1 equals 17.19. As can be seen in the above figures, the neutron energy distribution contains a continued spectrum below the peak. The neutron fluence of the peak is 46%; the rest is 54%. The A-B rem counters are sensitive to both parts of the neutrons. In the data process, the low energy counts of neutrons were subtracted using the measured sensitivities for 22.0 MeV neutrons.

5 Measurements in the E-hall of the KEK-PS

The characteristics of the neutron radiation field and neutron spectrum had been measured in the E-hall of the KEK-PS [2]. Based on the above mentioned radiation field information, the response experiment of A-B rem counters was completed.

The beam comprises of 12 GeV protons with a beam intensity 4×10^{12} protons/spill. The long-pulse mode of the beam structure was used in this experiment. The repetition was 4. 0 sec and the spill 2. 0 sec.

As shown in Fig. 11, the slow extracted beam line (EP2) and the target assembly were shielded on the top and sides by concrete blocks. Two different positions were chosen for an intercomparison: one was outside the shielding configuration (No. 1); the another was on the top of the shielding configuration (No. 2).

One A-B rem counter was located at a fixed point near to the measurement position as a monitor. All of the measured data were normalized by-the monitor. The carbon activation detector was used for measuring the neutron fluence rate with an energy above 20 MeV. The ratio of the neutron fluence measured by the carbon activation detector to the neutron fluence rate measured by the conventional A-B rem counter which is called as the ratio of ^{11}C to rem, was used to evaluate the hardness of the neutron spectra in the stray radiation field. The measurement data and results are presented in Tables 16 and 17.

6 Results and discussion

6.1 Energy response in monoenergetic neutron fields

Five neutron energy calibrations have been completed. The energy response of the absolute fluence sensitivities is given in Table 18. Because the four rem counters used in this experiment have parameters different from those of the BF_3 proportional counters and the circuits, the sensitivities of the rem counters are different.

In order to compare the energy response, the sensitivities of all the rem counters were normalized to the sensitivity of the model 2202D rem counter for ^{252}Cf. In this case, the sensitivities of all the rem counters at ^{252}Cf neutron energy have the same value. The normalizing process is reasonable because the ^{252}Cf energy is just in the energy range from 100 keV to 6MeV. In this range the energy response curves of conventional and modified A-B rem counters agree with the ICRP standard curve [2].

The dependence of the normalized fluence sensitivity on the neutron energy is shown in Table 19, Figs. 13 and 14. As shown in the above table and the figure, the sensitivity of the M95-2 at 8 keV is not affected by the added lead layer in its construction. At a neutron energy of 22. 0 MeV, the sensitivity of the M95-2 is 28% higher than that of the 2202D, and for the 6060 it is 22% higher than that of 2202D. At a neutron energy of 32. 5 MeV the sensitivity of the M95-2 is 30% higher than that of the 2202D and for the 6060 it is 19% higher than that of the 2202D. At a neutron energy of 45. 4 MeV, the sensitivity of the M95-2 is 148% higher than that of the 2202D, and for 6060 it is 135% higher than that of the 2202D.

6.2 Response in high-energy stray radiation fields

For the same reason as mentioned in section 6. 1, the measurement results in the E-hall of the KEK-PS were normalized to sensitivity of the 2202D in the energy of Californium neutron source. (see Table 20).

From the ^{11}C/rem ratio value it is clear that the neutron spectrum at position No. 2 is harder than at No. 1. At position No. 1 the normalized counting response of the M95-2 and the 6060 are 42.7% and 32.2% higher than that of the 2202D. At position No. 2 the normalized counting response of the M95-2 and the Model 6060 are 84.5% and 53.0% higher than that of the 2202D (see Table 21).

7 Conclusions

The uncertainties of all the measurements for each A-B rem counter are given in Table 22.

At the three higher monoenergetic points and two measurement positions of the high-energy stray radiation fields the responses of the modified A-B rem counters are higher than those of the conventional rem counters. The difference between the two types of A-B rem counters is the larger, the higher neutron energy or the harder neutron spectrum. The effect of the lead layer in rem construction is clearly visible. Since the radiation field outside of the shielding of a high energy accelerator presents rich high-energy neutrons, any underestimation of the neutron dose equivalent is unavoidable with a conventional rem counter. In this experiment the two types of conventional rem counters show similarly low values in the high-energy region.

Acknowledgments

This work was supported by KEK National Laboratory for High Energy Physics and KEK Radiation Safety Control Center. We would like to thank Professor K. Kondo for giving us the opportunity to make this contribution, and for the continuous support to this experiment. We wish to thank Professor M. Miyajima, Professor H. Hirayama, and all other staff members of the Radiation Safety Control Center. Also thank Professor T. Nakamura, Associate Professor M. Baba, Dr. Y. Sakamoto for providing the experimental conditions.

REFERENCES

1 Lutz E. Moritz, T. Suzuki, M. Noguchi, Y. Oki, T. Miura, S. Miura, H. Tawara, S. Ban, H. Hirayama and K. Kondo, Health Physics, 58, 487 (1990)

2 C. Birattari, A. Ferrari, C. Nuccetelli, M. Pelliccioni and M. Silari, Nuclear Instruments and Methods in Physics Research A 297(1990)250-257 North-Holland

3 M. Baba, T. Iwasaki, S. Matsuyama, T. Kiyosumi, T. Sanami, N. Hirakawa, T. Nakamura M. Takada, N. Nakao, H. Oguchi, Development of monoenergetic neutron calibration field between 8 keV and 15 MeV

4 T. Nakamura, et al., The development of the standard calibration method of neutron dosimeter for widely distributed spectrum in the energy. Report of Grant-in-Aid General (B) of the Japanese Ministry of Education, Culture and Science in 1992 and 1993

5 S. Tanaka, T. Nakamura, Shielding experiments and analysis at 90 MV AVF cyclotron facility, TIARA, OECD Documents 195(1994)

Table 1 A-B rem counters used in the energy response calibration

Model	Type	Production establishement	Participated establishement
M95-2	Modified	IHEP	IHEP
C92-11	Conventional	IHEP	IHEP
6060	Modified	H. P. I. *	KEK
2202D	Conventional	ALNOR	TIARA

* Health Physics Instruments

Table 2 Construction parameters of the A-B rem counters used in the energy response calibration

Model	BF_3 Counter (mm)	Inner moderator thickness (mm)	Outer moderator (mm)	Boron plastic
M95-2	25ϕ×100(L) 600mmHg	18	254ϕ 79(thick.)	5mm thickness 28% of boron contain 22% of ϕ10mm holes
C92-11	25ϕ×100(L) 500mmHg	16	216ϕ 70(thick.)	
6060			236ϕ	
2202D			210ϕ	

Table 3 Thermal neutron measurement data

Model	Time(min.)	Counts (without Cd)	Time(min.)	Counts (with Cd)
M95-2 (IHEP)	5	732, 639	5	148
C92-11(IHEP)	30	2001	5	90
6060 (KEK)	5	638, 607	5	129
2202D(TIARA)	5	733, 682	5	173

Table 4 Calibration results of thermal neutron (2.5×10^{-8} MeV)

Model	Fluence ($n/cm^2\cdot s$)	Fluence sensitivity ($cps/n/cm^2\cdot s$)
M95-2 (IHEP)	2.86×10^2	6.226×10^{-3}
C92-11(IHEP)	2.87×10^2	2.829×10^{-3}
6060 (KEK)	2.87×10^2	6.098×10^{-3}
2202D (TIARA)	2.87×10^2	6.206×10^{-3}

Table 5 8 keV measurement data

Model	Distance (cm)	Time (s)	Shadow bar	Counts of rem counter	Counts of monitor 1	Counts of monitor 2
M95-2 (IHEP)	100	300	without	191	7310	180119
	100	300	without	173	7495	179716
	100	300	without	206	7165	173715
	100	300	with	56	10554	177277
	100	300	with	38	10489	178021
2202D(TIARA)	100	300	without	207	7461	167632
	100	300	without	199	7373	171984
	100	300	without	186	7457	170514
	100	300	with	33	4807	164442
	100	300	with	32	4918	163448
C92-11(IHEP)	100	300	without	91	3810	163802
	100	300	without	121	4110	179375
	100	300	without	104	4131	175686
	100	300	with	26	4874	178877
	100	300	with	21	4868	168315
6060 (KEK)	100	300	without	182	4115	185724
	100	300	without	179	3903	193152
	100	300	without	199	3720	188204
	100	300	with	24	4607	183687
	100	300	with	20	4591	180136

Table 6 Calibration results of the rem counters using 8 keV neutron

Model	Normalized counts (rem counts/monitor)	Conversion factor (n/cm^2/monitor)	Fluence sensitivity [cps·(n/cm^2)·s^{-1}]
M95-2	0.8054×10^{-3}	8.5×10^{-3}	0. 09475
C92-11	0.4723×10^{-3}	8.5×10^{-3}	0. 05556
6060	0.8672×10^{-3}	8.5×10^{-3}	0. 1020
2202D	0.9625×10^{-3}	8.5×10^{-3}	0. 1132

Table 7 ^{252}Cf source calibration data

Model	Distance(cm)	Time (s)	Shadow bar	Counts of rem counter
M95-2 (IHEP)	100	60	without	444, 382, 368, 401, 365
	100	60	with	47, 41, 54, 47, 42
	150	60	without	212, 191, 164, 186, 172
	150	60	with	32, 42, 46, 30, 35
C92-11(IHEP)	100	60	without	250, 261, 258, 251, 244
	100	60	with	25, 37, 28, 26, 23
	150	60	without	144, 120, 148, 128, 111
	150	60	with	31, 19, 30, 24, 17
2202D(TIARA)	100	60	without	436, 392, 464, 430, 479
	100	60	with	51, 48, 47, 46, 56
	150	60	without	204, 201, 192, 225, 208
	150	60	with	42, 43, 41, 38, 46
2202D (KEK)	100	60	without	632, 560, 557, 573, 635
	100	60	with	57, 70, 75, 74, 72
	150	60	without	242, 306, 281, 253, 244
	150	60	with	55, 52, 59, 64, 49
2202D(CYRIC)	100	60	without	413, 443, 450, 470, 407
	100	60	with	44, 44, 51, 63, 59
	150	60	without	223, 201, 208, 228, 211
	150	60	with	52, 46, 49, 41, 39
6060 (KEK)	100	60	without	239, 258, 263, 279, 279
	100	60	with	26, 22, 22, 17, 35
	150	60	without	133, 107, 100, 123, 120
	150	60	with	27, 21, 33, 28, 25

Table 8 Calibration results of the rem counter using the ^{252}Cf source at Tohoku University

Detector	1 meter		1.5 meter		
	cps	cps·$(n/cm^2)^{-1}$·s^{-1}	cps	cps·$(n/cm^2)^{-1}$·s^{-1}	
M95-2	5.763	0.4207	2.467	0.4052	IHEP
C92-11	3.750	0.2737	1.767	0.2902	IHEP
6060	3.987	0.2910	1.497	0.2459	KEK
2202D	6.510	0.4752	2.733	0.4488	TIARA
2202D	8.683	0.6338	4.157	0.6827	KEK
2202D	6.407	0.4677	2.813	0.4620	CYRIC

Table 9 Fluence conversion factor

Proton energy	^{232}Th Fission chamber n/Sr/monitor
Ep=25 MeV	2.01×10^8
Ep=35 MeV	1.34×10^8

Table 10 22.0 MeV neutron measurement data

Model	Distance (cm)	Time (s)	Counts of rem counter	Counts of monitor 1	Counts of monitor 2	Current of monitor 3 (μC)
M95-2 (IHEP)	1724.2	60	9368	149	32615	36.3474
		60	10912	177	38214	42.3947
		60	10588	175	36983	41.1993
C92-11(IHEP)	1722.3	60	5619	194	39877	43.5085
		60	5435	172	38362	42.0943
		60	5664	164	40968	44.7121
6060 (KEK)	1723	60	6037	148	35215	38.1915
		60	5538	128	31975	35.0178
		60	5472	145	31685	34.8735
2202D(TIARA)	1722.3	60	9640	189	37178	40.6322
		60	9722	177	38006	41.5815
		60	9733	170	37828	41.2824

Table 11 Calibration results of the rem counter using 22.0 MeV neutrons

Model	Normalized counts (rem counts/monitor)	Normalized factor (n/Sr/monitor)	Fluence sensitivity $cps\cdot(n/cm^2)^{-1}\cdot s^{-1}$
M95-2	61.67	2.01×10^8	0.3437
C92-11	31.70	2.01×10^8	0.1763
6060	40.60	2.01×10^8	0.2260
2202D	54.40	2.01×10^8	0.3026

Table 12 32.5 MeV neutron measurement data

Model	Distance (cm)	Time (s)	Counts of rem counter	Counts of monitor 1	Counts of monitor 2	Current of monitor 3 (μC)
M95-2 (IHEP)	1197	60	26200	278	35194	35.4525
		60	22995	240	30482	30.7940
	1724.2	60	12320	268	35108	34.7132
		60	11876	279	32652	32.5147
	2166.2	60	7976	285	36471	36.1579
		60	6943	248	31136	31.1533
C92-11(IHEP)	1722.3	60	4777	244	30477	30.6372
		06	4933	245	31137	31.9081
		60	4547	221	28669	28.8288
6060 (KEK)	1723	60	6388	218	29770	30.0941
		60	6234	239	29048	29.5106
		60	6657	235	30860	31.4980
2202D(TIARA)	1722.3	60	9724	238	33424	34.3525
		60	8994	260	30846	31.8806
		60	8492	192	29298	30.1302
		60	8681	254	30028	30.8891

Table 13　Calibration results of the rem counter using 32.5 MeV neutrons

Model	Normalized counts (rem counts/monitor)	Normalized factor (n/Sr/monitor)	Fluence sensitivity $cps\cdot(n/cm^2)^{-1}\cdot s^{-1}$
M95-2	44.27	1.34×10^8	0.2807
C92-11	20.09	1.34×10^8	0.1271
6060	27.90	1.34×10^8	0.1767
2202D	38.47	1.34×10^8	0.2434

Table 14　45.4 MeV neutron measurement data

Model	Distance (cm)	Time (s)	Counts of rem counter	Counts of monitor 1	Counts of monitor 2	Counts of monitor 3
M95-2(IHEP)	601	60	8792	605	10736	1434
		60	8891	607	10643	1473
	883.5	60	6597	612	10865	1565
		60	6310	612	10910	1524
C92-11(IHEP)	887	60	2821	615	10780	1580
		60	2762	613	10748	1468
6060 (KEK)	886	60	4198	612	10973	1479
		60	4315	614	10892	1500
2202D(TIARA)	888	60	4698	631	10997	1541
		60	4431	629	11163	1548

Table 15　Calibration results of the rem counter using 45.4 MeV neutrons

Model	Normalized counts (rem counts/monitor)	Normalized factor (n/Sr/monitor)	Fluence sensitivity $cps\cdot(n/cm^2)^{-1}\cdot s^{-1}$
M95-2	10.19	2.71×10^7	0.3124
C92-11	4.458	2.71×10^7	0.1063
6060	6.693	2.71×10^7	0.2049
2202D	7.082	2.71×10^7	0.1424

Table 16　Measurement data in the E-Hall of the KEK-PS

Model	at position No. 1 Time (s)	Counts of rem counter	Counts of monitor	at position No. 2 Time (s)	Counts of rem counter	Counts of monitor
Carbon	1800		19447	1440		5405
M95-2 (IHEP)	107	1039	1000	294	1051	1000
	108	1093	1000	300	1056	1000
	118	1122	1000	273	1068	1000
	106	1060	1000	253	1007	1000
	117	1099	1000	260	1014	1000
C92-11(IHEP)	106	523	1000	321	450	1000
	100	485	1000	268	436	1000
	105	499	1000	278	423	1000
	96	486	1000	257	323	1000
	97	458	1000	269	369	1000
2202D(TIARA)	94	874	1000	270	662	1000
	98	848	1000	270	638	1000
	98	870	1000	274	666	1000
	98	866	1000	267	615	1000
	94	842	1000	244	600	1000
6060 (KEK)	96	735	1000	256	637	1000
	93	723	1000	268	603	1000
	94	717	1000	257	563	1000
	95	639	1000		554	952
	90	668	1000			
2202D (KEK)	94	1106	1000	277	1011	1000
	98	1136	1000	254	918	1000
	89	1105	1000	258	1009	1000
	95	1118	1000	267	911	1000
	91	1107	1000	277	1060	1000

Table 17　Measurement results in the E-Hall of the KEK-PS

Model	No. 1		No. 2	
	^{11}C/rem	Normalized counts (rem counts/monitor)	^{11}C/rem	Normalized counts (rem counts/monitor)
M95-2	2.720	1.0826	4.645	1.0390
C92-11	2.720	0.4902	4.645	0.4002
6060	2.720	0.6964	4.645	0.5963
2202D	2.720	0.8600	4.645	0.6362

Table 18 Energy response of thd absolute sensitivity (cps·(n/cm²)$^{-1}$·s^{-1})

model	Thermal n*	8 keV	2.5 MeV	22.0 MeV	32.5 MeV	45.4 MeV
M95-2 (IHEP)	6.266×10^{-3}	0.09475	0.4207	0.3437	0.2807	0.3124
C92-11(IHEP)	2.829×10^{-3}	0.05556	0.2737	0.1763	0.1271	0.1063
6060 (KEK)	6.098×10^{-3}	0.1020	0.2910	0.2260	0.1767	0.2049
2202D(TIARA)	6.206×10^{-3}	0.1132	0.4752	0.3026	0.2434	0.1424

* 2.5×10^{-8} MeV

Table 19 Dependence of the normalized fluence sensitivity on neutron energy (cps·(n/cm²)$^{-1}$·s^{-1})

model	Thermal n*	8 keV	2.5 MeV	22.0 MeV	32.5 MeV	45.4 MeV
M95-2 (IHEP)	7.078×10^{-3}	0.1070	0.4752	0.3882	0.3171	0.3529
C92-11(IHEP)	4.911×10^{-3}	0.09646	0.4752	0.3061	0.2207	0.1846
6060 (KEK)	9.958×10^{-3}	0.1666	0.4752	0.3690	0.2885	0.3346
2202D(TIARA)	6.026×10^{-3}	0.1132	0.4752	0.3026	0.2434	0.1424

* 2.5×10^{-8} MeV

Table 20 Measurement results normalized to the 2202D in the E-Hall of the KEK-PS

model	No. 1 (^{11}C/rem=2.72)	No. 2 (^{11}C/rem=4.645)
M95-2 (IHEP)	1.223	1.174
C92-11(IHEP)	0.8510	0.6948
6060 (KEK)	1.137	0.9737
2202D(TIARA)	0.8600	0.6362

Table 21 Intercomparison results relative to the 2202D

model	Thermal n*	8 keV	2.5 MeV	22.0 MeV	32.5 MeV	45.4 MeV	No. 1	No. 2
M95-2	1.010	0.9452	1.000	1.283	1.303	2.478	1.422	1.845
C92-11	0.4558	0.8521	1.000	1.012	0.9067	1.296	0.9895	1.092
6060	0.9826	1.472	1.000	1.219	1.185	2.350	1.322	1.530
2202D	1. 000	1.000	1.000	1.000	1.000	1.000	1.000	1.000

* 2.5×10^{-8} MeV

Table 22 Uncertainties of the A-B rem counter (%)

Model	Thermal n*	8 keV	2.5 MeV	22.0 MeV	32.5 MeV	45.4 MeV	No. 1	No. 2
M95-2	12.0	19.2	15.7	8.87	7.44	6.50	8.34	10.3
C92-11	13.3	24.9	20.1	8.87	7.52	6.68	8.99	11.0
6060	11.8	24.6	21.3	8.87	7.48	6.58	8.65	10.7
2202D	10.9	21.4	15.2	8.87	7.45	6.58	8.49	10.6

* 2.5×10^{-8} MeV

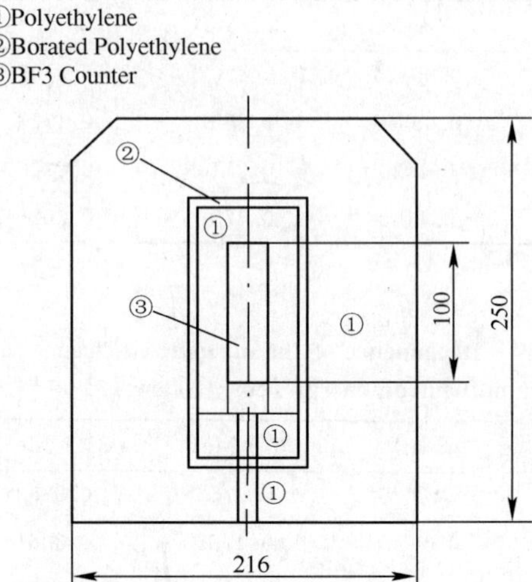

Fig. 1 Construction of the standard Andersson Braun rem counter

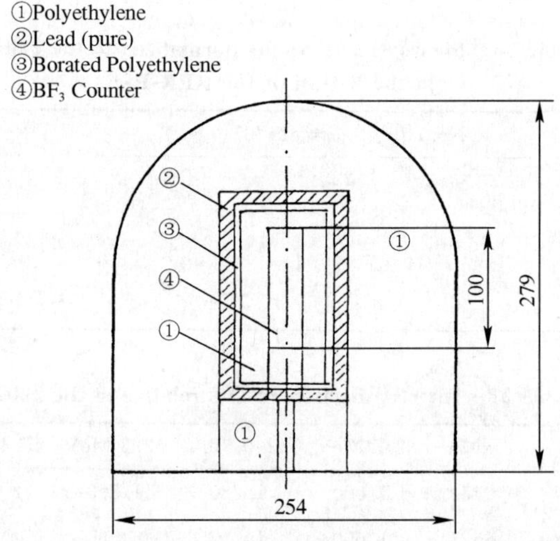

Fig. 2 Construction of the modified Andersson Braun rem counter

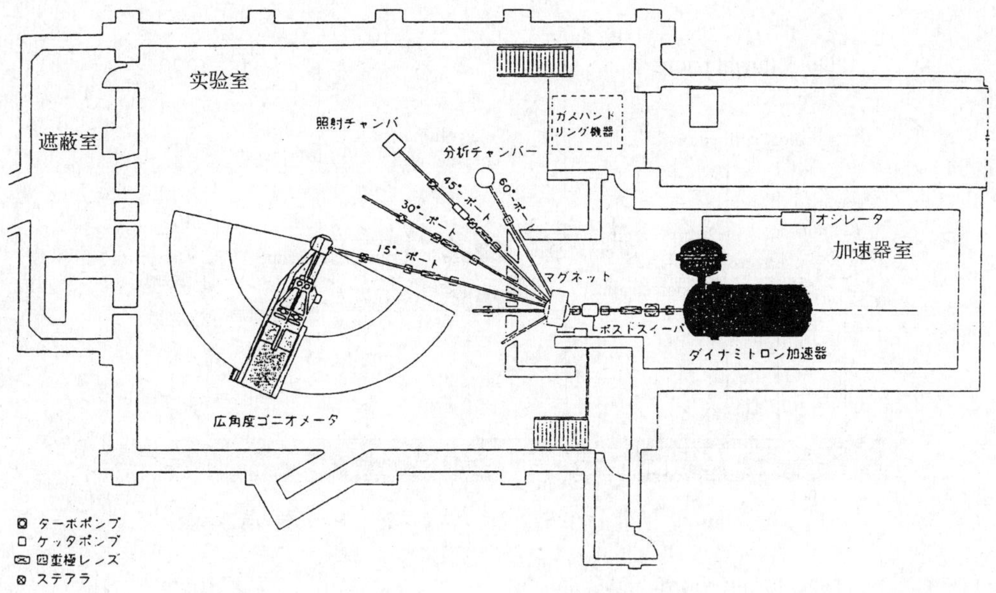

Fig. 3 8 keV calibration arrangement

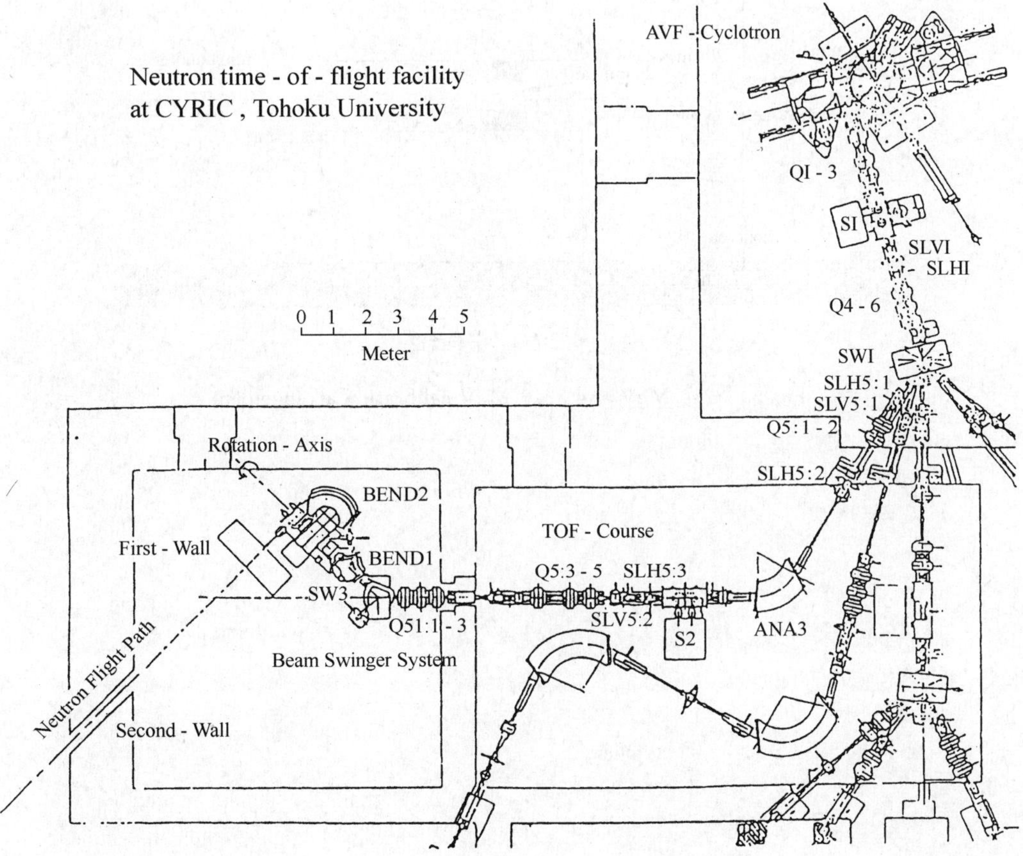

Fig. 4 Cyclotron facility at CYRIC

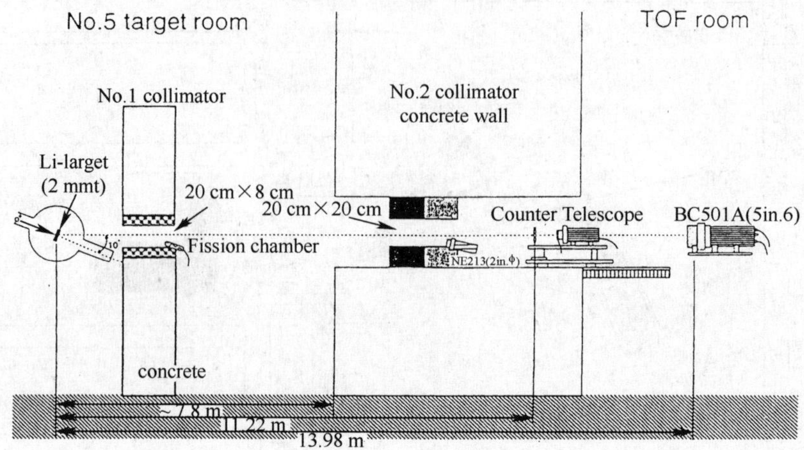

中性子フルエンスとスペクトル測定の実験配置

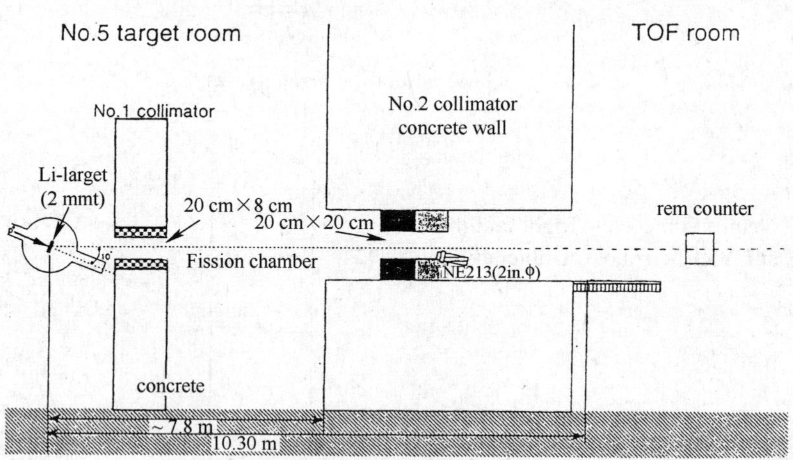

較正試験の実験配置

Fig. 5　22.0 MeV and 32.5 MeV calibration arrangement

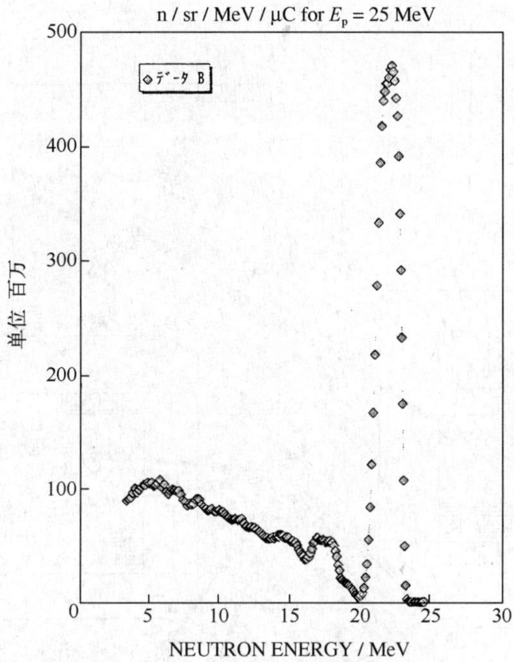

Fig. 6　22. 0 MeV neutron spectrum

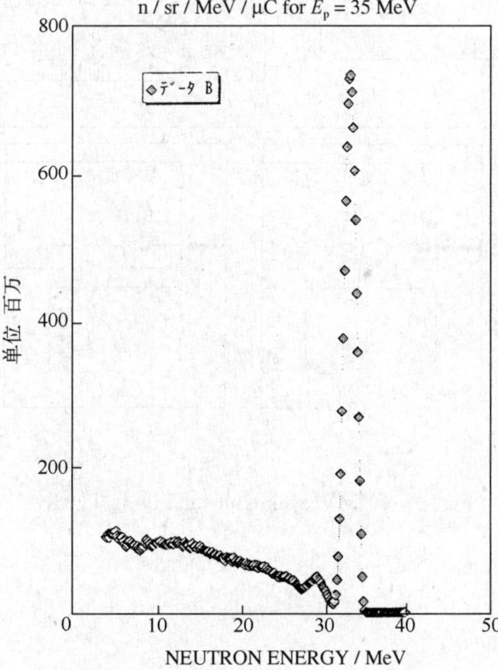

Fig. 7　32. 5 MeV neutron spectrum

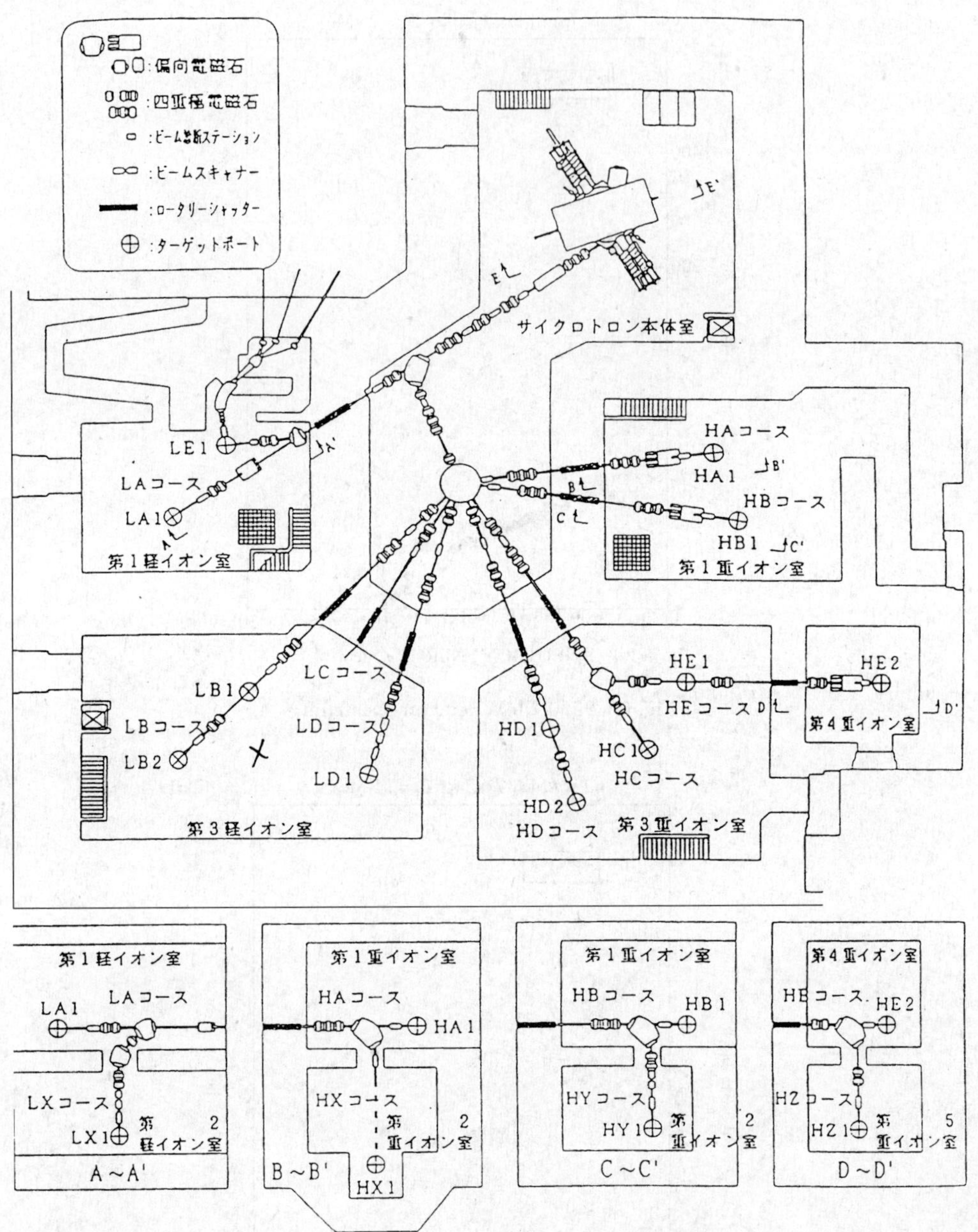

Fig. 8　90 MV cyclotron facility at TIARA

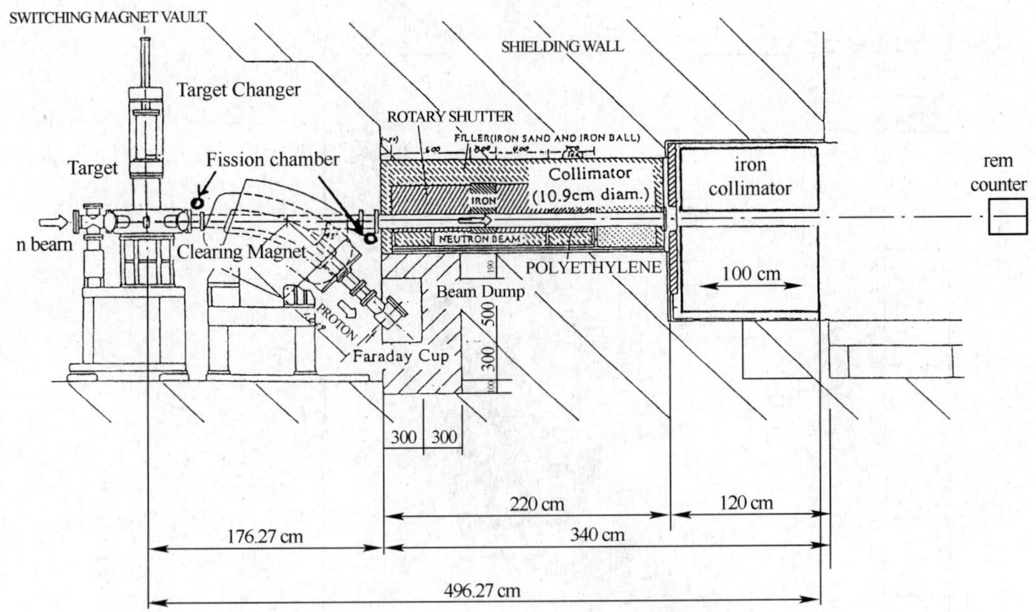

Fig. 9　45. 4 MeV calibration arrangement

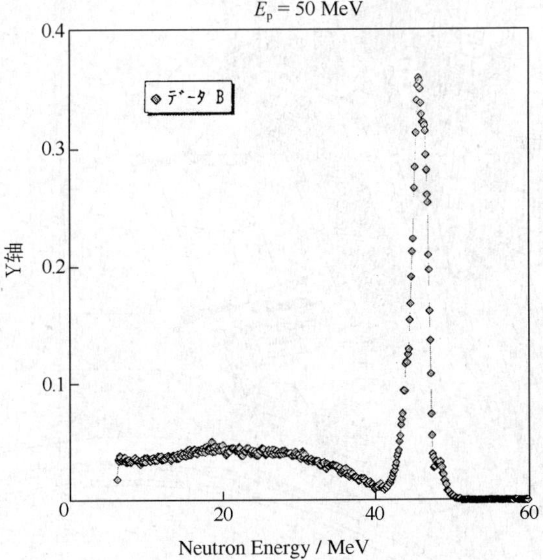

Fig. 10　45. 4 MeV neutron spectrum

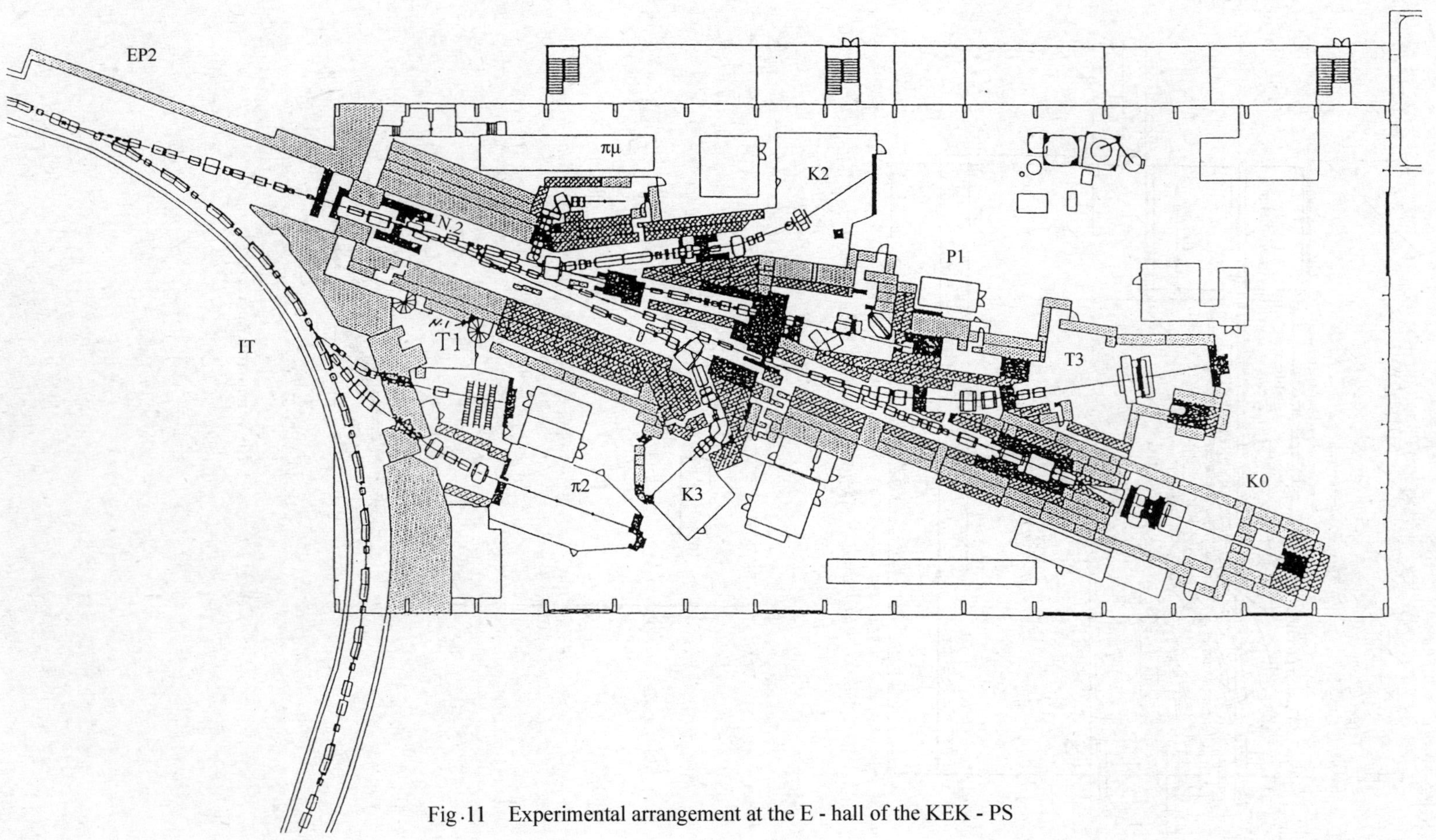

Fig.11 Experimental arrangement at the E - hall of the KEK - PS

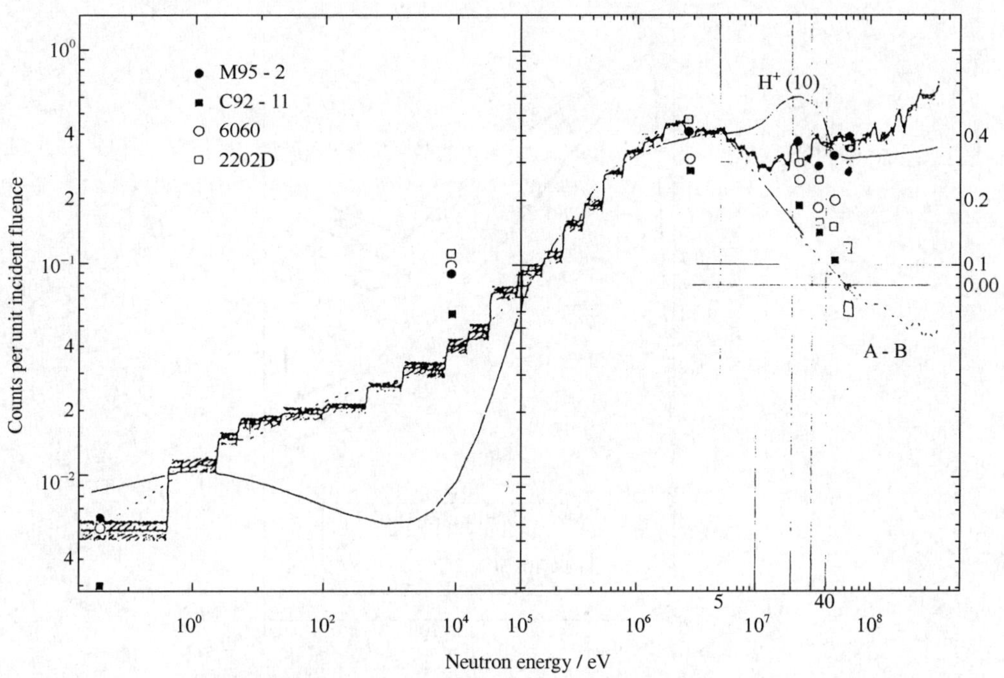

Fig. 12　Energy response of the absolute fluence sensitivity

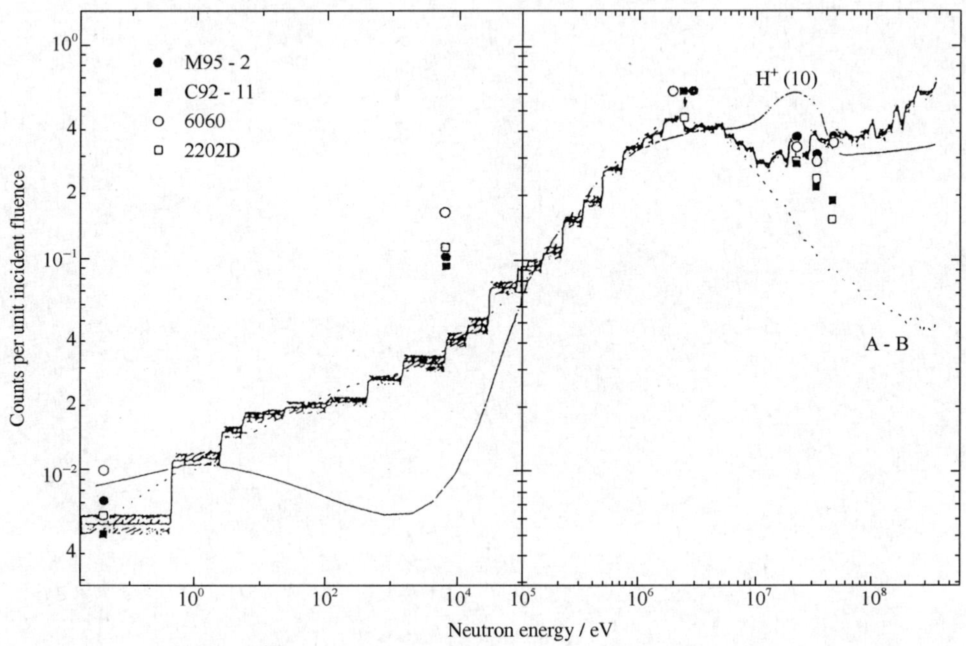

Fig. 13　Dependence of the normalized fluence sensitivity on the neutron energy

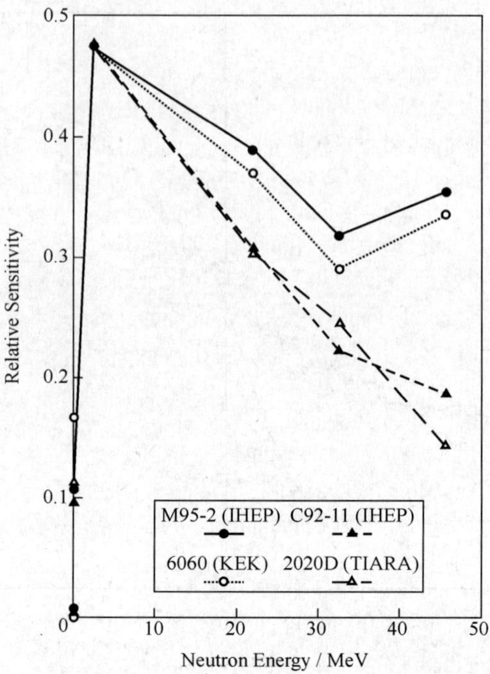

Fig. 14 Energy response of the normalized fluence sensitivity

Neutron Energy Response of a Modified Andersson-Braun Rem Counter*

LI Jian-ping① TANG Yue-li① LIU Shu-dong① S. Ban①
T. Suzuki② K. Iijima② and H. Nakamura②

① Radiation Protection Division, Institute of High Energy Physics, Academia Sinica
PO Box 918, Beijing, 100039, China

② Radiation Safety Control Centre National Laboratory for High Energy Physics
Oho 1-1, Tsukuba, Ibaraki, 305 Japan

Abstract The fluence response of three models of Andersson-Braun (A-B) rem counters in neutron radiation fields with different neutron energies has been investigated. In three monoenergetic neutron fields of higher energy and two high energy stray radiation fields the response of the modified A-B rem counters is better than that of conventional A-B counters. In the field of high energy neutron radiation, underestimations of the neutron dose equivalent will be unavoidable with the conventional A-B rem counter.

INTRODUCTION

The prompt radiation field around a high energy accelerator is closely correlated with the primary beam energy. When the accelerated electron or proton energy is higher than a certain energy a secondary neutron (energy above 20 MeV) is produced. For a high energy proton accelerator approximately 50% of the dose equivalent (DE) is contributed by neutrons with an energy greater than 50 MeV(1). The measurement and evaluation of the high energy neutron (above 20 MeV) dose equivalent is important for radiation protection.

At present, a commercial rem counter (conventional Andersson-Braun rem counter) is usually used to measure the neutron dose equivalent. However, as is well known, the response of the conventional rem counter underestimates DE in the energy interval from thermal to about 1 eV, and overestimates it in the region from 1 eV to 100 keV. The adequate energy range is from 00 keV to 6 MeV. The response decreases with increasing neutron energy above 6 MeV, and diverges from the ideal response function, the shape of which is given by fluence-to-dose equivalent conversion coefficients (ICRP 51)(2).

The carbon activation detector had been developed, by a few high energy physics la-

* 本文原载于 Radiation Protection Dosimetry Vol. 67, No. 3, pp. 179-185(1996) Nuclear Technology Publishing

boratories to measure the neutron DE at an energy above 20 MeV[1]. It is a passive-type detector which cannot be used as an online monitor.

According to the parameters provided by Dr R. K. Sun (LBL), a modified A-B rem counter was developed by Radiation Protection Division of Institute of High Energy Physics (R. P. Div. IHEP), Academia Sinica. According to a theoretical calculation[3], it could extend the energy range of an acceptable response to the high energy region.

The purpose of this experiment was to investigate the neutron fluence response of the modified A-B rem counter in the high energy region. A few monoenergetic neutron source facilities, the ^{252}Cf radioactive neutron source and the radiation field outside the shielding in the east counter hall of the 12 GeV proton synchrotron at KEK (E-hall of National Laboratory for High Energy Physics, Proton Synchrotron), were used for this experiment. Three types of A-B rem counters were used in this response calibration.

MODIFIED A-B REM COUNTER

The conventional A-B rem counter consists of a BF_3 proportional counter, an inner polyethylene moderator, a boron plastic attenuator and an outer polyethylene moderator (Figure 1). The conventional A-B rem counter C92-11 was made by R. P. Div. IHEP, and 2202D was produced by ALNOR.

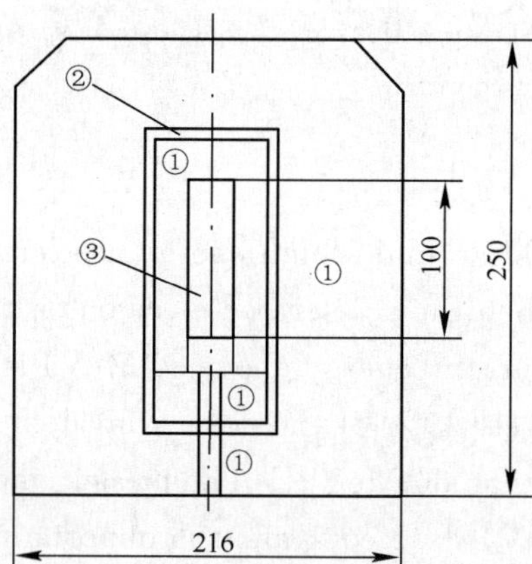

Fig. 1 Construction of the standard Andersson-Braun rem counter
1, polyethylene; 2, borated polyethylene; 3, BF_3 counter

The modified A-B rem counter has a similar construction to that of a conventional A-B rem counter (Figure 2). The unique point is adding a layer of 10 mm of lead (Pb) around the boron plastic attenuator. This Pb layer plays an important role in extending the energy response range of the A-B rem counter.

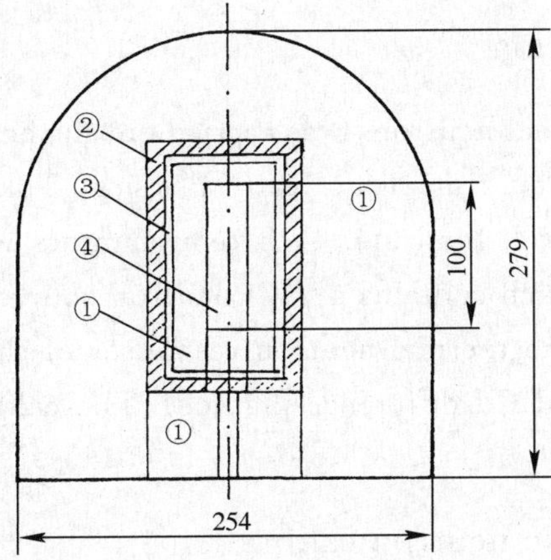

Fig. 2 Construction of the modified Andersson-Braun rem counter
1, polyethylene; 2, lead (pure); 3, borated polyethylene; 4, BF_3 counter

The moderation effect in a conventional rem counter is not sufficient to allow the high energy neutrons to be recorded by a BE_3 counter. Therefore the response in the high energy region decreases After passing through the outer polyethylene layer of a modified A-B rem counter, the low energy neutrons interact with Pb nuclei mainly by elastic scattering. This process does not produce moderation. Therefore, this Pb layer of a modified A-B rem counter does not affect the correct response in the low energy region, as does the conventional A-B rem counter.

When high energy neutrons interact with Pb nuclei, inelastic scattering takes place. The high energy neutrons transfer a part of the initial energy to Pb nuclei and are slowed down. They can then be detected by a BF_3 proportional counter.

The construction parameters of the A-B rem counter used in the energy response calibration are given in Table 1.

Table 1 Parameters of the A-B rem counters.

Model	BF_3 counter (mm)	Lead thickness (mm)	Inner moderator thickness (mm)	Outer moderator (mm)	Boron plastic
Modified M95-2	$\phi25\times100$ 600 mmHg	10	18	$\phi254$ 79(thick.)	5 mm thickness 28% of boron with 22% of $\phi10$ mm holes
Conventional C92-11	$\phi25\times100$ 500 mmHg	no	16	$\phi216$ 70(thick.)	5 mm thickness 28% of boron with 22% of $\phi10$ mm holes
Conventional 2202D		no		$\phi210$	

LOW ENERGY RESPONSE CALIBRATION (<20 MeV)

Thermal neutron calibration

A calibration with thermal neutrons was carried out in the standard field at the Radiation Dosimetry Division of Department of Health Physics, Tokai Research Establishment, Japan Atomic Energy Research Institute. A-B rem counters were placed 40 cm from the surface of a graphite pile which contains a ^{252}Cf neutron source. The absolute fluence rate is 2.86×10^2 n. $cm^{-2} s^{-1}$. The thermal neutron responses of the rem counters were determined using the conventional Cd difference method. The calibration results are listed in Table 2.

8 keV semi-monoenergetic neutron calibration

This energy calibration was carried out using the Dynamitron facility at the Fast Neutron Laboratory (FNL) of the Department of Nuclear Engineering, Tohoku University[(4)].

A 8 keV neutron field using the ^{45}Sc (p,n) reaction was set up at the 30° port of the Dynamitron accelerator located at the centre of the experimental room. The rem counters to be calibrated were placed 1 m from the target on the 0° beam axis.

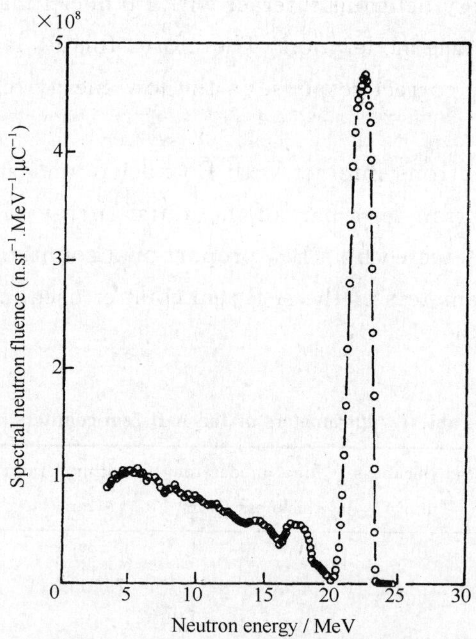

Fig. 3 22.0 MeV neutron spectrum. Spectral neutron fluence normalised to 1 μC of beam current

A BF_3 counter (monitor 1) and the proton beam current (monitor 2) were used for monitoring. Monitor 2 was used for normalising the measured data. The effect of scattered neutrons was corrected by means of measurements with a shadow bar. The neutron fluences were measured using a ^{6}Li SSD counter that uses an SSD and ^{6}LiF placed in front of the SSD. The fluence rate calibration factor is 5.27×10^{3} n. cm^{-2}. μC^{-1} at 1.27 cm, and 100 counts of monitor 2 equals 1 μC. The calibration results are given in Table 2.

Table 2 Neutron fluence response of different rem counters (fluence response in cm^2)

Model	Thermal n*	8 keV	2.5 MeV	22.0 MeV	32.5 MeV	45.4 MeV
M95-2 (IHEP)	6.266×10^{-3}	0.09475	0.4207	0.3437	0.2807	0.3124
C92-11 (IHEP)	2.829×10^{-3}	0.05556	0.2737	0.1763	0.1271	0.1063
2202D	6.206×10^{-3}	0.1132	0.4752	0.3026	0.2434	0.1424

* 2.5×10^{-8} MeV

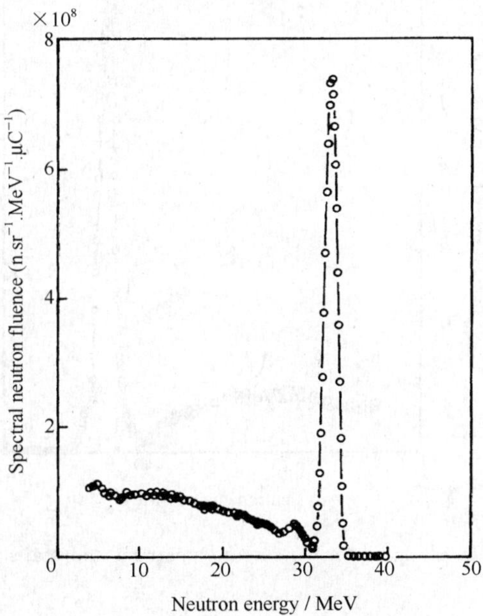

Fig. 4 32.5 MeV neutron spectrum, normalised

Calibration using a ^{252}Cf ($E_n = 2.5$ MeV) neutron source

The calibration was carried out in the calibration room at the Cyclotron and Radioisotope Centre (CYRIC), Tohoku University. The ^{252}Cf standard source was evaluated in the national standard field at the Electron Technical Laboratory (ETL). Its neutron emission-rate was 1.7218×10^{6} n. s^{-1} on 24 May 1995. Rem counters were placed at a distance of 1 m and 1.5 m from the ^{252}Cf neutron source.

The same shadow bar method as for 8 keV was used to correct for the effect due to scattered neutrons. The calibration results are given in Table 2.

HIGH ENERGY RESPONSE CALIBRATION

A high energy response calibration was carried out using semi-monoenergetic neutron source facilities.

22. 0 and 32. 5 MeV semi-monoenergetic neutron calibration

The monoenergetic neutron field at the cyclotron facility CYRIC was used in the calibration. Protons of 25 and 35 MeV respectively were injected into a Li target to produce semi-monoenergetic neutrons of 22. 0 and 32. 5 MeV(5).

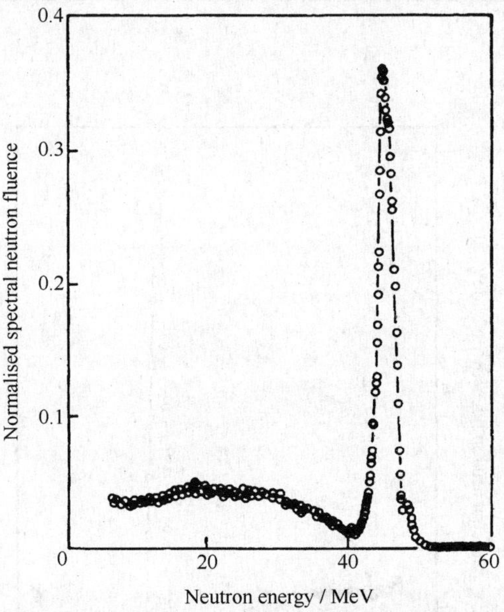

Fig. 5 45. 4 MeV neutron spectrum, normalised

The neutrons emitted within 10° of the forward direction were used for the calibration after passing through two collimators, while the proton beam penetrating through the Li target was injected into a Faraday cup.

Since the A-B rem counters were located in the well collimated neutron beam in the time of flight room, which is a long corridor, the neutron scattering effect could be neglected. The absolute values of the neutron fluences had been measured with a proton recoil counter telescope(6). Three monitors were used for monitoring: a ^{232}Th fission chamber (monitor 1), an NE213 liquid scintillator (monitor 2), and a proton current monitor (monitor 3). The fission chamber was used for normalisation of the measured data.

The neutron energy spectra had been measured using the time-of-flight method (Figures 3 and 4). In the energy peak the fluence rate calibration factor of the monitor 3 are 2.01×10^{8} n•sr. $^{-1}$ count^{-1} at 22. 0 MeV and 1.34×10^{8} n•sr. $^{-1}$ count^{-1} at 32. 5 MeV. As can be seen in the above figures, the neutron energy distribution contains a continuous spectrum below the peak. At 22.0 MeV the neutron fluence contribution of the peak part is 43.3%; the rest is 56.7%. At 32.5 MeV, the neutron fluence contribution of the peak part is 40.1%; the rest is 59.9%. The both A-B rem counters are sensitive to this part of the neutrons as well as the peak neutrons, though the sensitivities are different for these two parts. In the evaluation process, the contribution of low energy neutrons was subtracted using the calculated response curves of the conventional rem counter[(3)].

The calibration results are shown in Table 2.

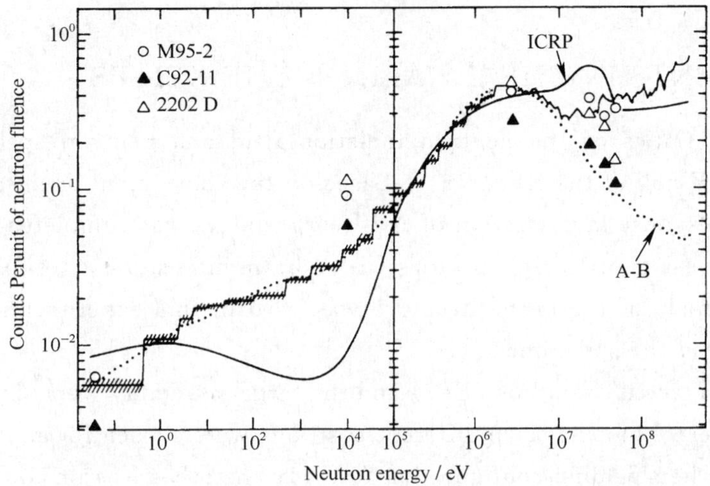

Fig. 6 Spectral distribution of the fluence response of three rem counters. Measured values compared to the response of an ideal detector and to the calculated response of a conventional rem counter.

45.4 MeV semi-monoenergetic neutron calibration

The 45.4 MeV monoenergetic neutrons were provided by the 90 MeV cyclotron facility of the Takasaki Ion Accelerators for Advanced Radiation Application (TIARA), Takasaki Radiation Chemistry Research Establishment, Japan Atomic Energy Research Institute (JAERI)[(7)].

The proton beam bombard a Li target so as to produce neutrons; the penetrating protons are bent downward by a clearing magnet so as to convey them into a Faraday cup. During the experments the neutron source was monitored using the proton current of the Faraday cup (monitor 1), the ^{238}U (monitor 2) and the ^{232}Th (monitor 3) fission chamber. The rem counters were placed 885 cm from the exit of the collimator. The calibration results are given in Table 2.

When the proton current was more than 300 μA, here was a dark current for the monitor 1, so the fission chamber (monitor 2) was used for normalisation of the measured data. The neutron energy spectra had been measured using the time-of-flight method (Figure 5). The neutron fluence was measured using a proton recoil-telescope and also using the TOF method by a BC501A liquid scintilation counter. For the neutrons in the energy peak the fluence calibration factor is 2.71×10^9 n. sr. $^{-1}$ μC^{-1} and 100 counts of monitor 1 equals 1 μC. The ratio of counts of monitor 2 to monitor 1 equals 17.19. As can be seen in the above figures, the neutron energy distribution contains a continuous spectrum below the peak. The neutron fluence calibration of the peak is 46%; the rest is 54%. The A-B rem counters are sensitive to both parts of the neutrons. In the data process, the low energy counts of neutrons were subtracted using the measured sensitivities for 22.0 MeV neutrons.

MEASUREMENTS IN THE E-HALL OF THE KEK-PS

The characteristics of the neutron radiation field and neutron spectrum had been measured in the E-hall of the KEK-PS(3). Based on the above mentioned radiation field information, the response investigation of A-B rem counters was completed.

The beam consists of 12 GeV protons with a beam intensity 4×10^{12} protons per spill. The long-pulse mode of the beam structure was used in this experiment. The repetition time was 4.0 s and the spill time 2.0 s.

The slow extracted beam line (EP2) and the target assembly were shielded on the top and sides by concrete blocks. Two different positions were chosen for an intercomparison: one was outside the shielding configuration (No 1); the other was on top of the shielding configuration (No 2).

One A-B rem counter was located at a fixed point near to the measurement position as a monitor. All of the measured data were normalised by the monitor. The carbon activation detector was used for measuring the neutron fluence rate with an energy above 20 MeV. The uncertainty of this measurement is about 9%. The ratio of the neutron fluence rate measured by the carbon activation detector to the neutron fluence rate measured by the conventional A-B rem counter, which is called the ratio of ^{11}C to rem, was used to evaluate the hardness of the neutron spectra in the stray radiation field. The measurement results are presented in Table 3.

Table. 3 Neutron fluence response relative to that of the 2202D rem counts (relative fluence response)

	Thermal n*	8 keV	2.5 MeV	22.0 MeV	32.5 MeV	45.4 MeV	No. 1	No. 2
M95-2 (IHEP)	1.010	0.9452	1.000	1.283	1.303	2.478	1.422	1.845
C92-11 (IHEP)	0.4558	0.8521	1.000	1.012	0.9067	1.296	0.9895	1.092

* 2.5×10^{-8} MeV

Table. 4 Dependence of the normalised fluence response on neutron energy (normalised fluence response in cm^2)

Model	Thermal n*	8 keV	2.5 MeV	22.0 MeV	32.5 MeV	45.4 MeV
M95-2 (IHEP)	7.078×10^{-3}	0.1070	0.4752	0.3882	0.3171	0.3529
C92-11 (IHEP)	4.911×10^{-3}	0.09646	0.4752	0.3061	0.2207	0.1846
2202D	6.026×10^{-3}	0.1132	0.4752	0.3026	0.2434	0.1424

* 2.5×10^{-8} MeV

Table. 5 Relative uncertainties of the fluence response of A-B rem counters (%)

Model	Thermal n*	8 keV	2.5 MeV	22.0 MeV	32.5 MeV	45.4 MeV	No. 1	No. 2
M95-2 (IHEP)	12.0	19.2	15.7	8.87	7.44	6.50	8.34	10.3
C92-11 (IHEP)	13.3	24.9	20.1	8.87	7.52	6.68	8.99	11.0
2202D	10.9	21.4	15.2	8.87	7.45	6.58	8.49	10.6

* 2.5×10^{-8} MeV

RESULTS AND DISCUSSION

Energy response in monoenergetic neutron fields

Six neutron energy calibrations have been completed. The energy dependence of the fluence response is given in Table 2 and Figure 6. Because the three rem counters used in this experiment have different BF_3 proportional counters and moderator designs, the sensitivities of the rem counter are different.

In order to compare the responses, the sensitivities of all the rem counters were normalised to the sensitivity of the model 2202D rem counter for ^{252}Cf. The nor-malising process is reasonable because the main part of ^{252}Cf neutrons are in the energy range from 100 keV to 6 MeV. In this range the response curves of conventional and modified A-B rem counters agree with the ideal response function, the shape of which is given by the fluence-to-dose equivalent conversion coefficients of ICRP 51(3).

The dependence of the normalised fluence response on the neutron energy is shown in Table 4 and Figure 7. Obviously, the sensitivity of the M95-2 at 8 keV is not affected by the added lead layer in its construction.

Response in high energy stray radiation fields

For the same reason as mentioned in the previous section, the measurement results in the E-hall of the KEKPS were normalised to the response of the 2202D rem counter in the energy of ^{252}Cf neutron source (see Table 3).

From the ^{11}C/rem ratio value it is clear that the neutron spectrum at position No 2 is harder than at No 1. At position No 1 the normalised counting response of the M95-2 is

42. 2% higher than that of the 2202D. At position No 2 the normalised counting response of the M95-2 is 84. 5% higher than that of the 2202D (see Table 3).

The uncertainties of all the measurements for each A-B rem counter are given in Table 5. The uncertainties in Table 5 include statistical error of counts, conversion factor uncertainty, distance error and so on.

CONCLUSIONS

At the three higher neutron energies and the two measurement positions in the high energy stray radiation fields, the responses of the modified A-B rem counter (M95-2) are higher than those of the conventional rem counters (C92-11, 2202D). The difference between the two types of A-B rem counters is the larger, the higher the neutron energy or the harder the neutron spectrum. The energy response of the modified A-B rem counter agrees better with the ICRP curve (Figure 6). The effect of the lead layer in the construction is clearly visible. Since the radiation field outside of the shielding of a high energy accelerator presents rich high energy neutrons, any underestimation of the neutron dose equivalent is unavoidable with a conventional rem counter. In this experiment the two types of conventional rem counters show similarly low values in the high energy region.

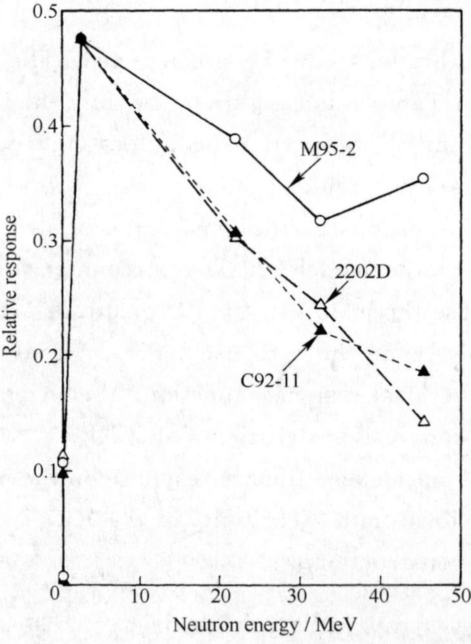

Fig. 7 Energy dependence of the normalised neutron fluence response

ACKNOWLEDGEMENTS

This work was supported by KEK National Laboratory for High Energy Physics and

KEK Radiation Safety Control Center. The authors would like to thank Professor K. Kondo for giving them the opportunity to make this contribution, and for the continuous support of this experiment. They wish to thank Professor M. Miyajima, Professor H. Hirayama, and all other staff members of the Radiation Safety Control Centre. They also thank Professor T. Nakamura, Associate Professor M. Baba and Dr Y. Sakamoto for providing the experi-mental conditions.

REFERENCES

1 Moritz, L. E., Suzuki, T., Noguchi, M., Oki, Y., Miura, T., Miura, S., Tawara, H., Ban, S., Hirayama, H. and Kondo, K. *Characteristic of the Neutron Field in the KEK Counter Hall*. Health Phys. **58**, 487 (1990)

2 ICRP. Data for Use in Protection against External Radiation: Publication 51. Ann. ICRP 17(2/3) (Oxford: Pergamon) (1987)

3 Birattari, C. Ferrari, A. Nuccetelli, C. Pelliccioni, M. and Silari, M. *An Extended Range Neutron REM Counter*. Nucl. Instrum. Methods Phys. Res. A**297**, 250-257 (1990)

4 Baba, M., Iwasaki, T., Matsuyama, S., Kiyosumi, T., Sanami, T., Hirakawa, N., Nakamura, T., Takada, M., Nakao, N. and Oguchi, H. *Development of Monoenergetic Neutron Calibration Field between* 8 keV *and* 15 MeV. Fast Neutron Laboratory Progress Report, Tohoky University NETU-62 (1994)

5 Nakamura, T. *et al. The Development of the Standard Calibration Method of Neutron Dosimeter for Widely Distributed Spectrum in the Energy*. Report of Grant-in-Aid General (B) of the Japanese Ministry of Education, Culture and Science in 1992 and 1993

6 Takada, M. *et al. Characterization of* 22 *and* 33 *MeV Quasi-monoenergetic Neutron Fields for Detector Calibration at CYRIC*. Nucl. Instrum. Methods Phys. Res. A372, 253-261 (1996)

7 Tanaka, S. and Nakamura, T. *Shielding Experiments and Analysis at* 90 *MVA VF Cyclotron Facility*, TIARA. OECD Documents 195 (1994)

改进型 Anderson-Braun 中子雷姆仪对 0.025eV－45.4MeV 中子的能量响应*

汤月里　李建平　刘曙东　张清江　蔡小平

（中国科学院高能物理研究所 北京 100039）

摘要：描述了一种适用于高能粒子加速器周围杂散辐射场测量的改进型 Anderson-Braun 中子雷姆仪的原理与结构。利用国内外多种类型的中子源装置，进行了中子能量从 0.025 eV 到 45.4 MeV的注量率能量响应实验。实验表明，这种改进型 Anderson-Braun 中子雷姆仪，对能量大于 20 MeV 中子的响应，比普通 Anderson-Braun 中子雷姆仪有明显的改善。

关键词 普通中子雷姆仪　改进型中子雷姆仪　能量响应　铅层

一、引　言

高能加速器运行时，周围产生的辐射场是一个由中子、光子等多种成分组成的混合射场，并且有相当比例的能量在 20 MeV 以上的中子存在。如在日本 KEK 一台 12 GeV 高能质子加速器周围辐射场中，50 MeV 以上的中子剂量当量的贡献占 50%[2]。利用碳铟比方法，在北京正负电子对撞机(BEPC)周围辐射场中测定的 20 MeV 以上中子剂量当量的贡献占 20%[3]。目前用于辐射防护目的的最好的中子剂量当量仪是一种称为 Andersson-Braun 的中子雷姆计数器(简称普通 A-B 中子雷姆仪)。它适用的中子能量范围从热中子到 10 MeV。当中子能量大于 20 MeV 时，这种普通 A-B 中子雷姆仪的能量响应开始明显下降，而偏离国际放射防护委员会(ICRP)推荐的响应曲线[4]。因此，当用普通 A-B 中子雷姆仪测量高能加速器周围辐射场时，必然会造成不同程度上的过低估计。

多年来，一些物理学家和辐射剂量学方面的专家们，一直在致力于研究适用于高能中子剂量当量测量的方法和仪器。碳活化探测方法已经被一些实验室用来测量 20 MeV 以上中子的剂量当量[2]。但它是一种被动型探测仪器，不能用来作在线测量。意大利米兰大学 C. Birattari 等，采用在普通 Andersson-Braun 中子雷姆计数器中增加铅层的方法，将它的能量响应范围扩展到 400 MeV 以上[5,6]。美国 LBL 实验室也在这方面开展了研究[6]。

中国科学院高能物理研究所与美国 LBL 实验室 Rai-Ko Sun 先生合作，研制了这种改进型 A-B 中子雷姆仪，并与日本 KEK 合作，在国内外多种类型的中子源装置上，进行了能量响应实验(表 1)。用于能量响应实验的仪器有：中国科学院高能物理研究所研制的改进

* 本文部分工作是在日本完成的，有关工作已在文献[1]中发表。合作者：伴秀一，铃木健训，饭岛和彦，中村一。1998 年 1 月在《高能物理与核物理》第 22 卷第 1 期上发表。

型 A-B 中子雷姆仪 M95-2 和普通 A-B 中子雷姆仪 C92-11；美国远西公司某实验室研制的 6060 高能 A-B 中子雷姆仪；芬兰 ALNOR 公司生产的普通 A-B 中子雷姆仪 2202D(表 2)。

表 1　完成能量响应实验的装置

能　量	核反应及装置	中子注量率标定仪器	束流监测器
准热中子	石墨堆＋镉		
8 keV	$^{45}Sc(p,n)$，地那米	^{6}Li，SSD	长硼 BF_3 正比计数器，质子束流监测器
144 keV	Li(p,n)，4.5 MV 静电加速器	充氢正比计数器	长硼 BF_3 正比计数器
565 keV	Li(p,n)，4.5 MV 静电加速器	甲烷正比计数器	长硼 BF_3 正比计数器
2.2 MeV	T(p,h)，4.5 MV 静电加速器	闪烁计数器望远镜	长硼 BF_3 正比计数器
2.5 MeV	^{252}Cf 同位素中子源		
4.5 MeV	Pu-Be 中子源		
16.62 MeV	T(d,n)，4.5 MV 静电加速器	闪烁计数器望远镜	长硼 BF_3 正比计数器
22.0 MeV	Li(p,n)，回旋加速器	反冲质子望远镜	^{232}Th 裂变室，NE213 液闪计数器，质子束流监测器
32.5 MeV	Li(p,n)，回旋加速器	反冲质子望远镜	^{232}Th 裂变室，NE213 液闪计数器，质子束流监测器
45.4 MeV	Al(p,n)，90 MV 回旋加速器	反冲质子望远镜，BC501A 闪烁计数器	^{238}U，^{232}Th 裂变室，质子束流监测器

表 2　用于实验的 A-B 雷姆仪结构

型号	M95-2	C92-11	2202D	6060
计数管尺寸及充气压力	ϕ25 mm×100 mm 6×10^4 Pa，BF_3	ϕ25 mm×100 mm 5×10^4 Pa，BF_3	(不详)	(不详)
铅层厚度	10 mm	无	无	10 mm
内慢化体厚度	18 mm	18 mm	16 mm	(不详)
外慢化体尺寸	ϕ254 mm，厚 79 mm	ϕ216 mm，厚 70 mm	ϕ210 mm	ϕ241 mm
吸收体尺寸、含硼量及含孔量	厚 5 mm，含硼量 28%，ϕ10 mm 孔 22%	厚 5 mm，含硼量 28%，ϕ10 mm 孔 22%	(不详)	(不详)
类型	改进型	普通型	普通型	改进型
制造单位	中科院高能所	中科院高能所	芬兰 ALNOR	美国 FARWEST

二、原理与结构

目前商用的普通 A-B 中子雷姆仪，是由一个置于中心的 BF_3 正比计数管，和周围两层聚乙烯慢化体及一层带有小孔的含硼吸收体组成的。慢化体及吸收体的厚度、吸收体的含硼量及小孔面积的比例等参数都经过仔细选择，以使快中子被慢化，部分热中子被吸收，从而使其在热中子到 14.5 MeV 中子的能量范围内，符合 ICRP 推荐的能量响应曲线。

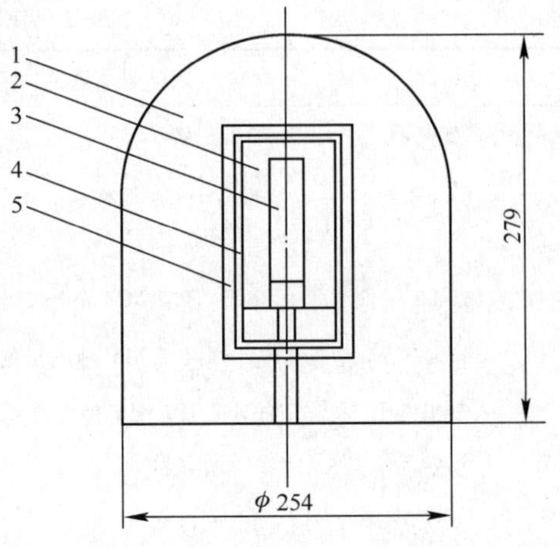

图 1　改进型 A-D 中子雷姆仪的结构
1——外慢化体；2——内慢化体；
3——BF_3 正比计数管；4——吸收体；5——铅层

当中子能量大于 20 MeV 时，这种普通 A-B 中子雷姆仪的慢化作用，不足以使较高能量的中子，慢化到可以被 BF_3 正比计数管记录下来，因此，灵敏度下降。改进型 A-B 中子雷姆仪不改变原有的 Andersson-Braun 雷姆结构，只在普通 A-B 中子雷姆仪的结构中，增加了 10 mm 厚的铅层（图 1）。当能量较低的中子通过铅层时，与铅核发生弹性散射，不损失能量。也就是说，这层铅对低能中子几乎是“透明”的，因此，它的存在不会影响对低能中子原有的能量响应。当较高能量的中子通过铅层时，与铅核作用发生非弹性散射，而将一部分能量传递给铅核，从而，使高能中子慢化到能被 BF_3 正比计数管记录下来。所以，这一铅层的存在，改善了它对高能中子的能量响应。

C. Birattari 等用蒙特卡罗理论计算方法，给出了加铅后的改进型 A-B 中子雷姆仪从热中子到 400 MeV 中子的能量响应曲线[6]”。Rai-Ko Sun 给出了直到 1 GeV 中子的能量响应数据[7]。

三、20 MeV 以下能区的中子能量响应实验

3.1　热中子实验

利用日本原子力研究所东海实验室的由 ^{252}Cf 中子源组成的石墨堆，用包镉的办法得到了镉下中子，即准热中子，绝对中子注量率为 $2.86\times10^2\, n\cdot cm^{-2}\cdot s^{-1}$。实验结果列于表 3。

3.2　8 keV 准单能中子实验

本实验是在日本东北大学核能部快中子实验室的一台地那米装置[8]上完成的。$^{45}Sc(p,n)$反应产生 8 keV 的准单能中子。实验仪器放在距靶 1 m 处。中子注量率用 6LSSD 计数器测定。一个 BF_3 正比计数器和一台质子束流监测器用来监视束流的稳定性，其中质子束流监测器被用来对所测数据进行归一。实验中采用石蜡挡锥的方法校正散射中子的影响。实验结果见表 3。

表 3　A-B 中子雷姆仪的能量响应　　(单位:cps/n·cm^{-2}·s^{-1})

能　量	M95-2	C92-11	2202D	6060
准热中子	6.266×10^{-3}	2.829×10^{-3}	6.206×10^{-3}	6.098×10^{-3}
8 keV	0.094 75	0.0555 6	0.113 2	0.102 0
144 keV	0.069 63	0.0583 8	—	—
565 keV	0.186 5	0.155 8	—	—
2.2 MeV	0.314 9	0.186 8	—	—
2.5 MeV	0.420 7	0.273 7	0.475 2	0.291 0
4.5 MeV	0.328 0	0.237 0	—	—
16.62 MeV	0.310 2	0.162 5	—	—
22.0 MeV	0.343 7	0.176 3	0.302 6	0.226 0
32.5 MeV	0.280 7	0.127 1	0.243 4	0.176 7
45.4 MeV	0.312 4	0.106 3	0.142 4	0.204 9

3.3　^{252}Cf 中子源的响应实验

^{252}Cf 中子源的能谱为裂变谱,平均能量为 2.5 MeV。实验利用了日本东北大学回旋加速器和同位素中心(CYRIC)的^{252}Cf 中子源,其中子源强度经日本电子技术实验室(ETL)标定为 1.7218×10^{6} n·s^{-1}(1995 年 5 月 24 日)。实验距离为 1 m 和 1.5 m,同样也采用石蜡挡锥的方法校正散射中子的影响。实验结果见表 3。

3.4　Pu-Be 中子源的响应实验

利用一个强度为 7.2×10^{6}n·s^{-1}的 Pu-Be 中子源,其平均能量为 4.5 MeV。在中国科学院高能物理研究所进行露天刻度实验,源与被测仪器距离 139.7 cm,置于同一高度,离地 194.5 cm。测量中作了地面散射影响的修正。实验结果列于表 3。

3.5　144keV 到 16MeV 中子的能量响应

利用了北京大学重离子研究所的 4.5 MeV 静电加速器和中国原子能研究院计量站的标准仪器。1.93 MeV 质子束打锂靶产生 144 keV 中子,并用充氢正比计数器测定中子注量率;2.29 MeV 质子束打锂靶产生 565 keV 中子,用甲烷正比计数器测定中子注量率;3.0 MeV质子束打氘-钛靶产生 2.2 MeV 中子,用闪烁计数器望远镜测定中子注量率;1.0 MeV氘束打氚-钛靶产生 16.62 MeV 中子,用闪烁计数器望远镜测定中子注量率。在以上实验中,实验仪器放在束流的 0°方向,离靶 1.4 m,采用石蜡挡锥的方法校正散射中子的影响。一个长硼计数器用来监视加速器束流,并进行归一化处理。实验结果列于表 3。

四、20 MeV 以上能区的中子能量响应实验

4.1 22.0 MeV 和 32.5 MeV 准单能中子的响应

这两个能量的准单能中子是由日本 CYRIC 的回旋加速器[9] 提供的。25 MeV 和 35 MeV质子束打锂靶，分别产生 22.0 MeV 和 32.5 MeV 的准单能中子。穿过锂靶的质子束流打在一个法拉第筒上作为质子束流监测器。被测仪器置于一个飞行时间长廊内。由于中子束被很好地准直，中子的散射影响可以忽略。中子注量率的绝对值用一个反冲质子望远镜测量[10]。同时用^{232}Th 裂变室、NE213 液闪计数器和质子束流监测器来监测中子束流的稳定性，其中^{232}Th 裂变室的测量数据被用作归一化处理。

中子能谱是用飞行时间法测量的(图 2，图 3)。从图中可以看出，在中子能谱中有一个很大的低能“尾巴”。在 22.0 MeV 的中子能谱中，峰位的中子注量率贡献为 43.3%，其余部分为 56.7%；在 32.5 MeV 的中子能谱中，峰位的中子注量率贡献为 40.1%，其余部分为 59.9%。而 A-B 中子雷姆仪对这两部分能量的中子响应系数是不同的。为了扣除低能“尾巴”的贡献，在计算峰位中子的能量响应时，利用了 C. Birattari 理论计算的普通 A-B 中子雷姆仪的响应曲线。实验结果列于表 3。

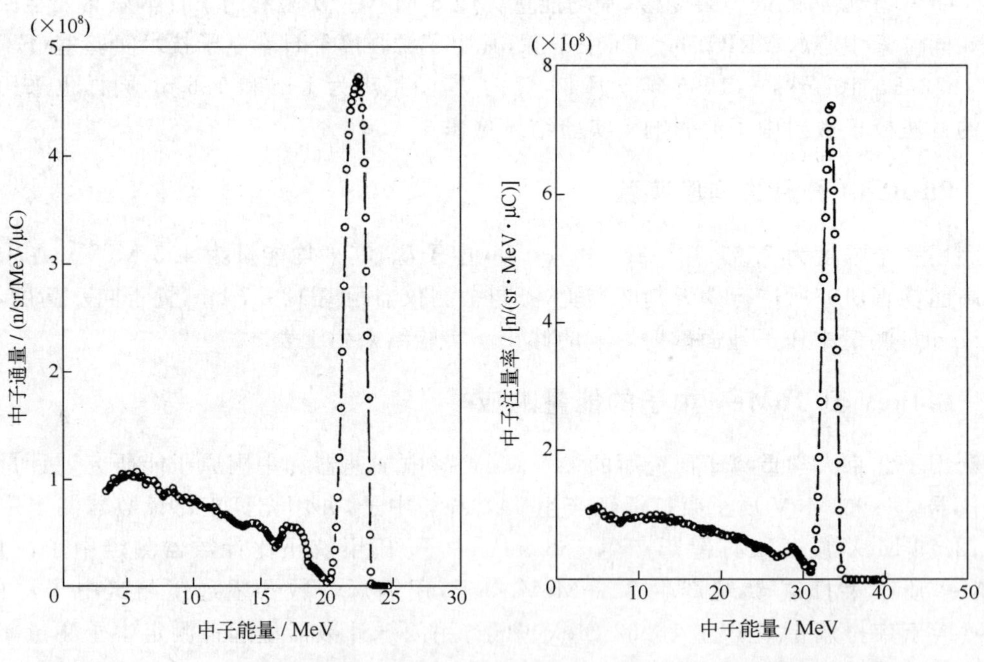

图 2　22.0 MeV 准单能中子的能谱　　图 3　32.5 MeV 准单能中子的能谱

4.2 45.4MeV 准单能中子的响应

45.4 MeV 的准单能中子是由日本原子力研究所(JAERI)高崎离子加速器辐射应用部

(TIARA)的 90 MeV 回旋加速器[11]提供的。能量为 50 MeV 质子束打锂靶，产生 45.4 MeV 的准单能中子。被测仪器放在离准直器出口 885 cm 处。质子束流打锂靶后，被偏转到一个法拉第筒上作为质子束流监测器。同时一个^{232}Th 裂变室和一个^{238}U 裂变室也被用作束流监测器，其中^{238}U 裂变室的数据被用作归一化处理。中子注量率的测量是采用反冲质子望远镜和 BC501A 闪烁计数器。中子能谱是用飞行时间法进行测量的(图 4)。峰位部分的中子注量率贡献为 46%，其余部分占 54%。在数据处理过程中利用了 22.0 MeV中子能量实验的数据来扣除低能中子的响应。实验结果列于表 3。

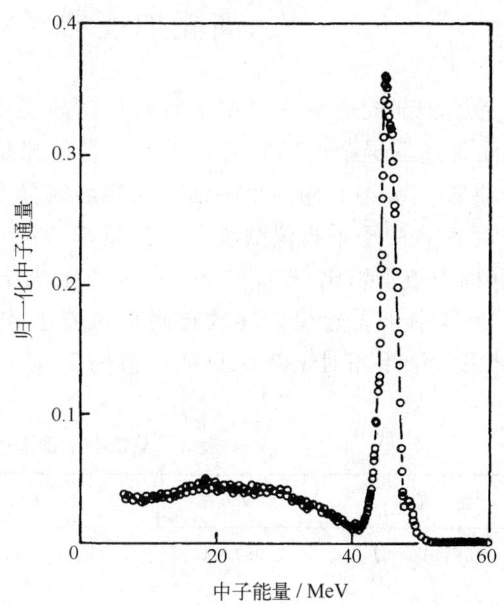

图 4　45.4MeV 准单能中子的能谱

由于各种 A-B 中子雷姆仪采用的 BF_3 正比计数管具有不同的大小尺寸、充气压力等，因此具有不同的灵敏度。为了便于比较，将各种 A－B 中子雷姆仪的能量响应，归一到芬兰 ALNOR 公司生产的普通 A-B 中子雷姆仪对^{252}Cf 中子源的响应，归一结果列于表 4。同时，将测量结果与 ICRP 推荐的标准曲线，及 C. Birattari 计算的普通 A-B 中子雷姆仪和改进型 A-B 中子雷姆仪的理论曲线一起在图 5 中表示出来。

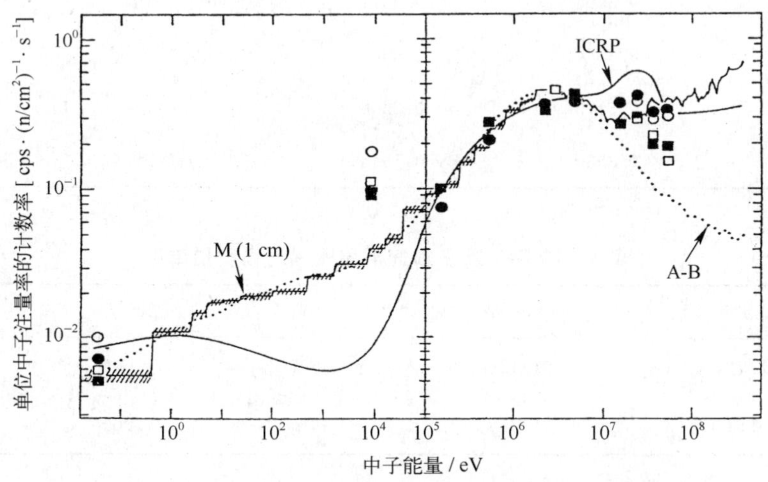

图 5　各种 A-B 中子雷姆仪的中子能量响应实验结果

ICRP——国际放射防护委员会标准曲线；A-B——普通中子雷姆仪理论曲线；

M(1 cm)——加 1 cm 铅层的改进型中子雷姆仪理论曲线

● M95-2；■ C92-11；□ 2202D；○ 6060

五、高能加速器屏蔽外辐射场的测量

为了验证改进型 A-B 中子雷姆仪对高能中子的剂量测量效果，在日本 KEK 12 GeV 高能质子加速器屏蔽外辐射场进行了测量。测量点分别设在靶区水泥屏蔽块外的侧面（No. 1）和顶部（No. 2）。用一个碳活化探测器测量 20 MeV 以上中子注量率响应（称为碳响应），用普通 A-B 中子雷姆仪测量中子注量率响应（称为雷姆响应）。通常用碳响应与雷姆响应之比（称为碳雷姆比）来反映 20 MeV 以上中子在整个中子贡献中的比例。在测量过程中另一个 A-B 中子雷姆仪始终放在附近位置上作监测，并用来作为归一化处理。为了便于比较，将测量结果相对于 2202D 的比值列于表 5。

表 4　A-B 中子雷姆仪的归一化能量响应　（单位：$cps/n\cdot cm^{-2}\cdot s^{-1}$）

能　量	M95-2	C92-11	2202D	6060
准热中子	7.081×10^{-3}	4.911×10^{-3}	6.206×10^{-3}	9.958×10^{-3}
8 keV	0.1071	0.09645	0.1132	0.1666
144 keV	0.07868	0.1013	—	—
565 keV	0.2107	0.2705	—	—
2.2 MeV	0.3558	0.3243	—	—
2.5 MeV	0.4752	0.4752	0.4752	0.4752
4.4 MeV	0.3706	0.4114	—	—
16.62 MeV	0.3505	0.2821	—	—
22.0 MeV	0.3884	0.3061	0.3026	0.3691
32.5 MeV	0.3172	0.2206	0.2434	0.2886
45.4 MeV	0.3530	0.1845	0.1424	0.3346

表 5　12 GeV 质子加速器周围辐射场测量结果

测量点	M95-2	C92-11	2202D	6060
No. 1（碳雷姆比 2.72）	1.422	0.9895	1.000	1.322
No. 2（碳雷姆比 4.645）	1.845	1.092	1.000	1.530

六、结　论

以上实验在不同地点，用不同装置完成，由不同的标准仪器给出的标准中子注量率测量的不确定度估计在15%左右。从实验结果可以得出以下结论：

(1) 从热中子到10 MeV能量段，除了8 keV能量点以外，改进型A-B中子雷姆仪与普通A-B中子雷姆仪一样，基本上符合ICRP的标准曲线。

(2) 从16.62 MeV能量点开始，普通A-B中子雷姆仪的响应开始偏离ICRP的标准曲线，而出现明显的下降，但符合普通A-B中子雷姆仪的理论计算曲线。改进型A-B中子雷姆仪则保持与ICRP标准曲线符合，直到45.5 MeV。可见改进型A-B中子雷姆仪对高能段中子仍有正确的响应。

(3)对高能加速器周围辐射场的测量结果可以看出，在测量点No.1，改进型A-B中子雷姆仪的响应比普通A-B中子雷姆仪的响应高出42.2%，而在测量点No.2，改进型A-B中子雷姆仪的响应比普通A-B中子雷姆仪的响应高出84.6%。可见，用普通A-B中子雷姆仪测量高能加速器周围辐射场时，必然会造成不同程度的过低估计。而改进型A-B中子雷姆仪对20 MeV以上中子的响应有明显的改善。

本工作得到了美国LBL环境保健与安全室、日本KEK辐射安全管理中心、日本东北大学、日本原子力研究所东海实验室、中国北京大学重离子研究所、中国原子能研究院计量站等单位的热情帮助与合作，在此，谨向这些单位及有关人员表示衷心的感谢。

参考文献

1 Li Jianping, Tang Yueli, Liu Shudong et al. Radiation Protection Dosimetry, 1996, **67**:179

2 Moritz L. E., Suzuki T., Noguchi M. et al. Health Phys., 1990, **58**:487

3 Jiang Wengui. Measurement of Neutron (E_n>20 MeV) Dose Equivalent Using the Ration of Carbon to Indium. In:Prceeding of the Third Symposium of Radiation Protection. 1995

4 ICRP. Data for Use in Protection Against External Radiation. In: ICRP Publication 51. Oxford: Pergamon, 1987. 17

5 Birattari C., Ferrari A., Nuccer C. et al. Nucl. Instrum. Methods Phys. Res., 1990, A**297**:250

6 Birattari C., Esposito A., Ferrari A. et al. Radiation Protection Dosimetry, 1992, **44**:193

7 Rai-Ko S. F. Sun. Modification of an Andersson-Braun Type Remmeter to Extend its Sensitivity to 400MeV. In: LBL-36436. 1994

8 Baba M., Iwasaki T., Matsuyama S. et al. Development of Monoenergetic Neutron Calibration Field Between 8keV and 15MeV. In: Fast Neutron Laboratory Progress Report. Tothby University: NETU-62, 1994

9 Nakamura T. et al. The Development of the Standard Calibration Method of Neutron Dosimeter for Widely Distributed Spectrum in the Energy. In: Report of Grant-in-Aid General(B) of the Japanese Ministry of Education, Culture and Science. 1992, 1993

10 Takada M. et al. Nucl, Instrum. Methods Phys. Res., 1991, A372:253

11 Tanka S., Nukamtura T. Shielding Experiments and Analysis at 90MV AVF Cyclotron Fasility. In: OECD Documents. 1994. 195

Neutron Energy Response of a Modified Andersson-Braun Rem Counter from 0. 025eV to 45. 4MeV

TANG Yue-li LI Jian-ping LIU Shu-dong ZHANG Qing-jiang CAI Xiao-ping
Institute of High Energy Physics, The Chinese Academy of Sciences, Beijing 100039

Abstract: This paper describes the principle and construction of a modified Andersson-Braun(A-B) neutron rem counter which is used for the stray radiation field of high energy accelerator. The energy responses from thermal neutron to 45. 4MeV semi-monoenergetic neutron experiments with four kinds of A-B rem counter were carried out using a few of neutron generating facilities. The response investigation of A-B rem counters for the stray radiation field outside shielding of 12 GeV proton accelerator was completed. The results show that in the high energy neutron radiation field, the response of modified A-B rem counters is better than that of conventional A-B rem counters.

Key words: conventional neutron rem counter, modified neutron rem counter, energy enesponse, lead layer

Neutron Energy Response of a Modified Andersson-Braun Rem-counter and Measurements in High-energy Stray Neutron Radiation Fields*

LI Jian-ping TANG Yue-li S. Ban M. Numajiri H. Tawara
T. Suzuki H. Nakamura K. Takahashi K. Hozumi and Y. Sakamoto

Abstract

The neutron energy response of modified and conventional A-B rem-counters in a semimono energetic neutron field with an energy of 40. 2 MeV and 64. 7 MeV has been investigated. Measurements of stray neutron radiation fields at different types of high-energy accelerators at KEK using these rem-counters were performed. The contribution of high-energy neutrons in the fields was estimated, and an underestimate of the neutron dose equivalent measured by a conventional A-B rem-counter in high-energy stray neutron radiation fields was verified.

1. Introduction

In recent years modified Andersson-Braun (A-B) rem-counters have been developed at a few high-energy physics laboratories. A theoretical calculation of the neutron energy response of a modified A-B rem-counter was published in the paper [1], which was extended to an energy range in the high-energy region (~400 MeV).

Then, Dr. R. K. Sun (LBL) also calculated the response and parameters for the modified A-B rem-counter [2]. Based on the parameters, a modified A-B rem-counter was made by Radiation Protection Technology Center of the Institute of High Energy Physics (RPTC, IHEP), Academia Sinica.

Any theoretical Calculation of the neutron-energy response of a modified A-B rem-counter must be tested and verified by means of an independent experiment.

The experiment should solve the following problems:

(1) The neutron energy spectra must be given as well as semi-monoenergetic neutron beam above 20 MeV with a high resolution;

(2) The absolute neutron fluence in the peak must be known;

* 本文原载于 KEK Internal 99-2. April 1999.

(3) During the calibration a monitor should be arranged for normalization;

(4) The neutron spectra contain a large-low energy tail, of which the counts must be subtracted from the total counts.

The Cyclotron and Radioisotope Center (CYRIC) of Tohoku University and the Takasaki lon Accelerators for Advanced Radiation Application (TIARA) provide very good semi-monoenergetic neutron beams and low-background measurement rooms. Measurements of the neutron-energy response for semi-monoenergetic neutrons of 22. 0, 32. 5, and 45. 4 MeV at CYRIC and TIARA were completed in 1995 [3].

The purpose of this work was to investigate the response of the modified rem-counter to neutron fluence for neutron energies of 40. 2 and 64. 7 MeV. This represents a continuity of the work published in paper [3]. Another purpose was to verify the performance of the modified rem-counter in various high-energy neutron stray radiation fields.

2. Conventional and Modified A-B Rem-Counters

The modified rem-counter has a similar construction to that of a conventional A-B rem-counter. The unique point is adding a 10mm layer of lead (Pb) around the borated polyethylene. This layer of Pb plays an important role in extending the energy-response region of the A-B rem-counter. The physical principle and the construction of the conventional and modified rem-counters have been described elsewhere [3-5].

Two types of modified A-B rem-counters (H95-2 and 6060) were used in the measurements; the former was made by Radiation Protection Technology Center of IHEP and the latter by Health Physics Instruments, U. S. A.. The conventional A-B rem-counter (2202D; known as Studsvik, and produced by ALNOR) was used in comparison with the modified A-B rem-counter.

The output pules of the modified A-B rem-counter (H95-2) are described as follows: the pule width and amplitude are 100μs and 4 volts, respectively; positive pules; it can be transmitted by a cable for a long distance (about 3km).

These A-B rem-counters have different neutron fluence sensitivities. In order to compare the measurement data with each other, these counters must be calibrated using the same neutron source. A calibration measurement was completed in the irradiation room of Japan Atomic Energy Research Institute (JAERI) using the standard neutron radiation field (see table 1). The measurement data for thermal-neutrons obtained using a graphite a moderator and ^{252}Cf and ^{241}Am-Be neutron sources are listed in table 2, 3 and 4. The calibration results are given in table 5.

3. Energy-Response Calibration (40. 2 and 64. 7 MeV)

Figure 1 shows a vertical view of the semi-monoenergetic neutron source facility at TIARA[6]. Monoenergetic neutrons of 40. 2 and 64. 7 MeV were produced by bombarding a proton beam on a Li target, and the penetrating protons were bent downward by a clearing magnet so as to convey them into a Faraday Cup. During the experiments, the neutron source was monitored by the Faraday Cup as well as ^{238}U and ^{232}Th fission chambers. Three rem-counters were placed in P1(a), P1(b) and P2 (see Figure 1).

The measurement points (P1(a), P1(b) and P2) were fixed at the following positions:

P1(a), 1359.73 cm from the target;

P1(b), outside of the neutron beam line 80cm from P1(a);

P2, 1045.73 cm from the target.

The neutron-energy spectra had been measured using the time-of-flight method (Figure 2)[7]. The neutron fluence was measured by both a proton recoil-telescope and the TOF method using a BC501A liquid-scintillation counter. The fluence calibration factor ($n \cdot Sr^{1} \cdot \mu C^{-1}$) of the Faraday Cup in the energy peak and the correction factor of the ^{238}U fission chamber to the Faraday Cup arc given in Table 6.

As shown in Figure 2, the neutron-energy distribution contains a continuous spectrum in the low-energy region (i. e. low-energy tail). The fraction of the peak (F_{peak}) and the tail (F_{tail}) in the neutron spectrum are 44 (40) % and 56 (60) % for 40.2 (64.7) MeV. The rem-counters are sensitive to both parts of neutrons. The measurement data are given in Table 7. Table 8, Table 9 and Table 10.

The data-processing steps are as follows:

(1) The charge ($Q(\mu C)$) collected by Faraday Cup is

$$Q = C_{M1}/a, \tag{1}$$

where C_{M1} is the counts of Monitor 1, and the "a" correction factor of the counts of Monitor 1 to the collected charge of the Faraday Cup.

(2) The neutron fluence rate ($\phi_{peak}(n \cdot cm^{-2} \cdot s^{-1})$) in the peak of the spectra is

$$\phi_{peak} = Q \times C/d^2, \tag{2}$$

where $C(n \cdot Sr^{-1} \cdot \mu C^{-1})$ is the neutron-fluence calibration factor in the peak and "d (cm)" is the distance from the target to the measurement point.

(3) The neutron-fluence rate ($\phi_{tail}(n \cdot cm^{-2} \cdot s^{-1})$) of the low-energy tail in the spectra is estimated by

$$\phi_{tail} = \phi_{peak} \times (F_{tail}/F_{peak}). \tag{3}$$

(4) The counts in the tail (C_{tail}) and peak (C_{peak}) were calculated as follows:

$$C_{tail} = \phi_{tail} \times S_{tail}, \tag{4}$$

$$C_{peak} = C_{total} - C_{tail}. \tag{5}$$

Here, S_{tail} is the average sensitivity of the low-energy tail; C_{total} is the total counts of the rem-counters.

(5) The fluence sensitivity in the peak (S_{peak}) is

$$S_{peak} = C_{peak}/\phi_{peak}. \tag{6}$$

4. Measurements in High-Energy Stray Neutron-Radiation Fields

The components of high-energy neutrons in the radiation fields of stray neutrons around the accelerator facilities of KEK were measured. Then, the contribution of high-energy neutrons to the dose equivalent was estimated. The performance of a modified A-B rem-counter was verified by the measurements.

Three types of rem-counters (H95-2, a modified rem-counter made by IHEP; 2202D, a conventional rem-counter (Studsvik) made by ALNOR; a ^{3}He rem-counter made by FUJI) were used in the measurements for comparisons. The measurements were performed in the following radiation fields created at the accelerator facilities of KEK:

(1) A 14-MeV neutron radiation field produced by a neutron generator of the T(d, n) ^{3}He reaction in the Calibration Room of KEK. The rem-counters were placed at the corner of the north side (P1, 15 meters from the generator) and middle (P2, 8.8 meters from the generator) of the Calibration Room. The measured data are given in Tables 11(a), (b).

(2) The stray radiation field outside of the shielding in the proton therapy room using 200 MeV and 250 MeV protons. The measurement position is shown in Figure 3, and the measured data are given in Table 12.

(3) The stray radiation field outside of the shielding in the Neutron Experimental Hall (NML), utilizing a 500-MeV proton beam. The measurement points (P1, P2, P3) are shown in Figure 4. At first, two rem-counters (2202D and H95-2) were placed side by side at P1 and P2. In order to determine the position dependence, the positions of these two rem-counters were changed relative to each other. The first position is expressed as (a) and (b).

The positions are described as follows:

P1(a) and P1(b) are near to the cold neutron beam line;

P2(a) and P2(b) are near to the target room in the neutron experimental hall;

P3 is downstream of the neutron production target in the cold-neutron hall.

The measurement data are given in Table 13.

(4) The stray radiation field outside of the shielding of the 12 GeV proton beam in the EastCounter Hall. The measurement positions are shown in Figure 5, and are described as follows:

P1 is in the middle of cast hall. near to the power station;

P2 is near to the No. 28 measurement point, under the stairs;

P3 is near to the No. 35 measurement point, behind the iron shielding;

P4 is behind the thick magnets in the middle of the hall.

An ^{3}He rem-counter (FUJI) was used as a normalized monitor for each measurement point. In the case of the measurements at P2 and P3, the monitor was placed near to the point No. 34. The 12-GEV proton beam was operated under the following conditions:

EP2, 2×10^{12} protons per pulse and 1 pulse per 4.1 seconds;

EP2-A, 1.8×10^{12} protons per pulse;

IT (Internal Target), 1.8×10^{12} protons per pulse.

The measurement data are given in Table 14.

(5) The stray radiation field outside of the shielding during fast extraction of the 12-GeV proton.

The measurement positions are shown in Figure 6, and the measurement data are given in Table 15.

(6) The stray radiation field produced by electron beam in the Experimental Hall of the Tsukuba Station of KEKB.

The locations of the measurement points are shown in Figures 7 and 8.

P1 was in the B3 corridor of the Experimental Hall. P2 was located on top of the shielding of the beam line and above the colliding point. The 8-GeV electron ring and the 3. 5-GeV positron ring were operating during the measurements. The measurement data are given in Table 16. In these measurements the measured time included the beam-off period.

5 Results and Discussion

5. 1 Energy response in a monoenergetic neutron field

Two monoenergetic neutron calibrations have been completed. The energy responses of the absolute fluence sensitivities are given in Table 17 and Figure 9.

Since the three rem counters (H95-2, 6060, 2202D) used in this experiment had different parameters of the BF3 proportional counters and different circuits, the sensitivities of the rem-counters were different. In order to compare the energy response, the sensitivities of all rem-counters were normalized to the sensitivity of the model 2202D rem-counter for the ^{252}Cf source. Thus, the sensitivities of all rem-counters at the neutron energy of ^{252}Cf had the same value. Since the ^{252}Cf energy is just in the energy range from 100 keV to 6 MeV, and in this range the energy-response curves of the conventional and modified A-B rem-counters agree with the ICRP standard curve [1], the normalizing process is considered to be reasonable.

The dependence of the normalized fluence sensitivity on the neutron energy is given in Table 18. At neutron energies of 40. 2 and 64. 7 MeV, the sensitivity of the H95-2 is 164. 3, 716. 1% higher than that of the 2202D, respectively. For the 6060, it is 149. 4 and 648. 5% higher than that of the 2202D, respectively.

In data processing the following points must be considered:

(1) The neutron-beam field size at the measured points was estimated according to the collimator diameter and the distance from the target (Fig. 1). Although the field size at P2 just covered the conventional rem-counter (2202D), and did not cover the modified A-B rem-counter (H95-2). the field at P1(a) covered both the conventional and the modified rem-counters. Hence, only the measured values at P1(a)were used in the data processing. Since the data measured at P1(a) and P2 for 2202D followed the inverse-square law, the room scattering neutrons were estimated to be very few.

(2) In order to estimate the background measured at P1(a). point P1(b). which was

beside P1(a) and outside of the field of the beam line, was selected. The measurement was performed at P1(b) under the same condition as P1(a). Assuming that an approximation of the measured data at P1(b) was considered to be the background at P1(a). the background in the measured data at P1(a) was estimated to be very low due to the low background at P1(b).

(3) The counts of the Faraday Cup depended on the gain of the amplifier. Since the correct gain was not given in this measur-ement, the correction factor "a" was used to convert the counts of the monitor 1 (U-238 FC, in Fig. 1) to the collected charge of the Faraday Cup.

(4) The neutron fluence measured at P1(a) (Figure 2) does not show any fluenee below 6. 8 MeV to which the rem-counters are sensitive. The contribution of neutrons in this part was neglected, thus resulting in measurement errors.

(5) The measurement at P1(b) indicated that the room background (i. e. the room scattering and the moderating neutrons) was very low.

(6) Since the neutron sensitivity of the low-energy tail is difficult determine the key point in the data processing is how to subtract the counts of the low-energy tail in the spectrum. In paper [3], the theoretical energy-response curve of the conventional rem-counter was obtained and used in the data processing for energies 22. 0 MeV and 32. 5 MeV. Since the average energy of the low-energy tail for the 45. 4 MeV spectrum was around 22. 5 MeV, the fluenee sensitivity for 22. 0 MeV was used to calculate the low-energy part in the 45. 4 MeV spectrum. The average value of the low-energy tail in the 40. 2 MeV spectrum was also around 22. 0 MeV. Hence, the fluence sensitivity of 22. 0 MeV spectrum was also used to calculate the low-energy part in the 40. 2 MeV spectrum. In the case of the 64. 7 MeV spectrum, the average energy of the low-energy tail was around 32. 5 MeV. Thus, a fluence sensitivity of 32. 5 MeV was used to subtract the low-energy response.

(7) The method used to subtract the counts of the low-energy tail in the data process may cause some uncertainty, of which the total uncertainty in these calibrations was estimated to be in the range of 15% (see Table 19).

5. 2 Response in high-energy stray neutron radiation fields

As can be seen in the semi-monoenergetic calibration of the rem-counters, the modified rem-counter is more close to the ICRP curve. Hence, the conversion factor from the fluence to the dose equivalent for Cf [1. 224 μSv•hr^{-1}/(n•cm^{-2}•s^{-1})], which was recommend by ICRP) can be used successfully for the modified rem-counter. In the data process, this number was employed. In order to make comparisons, all of the measured counts of the rem-counters were normalized by the respective sensitivities for the Cf neutron source. Underestimates of the dose equivalent measured by the conventional A-B rem-counter (2202D) in various radiation fields are given in table 20. It shows that the underestimate reaches more than 50% at facilities utilizing 12 GeV protons.

During the measurements, the following factors must be considered. The radiation fields of the working area depend on the position and the accelerator operation condition as well as the changes with time, resulting in a non-uniform, unstable field. Hence, a rem-counter should be placed at a fixed position as a monitor for normalization during the measurements.

6. Conclusion

At high-energy proton or electron accelerator facilities the contribution of neutrons with an energy greater than 20 MeV must be considered in the monitoring system. From this point of view, the modilfied A-B rem-counter has shown very good performance to the energy response. It is recommended to use it at a high-energy accelerator laboratory.

Acknowledgments

This work was supported by KEK High Energy Accelerator organization and KEK Radiation Science Center. We would like to thank Professor K. Kondo and Professor T. Shibata for giving us the opportunity to make this contribution, and for continuous support to this experiment. We wish to thank Professor H. Hirayama and all other staff members of the Radiation Science Center. We also thank Dr. A. Maruhashi for help in the measurement.

We are also grateful to Dr. S. Tanaka and staff members of the operation group at TIARA. Finally, we would like to thank to Tokyo Nuclear Service (TNS) for arranging to set up the monitors for measurements.

REFERENCE

1 C. Borattari, A. Ferrari, C. Nuccetelli, M. Pelliccioni and M. Silari. Nuclear Instruments and Methods in Physics Research, A 297(1990) 250-257, North-Holland

2 Raj-Ko S. F. Sun. Modification of an Andersson-Braum Type Remmeter to Extend its Sensitivity to 400MeV, LBL-36436, (1994)

3 Li Jianping, Tang Yueli, Liu Shudong, S. Ban, T. Suzuki, K. Iijima and H. Nakamura. Neutron Energy Response of a Modified Andersson Braun Rem-counter, Radiation Protection Dosimetry, 67, 197-185 (1996)

4 Brattari, C. , Ferra ri, A. , Nuccetelli, C. , Pelliccioni, M. and Silari, M. , An extended Range neutron Rem-counter, Nucl. Instrum. Methods A297, 250-257(1990)

5 Brattari, C. , Esposito, A. , Ferrari, A. , Pelliccioni, M. Rancati, M. and Silari, M. , The extended Range neutron Rem-counter “LINUS”: Overview and Latest Developments, 76, 135-148 (1998)

6 N. Nakao, H. Nakashima, T. Nakamura, Sh. Tanaka, Su Tanaka, K. Shin, M. Baba, Y. Sakamoto, Y. Nakane. Transmission through Shields of Quasi-monoenergetic Neutrons Generated by 43- and 68-MeV Protons: Partl-Concrete Shielding Experiment and Calculation for Practical Application, Nucl. Sci. Eng. , 124, 228 (1996)

7 Private communication from TIARA group

Table 1 Fluence of the neutron source for calibration

Neutron source	Neutron fluence(n/(cm^2 · s))
Thermo-neutron	1.19×10^3
Cf	1.99×10^3
Am-Be	1.9×10^1

Table 2 Measurement data for thermo-neutrons
(40 cm from the graphite pile)

Model	Condition	Time(s)	Counts
S6060	Without Cd cover	100	1146
			1159
S6060	With 1 mm Cd cover	100	205
			217
			232
			203
			240
H95-2	Without Cd cover	60	2062
		60	2120
		60	2100
		60	2054
H95-2	With 1 mm Cd cover	60	223
		60	261
		60	195
S2202D	Without Cd cover	100	857
			872
S2202D	With 1 mm Cd cover	100	235
			231
			221
K2202D(2)	Without Cd cover	60	577
		60	580
		60	574
		60	552
K2202D(2)	With 1 mm Cd cover	60	157
		60	159
		60	137

* These data are for the neutrons with energy below Cd.

Table 3 Measurement data for the Cf neutron source (100 cm from the source)

Model	Condition	Time(s)	Counts
S6060	Without shadow	60	45978
			46684
S6060	With shadow	60	2746
			2810
H95-2	Without shadow	71.1	54815
		60	46709
		60	46394
		60	46324
H95-2	With shadow	60	4009
		60	3828
S2202D	Without shadow	60	55976
			56072
S2202D	With shadow	60	3862
			3899
K2202D(2)	Without shadow	60	58854
		60	58794
K2202D(2)	With shadow	60	3957
		60	3924
K2202D(3)	Without shadow	60	73599
		60	74298
K2202D(3)	With shadow	60	4958
		60	4990

Table 4 Measurement data for the Am-Be neutron source (100 cm from the source)

Model	Condition	Time(s)	Counts
H95-2	Without shadow	60	507
		60	482
		60	519
		60	512
H95-2	With shadow	60	33
		60	36
		60	42
S2202D	Without shadow	60	571
			612

续表

Model	Condition	Time(s)	Counts
			532
			587
S2202D	With shadow	60	44
			44
			33
K2202D(2)	Without shadow	60	585
		60	582
			556
			546
K2202D(2)	With shadow	60	39
		60	39
			33
K2202D(3)	Without shadow	60	735
		60	702
			675
			757
K2202D(3)	With shadow	60	47
		60	52
			49

Table 5 Fluence Sensitivity of the rem-counters ($cps/n/cm^2 \cdot s$)

	Thermo-neutron	Cf source	Am-Be source	Am-Be source(KEK)
H95-2***	2.602×10^{-2}	0.3560	0.4105	0.4110
S6060*	7.849×10^{-3}	0.3648		0.3300
S2202D*	5.345×10^{-3}	0.4367	0.4695	0.4332
K2202D(2)**	5.879×10^{-3}	0.4597	0.4651	0.4354
K2202D(3)**		0.5777	0.5857	0.5233

* Sakamoto San's Rem-counters

** Rem-counters of KEK

*** Modified Rem-counters of IHEP

Table 6 Calibration and correction factors

Proton energy (MeV)	Neutron Fluence calibration factor C($n/sr\cdot\mu C$)	Correction Factor($count/\mu C$) ^{238}U-FC
43	3.5968×10^{9}(0.86%)	1.8408×10^{3}(3.0%)
68	5.383×10^{9}(1.02%)	3.6175×10^{3}(3.0%)

Table 7 43 MeV p-^{7}Li measurement data at P1(a)

Model	Distance (cm)*	Time (s)	Counts of Faraday Cup	Counts of Monitor2 ^{232}Th	Counts of Monitorl ^{238}U	Counts of rem-counter
H95-2	869	60.33	92	1331	9745	7492
	869	60.29	93	1350	9892	7482
	869	59.60	92	1382	9735	7501
2202D	869	60.23	93	1406	9792	5415
	869	59.84	92	1299	9901	5367
	869	59.84	91	1260	9794	5361
6060	869	60.1	90	1456	9789	5777
	869	60.21	89	1396	9827	5812
	869	60.24	91	1349	9763	5942

* from the exit of collimator to the measurement point.

Table 8 68 MeV p-^{7}Li measurement data at P1(a)

Model	Distance (cm)*	Time (s)	Counts of Faraday Cup	Counts of Monitor2 ^{232}Th	Counts of Monitorl ^{238}U	Counts of rem-counter
H95-2	869	59.97	121	4911	18486	12127
	869	60	124	4875	18791	12185
	869	60	121	4782	18594	12325
2202D	869	60	131	5030	19537	6699
	869	60	130	5001	19357	6697
	869	60	127	5083	19384	6503
6060	869	60	136	5008	19499	10110
	869	60	137	5088	19526	9853
	869	60	142	5152	19634	10018

* from the exit of collimator to the measurement point.

Table 9 68 MeV p-^{7}Li measurement data at P1(b)

Model	Distance (cm)*	Time (s)	Counts of Faraday Cup	Counts of Monitor2 ^{232}Th	Counts of Monitorl ^{238}U	Counts of rem-counter**
H95-2	869	60	113	4860	18410	29
	869	60	85	3877	14742	22
	869	60	96	4721	17746	30
	869	60	90	4498	17095	23
2202D	869	60	128	5066	19462	23
	869	60	129	5011	19306	21
	869	60	128	5028	19302	11
	869	60	133	5166	19447	25
6060	869	60	129	5076	19467	22
	869	60	137	5063	19530	25
	869	60	142	5138	19763	27

* from the exit of collimator to the measurement point.

** Background

Table 10 68 MeV p-^{7}Li measurement data at P2

Model	Distance (cm)*	Time (s)	Counts of Faraday Cup	Counts of Monitor2 ^{232}Th	Counts of Monitorl ^{238}U	Counts of rem-counter
H95-2	555	60	148	5240	19558	20497
	555	60	144	5356	19606	20455
	555	60	145	5111	19674	20656
2202D	555	60	125	5027	19248	10658
	555	60	134	5140	19584	10711
	555	60	134	5028	19425	10733
6060	555	60	131	5236	19612	16420
	555	60	135	5121	19544	16620
	555	60	134	5070	19768	16627

* from the exit of collimator to the measurement point.

Table 11(a) Measurement data of the 14-MeV neutron generator at Point1

Condition	Background		14 MeV neutron generator
Measured time	55272.7 s		11747.8 s
Counts	H95-2	137	393
	K2202D(2)	67	439
	3He	1008	4432

Table 11(b) Measurement data of the 14-MeV neutron generator at Point2

	14 MeV neutron generator
Time	11562.8 s
H95-2	386
K2202D(2)	410
Fuji ^{3}He	4417

Table 12 Measurement data in the proton therapy building

Condition	module	Time(s)	Counts
Background	H95-2	1500	3
		3000	2
	K2202D(2)	1500	1
		3000	2
	Fuji ^{3}He	1500	20
		3000	35
250 MeV	H95-2	600	96
		600	118
		600	103
		600	92
		600	102
		1200	196
	K2202D(2)	600	64
		600	70
		600	82
		600	82
		600	56
		1200	148
	Fuji ^{3}He	600	838
		600	796
		600	784
		600	794
		600	801
		1200	1602
200 MeV	H95-2	600	197
		600	190
		600	190
	K2202D(2)	600	134
		600	146
		600	144
	Fuji ^{3}He	600	1446
		600	1431
		600	1450

Table 13　Measurement data of the 500-MeV proton synchrotron

	Time	63204.0 s(1)		19433.7 s(2)	
P1	H95-2	P1(a)	3902	P1(b)	1015
	K2202D(2)	P1(b)	4520	P1(a)	925
	Fujitsu 3He	P1	77765	P1	16936
	Time	83956.5 s(1)		85800.2 s(2)	
P2	H95-2	P2(a)	30502	P2(b)	32255
	K2202D(2)	P2(b)	20910	P2(a)	22952
	Fujitsu 3He	P2	277097	P2	302826
	Time	59846.2 s			
P3	H95-2	3989			
	K2202D(2)	3168			
	Fujitsu ^{3}He	75571			

Table 14　Measurement data of the 12-GeV proton synchrotron

P1	Time	59237.7 s	
	H95-2	3878	
	K2202D(2)	2297	
	Fuji ^{3}He	35510	
P2	Time	11208.5 s	10517.6 s
	H95-2	39688	
	K2202D(2)		28123
	Fuji ^{3}He	45271	48399
P3	Time	10517.6 s	11208.5 s
	H95-2	5836	
	K2202D(2)		36210.3231
	Fuji ^{3}He	48399	45271
P4	Time	66967.6 s	
	H95-2	769	
	K2202D(2)	540	
	Fuji 3He	9834	

Table 15 Measurement data outside of the shielding at fast extraction of 12-GeV proton protons

Position	Module of counter	Time(s)	Counts
	H95-2	17142.5	9112
P1	K2202D(2)		8666
	Fuji ^{3}He		63412
	H95-2	600	113
P2	K2202D(2)		90
	Fuji ^{3}He		1696
	H95-2	600	157
P3	K2202D(2)		108
	Fuji ^{3}He		2225
	H95-2	600	353
P4	K2202D(2)		426
	Fuji ^{3}He		2290
	H95-2	600	84
P5	K2202D(2)		36
	Fuji ^{3}He		1805
	H95-2	600	14,14
P6	K2202D(2)		6,13
	Fuji ^{3}He		1611,1574
	H95-2	600	15
P7	K2202D(2)		8
	Fuji ^{3}He		2027
	H95-2	600	111
P8	K2202D(2)		70
	Fuji ^{3}He		2184
	H95-2	600	64
P9	K2202D(2)		47
	Fuji ^{3}He		2146
	H95-2	600	54
P10	K2202D(2)		40
	Fuji ^{3}He		2121
	H95-2	75002.5	19264
P11	K2202D(2)		12934
	Fuji ^{3}He		48663
	H95-2	600	170
P11	K2202D(2)		88
	Fuji ^{3}He		2254
	H95-2	600	394
P1	K2202D(2)		333
	Fuji ^{3}He		2706

Table 16 Measurement data in the Tsukuba Station of KEKB

	P1	
Time	57158.7 s	
Count	H95-2	2135
	K2202D(2)	2029
	Fuji 3He	29714
	K2202D(A)	1906
	K2202D(B)	2418
	High sensitive counter(without Cd cover)	192251
	P2	
Time	165267.5 s	
Count	H95-2	72463
	K2202D(2)	53137
	Fuji ^{3}He	692082

Table 17 Neutron energy response of the absolute fluence sensitivity ($cps \cdot (n/cm^2)^{-1} \cdot s^{-1}$)

Model	2.5 MeV	22.0 MeV	32.5 MeV	40.2 MeV	45.4 MeV	64.7 MeV
H95-2	0.3560	0.3437	0.2807	0.2863	0.3124	0.3939
S2202D	0.4367	0.3026	0.2434	0.1329	0.1424	0.05921
6060	0.3648	0.2260	0.1767	0.2769	0.2049	0.3702

Table 18 Neutron energy response of the normalized fluence sensitivity ($cps/n/cm^2 \cdot s$)

Model	2.5 MeV	40.2 MeV		64.7 MeV	
		$cps/n/cm^2 \cdot s$	(H-S)/S	$cps/n/cm^2 \cdot s$	(H-S)/S
H95-2	0.4367	0.3512	1.643	0.4832	7.161
S2202D	0.4367	0.1329		0.05921	
6060	0.4367	0.3315	1.494	0.4432	6.485

Table 19 Total uncertainty of the calibration

Source of error		Error for 40.2 MeV	Error for 64.7 MeV
Correction factor a		3.0%	3.0%
Calibration factor C		0.9%	1.0%
Statistic of rem-counter	H95-2	9.0%	7.0%
	S2202D	10.2%	9.5%
	S6060	10.6%	7.7%

续表

Source of error		Error for 40.2 MeV	Error for 64.7 MeV
Statistic of monitorl's counter	H95-2	7.8%	5.8%
	S2202D	7.8%	5.6%
	S6060	7.8%	5.5%
Below 6.8 MeV neutrons		7.0%	5.0%
Other error term		1.0%	1.0%
Total uncertainty	H95-2	14.2%	10.9%
	S2202D	15.0%	12.2%
	S6060	15.3%	11.2%

Table 20　Measurement results of stray neutron radiation fields

Accelerator or source	Operating condition	Measured position	Underestimated value* by conventional rem-counter
14 MeV neutron generator	$T(d,n)^3He$	15 meters from target	19%
Am-Be neutron source		15 meters from source	7%
Proton therapy	200 MeV proton	Outside the therapy room	76%
	250 MeV proton		82%
500 MeV proton beam	72 pulse per cycle, 90×10^{10} ppp	P1	26%
		P2	85%
		P3	63%
12 GeV proton beam	EP2, EP2-A, Internal Target	P1	118%
		P2	95%
		P3	95%
		P4	84%
Fast extraction of 12 GeV proton	Outside the shielding	P1	53%
		P2	62%
		P3	88%
		P4	7%
		P5	201%
		P6	90%
		P7	142%
		P8	105%
		P9	76%
		P10	74%
		P11	149%
Electron and positron beam	KEKB	P1	36%
		P2	76%

* The difference of normalized counts between modified and conventional rem-counters is divided by normalized counts of conventional rem-counter.

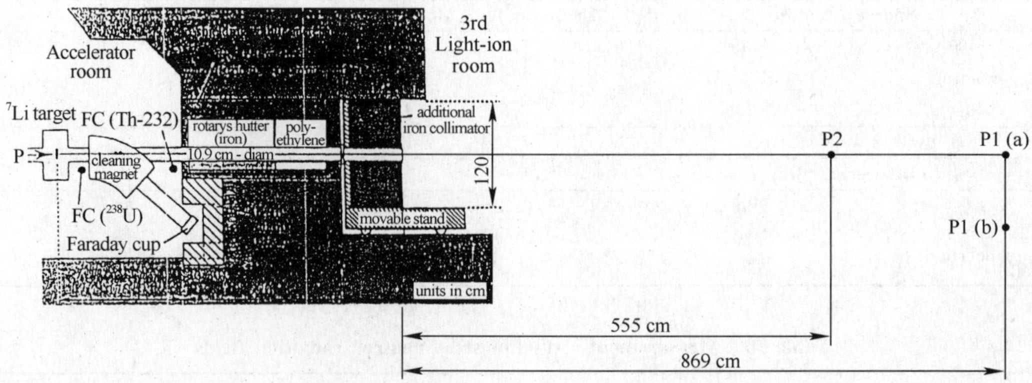

Fig. 1 Semi-monoenergetic neutron calibration arrangement

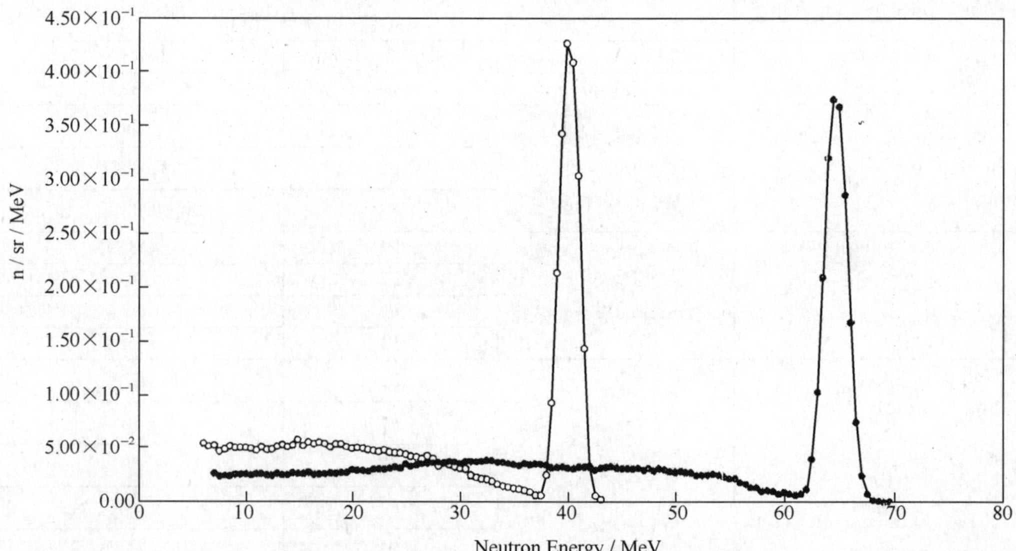

Fig. 2 40. 2 and 64. 7 MeV neutron spectra

○—— $E_p=43$ MeV ●—— $E_p=68$ MeV

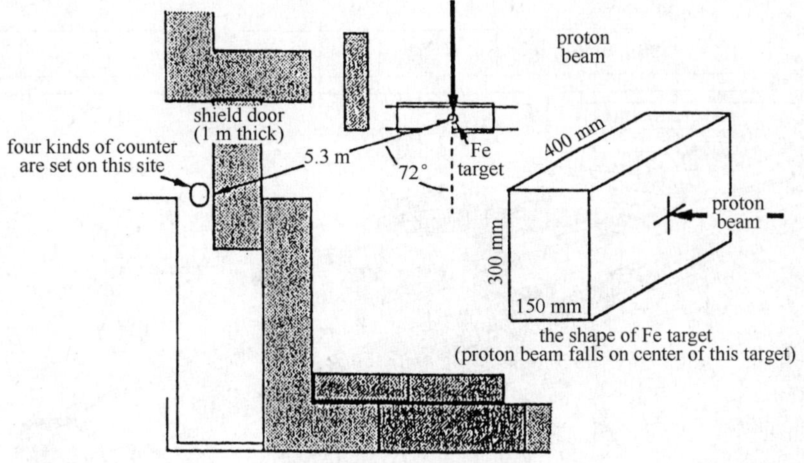

图 3　质子治疗厅内的测量位置

Fig. 3　Measurement positions of the proton therapy hall

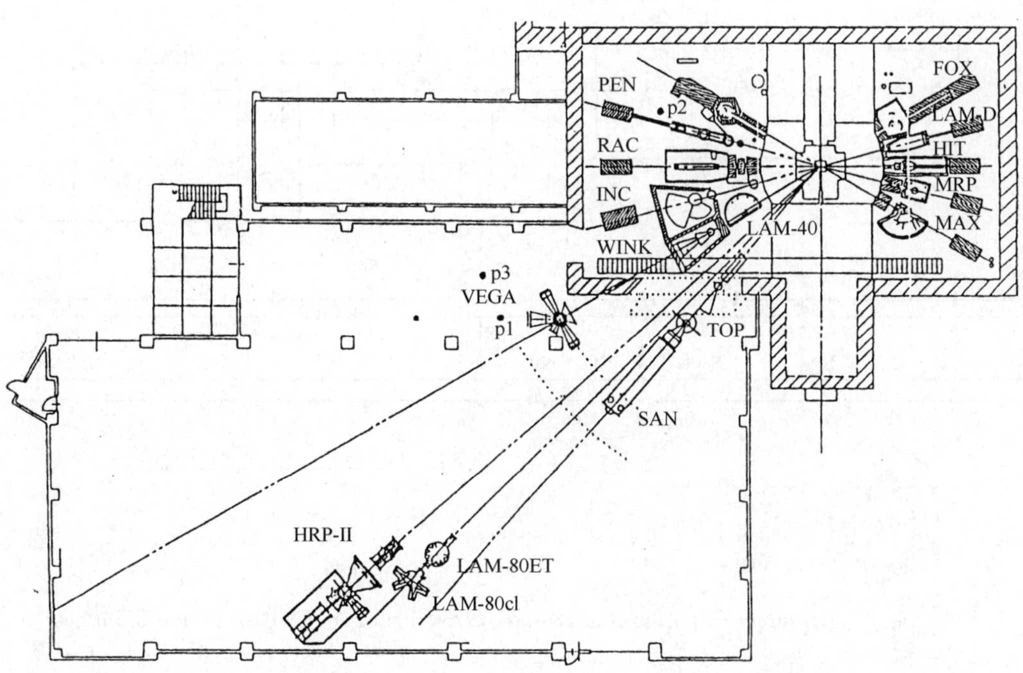

Fig. 4　Measurement positions in the neutron experimental hall

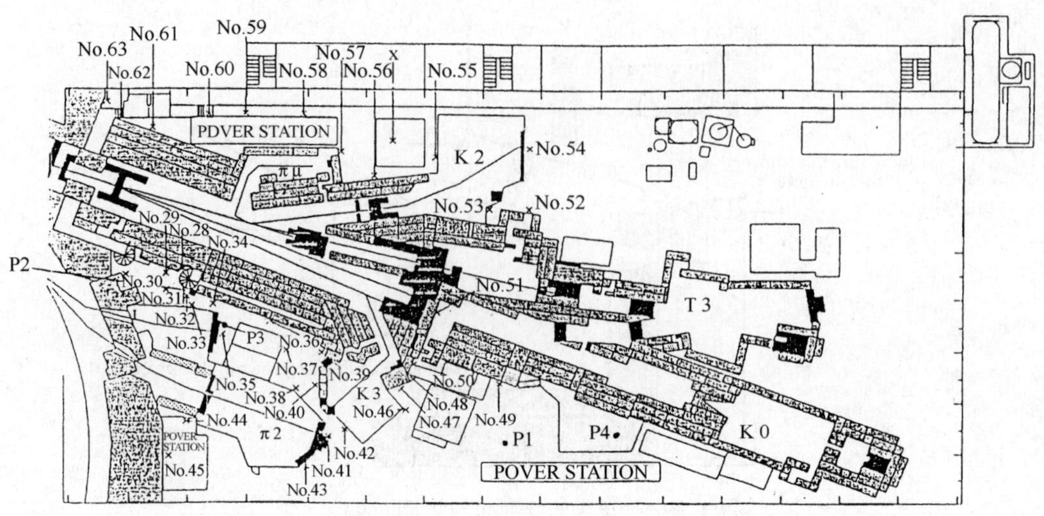

Fig. 5 Measurement positions in the east-counter hall

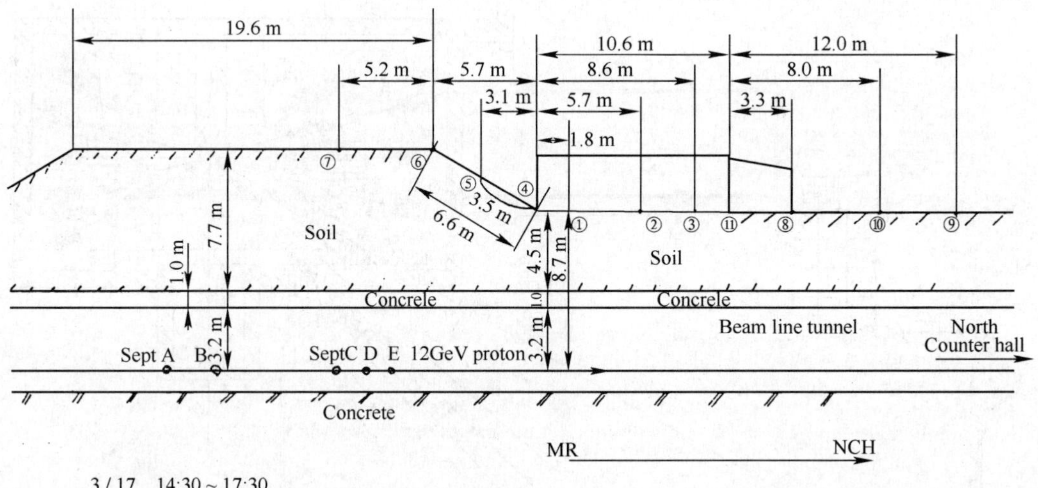

Fig. 6 Measurement positions at the fast extraction of the 12-GeV proton beam

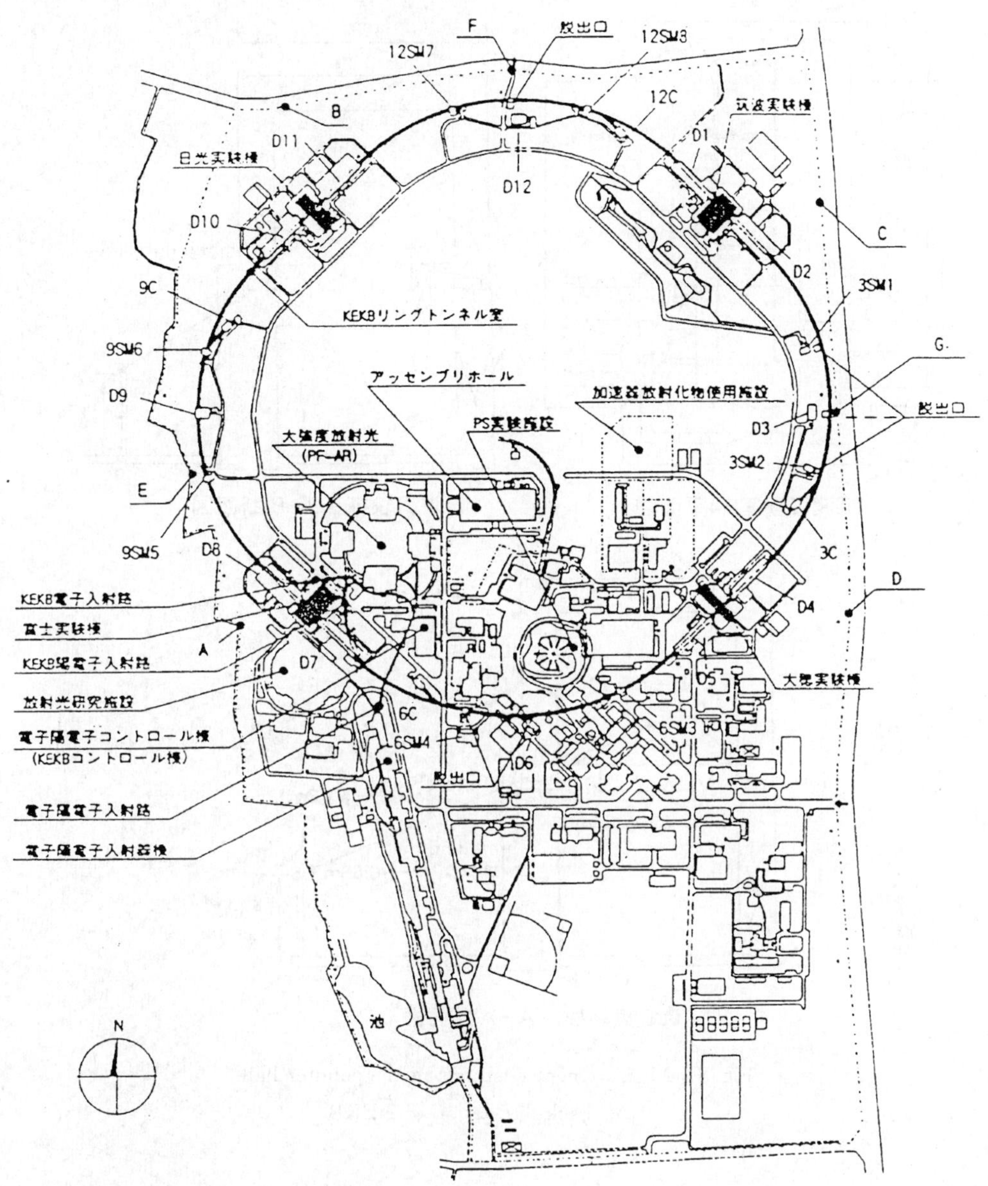

Fig. 7 Tsukuba station of KEKB

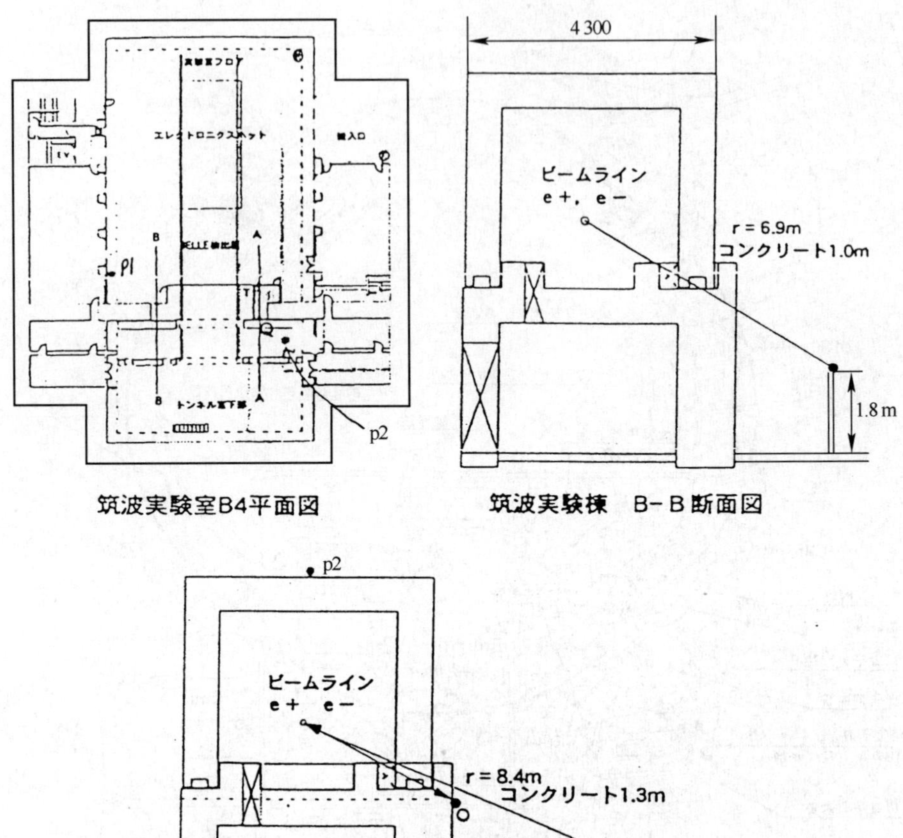

Fig. 8　Measurement positions in the counter hall of the Tsukuba station of KEKB

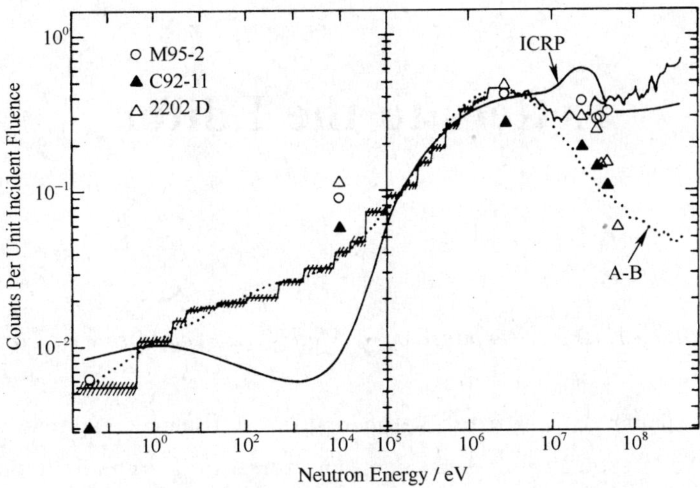

Fig. 9 Neutron-energy response of the absolute fluence sensitivity

Letters to the Editor*

Sir,

Comment on 'Neutron Energy Response of a Modified Andersson-Braun rem counter'.

In the recent paper of this title[1], the results of fluence response measurements of three models of Andersson-Braun(A-B) rem counters in different neutron fields are presented. Two of the instruments are conventional units available on the market; the third is a modified version with a much increased sensitivity to neutrons with energies above 10 MeV, where the response of conventional rem counters declines rapidly. This improved energy response is obtained by adding to the polyethylene moderator a lead shell, 1 cm thick, at an appropriate location. This lead layer does not modify the sensitivity of the rem counter from thermal to about 10 MeV neutrons, but drastically improves it above, so that the response of the modified instrument now closely follows the curve of ambient does equivalent up to several hundreds MeV.

In the introduction, the authors make the following two statements: (1) 'According to the parameters provided by Dr R. K. Sun(LBL), a modified rem counter was developed by Radiation Protection Division of Institute of High Energy Physics, Academia Sinica.' (2) 'According to a theoretical calculation (ref), it could extend the energy range of an acceptable response to the high energy region.' The reference is Ref. 2 below. The authors correctly quote our 1990 paper, where we gave the results of a full set of Monte Carlo simulations which defined the design of the extended range rem counter (since this was obtained by modifying a commercial instrument called SNOOPY, we have since then called this modified instrument LINUS, which stands for *Long Interval NeUtron Survey-meter*). What the authors completely forget to mention is that fact that since 1990 we have built such an instrument, tested it in stray radiation fields at high energy particle accelerators (specifically, at the high energy reference field facility at CERN partially financed by the Commission of the European Communities) and calibrated it with monoenergetic neutrons at the Physikalisch-Technische Bundesanstalt (PTB, Braunschweig, Germany) in the range from thermal to 19 MeV, and with quasi-monoenergetic neutron beams (40, 50, 60 and 70 MeV) at the Paul Scherrer Institute (PSI, Villigen, Switzerland) with the support

* 本文原载于 Radiation Protection Dosimetry. Vol. 71, No. 1. pp. 71—72(1997). Nuclear Technology Publishing.

of a group of U. Schrewe and H. Schuhmacher (PTB) for the fluence and spectral fluence measurements. All these results are reported in the literature[3-9]. We also made measurements with quasi-monoenergetic 135 MeV neutrons at the Svedberg Laboratory(Uppsala, Sweden) with the support of L. Nilsson and colleagues, but we were not able to report these results because of the uncertainty on the low energy tail (from thermal to 80 MeV) of the neutron spectrum.

With respect to the first claim made by the authors, it is worth mentioning that Dr R. K. Sun has in the past privately asked us, and obtained, information on how to build this instrument. Although the design and optimisation of the moderator cost us almost one year of work in terms of Monte Carlo simulations, the concept of adding some lead at the appropriate location is so simple (and virtually any commercial instrument can be modified in-house) that we did not consider it appropriate to apply for a patent. This was obviously not the attitude of Dr Sun, who has instead patented an instrument based on this concept. The claim he made is that 'his' instrument is spherical rather than cylindrical as in our first version (we have long since built and calibrated—under the same conditions mentioned above—a spherical version, which is more difficult to build but has obvious advantages in terms of isotropy of response). We still have to understand where the novelty of a spherical rem counter (this type of monitor is commercially available in the cylindrical, semi-spherical and spherical geometries) while it is rather evident that the only novelty is represented by the lead. We are therefore simply puzzled by statement 1 above: all 'parameters' needed are in the literature[2-9].

The paper by Li *et al.* is an interesting paper on an interesting subject. Unfortunately, it does not report on anything new. This would not be a problem if the authors had clearly stated that they had built and tested an instrument which had been conceived and developed by another group, with the intention of comparing the results; but as it is presented, a reader not familiar with the subject assumes that this is an original work by Li *et al.*—which is not the case.

We cannot believe that the authors were not aware of our previous work. In addition, at least one of them participated in the SATIF 2 workshop held at CERN in October 1995, where this Subject was already discussed. We can only feel that this is an open violation of professional ethics. We plan to submit to *Radiation Protection Dosimetry* a paper to summarise the work done since 1990 and give the latest results on an improved version of our instrument. We will also give some 'historical' overview, as we have recently discovered a paper presented at a conference in 1971, where the same concept (polyethylene+lead) was proposed, although no instrument, as far as we know, was actually developed, calibrated and put into service at that time. This will probably be our final paper on this subject, as we consider that the instrument is now fully characterised and ready for routine use.

We would like to thank you for the consideration you may wish to give to this letter.

REFERENCES

1 Li,J. ,Tang,Y. ,Liu,S. ,Ban,S. ,Suzuki,T. ,Iijima, K. and Nakamura,H. Neutron Energy Response of a Modified Andersson-Braun Rem Counter. Radiat. Prot. Dosim. **67**(3),179-185(1996)

2 Birattari,C. ,Ferrari,A. ,Nuccetelli,C. ,Pelliccioni,M. and Silari,M. *An Extended Range Neutron Rem Counter*. Nucl. Instrum. Methods Phys. A**297**,250-257(1990)

3 Birattari,C. ,Esposito,A. ,Ferrari,A. ,Pelliccioni,M. and Silari,M. *A Neutron Surveymeter with Sensitivity extended up to* 400 MeV. Radiat. Prot. Dosim. **44**,193-197(1992)

4 Birattari,C. ,Esposito, A. ,Ferrari,A. ,Pelliccioni,M. and Silari,M. *Calibration of the Neutron Rem Counter LINUS in the Energy Range from Thermal to* 19 MeV. Nucl. Instrum. Methods Phys. Res. A**324**,232-238(1993)

5 Birattari,C. ,De Ponti,E. ,Esposito,A. ,Ferrari, A. ,Pelliccioni,M. and Silari,M. *Measurements and Characterization of High Energy Neutron Fields*. Nucl. Instrum. Methods Phys. Res. A**338**,534-543(1994)

6 Birattari,C. ,Esposito, A. , FassòA. ,Ferrari,A. ,Festag,J. G. ,Höfert,M. ,Nielsen,M. ,Pelliccioni, M. ,Raffnsøe, Ch. ,Schmidt, P. and Silari,M. *Intercomparison of the Response of Dosemeters used in High Energy Stray Radiation Fields*. Radiat. Prot. Dosim. **51**,87-94(1994)

7 Birattari,C. ,De Ponti,E. ,Esposito,A. ,Ferrari,A. ,Pelliccioni,M. and Silari,M. *LINUS:an Andersson-Braun Rem Counter with an Extended Response Function*. In: Proc. 8th Int. Conf. on Radiation Shielding, Arlington(Texas),24-28 April 1994,American Nuclear Society,pp. 254-263(1994)

8 Birattari,C. ,De Ponti, E. ,Esposito,A. ,Ferrari,A. ,Magugliani, M. ,Pelliccioni, M. ,Rancati,T. and Silari, M. *Recent Developments of the LINUS Rem Counter and Characterization of High Energy Accelerator Radiation Fields*. In:Proc. Radiation Protection and Shielding Topical Meeting. Falmouth, Massachusetts,USA,21-25 April 1996,American Nuclear Society,pp. 129-138(1996)

9 Birattari,C. ,De Ponti,E. ,Esposito,A. ,Ferrari,A. ,Magugliani,M. ,Pelliccioni,M. ,Rancati,T. and Silari,M. *Measurements and Simulations in High Energy Neutron Fields*. In:Proc. 2nd Specialists' Meeting on Shielding Aspects of Accelerators,Targets and Irradiation Facilities,CERN,Geneva,Switzerland,12-13 October 1995(NEA/OECD),pp. 171-197(1996)

C. Birattari①

A. Esposito②

A. Ferrari③

M. Pelliccioni②

M. Silari④

①Università di Milano,Dipartimento di Fisica Via Celoria 16,20133 Milano,Italy

② Istituto Nazionale di Fisica Nucleare Laboratori Nazionali di Frascati 00044 Frascati (Roma),Italy

③ Istituto Nazionale di Fisica Nucleare Sezione di Milano Via Celoria 16,20133 Milano,Italy

④ CERN,1211 Geneve 23,Switzerland

28 October 1996

Response by the authors

Sir,

The parameters were obtained from Dr R. K. Sun in November 1992 and construction of the rem counter was completed in March 1993. The low energy response calibration from thermal to 16 MeV was completed in August 1993 in China. During 1995 monoenergetic neutron calibration was undertaken in Japan in conjunction with scientists from KEK. During this period some of the papers by Birattari *et al*, cited above, were studied. Since that time References 2 to 6 above have been studied in detail but no published data on monoenergetic neutron calibration above 20 MeV has been identified. Our reference to the provision of parameters by Dr R. K. Sun and our reference to the theoretical calculations by Birattari *et al* were intended as statements of fact and not intended as a first claim to originality. We make no such claim.

In general terms it is normal practice that when predictions based upon theoretical calculations are published, other laboratories may test and verify the predictions by means of independent experiments. Our work was intended to fall into this category. If published data on monoenergetic neutron calibration above 20 MeV had been found it would have been mentioned and compared with our data.

Li Jianping

Tang Yueli

Liu Shudong

Institute of High Energy Physics, Academia Sinica

PO Box 918 Beijing, 100039 China

27 December 1996

第四篇　辐射屏蔽与环境安全

混凝土屏蔽体中子衰减长度λ的测定*

唐鄂生　李建平

（中国科学院高能物理研究所）

摘要：中子衰减长度λ在侧屏蔽的计算中极为重要，它对屏蔽设计的造价起着决定性的作用。本文是对高能加速器靶室附近的混凝土屏蔽墙的样品，进行了活化分析，测量了衰减长度，并与有关结果作了比较。

一、引　言

在高能质子加速器的屏蔽设计中，衰减长度λ是一个极为重要的参数，因而在许多以往的屏蔽实验中，对许多屏蔽材料的衰减长度λ进行了测定。在这些实验中，大部分都是在束流终端(end-stop)的几何条件下测定的，横向(lateral)的情况测量较少，而这种横向的几何条件对高能加速器的屏蔽来说尤为重要，因为它对屏蔽设计的造价有着决定性的意义。

本实验用了两种不同的测量方法和实验条件，分别测量了横向屏蔽混凝土的衰减长度λ，测得重混凝土的$\lambda_{重}=126\ g/cm^2$，普通混凝土的$\lambda_{普}=117\ g/cm^2$。对此结果作了简要讨论和比较。

二、测量方法

1. 活化分析

分析屏蔽混凝土块中的活化核素，以测定高能中子的衰减长度。日本高能物理研究所的计数器厅于1977年5月开始进行物理实验，质子能量为12 GeV，束流强度为2×10^{12} ppp. π-μ靶附近的混凝土屏蔽墙，由于受中子及其他带电粒子的长期辐照，引起部分元素活化。1979年10月，由于工作需要进行局部改造，在该屏蔽墙上开了两个孔，从而取下了两条完整的直径约为7.5 cm的混凝土柱体，前一层为重混凝土（密度$\rho_{重}=3.65\ g/cm^3$），厚1 m；后一层为普通混凝土（密度$\rho_{普}=2.42\ g/cm^3$）厚1 m，其几何位置如图1所示。

对取下的混凝土柱体，用合金钢砂轮将它们切割成2.2 cm厚的样品块，为了防止污染，将它们用塑料袋包好并编上号。用Ge(Li)能谱仪对样品进行逐个测量。对重混凝土块及普通混凝土块，测量时间分别取作30000 sec及40000 sec。测量系统如图2所示。测得的谱形如图3所示。

* 本文1982年9月在《高能物理与核物理》第6卷第5期上发表。

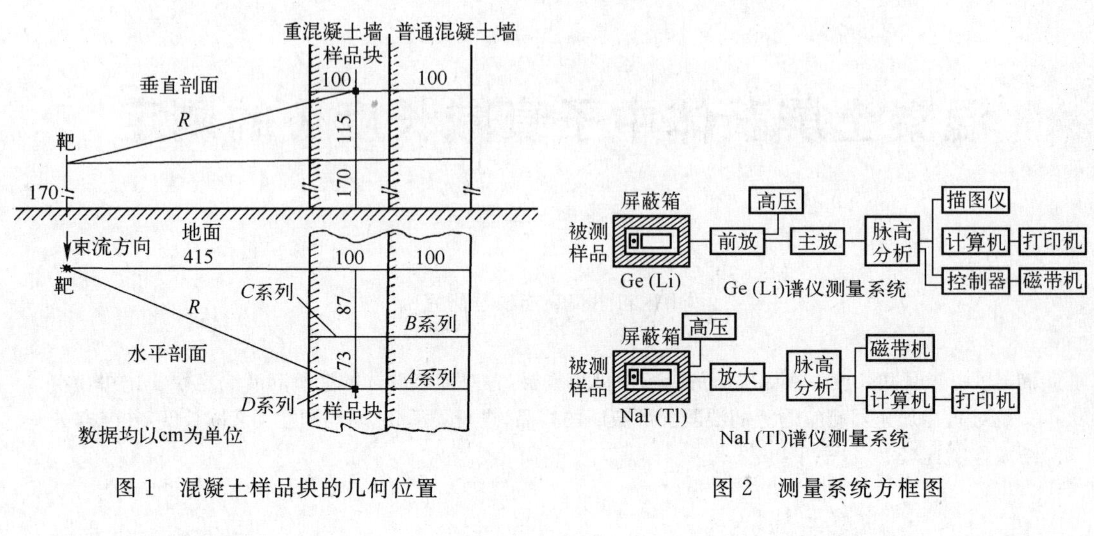

图 1 混凝土样品块的几何位置

图 2 测量系统方框图

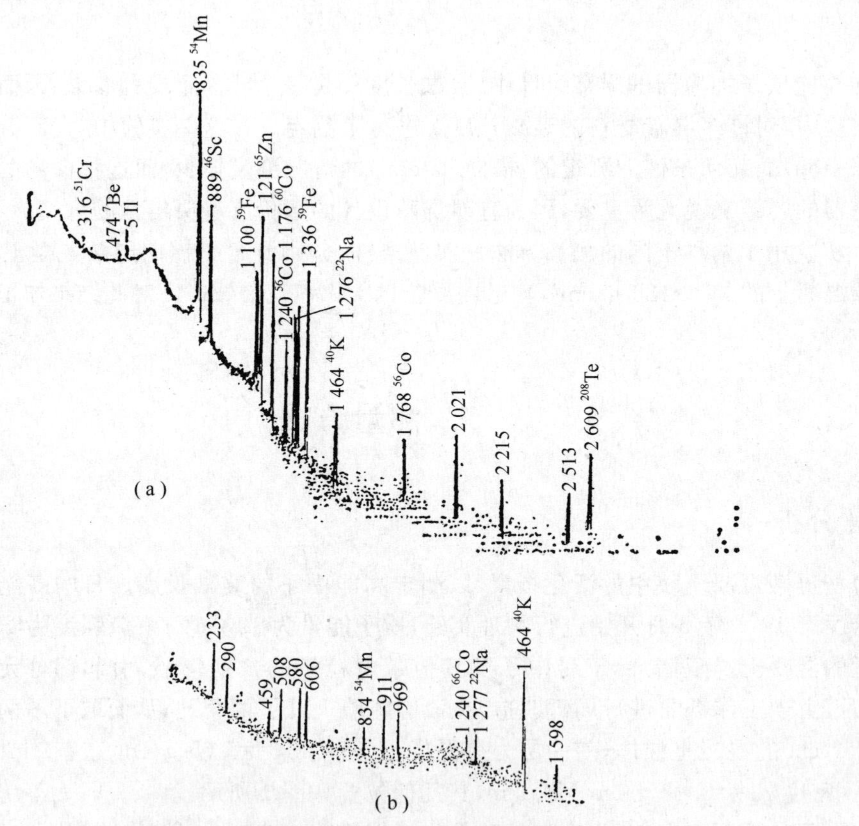

图 3 (a)重混凝土活化核素能谱分布(峰值能量以 keV 为单位)

(b)普通混凝土活化核素能谱分布(峰值能量以 keV 为单位)

数据处理中,经过了样品的重量归一,半衰期($T_{1/2}$)的修正以及距离的几何修正,并计算了统计误差。测得的各典型活化核素如表 1 所列,其强度随厚度的变化如图 4 所示。

表 1　混凝土块中典型的活化核素表

活化元素	半衰期	母核及反应形式	截　面	中子能量
^{54}Mn	313.5 d	$^{55}Mn(n,2n)^{54}Mn$	(940±47) mb	14 MeV
		$^{54}Fe(n,p)^{54}Mn$	(320±48) mb	
^{45}Sc	83.9 d	$^{45}Sc(n,\gamma)^{46}Sc$	(22.3±2.2) b	热中子
		$^{46}Ti(n,p)^{46}Sc$	(255±25) mb	14～15 MeV
^{65}Zn	245 d	$^{64}Zn(n,\gamma)^{65}Zn$	(0.47±0.05) b	热中子
^{60}Co	5.26 y	$^{59}Co(n,\gamma)^{60}Co$	(20±3) b	热中子
		$^{60}Ni(n,p)^{60}Co$	(175±50) mb	14.5 MeV
^{59}Fe	46.5 d	$^{58}Fe(n,\gamma)^{59}Fe$	(1.01±0.10) b	热中子
		$^{59}Co(n,p)^{59}Fe$	(82±22) mb	14～15 MeV
^{22}Na	2.58 a	$^{23}Na(n,2n)^{22}Na$	(25±2.5) mb	14 MeV
^{7}Be	53.6 d	$^{16}O(n,spall)^{7}Be$	10 mb	高能

从活化核素的活性强度随混凝土厚度的衰减状况，可以分析出不同能量的中子通量（例如，高能中子、14 MeV 的快中子及热中子）随厚度的变化规律，这对屏蔽设计来说是重要的。

^{46}Sc，^{65}Zn，^{60}Co 及 ^{59}Fe 等核素的活性强度的衰减开始时较快，而经 50～60 cm 后（约相当于中子在混凝土中 2 个自由程），衰减较慢。在半对数坐标中，其衰减规律呈直线变化，并且各核素的衰减曲线互相平行。这表明，此时各种活化核素的相对比例保持常数，也就是说，中子经约 2～3 个自由程的厚度后，中子能谱已达到平衡。由高能中子及快中子形成的 ^{7}Be 及 ^{54}Mn 和 ^{22}Na 出现平衡更早些。测定这些衰减曲线的斜率，可以求出高能中子在混凝土中的衰减长度 λ：

$$\lambda = \frac{d_2 - d_1}{\ln \dfrac{c_1 R_1^2}{c_2 R_2^2}} \tag{1}$$

式中：d_1，d_2 分别表示混凝土层的厚度[cm]R_1，R_2 分别表示混凝土样品所在点离靶的距离[cm]。c_1，c_2 分别表示在 d_1，d_2 处混凝土样品的活化强度[c/g·s]。

按照 ^{54}Mn 或其他核素谱平衡部分的衰减曲线，由公式（1）可以求出高能中子的衰减长度 λ。对 ^{54}Mn 的实验点，用回归分析的数理统计方法计算出的 λ 的精确值为：

$$\lambda_{重} = 125.8\ \mathrm{g/cm^2}$$

$$\lambda_{普} = 116.6\ \mathrm{g/cm^2}$$

2. 阈能活化探测器方法

用阈能活化探测器对增强器束流捕集器附近的普通混凝土屏蔽墙进行了衰减长度 λ 的测定。增强器的质子能量为 500 MeV，束流强度为 6×10^{11} ppp。采用的探测器为 ^{27}Al 和 ^{12}C。用胶布将它们固定在混凝土屏蔽墙内外两侧（见图 5）。探测器在来自捕集器的高能中子的辐照下，^{27}Al 及 ^{12}C 被活化，产生如下反应：

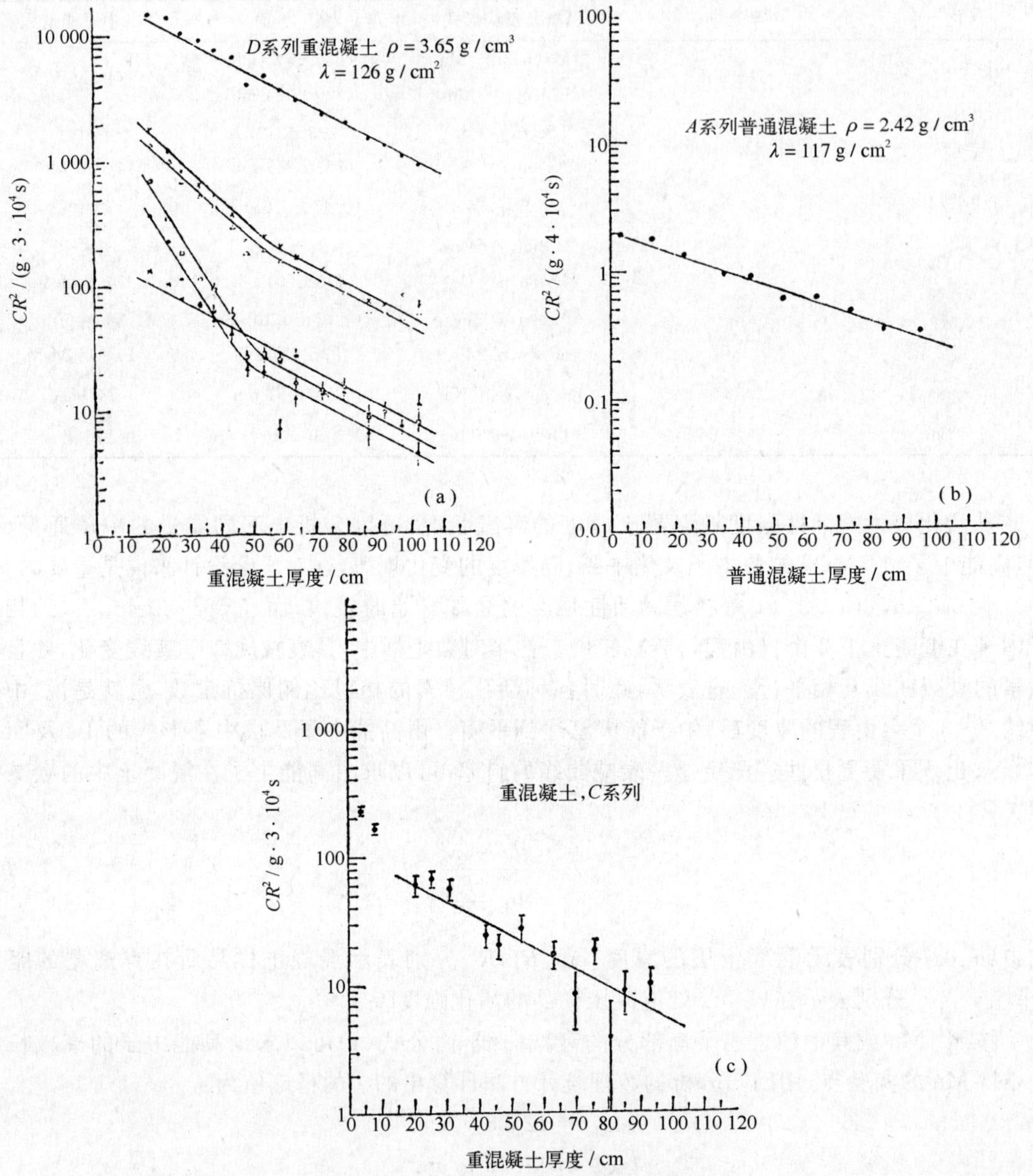

图 4　(a)各活化核素在混凝土中的衰减图

●—— ^{54}Mn　×—— ^{46}Sc　△—— ^{65}Zn

□—— ^{60}C　▲—— ^{59}Fe　*—— ^{22}Na

(b) ^{54}Mn 在普通混凝土中的衰减

(c) ^{7}Be 在重混凝土中的衰减

反　　应	σ/[mb]	$T_{1/2}$	衰变方式	阈值/MeV
$^{27}Al(n,spall)^{18}F$	8	109.7 m	β^+	>50
$^{12}C(n,2n)^{11}C$	22	20.3 m	β^+	>20
$^{27}Al(n,\alpha)^{24}Na$	10	14.96 hr	γ 1.37 MeV 2.75 MeV	>6

用 NaI(Tl)单晶谱仪分别测出活化核素的活性，按下列公式可算出不同方向上的中子能谱分布。

$$F=\frac{\lambda_d(C-B)}{\varepsilon\sigma N(1-e^{-\lambda_d t_i})e^{-\lambda_d t_w}(1-e^{-\lambda_d t_c})} \tag{2}$$

式中：F 为中子注量率[n/(cm² · s)]；λ_d 为活化核素的衰变常数[1/s]；t_i、t_w、t_c 分别表示辐照时间、等待时间和计数时间。ε 为谱仪对给定能量的射线的探测效率；σ 为活化截面[cm²]；N 为对应母核的核数；C 为计数时间 t_c 内样品的计数；B 为计数时间 t_c 内的本底计数。

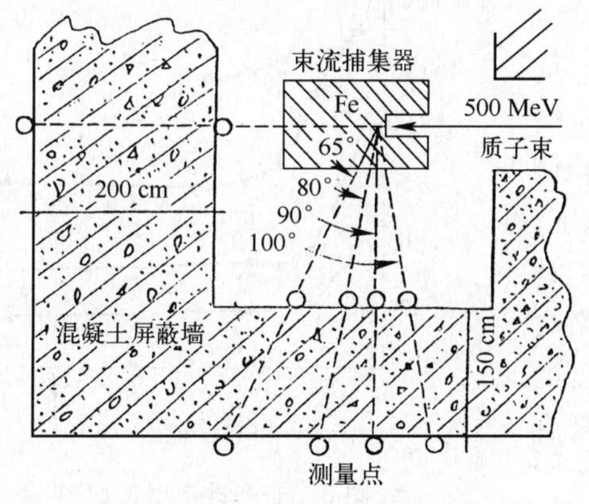

图 5　活化法测量 λ 的几何布置

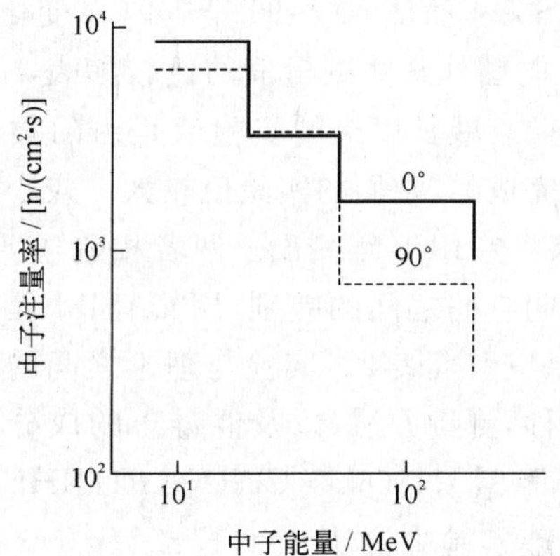

图 6　中子能谱

不同能量中子通量分布的计算结果如图 6 所示。

探测器的效率 ε 用蒙特卡洛方法计算给出。在计算^{18}F及^{11}C的β^+衰变与e^-湮没而引起的 0.511 MeV 的光电峰时，ε 要增大 1 倍，因为每次湮没同时放出 2 个 0.511 MeV 的光子。

根据墙内外中子通量的衰减，由公式(1)可以求出不同角度时高能中子的衰减长度 λ(见图 7)。

应该指出，在该方法中，探测器处于极端的几何条件下，中子能谱尚未达到平衡，因而测得的 λ 是粗略的，但可供比较。

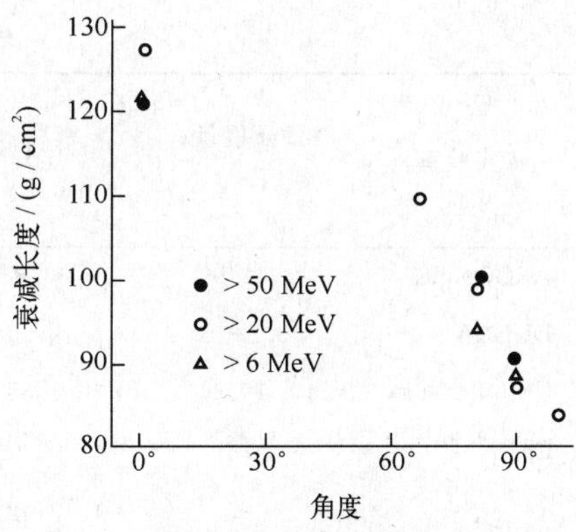

图 7　衰减长度的角分布

三、讨论及结论

1. 高能入射中子在混凝土屏蔽体中，因发生级联及其他核反应，经2～3个自由程后，中子能谱达到平衡，此时测量衰减曲线的斜率，即可求出高能中子的衰减长度λ。

2. 衰减长度λ对入射高能中子的能量响应是不灵敏的。这是因为高能中子在屏蔽体中的衰减主要是通过非弹性散射进行的，而能量大于150 MeV的高能中子，其非弹性散射截面σ_{in}近似为一常量$\sigma_{in} \approx 43\ A^{2/3}$ mb(见图8)。高能中子的衰减服从恒定的指数衰减规律，其衰减长度可近似给出：$\lambda \approx 38\ A^{1/3}$[g/cm^2][1]，此处$A$为原子量。对混凝土可取$A_{eff} \approx 27$，故$\lambda \approx 114$[g/cm^2]，与实验值接近。

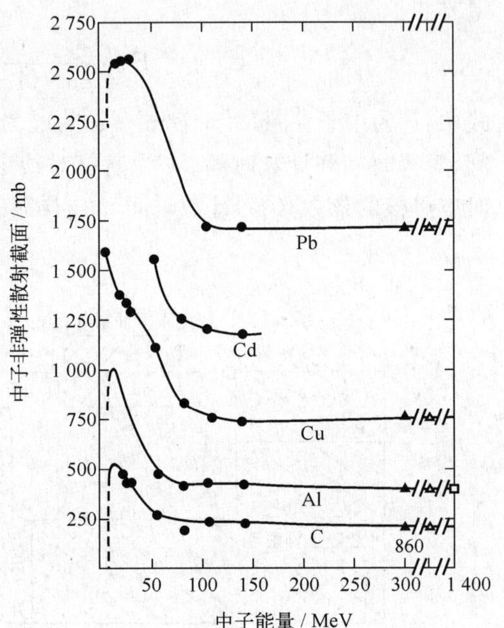

图8 非弹性散射截面图

3. λ与方向有关。实验结果表明，与束线成0°度方向的衰减长度，较横向90度方向的衰减长度约高出30%，而从60°～90°范围内，λ变化约20%。

4. 与国外某些测量值的比较如表2所示。最早的横向衰减长度λ的实验值是由阿贡和杜布纳实验室完成的，它们的实验值较大。较小的实验值由CERN在1970年测出。两者相差达50%以上。为了说明它们之间的差别，用CASIM程序作了计算，结果也引入表2。实验与理论之间的矛盾来自实验条件，测量方法，以及混凝土的成分及密度的差异等因素。1966年CERN-LRL-RHEL的联合大型屏蔽实验中测出λ=117±2(g/cm^2)，与本工作的结果相符合。

表2 国外某些λ的测量值

实验室	质子能量/GeV	密度ρ/(g/cm³)	衰减长度λ/(g/cm²)			文献
			实验值	计算值	O'Brien[5]势叠因子导出	
ARGONNE	12.5	3.8	173	104		[2]
DUBNA	3.2—10	2.35	171	104		[3]
CERN	19.2	2.35	107	117	107	[4]
CERN	28	1.7	117±2			[6]
KEK	12	2.42 3.65	116.6 125.8			本工作

5. 横向衰减长度λ是一个极为重要的屏蔽参数，因为它既影响着辐射场的安全，又关系

着屏蔽结构的造价。结果λ取得过大,则可能过于保守而使经济受损;反之,λ取小了,可能导致不安全的屏蔽。目前,在国外高能加速器的屏蔽设计中,对混凝土,采用 $\lambda=120\ g/cm^2$,这是较合理的数值。

本工作是1980年3月在日本高能物理研究所完成的。加藤和明,近藤健次郎副教授给予了热情的支持和帮助。平山英夫,伴秀一博士参加了阈能活化探测器方法的工作,对此表示感谢。

吴靖民和刘桂林同志参与了本文的讨论,并提出了许多有益的建议,在此一并表示感谢。

参考文献

1 H. W. Patterson and R. H. Thomas, Accelerator Health Physics ACADEMIC PRESS New York, 1973

2 Howe, H. J. et al., ANL-7273 Argonne, 1966

3 Alenikow, B. E. et al., JINR Preprint 9-2933, Dubna 1966

4 Gobel. K. and Ranft. J., CERN 70—16, Geneva 1970

5 O'Brien, K., HASI-203, New York, 1968

6 1966 CERN-LRL-RHEL Shrelding Experiment at CERN Proton Synchrotron, UCRL-17941, 1968

DETERMINATION OF THE NEUTRON ATTENUATION LENGTH λ IN CONCRETE SHIELDING

TANG E-sheng LI Jian-ping

(Institute of High Energy Physics, Academia Sinica)

Abstract: A precise attenuation length λ is greatly important in calculation of shielding, since this parameter influences the radiation field transmitted by an accelerator shield. The cost may be considerablely reduced, if the reasonable parameters are accepted. Inuclude spectral analysis of concrete samples taken from the shielding wall near by the target of high energy accelerator have been made. The attenuation length λ is determined and compared with results from other laboratories.

中日友好医院质子楼工程辐射屏蔽与监测*

唐鄂生　李建平

（北京高能辐射防护技术中心，北京 100039）

摘要：北京中日友好医院从比利时 IBA 公司引进一台质子旋加速器，专门用于质子治疗技术，本文对该装置已有的辐射屏蔽设计，进行评估和补充，并与同类装置的实测结果进行比较，取得了可信的结果。本文还给出了质子加速器辐射监测系统的特点，指出监测高能中子的重要性。

关键词：辐射屏蔽；质子治疗技术；辐射监测；Moyer 模型；级联中子；高能中子监测

一、概　述

北京中日友好医院从比利时 BA 公司引进一台质子旋加速器，专门用于质子治疗技术（以下简称为 PT），它填补了我国质子治疗肿瘤的空白，本文对该装置已有的辐射屏蔽设计，结合施工现场的具体特点，进行评估和补充，并与同类装置的实测结果进行比较，取得了可信的结果。

北京质子治疗中心的质子治疗装置是 PRO-TEUS 235 型质子治疗装置。质子能量在 E=235～70 MeV 之间，根据治疗的需要可连续调节。图 1 为质子治疗系统的平面布置。

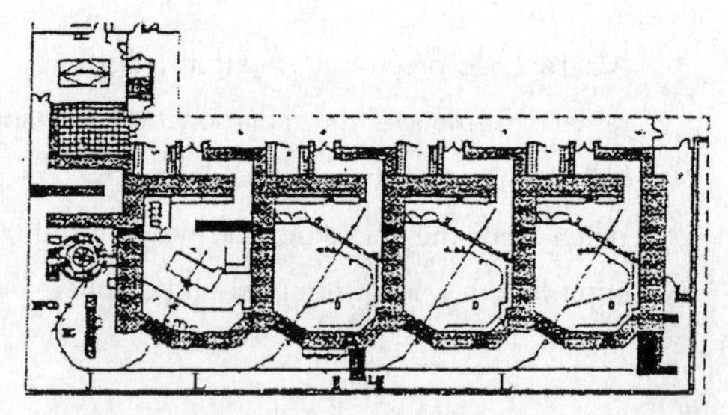

图 1　质子治疗系统的平面布置

质子治疗系统包括：一台等时性旋加速器，用以产生 235 MeV 恒定能量的质子流，以及 4 个固定与转动的治疗头。质子治疗时要根据肿瘤本身的深度和厚度，使用不同能量的质子，因此在加速器与治疗头之间设有能选系统，束线输运系统等装置。E，F，H，L 为束流阻挡器，C 是降能器，它由可变厚度的石墨层组成，固定能量为 235 MeV 的质子流，进入能量选择系统，就可以在输出端得到从 70 MeV 到 235 MeV 连续可调的不同能量质子流。D，G，I，J，P，Q 等分别表示准直器，狭缝，能量狭缝，能量选择系统准直器，散射与摆动治疗头，光阑等部件，它们用于质子束流的准直，限束等加工，以满足辐照各种肿瘤形状的治疗需要。

---

* 本文原载于 2003 年出版的《医疗装备》，第 16 卷第 9 期。

二、PT 瞬发辐射源项

2.1 PT 瞬发辐射源项

PT 装置在质子束流形成、加速、引出、输运，以及为了达到治疗目的而对束流的能量和截面进行调整的过程中，都不可避免地会发生束流损失，损失的质子与加速器的部件，如磁铁、选能器、准直器、狭缝、光阑、束流阻挡器等周围物质，发生相互作用。由此产生大量中子。束流损失点正是瞬发辐射源点，它是构成部件活化，环境污染的基本来源，是屏蔽计算的出发点，也是辐射监测的基本依据。

2.2 PT 装置辐射场的基本特点

PT 装置产生质子的能量很高(235 MeV)，它与周围物质原子核的相互作用，具有多种形式，但是最主要的是非弹性级联碰撞，由此产生大量的中子。在非弹性级联碰撞的总中子产额中，主要包括 2 部分中子：级联中子和蒸发中子。它们具有明显不同的特点：蒸发中子的能量较低，通常在 8～10 MeV 以下，具有各向同性的角分布；级联中子能量远高于 8 MeV，并可以延伸到，接近于入射质子的能量，并且具有明显的角分布。从数量上看，级联中子只占总中子产额中很少的百分之几，但它在屏蔽体外，起着绝对的主导作用。蒸发中子的数量远大于级联中子，它们对加速器部件的活化，起着非常重要的作用，这不仅是因为数量多，而且俘获截面更大。总中子产额与质子的能量和靶核有关，图 2 表示不同能量的中子，打在 C、Al、Cu 和 Pb 靶上，测量到的总中子产额。在质子能量 E_P＝50～500 MeV 的范围内，总中子产额正比与 EP^2。

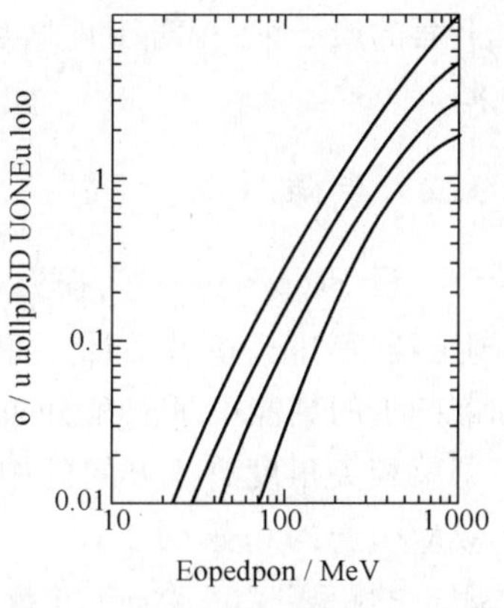

图 2　单个质子在厚靶 C，AL，CU，PD 上中的总中子产额

根据级联—蒸发模型，用 HETC 程序计算的，200 MeV 的质子打 Fe 靶，单个质子引出的级联中子角分布见图 3[1]，其产额如表 1 所列：表 1 级联中子角分布。

角度	0～30	30～60	60～90	90～180
中子数，n/p	2.35E－2	0.982E－3	2.4E－3	1.11E－3

三、Moyer 的屏蔽计算模型

Moyer 模型是质子加速器屏蔽计算的基本方法。考虑到一束高能质子入射到靶核，次级中子从靶核发射出来。屏蔽计算的基本问题就是估算穿过屏壁体后的这些中子的能谱，总数，及其形成的剂量当量。

3.1 Moyer 模型的基本假设

3.1.1　在屏蔽体外的辐射场中，剂量当量主要是由高能级联中子形成的，蒸发中子很少，以致可以忽略不计。例如，对 3 MeV 的蒸发中子，它们在混凝土中的剂量衰减长度，$\lambda=21\ g/cm^2$，而对 75 MeV 的级联中子，衰减长度 $\lambda=43\ g/cm^2$。设混凝土厚度为 $d=50$ cm，两者，衰减系数 $\exp(-d\rho/\lambda)$ 相差 11 倍。因此，很明显，在典型的 $d>50$ cm 的屏蔽体后面，剂量当量主要是由高能级联中子形成的。

3.1.2　衰减长度 $\lambda(E)=\lambda$ 常数，通常 $\lambda(E)$ 是中子能量的函数，但对 $E>150$ MeV 的级联中子，λ 已不随能量变化(见图 4)。

3.1.3　通常靶材都足够厚，足以全部吸收打在上面的质子束，相对于评估点的距离，"靶"可看成点源。

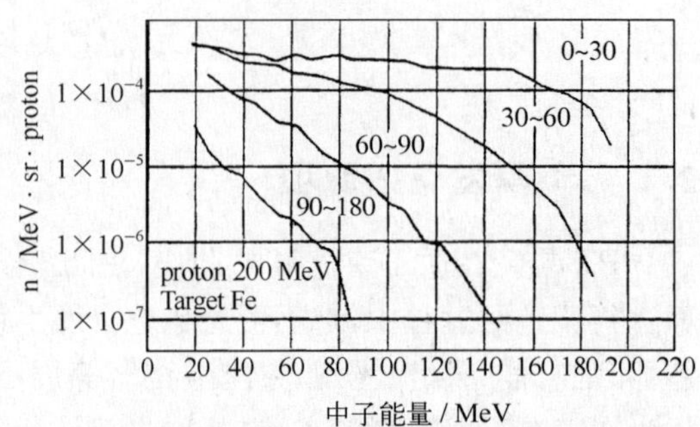

图 3　中子能谱角分布，200 MeV 质子，Fe 靶

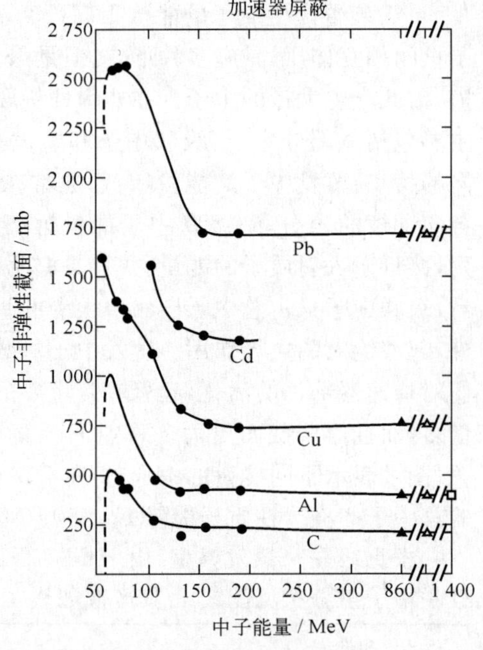

图 4　中子的非弹性截面

3.2　点源

设 S_0(p/s)——为损失在准直器，狭缝，光阑，或阻挡器等"靶"核上的质子束；$f(E,\theta)$——为由质子束产生的高能中子的角分布，即能量为 E，与入射质子束相关角度为 θ 方向的中子数；$B(E)$——由散射效应引起的积累因子；r——侧屏蔽体外，评估点离靶点的距离[m]；d——屏蔽体厚度。屏蔽几何及符号定义见图 5。

于是，对点源，源屏体外的中子数：

$$N=S_0\ \frac{1}{r^2}\int_E f(E,\theta)B(E)\exp(-d/\lambda\sin\theta)\mathrm{d}E$$

按照 Moyer 的简化假设[2]，可把

$$\int_E f(E,\theta)B(E)\mathrm{d}E\approx g(\theta)=\mathrm{e}^{-\beta\theta}$$

设：平均单个质子引起的级联中子剂量当量率为 H_{casc}[Sv/s]，则由高能级联中子产生的，屏蔽体后，P 点的剂量当量 H，

$$H=S_0 H_{\mathrm{casc}}\ \frac{1}{\gamma^2}g(\theta)\exp(-d/\lambda\sin\theta),$$

在评估计算中，$g(\theta)\exp(-d/\lambda\sin\theta)$，

可用单一的指数形式来近似表示，于是经过实际使用过的半经验计算公式，可写成，

$$H=S_0 H_{\mathrm{casc}}(\theta)\ \frac{1}{\gamma^2}\exp(-d/\lambda(\theta))[\mathrm{Sv/s}]$$

表 2 列出了，由 250 MeV 的质子，打靶 Fe、Cu 及人体组织，由此产生的级联中子，在与质子束 θ 成方向，离靶点 1 m 远处的剂量当量转换系数 $H_{\mathrm{casc}}(\theta)$ 和混凝土衰减长度 $\lambda(\theta)$。表 2 中的数据取自[4]。

表 2 中的数据是用 FLUKA 程序计算的，对 Cu 和 Fe 的数据已与其他文献的计算及实验值作过比较。由表中看出，$H_{casc}(\theta)$ 及 $\lambda(\theta)$ 都是 θ 的函数，因为它包含了出射中子的角分布，能谱及几何衰减等的综合效应。在 $\theta=90$ 的侧屏蔽评估计算中，由点源引起的半经验剂量当量率计算公式，可简化为：

$$H = S_0 H_{casc}(90) \frac{1}{(a+d)^2} \exp[-d/\lambda(90)][\mathrm{Sv/s}] \tag{1}$$

角锥体	Fe		Cu		人体组织	
	H_{casc}/Svm^2	λ/(g/cm^2)	H_{casc}/Svm^2	λ/(g/cm^2)	H_{casc}/Svm^2	λ/(g/cm^2)
0～10	8.1E－15	108	7.0E－15	110	3.9E－15	95
10～20	6.9E－15	107	5.6E－15	108	3.6E－15	93
20～30	6.2E－15	101	4.7E－15	106	2.5E－15	92
30～40	4.0E－15	98	3.5E－15	100	1.8E－15	83
40～50	2.9E－15	96	2.5E－15	97	9.3E－16	80
50～60	2.0E－15	92	1.8E－15	91	7.1E－16	75
60～70	1.2E－15	85	1.1E－15	82	6.0E－16	67
70～80	7.6E－16	74	7.1E－16	72	5.1E－16	59
80～90	6.0E－16	64	5.7E－16	63	3.0E－16	52

式中，a——靶点与屏蔽体的距离(m)。

参见文献[3]

3.3 线源

设，S——单位时间，单位线源长度的质子数[p/sm]，H——离线源距离为 r，在混凝土厚度为 d 的侧屏蔽体外的辐射剂量当量率。对点源的方程(1)沿线源积分，可得到在侧屏蔽评估计算中，由线源引起的半经验剂量当量率计算公式：

$$H_L = S_L \frac{2H_{casc}}{r} \exp\left(-\frac{d_0}{0.89\lambda}\right)[\mathrm{Sv/(s \cdot m)}] \tag{2}$$

此处：为混凝土的密度[3]。

四、PT 瞬发辐射场的计算

4.1 加速器

质子束流在回旋加速器的真空盒中加速时，部分质子会损失掉，撞在真空盒的管壁以及磁铁上，形成瞬发辐射源，IBA 的技术报告指出，在束流平面内，损失的质子在 1.1 m 的引出半径上，是各向均匀分布的。由此打出的中子，首先遇到磁铁的自屏蔽，其水平方向平均吸收厚度为 45 cm，垂直方向为 62 cm。

回旋加速器是 PT 装置中最大的辐射来源，在屏蔽估算中，可把它看成均匀分布的线源。应用线源计算公式(2)即可计算出如表 3 加速器邻近点的辐射剂量。

评估点位置	固定 治疗室 FTR1	主控室 MCR	屋顶	底层	加速器 以南	加速器 以西
H_L[Sv/h]	9.3E−6	2.0E−7	2.0E−8	0.01	0.0027	0.0031

计算中，取 1/2 加速环对剂量当量率的贡献；加速器以南及以西的地表面的剂量计算中考虑了土层的吸收；钢筋混凝土的密度 $\rho=2.4[g/cm^2]$。

4.2 能选系统

质子束流，经加速达到预定指标后，进入能量选择系统。在正常情况下，束流进入降能器，将 235 MeV 的能量调降到合适的能量。需要指出的是，降能器 C 只降能，并无束流损失。当质子束从降能器出来后，发散度增加，束斑变得很大，因而要用准直器 D 限束准直，于是大量质子被挡掉，形成很强的辐射源。此时有两种工作模式：散射和扫描。计算了它们在固定治疗室中形成的剂量当量率。

表 4 能选系统在相邻的固定治疗室中，FTR2 点形成的剂量当量率

	束流阻挡 器 E，FTR2	准直器 D，FTR2		束流阻挡器 H，FTR2		狭缝 G，FTR2 (扫描)
		散射	扫描	散射	扫描	
H_L/[μSv/h]	0.04	0.034	0.005	0.023	0.014	0.013

H 的使用频率为 10 分/天。

G 仅对扫描模式有效，对散射模式，G 打开，束流无阻挡通过。

4.3 输运系统及固定治疗室

在正常运行时，束流经 ESS 能量选择系统后，进入束线输运系统，此时质子流强小于 20 nA。

表 5 输运系统的束流损失对固定治疗室的影响

	ESS 准直器 J， FTR1 点	束流阻挡器 L， FTR1 点	束流阻挡器 N， FTR1 点
H_p，[μSv/h]	4.1	49	49 μSv/5s

在正常运行时，束流阻挡器 L 及 N 的使用频率为 5 秒/天，1 天/周，每次累积剂量不超过 49 Sv。建议在束流阻挡器 N 工作时，固定治疗室内不要留人。

4.4 与 IBA 实测数据的比较

北京质子治疗中心的 PROTEUS 235 型质子治疗装置与早在 1998 年安装在美国波士顿市中心的美国东北质子治疗中心(NPTC)的 PT 装置是同一型号,在性能指标和规模尺寸上完全相同,该装置已于 2001 年 7 月正式通过美国的 FDA-510a 安全认证,2002 年 3 月通过欧洲 CE 证。NPTC 已于 2001 年 9 月正式对外营业。见图 6。为美国 NPTC 的 PT 装置,IBA 对该 PT 装置周围环境,有过一些实测及计算数据,为了说明本工作计算方法及计算数据的可靠性,表 6 列出了两者数据的比较。

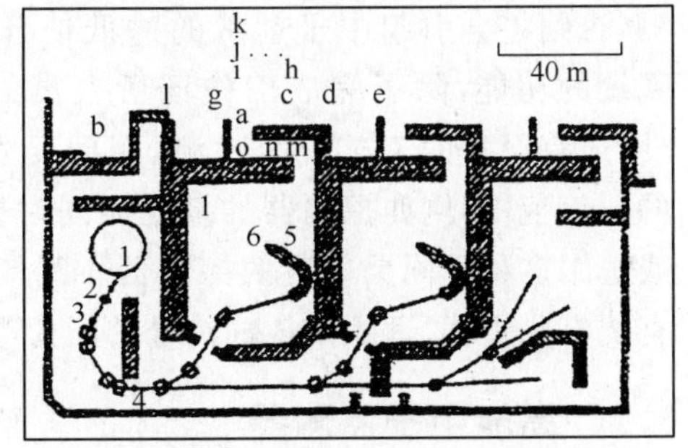

图 6 美国东北质子治疗中心的 PT 装置

表 6

评估点 \ μSv/h	实测,H_m	IBA 计算,H_c	H_c/H_m	本计算 H_m(本)	H(本)/H_m
a 迷宫口	3.12	12	4	59	19
b 主控室	0.084	1.32	16	0.11	1.3
f 走廊	0.072	6	84	1.15	16
J 二楼设备间	0.049	3.12	63	0.48	9.8P

由此可以看出:

(1)由于在计算中,所选的参数是最大的质子流强和束流损失最严重的情况,因而,计算值比实测值要高,也就是说,计算数据是偏安全的。

(2)本工作的计算值比 IBA 的计算数据更接近于实测值,说明了我们的计算方法是对的,所选的参数是合理的。

五、剂量监测

为确保加速器工作人员、医务人员、病人及周围居民的辐射安全以及设备的运行安全,必需建立工作场所和环境的中子、γ 监测系统。随时提供医疗中心各区域辐射水平的定量数据,以确保人员的安全活动,使其接受的辐射剂量能实现“可以合理达到的尽可能低(ALARA)”原则。监测系统包括:中子、γ 辐射监测器(电子学电路、高低压电源、本地数据采集器及显示器);本地和远距离报警信号;数据采集器;中心计算机及数据采集与处理软件;与防护门联锁安全等。上述内容总称为工作场所和环境辐射监测系统。

5.1 高能质子加速器的辐射场及对监测器要求

高能质子加速器的辐射场是一个中子、γ 混合辐射场,中子(约占 80%),其次是 γ。在中子成分中,主要是高能中子(特别是能量大于 20 MeV 以上的级联中子),它们在中子剂量贡献中占 50%以上。图 7 表示在 NPTC 的转动治疗室及其迷宫 1-m 点处,计算的中子剂量当量能谱。由此看出,在治疗室内的1点,中子能量的峰值在100 MeV处。鉴于辐射场的特点,在高能质子加速器辐射场监测系统的设计中,要特别强调对高能中子的监测,否则将会引起中子剂量的过低估计。此外,该监测系统的功能,除了完成工作场所人员的安全剂量监测外,还有设备的工艺安全检测,因而要求探测器有较宽的测量范围,例如探测器的量程能同时横跨6~7量级,或选用多种不同灵敏度的探测器。此外,要求该系统具有抗电磁干扰、远距离传输信号的能力等。

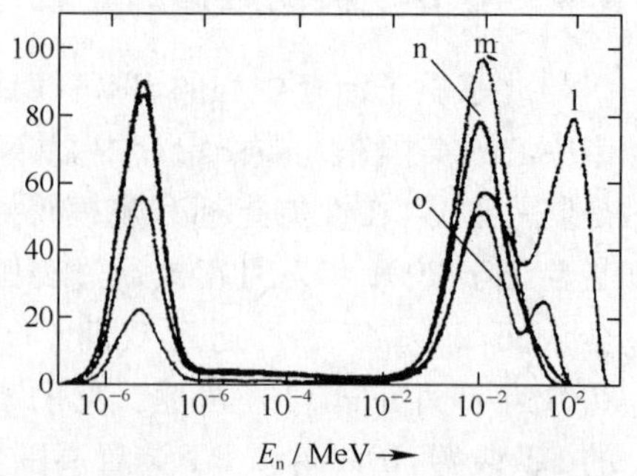

图7 NPTC计算的中子剂量当量能谱

5.2 高能中子监测器

目前用于辐射防护目的最好的中子剂量当量仪是Andersson-Braun中子雷姆计数器(简称A-B雷姆计数器)。它适用的中子能量范围从热中子到10 MeV。当中子能量大于20 MeV时,能量响应开始明显下降,并偏离ICRP推荐的响应曲线。因此用普通A-B雷姆计数器测量高能质子加速器的辐射场时,必然会造成不同程度上的中子剂量当量的过低估计。北京高能辐射防护中心研制的改进型A-B中子雷姆计数器,在原有A-B中子雷姆计数器基础上进行了改进,增加适当厚度的铅层,从而改善了高能中子的能量响应。R. K. Sun用蒙特卡罗方法作了理论计算,此种改进型A-B中子雷姆计数器,能量响应曲线可从热中子到延伸到1 GeV。我们利用国内外(日本高能所)的标准单能中子源,完成了

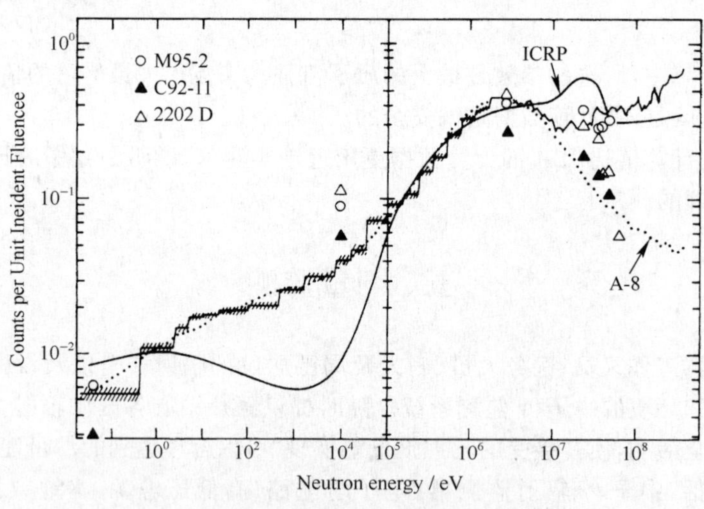

图8 改进型A-B中子雷姆计数器的能响

13个能量点的能响应标定(标定曲线,见图8)。结果表明,改进型A-B中子雷姆计数器的能量响应大有改善,符合ICRP推荐的能量响应曲线[5]。其主要技术性能如下:灵敏度:2.0 cps/10 μSv/h;量程:1~5000 μSv/h;能量响应:在0.025 eV到1 GeV间符合ICRP推荐的能量响应曲线;耐γ场强度:20 Gy/h;总不确定度小于10%。

六、数据采集与处理系统

由固定监测器通过长电缆将数据传输到数据采集器(DDL)，再传送到中心计算机(见图9)。

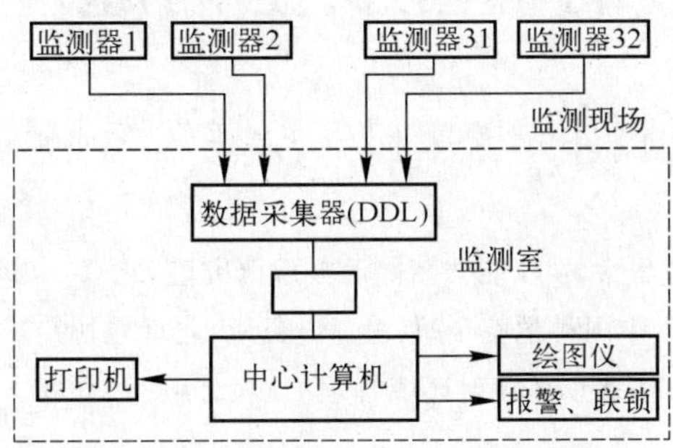

图9 数据采集与处理系统方框图

感 谢

作者非常感谢刘世耀教授对本工作的支持，提供数据和讨论，作者感谢刘原中教授在共同完成环境影响报告书中的愉快合作。

参 考 文 献

1 W. K. Hagan, B. L. Colbom, and T. W. Armstrong and M. Allen Radiation Shielding Calculations for a 70 to 250 MeV Proton Therapy Facility Nucl. Sci and Eng. 98, 272-278(1988)

2 H. Wade Patterson and Ralph H. Thomas Accelerators Health Physics, Academic Press New York, 1973

3 K. Tesch A simple Estimation of the Lateral Shielding for Proton Accelerator in the Energy Range 50 to 1000 MeV Radiation Production Dosimetry Vol. 11, No. 3, pp. 165-172(1985)

4 S. Agosteo etc. Shielding Design for a Proton Medical Accelerator Facility IEEE Transactions on Nuclear Science, Vol. 43, No. 2, April, 1996

5 Li Jianping, Tang Yueli, et al. Radiation Protection Dosimerty, 1996, 67, 179

Medical Equipment Vol. 16, No. 9

高能质子加速器治疗系统应用中的环境安全问题*

刘原中[1]　唐鄂生[2]　李建平[2]　顾洪坤[3]

(1. 清华大学 核能与新能源技术研究院，北京　100084；
2. 中国科学院 高能物理研究所，北京　100039；
3. 北京市辐射环境管理中心，北京　100037)

摘要： 通过对 1 台能量为 235 MeV 的质子加速器治疗系统的辐射安全分析，阐明了高能质子加速器运行时可能带来的一些环境安全问题。分析表明，高能质子加速器运行可能带来的主要环境影响有：中子和 γ 射线引起的辐射剂量、空气的活化、设备冷却水的活化、土壤（及地下水）的活化、加速器结构材料的活化以及臭氧等有害气体的产生等。计算结果表明，只要整个系统的设计具有良好的屏蔽系统、通风系统以及防止人员误入强辐射区的安全联锁系统，高能质子加速器治疗系统的运行对周围公众的安全是能得到保障的。

关键词： 质子加速器；医疗系统；环境影响

目前我国自然人口肿瘤发病率约为千分之二至千分之三，即每年约有 240 万发病的肿瘤病人，其中适应于放射性治疗的人约 80 万人，而适合质子治疗技术治疗的病人约为 60 万人。

利用高能质子来治疗肿瘤的优点在于：由于质子在物质中穿行时的 Bragg 现象，即在行进过程中能量损失很小，而大量能量损失于射程的终点，因而质子在穿行肌体组织过程中对沿途的细胞破坏作用很小，而对肿瘤细胞的杀伤作用很大。质子在肌体组织中的射程取决于质子的能量，根据肿瘤的深度，调节入射质子的能量，使质子的射程正好到达肿瘤部位，杀死肿瘤细胞，而对正常的组织细胞破坏很小，大大提高了肿瘤患者的生存质量。

目前，中日友好医院从比利时 IBA 公司进口 1 台可把能量加速到 235 MeV 的质子加速器治疗系统（简称 PTS），用于治疗肿瘤。

质子治疗系统的核心是质子加速器，被加速的高能质子在能量选择及传输过程中都会有质子束流的损失，损失的质子撞击在周围的结构材料上会与材料中的原子发生核反应，即高能质子入射到原子核内后与该核内的核子发生级联碰撞、交换能量、打出能量很高的级联中子，在激发核退激过程中又会释放出能量较低的蒸发中子，并伴随有 γ 射线的发射，级联中子和蒸发中子由于慢化会变成热中子。这些中子和 γ 射线会带来一些环境安全问题。下面以 PTS 为例来对这些环境安全问题进行描述。

* 2004 年 7 月在《原子能科学技术》第 38 卷增刊上发表。

一、中子和 γ 射线的产生和屏蔽

1.1 质子束流损失及中子产额

对于任何质子加速器，在质子束流的形成、加速、传输、引出以及对束流能量和截面的调整过程中均不可避免地发生束流损失，损失的质子与加速器的部件，如磁铁、选能器、准直器、狭缝、束流阻挡器等物质的原子发生相互作用(称为打靶)，由此产生大量中子和 γ 射线。束流损失点正是瞬发辐射的源点，是屏蔽计算的出发点。

高能质子打靶时产生的级联中子能量可达到被加速的质子能量，对于 PTS 来说，即为 235 MeV。高能中子的穿透能力很强，因而对于高能质子加速器的屏蔽问题主要是针对高能中子的屏蔽，对蒸发中子和 γ 射线一般可以不予考虑。

质子打在靶物质上的中子产额依赖于入射质子的能量和靶物质的材料，质子能量一般在 50～500 MeV 时，总中子的产额正比于质子能量的平方。文献[1,2]分别给出了不同能量的质子打在某些靶物质(C、Al、Cu、Fe、Su、Ta 、Pb 等)上的总中子产额及其角分布。根据文献[1,2]本工作推算出了 PTS 系统质子打靶(Fe)时的中子总产额为 1，其中，级联中子为 0.048。

对于 PTS 质子治疗系统，比利时 IBA 公司根据系统的设计提供了所有束流损失点(共 18 处)处的质子能量、质子流强、束流损失率、靶材料及损失频率。根据这些基本参数，本工作计算了各束流损失点处的束流损失流强，进而计算出各损失点处的中子和 γ 射线的辐射源强。

1.2 屏蔽层外的辐射剂量

Moyer 模型是质子加速器屏蔽计算的基本方法。利用 Moyer 积分的简化假设，推导出点源和线源的中子屏蔽计算公式[1,3]为：

$$D_{\mathrm{p}} = S_{\mathrm{p}} H(\theta) \frac{1}{r^2} \mathrm{e}^{-d/\lambda(\theta)} \tag{1}$$

$$D_{\mathrm{L}} = S_{\mathrm{L}} H(\theta) \frac{2}{r} \mathrm{e}^{-d/0.89\lambda(\theta)} \tag{2}$$

式中：D_{p}、D_{L} 分别为对点源和线源屏蔽层外的剂量率，Sv/s；S_{p} 为单位时间内在束流损失点处损失的质子数，s^{-1}；S_{L} 为单位时间内在单位束流损失线上损失的质子数，$\mathrm{s}^{-1} \cdot \mathrm{m}^{-1}$；$H(\theta)$为单个质子打靶时，在距靶 1 m 处中子引起的剂量，$\mathrm{Sv} \cdot \mathrm{m}^2$；$\lambda(\theta)$为中子在屏蔽层内的衰减长度，$\mathrm{g/cm^2}$；$\theta$ 为入射质子与出射中子之间的夹角；r 为源点到剂量计算点之间的距离，m；d 为屏蔽层的质量厚度，$\mathrm{g/cm^2}$。

从文献[1,3]可查到对于级联中子的 $H(\theta)$和 $\lambda(\theta)$值，它们是质子能量、靶材料及 θ 角的函数。

根据 IBA 公司提供的 PTS 的设计参数及屏蔽层的厚度、布置及设计，本工作计算了各屏蔽层外的辐射剂量率。计算结果表明，绝大多数的屏蔽皆能满足我国辐射防护标准的要求，但有 3 处的屏蔽能力较弱，不能满足我国辐射防护标准的要求。提出改进措施后，公众成员受到的最大年剂量小于 0.08 mSv，低于国标 GB 5172—85 中规定的年剂量限值0.1 mSv。

1.3 中子的天空散射引起的辐射剂量

在考虑中子和 γ 射线对公众引起的辐射剂量时，还必须考虑穿过屋顶进入天空的中子和 γ，在大气空气中分子、原子的散射作用下有部分中子、γ 会反散射到地面上，对附近的公众引起辐射照射。

对于中子的天空散射可采用以下经验公式进行计算：

$$\varphi(r) = \frac{\alpha Q}{4\pi r^2}(1 - \mathrm{e}^{-r/\mu})\mathrm{e}^{r/\lambda} \tag{4}$$

式中：$\varphi(r)$ 为与靶距离 r 处天空散射引起的中子注量率，$\mathrm{cm}^{-2}\cdot\mathrm{s}^{-1}$；$\alpha$、$\mu$、$\lambda$ 为有关参数[4]；Q 为射入天空的中子源强，s^{-1}，该值通过屏蔽计算求得。

对于 PTS，由于顶部屏蔽能力很强，因而此项对环境的影响很小。计算结果表明，公众成员受到的最大年剂量小于 10^{-4} mSv。

二、空气的活化和排放

2.1 空气活化造成的气载放射性流出物的排放量

高能的级联中子会引起空气中 N，O 的散裂反应而生成 ^{3}H，^{7}Be，^{11}C，^{13}N 等放射性核素；蒸发中子将引起 ^{16}O 的(n，2n)反应产生 ^{15}O；级联中子和蒸发中子在屏蔽层及系统设备材料中经弹性和非弹性碰撞慢化后变成热中子又进入空气而引起 ^{14}N 的(n，p)反应产生 ^{14}C 以及 ^{40}Ar 的(n，γ)反应产生 ^{41}Ar；还有其他一些由散裂和俘获反应产生的半衰期小于 1 min 的核素，如 ^{14}O，^{19}O，^{16}N ^{17}N 等。

针对 PTS 的实际情况，推导出每天向环境释放的放射性活度为：

$$Q_{\mathrm{i}} = FB\left[T + \frac{1}{\lambda}(\mathrm{e}^{-\lambda T} - 1)\right] \tag{5}$$

$$B = \frac{2R_0\lambda_{\mathrm{i}}\sigma Y\rho A_0 f_{\mathrm{n}} f_{\mathrm{m}}}{\lambda GV}\cdot\frac{1 - \mathrm{e}^{\lambda T_0}}{1 - \mathrm{e}^{\lambda\tau}}$$

$$\lambda = \lambda_{\mathrm{i}} + F/V$$

式中：Q_{i} 为每天向环境释放的核素 i 的活度，Bq/d；R_0 为束流损失点所在房间空气体积的等效球半径，cm；λ_{i} 为核素 i 的衰变常量，s^{-1}；σ 为核反应生成核素 i 的母核的核反应截面，cm^2；Y 为该束流损失点的中子产额，s^{-1}；ρ 为空气的密度，$\mathrm{g/cm}^3$；A_0 为阿佛加德罗常数；f_{n} 为母核的天然丰度；f_{m} 为母核元素在空气中的质量百分比；G 为母核的摩尔质量，g/mol；V 为束流损失点所在房间的空气体积，cm^3；F 为束流损失点所在房间的通风速率，cm^3/s；T 为每天的通风时间，s；T_0 为每次产生束流的时间，s；τ 为两次束流之间的循环时间，s。

计算结果表明，PTS 系统运行时每年排到大气环境中的放射性总活度为 2.67×10^{12} Bq，排放浓度为 6×10^{4} $\mathrm{Bq/m}^3$，主要核素是 ^{13}N、^{11}C 和 ^{41}Ar。

2.2 气载放射性流出物排放对公众引起的辐射剂量

根据上面给的各处放射性核素的排放量及中日友好医院所在地区的天气条件，计算了气载放射性流出物排放对公众引起的辐射剂量。计算结果表明，公众可能受到的最大个人有效剂量，成人为 4.9×10^{-4} mSv/a，儿童为 5.8×10^{-4} mSv/a，主要照射途径来自空气浸没外照射，关键核素是 ^{13}N。

三、设备冷却水的活化

高能质子加速器设备冷却水中的 ^{16}O 在高能中子的作用下发生散裂反应，生成 ^{10}C，^{14}O，^{15}O，^{13}N，^{11}C，^{7}Be，^{3}H 等核素。除 ^{7}Be 和 ^{3}H 之外，其余皆为半衰期不超过 20 min（^{11}C 的半衰期为 20.39 min）的核素。设备冷却水是闭路循环，因而在计算设备冷却水活化时可只计算 ^{7}Be 和 ^{3}H 的活度。

根据 PTS 系统的运行情况，推导出设备冷却水中饱和放射性核素的浓度可按下式计算：

$$C_i = \varphi \frac{\sigma\rho A_0 f_n f_m}{G} \cdot \frac{1-e^{-\lambda_i T_0}}{1-e^{-\lambda_i \tau}} \cdot \frac{1-e^{-\lambda_i t_v}}{1-e^{-\lambda_i T}} \tag{6}$$

式中：C_i 为设备冷却水中核素 i 的浓度，Bq/cm^3；φ 为进入水中的中子注量率，$cm^{-2}\cdot s^{-1}$；t_v 为冷却水流经靶室的时间，s；T 为冷却水循环一周的时间，s；ρ 为水的密度，g/cm^3。

PTS 系统共有 3 个设备冷却水系统，其中的两个系统（称为 1 号和 3 号系统）处于中子辐射场中。计算结果表明，这两个系统中的核素浓度皆很低，1 号系统为 30 Bq/cm^3，3 号系统为 54 Bq/cm^3，主要核素是 ^{3}H 和 ^{7}Be，其中 ^{3}H 约占 75%，^{7}Be 约占 25%。

四、土壤（及地下水）的活化

束流损失产生的中子会穿过 PTS 系统屏蔽层而进入地下和四周（PTS 系统安置在地下）的土壤，引起土壤（和地下水）的活化。土壤的核素成分十分复杂，活化产生的放射性核素种类很多。根据 PTS 系统的运行方式，推导得出土壤中饱和放射性的比活度为：

$$a_i = \varphi \sigma N_i \delta_i \frac{1-e^{-\lambda_i T_0}}{1-e^{-\lambda_i \tau}} \tag{7}$$

式中：a_i 为土壤中核素 i 的比活度，Bq/g；φ 为进入土壤的中子注量率，$cm^{-2}\cdot s^{-1}$；N_i 为生成核素 i 的母核元素在每克土壤中的原子数，g^{-1}；δ 为母核的同位素丰度。

计算结果表明，在土壤中的活化是很微小的，活化最大处位于加速器本体西侧的土壤中，其活化核素的比活度仅约为 3.8×10^{-4} Bq/g，主要核素是 ^{3}H（约占 71%），其次是 ^{7}Be、^{22}Na 和 ^{54}Mn。

五、PTS 系统结构材料的活化

PTS 系统运行时产生的中子也对它自身的结构材料造成活化，被活化的部件对 PTS 停运时的维护检修人员带来辐射照射。文献[5]报道了 1 台回旋加速器停机 12 h 后在 D 型盒切割板处的 γ 照射量率相当高，约为 $4.13\times10^{-4}\,C\cdot kg^{-1}\cdot h^{-1}$（即 $1.6\,R\cdot h^{-1}$）；停机 2 个月后仍高达 $6.84\times10^{-5}\,C\cdot kg^{-1}\cdot h^{-1}$（即 $0.265\,R\cdot h^{-1}$）。此外，损坏的部件被拆卸下来将成为固体放射性废物，将对环境带来一定的影响。

准确计算加速器结构材料的活化是很困难的。文献[6]给出了简约估计质子加速器结构材料饱和放射性活度的方法，即每损失 1 kW 的束流，则产生约 6.3×10^{12} Bq 的放射性核素。利用这个方法估算了 PTS 各个部位的放射性活度。所有部件全部的总活度约为6.8×10^{11} Bq。其中最大的为能选系统，由于该系统中束流损失流强最大，故饱和放射性活度约占总活度的 59%。根据各个系统的重量估算出活化部件的比活度在 10^6 Bq/kg 量级。根据文献[4]可知，对 γ 辐射剂量起主要作用的活化核素是^{54}Mn，^{58}V，^{51}Cr，^{52}Mn^{m} 和^{56}Mn。

六、臭氧等有害气体的产生及排放

在 γ 光子的作用下，空气中的氧分解生成自由基，氧自由基与 O_2 结合生成 O_3，O_3 与空气中的 NO 结合生成 NO_2，NO_2 与空气中的 H_2O 结合生成 HNO_3。其中，O_3、NO_2 和 HNO_3 的产额(定义为每吸收 100 eV 的光子能量产生的分子数)分别为 10、4.8 和 1.5。

根据 PTS 系统的运行工况，可推导出每天排向环境的臭氧量按下式计算：

$$Q = FA\left[T + \frac{1}{\alpha}(e^{-\alpha T} - 1)\right] \tag{8}$$

$$A = 7.97\times10^{-17}\frac{Y_\gamma E_\gamma fSG}{LV\alpha}\cdot\frac{1-e^{-\alpha T_0}}{1-e^{-\alpha t}}$$

$$\alpha = \alpha' + \frac{RP}{V} + \frac{KF}{V}$$

式中：Q 为辐照区每天排向环境的臭氧量，g/d；Y_γ 为束流损失时产生 γ 光子的产额，s^{-1}；E_γ 为 γ 光子的平均能量，MeV；f 为空气吸收 γ 光子能量的份额；S 为 γ 光子在空气中行经的平均路程，cm；L 为 γ 光子在空气中的减弱长度，cm；G 为 O_3 的产额；α' 为 O_3 的化学衰变常量，s^{-1}；V 为辐照区的体积，cm^3；F 为辐照区的通风速率，cm^3/s；R 为 O_3 辐照分解常数，cm^3/eV；P 为空气吸收 γ 光子的功率，eV/s；K 为混合不均匀系数；t 为辐照时间，s。

根据 PTS 的系统设计及运行参数计算出 O_3、NO_2 和 HNO_3 的排放浓度分别为 5.7×10^{-5}、2.6×10^{-5}、1.1×10^{-5} mg/m^3；排放速率分别为 0.55、0.26、0.11 mg/h；年排放量分别为 2.63、1.21 和 0.51 g。

七、结　论

以上分析结果表明，高能质子加速器治疗系统运行所带来的最主要的环境安全问题是质子束流损失而打在各种物质上产生的中子和 γ 射线，进而产生辐射照射、引起物质活化和产生有害气体，若处理不当将会对周围公众造成危害。这要求高能质子加速器治疗系统的设计必须具有良好的屏蔽系统、通风系统，以及防止人员误入强辐射区的安全联锁系统。

目前，中日友好医院从比利时 IBA 公司引进的 PTS 系统在这些方面是完善的，分析结果表明，它的运行对公众的安全是能得到保障的。

参考文献

1　Tesch K. A Simple Estimation of the Lateral Shielding for Proton Accelerators in the Energy Range 50 to

1 000 MeV[J]. Radiation Protection Dosimetry,1985,11(3): 165～172

2 Hagan WK,Colborn BL,Armstrong TW. Radiation Shielding Calculations for a 70 to 250 MeV Proton Therapy Facility [J]. Nuclear Science Engineering,1988,98:272～278

3 Agosteo S,Corrado MG,Silari M,et al. Shielding Design for a Proton Medical Accelerator Facility[J]. IEEE Transactions on Nuclear Science,1996,43(2):705～715

4 Patterson HW,Thomas RH. 刁会昌,王义明,杜德林,等译. 加速器保健物理[M]. 北京:原子能出版社,1983. 252

5 陈国惠,胡建达. 1.2 m回旋加速器检修中的辐射防护评价[J]. 辐射防护,1985,5(4):303～307

6 Thomas RH, Stevenson GR. Radiological Safety Aspects of the Operation of Proton Accelerator [R]. Vienna: IAEA,1988

The Problems of Environmental Safety for Application of High Energy Proton Accelerator Therapy System

LIU Yuan-zhong[1] TANG E-sheng[2] LI Jian-ping[2] GU Hong-kun[3]

(1. Institute of Nuclear and New Energy Technology, Tsinghua University, Beijing 100084,China;
2. Institute of High Energy Physics, Chinese Academy of Sciences, Beijing 100039,China;
3. Beijing Radiation Environment Management Center, Beijing 100037,China)

Abstract: The environment safety problems resulted from the operation of high energy proton accelerator are described based on the analysis of radiation safety for a 235 MeV proton accelerator therapy system in the paper. The primary environmental impact resulted from the operation of high energy proton accelerator is as follows: 1) radiation dose from neutron and γ-ray to men; 2) the activation of air; 3) the activation of corngoneno cooling water of accelerator; 4) the activation of soil (and groundwater); 5) the activation of material of accelerator components; 6) producing harmful gases (such as O_3, NO_2 and HNO_3). The calculated results show that the safety of men around the accelerator can be ensured during high energy proton accelerator therapy system operation, so long as it has fine design and construction for shield system, and ventilation system, and safety interlock system which it is used to protect person going incidentally into the high radiation area.

Key words: proton accelerator; therapy system; environment impact

核动力反应堆舱室中子、γ辐射监测方法*

李建平　汤月里　刘曙东

（中国科学院高能物理研究所，北京，100039）

摘要：本文通过对核动力反应堆周围舱室产生的中子、γ辐射场特点的分析，对中子、γ监测器性能提出要求，并确定中子、γ辐射监测方法。

一、舱室内中子、γ辐射场特点及对监测器性能的要求

反应堆处于临界状态核燃料发生核裂变链式反应，产生瞬发中子和γ辐射，在裂变之后的一定时间内还有1％的缓发中子辐射。每一次裂变发射的中子数约为2.5，对^{235}U和^{239}Pu裂变中子能谱可以用以下公式描述：

$$N(E) = 1765\sqrt{E}e^{-0.775}E$$

E为中子能量。

从公式可知，多数中子能量小于1 MeV，中子谱的峰值在0.6～0.8 MeV区间。平均能量约为2 MeV，最高能量可达17 MeV。

瞬发γ辐射：

在裂变过程中同时放出瞬发γ辐射，每一次核裂变发射几个光子，其能量总和为6 MeV，这个能量在光子间分配不均匀，可以近似认为每个光子能量为1 MeV。

裂变产物产生的γ射线有重要意义，在反应堆停止运行后，这种γ辐射仍然存在，裂变产物生成的同位素种类多，并具有各种半衰期，可以认为1次核裂变产物产生的γ辐射总能量为6 MeV。每个光子所具有的能量要高于瞬发辐射光子能量。裂变产物的硬γ辐射列于表1。

停堆后裂变产物随时间衰减的速度与很多因素有关，如与反应运行时间长短等因素有关。

表1　裂变产物硬γ辐射

同位素	半衰期	光子能量/MeV
^{106}Rh	30 s	2.9
^{144}Pr	17.5 min	2.185 2.6
^{156}Eu	15.4 d	2.0
^{140}La	40 h	2.5
^{132}J	2.4 h	2.0
^{131}Te	25 min	2.21
^{135}J	6.7 h	2.4 1.8
^{88}Rb	17.8 min	2.8 1.85

* 本文收录在《舰艇舱室环境分析与控制学术研讨会论文集》中。

反应堆内产生的中子、γ辐射，通过慢化体及屏蔽向外辐射，在其周围环境形成中子、γ辐射场，这时中子、γ能谱将要发生变化。与堆芯中子、γ谱比较，低能部分明显增加，其软化程度与中子、γ通过的屏蔽层厚度与材料有关。所以在不同舱室不同位置，中子、γ谱不同，中子和γ的比例及剂量水平都会有很大变化。

对所采用的中子、γ监测器提出如下要求：

(1) 工作场所为中子、γ混合辐射场，随着反应堆运行时间的增加，γ辐射水平增高，γ与中子比例增大。要求中子监测器具有较高耐γ场能力。当然γ监测器对中子辐射不灵敏。即探测器中子、γ分辨率好；

(2) 由于屏蔽外中子、γ能谱变化较大，要求中子、γ监测器剂量率灵敏度(cps/μ Sv/h)与能量的依赖关系要小；

(3) 中子、γ剂量率水平变化范围较大要求监测器有较宽的测量范围，能测量出天然本底水平；

(4) 监测器抗电磁干扰性能好。

二、中子、γ监测器(固定式与可携式)

2.1 中子"雷姆"计数器(中子剂量当量仪)

它是将一支 ϕ25×73 mm，充气压力 600 mmHg 的 BF_3 正比计数管，置于由聚乙烯慢化体和含硼吸收体构成的"雷姆"结构中。入射的中子经过慢化体与吸收体进入 BF_3 正比管与 ^{10}B 气体发生 $^{10}B(n,\alpha)^7Li$ 核反应，产生的带电粒子使 BF_3 气体电离，经气体正比放大后被收集极收集形成脉冲输出，经前放、主放、甄别及成形电路输出脉冲进入数据采集器(68HC11 单片机)，被处理并通过液晶显示器(或数码管)显示剂量当量率和累积剂量率(见照片 1,2)。

中子监测器的主要技术性能：

(1) 灵敏度：2.0 cps/(10 μSv/h)；

(2) 测量范围：1～50 000 μSv/h；

(3) 能量响应：在 0.025 eV～16 MeV 间符合 ICRP 推荐的"雷姆"响应曲线；

(4) 耐γ场强度：2.0 Gy/h；

(5) 输出脉冲：5V，100 μS；

(6) 可充电电源，一次充电后，可以使用 8 小时。

监测器特点：由于采用"雷姆"结构，用慢化体和吸收体组合调整能量响应，使其剂量灵敏度与能量响应平坦。同时选用 BF_3(^3He)正比计数管对γ的灵敏度低，达到 n,γ分辨率好的目的。由于采用"rem"结构和使用小 BF_3(^3He)正比计数管，其可测下限为 1 μSv/h。不能测出天然中子本底水平(约 0.3×10^{-2} μSv/h)。适用于高辐射水平中子剂量测量。为解决低水平中子剂量测量问题，高灵敏度中子监测器研制成功，并且得到广泛应用。

2.2 高灵敏度中子监测器

它是由大 BF_3 正比计数管(ϕ50 mm×350 mm，充气压力 600 mmHg)，置于 6.5cm 厚的圆柱形聚乙烯慢化体中心组成，并配有前级放大器、主放大器、甄别器、成形等电路。在计数管工作电压为 2000 V 时，输出的脉冲幅度峰值约十几毫伏，经放大成形，输出 20 mA，1 mS 宽的电流脉冲，通过光电耦合送入数据采集器数据处理后，通过液晶显示器显示出剂量率。整个探测器的重量为 10.8 kg，外形尺寸为 $\Phi 180 \times 473$ mm。

监测器是一种非“雷姆”结构的中子注量率仪，它的灵敏度比同一 BF_3 管构成的“雷姆”结构计数器明显高。另外采用了大尺寸 BF_3 正比计数管进一步提高了灵敏度，所以它能准确测量出中子天然中子本底水平(约 0.3×10^{-2} μSv/h)。由于为提高灵敏度采用非“雷姆”结构，它的能量响应范围比“雷姆”计数器窄，但是能满足核反应堆周围环境中子谱(软于裂变谱)的能量响应范围。

高灵敏度中子监测器的主要技术性能如下：

(1) 注量率灵敏度：12.0 cps/$(n \cdot cm^{-2} \cdot s^{-1})$；

(2) 测量范围：$2 \times 10^{-3} \sim 20$ n/$(cm^2 \cdot s)$；

(3) 能量响应：在 0.2 eV～5 MeV 其注量灵敏度在±18%内与能量无关；

(4) γ 不灵敏度：650 μGy/h；

(5) 总不确定度：11.2%。

高灵敏度中子监测器实物见照片 3，4。

上述两种高、低辐射水平中子监测器，可根据辐射水平选用。

在现有的产品中，都采用了 BF_3 正比计数管，由于 BF_3 气体为毒性气体，现在国际上许多国家正在改用 ^{3}He 正比计数管。随着 ^{3}He 气体制作技术的进步，价格的下降，环保意识的日益增强，用 ^{3}He 正比计数管制作中子监测器势在必行。^{3}He 正比计数管制作中子剂量当量仪已研制成功，并开始应用。

2.3 高辐射水平 γ 监测器

采用不锈钢材料制成的 $\Phi 120$ mm，壁厚 3 mm 的圆柱形电离室结构，电离室一端为球形，内充 20 大气压纯氩。电流测量采用 I-F 电路，不受零点漂移的影响，具有远距离传输的能力，便于与计算机配合使用。与中子监测器一样监测器本身有数据采集器(68HC11 单片机)及液晶(或数码管)显示。同时具有声光报警装置，其主要技术性能如下：

(1) 灵敏度：0.05 μR/pulse；

(2) 测量范围：10 μR/h～100 mR/h；

(3) 温度范围：5 ℃～40 ℃；

(4) 湿度范围：≤85%(30 ℃)

高辐射水平 γ 监测器实物见照片 5，6。

2.4 低辐射水平(环境)γ 监测器

采用球形高气压电离室作为 γ 探测器，其直径为 250 mm，不锈钢壁厚 1.8 mm，容积 8.5 L，内充 25 大气压纯氩。保护环与收集极之间的高绝缘子，其绝缘电阻可达 $10^{15}\,\Omega$ 以上。

在环境本底辐射情况下输出约 10^{-13} A 的弱电流，采用了 I-F 变换的方法将输出电流转换成脉冲信号，详见文献[1]及照片 7。

环境 γ 探测器的主要性能：

(1) 灵敏度：好于 0.150 nSv/脉冲，即 0.11cpm/(n·Sv/h)；

(2) 测量范围：0.01～100 μSv/h；

(3) 能量响应：50 keV～3 MeV。

由于刻度源的能谱与欲测工作场所(环境)γ辐射能谱是有差异的。同时工作场所γ谱也随测量地点不同有所变化，因此γ监测器的能量响应尽可能小。从众多γ监测器的能响比较中选用高气压电离室，它具有灵敏度较高、稳定性好、能量响应变化小等优点。

三、数据采集与处理系统

3.1 中子、γ监测器本地显示及面板操作功能

监测器操作面板布置见图1。

* 液晶显示器窗口，显示当前γ剂量率(μSv/h)和累积剂量等。

* 显示窗口左侧有黄、绿、红三个指示灯，指示充电状态。

* 显示器窗口右侧有红、绿两个指示灯，指示安全剂量或超剂量报警状态。

* 面板左下部有两个电源开关。

* 面板下半部有四个功能设置按钮“参数1”、“参数2”、“功能”、“复位”利用这四个按键可将刻度系数及报警阈值送入单片机。

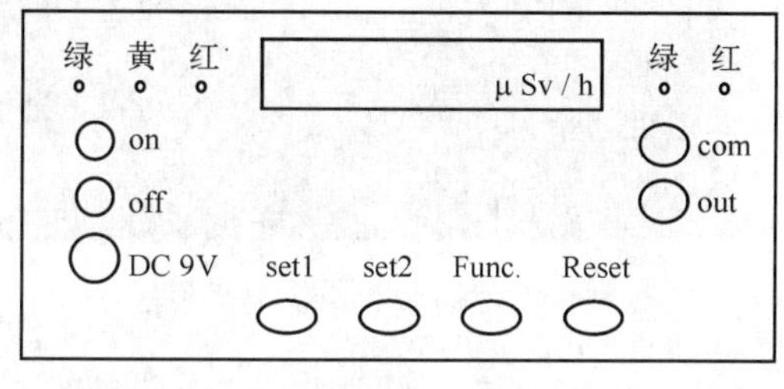

图1

3.2 数据采集与处理系统见方框图

为适应实测要求，本监测器及数据采集显示系统有以下几种形式。

(1) 有固定式监测器及可携式剂量当量仪两种；

(2) 监测器本身具有数据采集处理，显示当地剂量率；

(3) 监测器本身不具有数据采集处理显示功能，显示部分通过电缆拉到控制台；

(4)固定辐射监测系统。

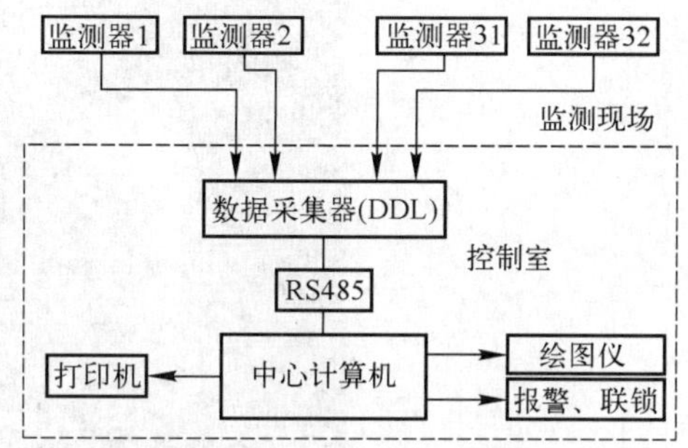

图2 固定辐射监测系统框图

由固定监测器通过长电缆将数据传输到数据采集器(DDL)，再传送到中心计算机(见方框图)。

中心计算机定期或不定期采集数据采集器(DDL)内储存的剂量数据。中心计算机具有以下功能：

* 实时显示通道的剂量率值，同时可查询各通道历史的剂量率值。可设定探测器的刻度系数及报警阈值等。

* 具有区域监测点分布图显示功能。

* 可绘制历史剂量率随时间变化(每日、每周、每月、每年)。

* 具有超剂量发出声响及文字报警功能。

参考文献

1 汤月里、刘曙东、李建平，EGM-5 型环境辐射水平高气压电离室 γ 剂量测量仪，2001，北京

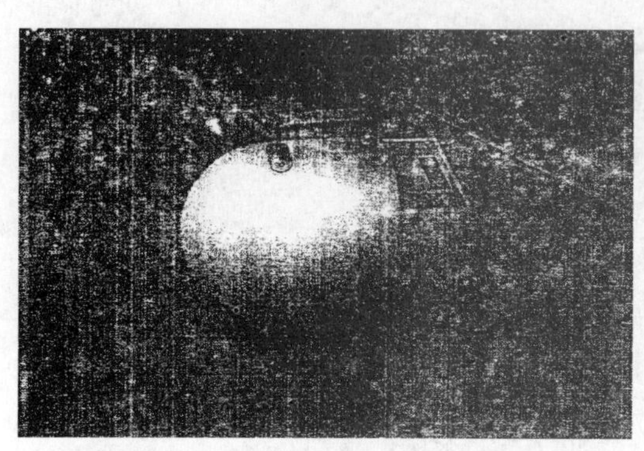

照片 1 可携式中子剂量当量仪

照片 2 固定式中子“雷姆”计数器

照片 3 高灵敏度中子监测器（有本地显示）

照片 4 高灵敏度中子监测器（无本地显示）

照片 5 高辐射水平 γ 监测器（有本地显示）

照片 6 高辐射水平 γ 监测器（无本地显示）

照片 7 环境 γ 监测器

辐射剂量测量仪器的制作工艺考虑*

刘曙东

（中国科学院高能物理研究所，北京，100039）

摘要： 讨论辐射监测器的制作过程中的工艺问题，为使自行研制的中子、γ监测器能适应加速器特殊辐射场中的辐射测量要求，为以后监测器的研制累积经验。

一、中子监测器

1. 最早用于北京正负电子对撞机上的环境中子探测器的结构见下图：

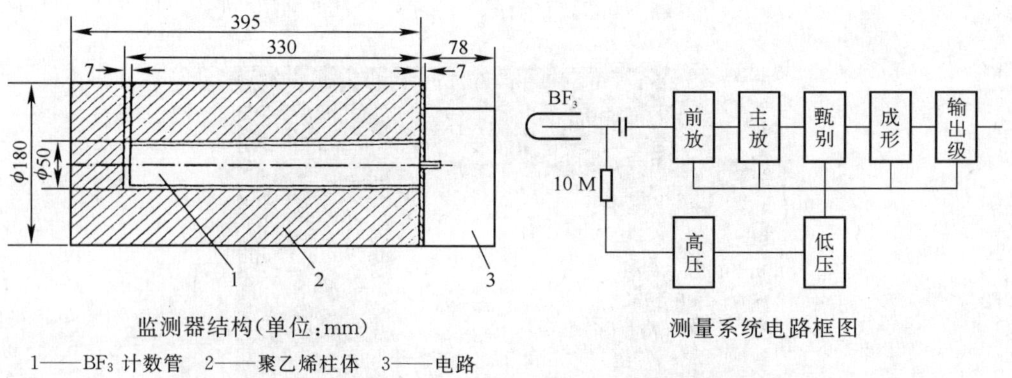

监测器结构（单位：mm）

1——BF_3 计数管　2——聚乙烯柱体　3——电路

测量系统电路框图

它是在高灵敏中子监测器的基础上，经过对监测器的结构、电路进一步改进而形成的。淘汰了石蜡慢化体，使用高压聚乙烯做慢化体，高压聚乙烯具有加工性能好、比石蜡耐高温、强度高、外观好看等优点。加工成形的慢化体厚度为 65 mm。选用比 $\phi50\times350$ 的 BF_3 正比计数管，代替原有的 $\phi50\times1000$ 的计数管，在灵敏度得到保证的前提下(17.0±0.3) cps/[n/(cm^2·s)]，减小了监测器的体积。电路方面，研制了集前放、主放、甄别、成形、输出为一体的专用电路，代替原有的 NIM 机箱系统，电路输出脉冲高度为 10 V，脉冲宽度为 1 ms，电路的设计考虑了抗干扰的措施，并且将电路屏蔽、密封在金属盒内。研制了适应 BF_3 正比计数管的二千伏专用高压电源，连同低压电源安装在一个 $\phi180\times70$ 的屏蔽盒内。

2. 场所中子监测器是在 2202D 中子雷姆仪的基础上改进而成的，见下图。由于考虑到加

* 本文原载于 2004 年出版的《舰艇舱室环境分析与控制学术研讨会论文集》。

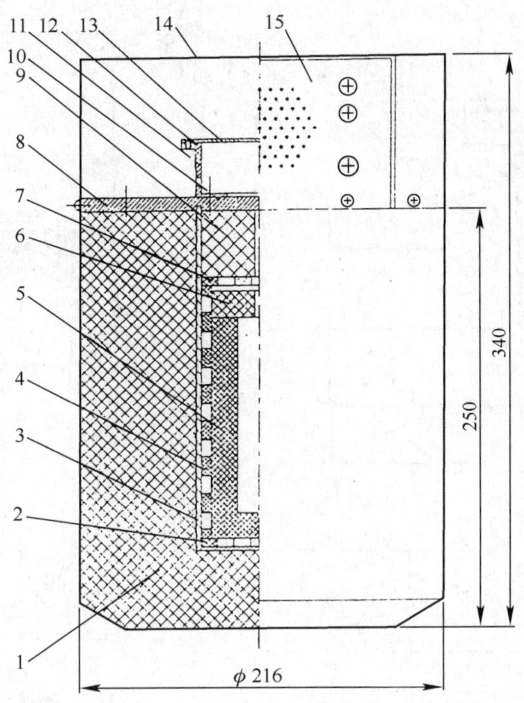

速器辐射场的特殊性，增加了对 BF_3 正比计数管的电场屏蔽及对电路的屏蔽，并对交流电进行净化。监测器使用的电路同环境中子监测器的电路大致相同，不同的是它可以根据不同的辐射场强度调整不同倍数的脉冲输出（$2^0\sim2^6$），实验结果证明，改进的中子雷姆仪完全胜任加速器脉冲辐射场的监测要求。

二、γ 监测器

1. 环境 γ 监测器采用球形高气压电离室，其直径为 260 mm，壁厚 2.5 mm，内充有 25 个大气压的高纯氩气，由于高气压电离室在哈本底辐射的情况下，输出的弱电流为 10^{-13} A，所以在电离室的收集极的绝缘问题上下了很大的功夫，曾使用过防潮涂料，效果不太理想，也使用过人造宝石制作绝缘子，成本很高，而成品率很低，不利于成批制造，后选用高纯度氧化铝陶瓷作收集极上的绝缘子，效果很好，既达到了绝缘电阻 10^{15} Ω 以上，也相应的降低了成本，提高了成品率，现被成批采用。高气压电离室采用了 I-F 转换电路作为电离室的弱电流放大、成形、输出电路，改变了常用的 I-V 放大方式，I-F 转换电路有许多独到之处，它不必经过 I-V-F 的转换就可以与计算机直接联结，I-F 转换电路有灵敏度高、稳定性好、零点漂移小等优点。在电路与电离室的连接上，充分考虑了电路的屏蔽、密封，电路的信号输入端直接焊在电离室的收集极上，从而完全密封在金属盒内。对负高压电源的稳定性、电源的干扰问题作了相应的处理，在最新的环境 γ 监测器上增加了恒温措施，减少了环境温度的变化对监测器的影响，使其工作更加稳定可靠。

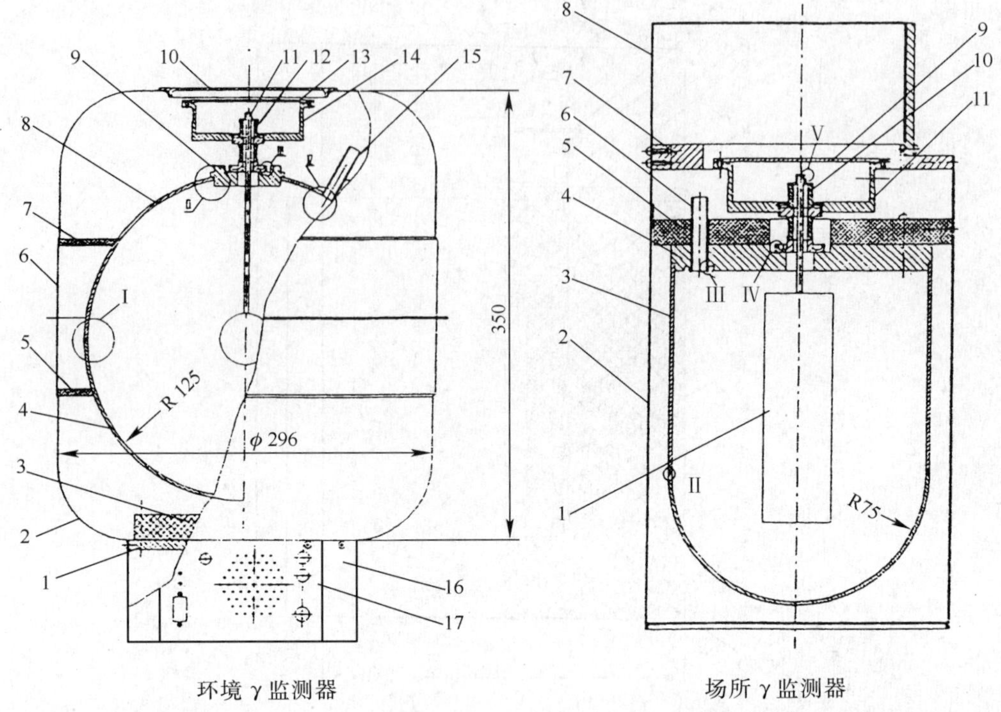

环境 γ 监测器　　　　场所 γ 监测器

2. 根据加速器辐射场的特殊性，将工作场所 γ 监测器的电离室做成圆柱形，见上图。考虑到电离室内部需充 25 个大气压的氩气，电离室的顶部做成圆顶，底部平面的厚度为16 mm，壁厚 2.5 mm，保证在高气压的条件下不变形。电路采用 I-F 转换电路，电离室连同电路高压电源、低压电源全部安装在一个 ϕ180×360 的不锈钢屏蔽壳内。

以上几种监测器在正负电子对撞机上已安全运行了十年，取得了大量监测数据，证明这几种监测器的制作完全符合物理设计，结构工艺合理。

参考文献

1　智能化环境中子、γ 监测器系统．高能物理与核物理，1988 年 1 月第 12 卷第 1 期

2　BEPC 工作场所辐射监测系统．核电子学与探测技术，1988 年 7 月第 8 卷第 4 期

谱仪大厅屏蔽条件改变后的环境辐射水平变化*

刘曙东　李　楠　李铁辉　张清江

（加速器中心辐射防护组）

摘要：北京谱仪拆除后，在谱仪大厅内搭建了连接储存环的临时隧道。本文讨论由于改变了加速器的屏蔽条件，环境辐射水平的变化情况。

一、BEPC 外环境辐射的来源

电子加速器在运行过程中，不可避免地要发生电子束流的损失（尤其在注入和直接打靶时）。电子与物质发生相互作用，当电子能量较低时，电子在物质中的能量损失主要是使原子产生电离。当电子能量大于临界能量时，主要以韧致辐射损失能量，并在物质中发生电磁级联过程。图中表示高能电子入射至半无限介质中电磁级联的发展过程。能量大于 E_0 的电子入射于介质中，产生韧致辐射（以波纹线表示），其中部分光子又产生正负电子对（以虚线表示），而电子再产生韧致辐射，光子再产生正负电子对，如此反复直至能量全部损失。同时部分有足够能量的光子又能在核 N 上发生光核反应（γ,n）产生中子；当光子能量在 30 MeV 以下时，称之为巨共振反应。当光子能量大于 30 MeV 时，可以产生能量大于 20 MeV 的中子。

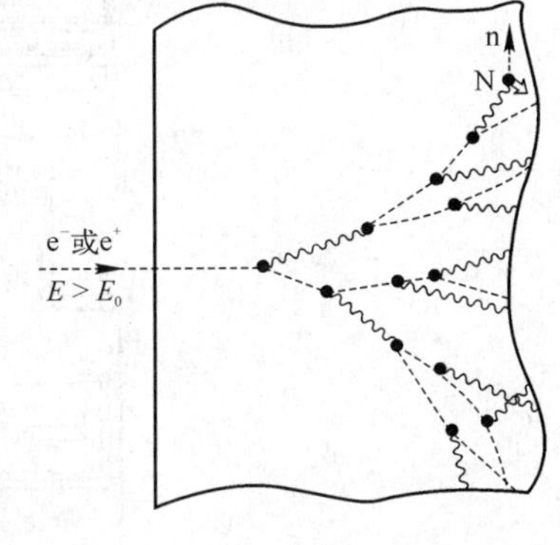

电子加速器在屏蔽内的光子（韧致辐射），在总的剂量当量贡献中占主要地位。通过混凝土屏蔽墙后，光子减弱较快，而中子则减弱得较慢，特别是在外环境中，主要贡献是中子，光子贡献基本为天然本底水平。这一规律与我们长期监测的结果及文献中描述的结果是一致的。

二、谱仪大厅屏蔽条件的改变

谱仪大厅北端东西两侧连接加速器储存环，储存环屏蔽隧道在大厅中呈敞开状态，大厅长 32.5 m、宽 18 m、墙厚 0.6 m，顶 4 cm 厚加 10 cm 厚珍珠岩保温层（珍珠岩堆放质量 80～200 kg m^3）。另外房顶还有 1.1 m 长、0.8 m 宽的玻璃天窗 32 个（玻璃厚 5 mm）。谱仪大厅南端东西

* 本文收录在《北京正负电子对撞机第十届年会文集》中。

两侧有设备门。

北京谱仪拆除后，在大厅内搭建了连接储存环隧道的临时屏蔽隧道。临时隧道侧面屏蔽厚 2 m、顶屏蔽厚 1 m。

三、环境辐射监测站

目前北京正负电子对撞机工作区内，沿围墙设有三个环境监测站，分别在围墙的东南角（19 号站）、西南角（计算中心站）和西围墙（20 号站），三号厅和五号厅之间有一个环境本底（参考站）。每个监测站内设置一台高灵敏度的中子监测器和一台高灵敏度的 γ 球型电离室监测器。γ 监测器对于天然 γ 本底计数率约为 900 cph（～0.1 μSv/h），其稳定性在 ^{226}Ra γ 源照射下 24 h 的相对误差为 0.35%，在天然辐射本底的情况下，连续一个月数据的标准偏差为 0.4%。总不确定度为 2.5%。中子监测器对于天然中子本底计数率约为 230 cph（～0.003 μSv/h），其稳定性实验是在天然宇宙辐射中子照射下进行的。连续 30 天测量，相对标准偏差为 6.5%，总不确定度为 11.2%。测量数据通过数据采集器传到中心计算机计算并存储。

环境监测站位置图：

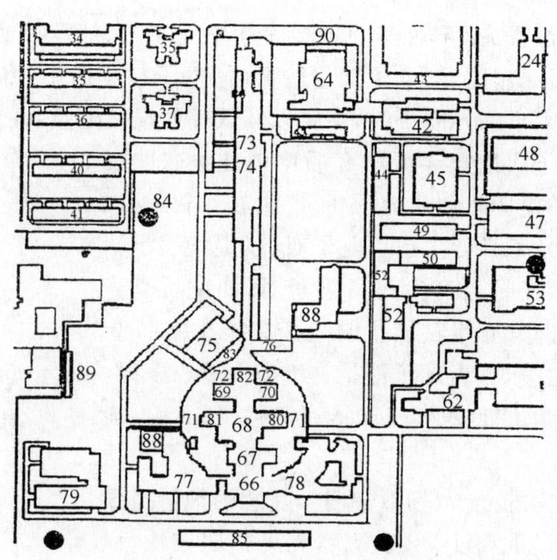

四、环境中子剂量的理论计算

其剂量贡献可由下式计算：

$$D(\mathrm{n})=\frac{B_{\mathrm{n}}}{16}H_{\max}(\mathrm{n})h\cdot\left(\frac{a+d}{r}\right)^{2}\exp\left(-\frac{r}{\lambda_{\mathrm{n}}}\right)(\mu\mathrm{Sv}/a)$$

式中：$H_{\max}(\mathrm{n})$：屏蔽体表面中子的最大剂量率（μSv/h）

B_{n}：中子在大气中散射的积累因子（$B_{\mathrm{n}}=2.8$）

H:机器的年运行时间(hrs/a)

a:束流损失点(靶)至屏蔽体内表面的距离(cm)

d:屏蔽体的厚度(cm)

r:辐射源项到剂量点之间的距离(cm)

λ_n:中子在大气中的衰减长度

$\lambda_n = 8.5 \times 10^4$ cm

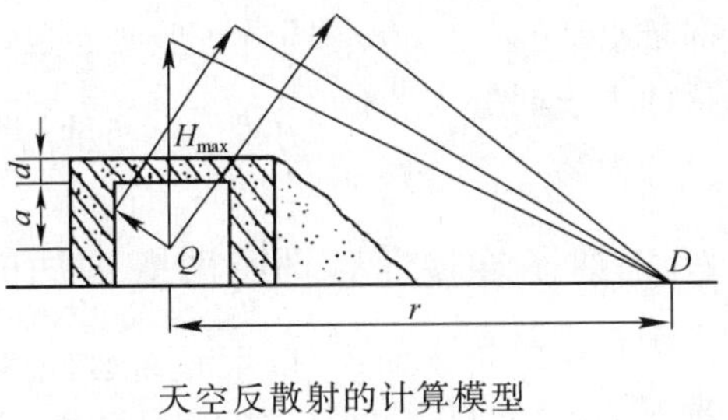

天空反散射的计算模型

五、条件改变后的辐射监测

1. 北京谱仪大厅屏蔽条件改变前的辐射剂量监测数据

储存环十字通道东侧的中子、γ监测器,在加速器运行剂量监测中有代表意义。取这组数据和19、20号环境监测站的数据,可以看出其中的时间关联。(见图)19号环境监测站(请注意图中纵坐标的剂量值)中子监测器监测到近3 μSv/h的中子剂量水平的变化,是天然环境中子

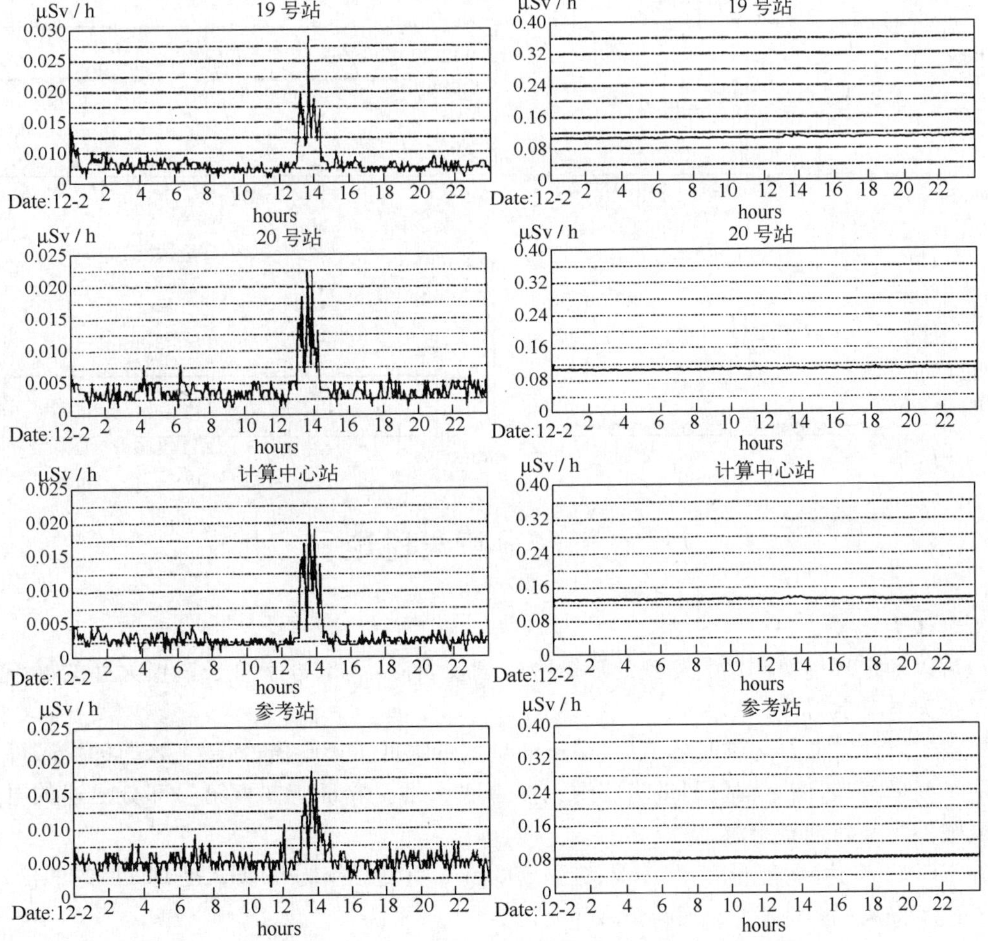

剂量水平的 1000 倍。同时 γ 监测器也监测到天然辐射剂量水平 40%的变化。20 号环境监测站的中子剂量水平有 0.6 μSv/h，是天然环境中子剂量水平的 200 倍(注：天然宇宙辐射中子剂量约为 0.003 μSv/h)。

2. 搭建了连接储存环临时隧道后的辐射剂量监测数据

加速器从 2004 年 11 月重新运行到 2005 年 4 月，从四个环境监测站选取了同时监测到的最高剂量(见图)。各环境监测站的中子剂量水平都在 0.03 μSv/h 以下，γ 辐射剂量均为本底水平。

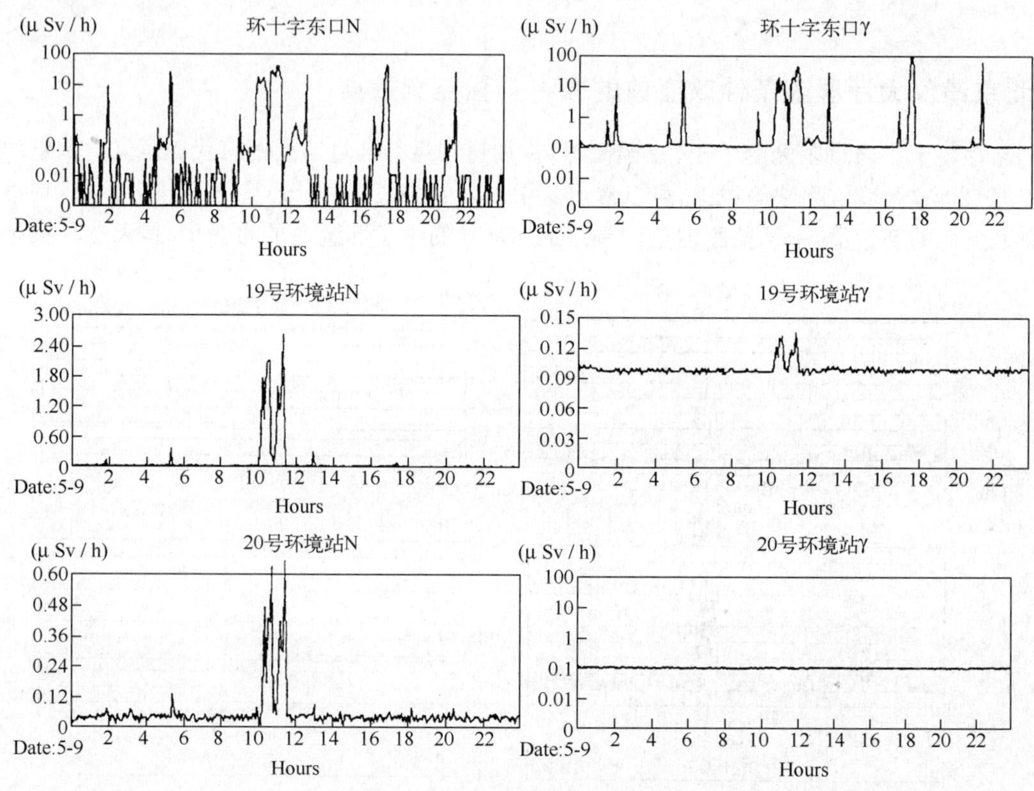

六、问题分析与讨论

笔者认为：

1)可以确定环境监测站监测到的环境中子剂量贡献，大部分来自于谱仪大厅的屏蔽薄弱环节。是天空反散射造成的。

2)由于搭建了储存环临时隧道后，中子剂量贡献降低了 100 倍，顶部 1 米厚的屏蔽降低了环境中子剂量贡献，使 γ 辐射剂量降低到天然本底水平。验证了文章第一部分描述的电子加速器屏蔽外的辐射剂量来源。

3) BEPCII将达到：能量 1.89 GeV、流强 500 mA、重复频率为 50 Hz(是 BEPC 的四倍)。而且注入速率提高(注入速率 35～55 mA/min)。

4)因此加强谱仪大厅的屏蔽防护，对 BEPCII 的外环境辐射起决定性作用。

参考文献

1 R.H. 托马斯.《加速器保健物理》

2 李建平,汤月里,邵贝贝,刘曙东,张振刚,屈国英. 智能化环境中子、γ监测系统.《高能物理与核物理》1,12(1988)

3 李建平,汤月里,邵贝贝,刘曙东,张振刚,屈国英,刘树德. 北京正负电子对撞机调束运行期间的环境辐射.《辐射防护》1,1(1990)

4 李建平,张保襄,刘曙东,唐鄂生,刘桂林,陈之布,解延风,蔡小平. 宇宙辐射中子本底的测量.《郑州大学学报》1983 年增刊

5 李建平,常葳克,解延风,唐锦华,唐鄂生. 天然中子本底剂量水平的测定.《高能物理与核物理》6,665(1982)

6 BEPCⅡ辐射防护设计

加速器辐射场剂量测量方法*

李建平

（中科院高能所）

摘要：本文描述了各种类型加速器辐射场的结构和特征。高能粒子加速器的辐射场比任何一种核设施都要复杂，所以本文着重讨论高能粒子加速器的辐射场测量方法：(1)脉冲辐射场剂量测量方法；(2)中子能量大于 20 MeV 以上的剂量贡献的测定；(3)环境中低水平中子剂量的测量；(4)混合辐射场剂量的测量。

一、加速器辐射场的特征

1. 电子加速器的瞬发辐射场

电子束流在加速过程中，不可避免地要发生电子束流的损失，特别是打靶，使电子与物质发生相互作用。当能量较低时，电子在物质中的能量损失主要是使原子激发和电离。当电子能量大于临界能量 $E_c\left[=\frac{800\ \text{MeV}}{(Z+1.2)}, Z\text{为靶核的原子序数}\right]$时，主要以韧致辐射损失能量，并在物质中发生电磁级联过程。同时部分具有足够能量的光子又在原子核上发生光核反应(γ,n)产生中子。当光子能量在光核反应阈值以上，30 MeV 以下时，称为巨共振反应。当光子能量大于 30 MeV 时，发生伪氘核反应，可以产生大于 20 MeV 的中子。光子、中子以及 μ 子的剂量当量率与电子能量的关系同见图 1。

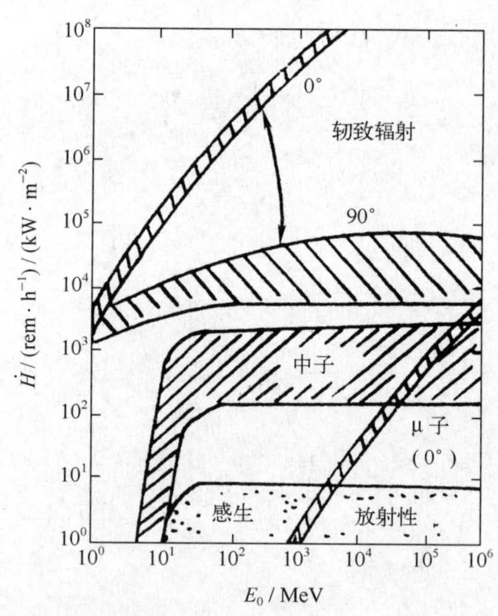

图 1　由 1 kW 电束流打靶产生的次级辐射光距 1 m 处造成的剂量当量率 $\dot{H}$ 与电子能量 E_0 关系

图中曲线加宽部分是由于靶物质的材料($Z=6-82$)和厚度不同造成的

2. 质子和重离子加速器的瞬发辐射场

质子和重离子在加速过程中，束流损失使质子与重离子与物质相互作用，通过低能、中能核反应以及高能核反应产生中子。当质子能量大于10 GeV 时，应考虑 μ 子的剂量贡献。对能量低于10 GeV的

* 本文收录在《粒子加速器十年发展学术报告会》会议文集中。

质子加速器和重离子加速器主要考虑中子对剂量当量的贡献。

由于以上反应机制和带电粒子束流以脉冲形式加速，高能粒子加速器周围的环境辐射具有以下特征：

(1)是一个脉冲辐射场。由于带电粒子束流以脉冲形式加速的，因此在其周围形成一个脉冲辐射场。无论是在屏蔽内还是在屏蔽外，其辐射场的时间结构都是与初级束流的时间特性密切相关的，它的特性决定于束流的占空比。

(2)具有能量大于 20 MeV 的中子和光子。

(3)周围环境中的杂散辐射剂量中主要贡献是中子，其次是 γ。反应堆、核电站的情况与此相反，环境中主要贡献是 γ 射线，其次是中子。

(4)是一个瞬发中子、光子以及其他粒子构成的混合辐射场。

二、脉冲辐射场剂量测量方法

不同类型的探测器，在窄中子脉冲场中，其剂量响应是不同的。

(1)脉冲计数系统具有有限的分辨作用，对于束流脉冲宽度窄，重复频率低的辐射场，即占空比小的辐射场，发生严重的漏计数。

对于稳定辐射场探测器失效时间因数为

$$f_\tau = R_0/R = 1 - R_0\tau \tag{1}$$

式中，R_0 为探测器的实际计数率；R 为探测器的真正计数率；τ 为计数管的分辨时间。

对于脉冲辐射场，失效时间因数为

$$f_\tau = R_0/R = 1 - R_0\tau/(f\Delta t) \tag{2}$$

式中，f 为脉冲辐射场的重复频率；Δt 为辐射场的脉冲宽度。

从式(2)中可以看出对于宽度(Δt)窄，重复频率(f)低的辐射场有严重的漏计数发生。

(2)对于电流电离室，在瞬时剂量率高的脉冲辐射场中，电离室内离子密度高，在它们未被电极收集之前发生体复合，使收集效率下降。

(3)对储能型探测器和活化探测器在脉冲场中不会发生漏计观象。但它们不能作为辐射场的连续监测使用。只能在照射之后给出平均剂量率。

对探测器在脉冲辐射场中的剂量响应情况可分成以下三类：

1)在脉冲场中性能最差的一种有：

(a)GM 计数管、正比计数器以及不包有慢化体的裸 BF_3 计数管。

(b)闪烁计数器。

2)在脉冲场中性能较好，只有在很高剂量率的情况下，才发生剂量响应变坏的有：

(a)电流电离室，以及由它组成的各种监测器、剂量仪。

(b)包有慢化体的 BF_3 计数管，这是由于慢化体对入射窄脉冲中子，经过慢化扩散使其脉冲加宽，例如包有 6.3 cm 石蜡慢化体的 BF_3 管，中子要经过 270 μs 才有 80％的粒子到达计数管，在这种情况下，BF_3 计数管所看到脉冲宽度实际是加宽以后的宽度，这对减少漏计数是有利的。

3)在脉冲场中性能最好的一种有：

(a)TLD。

(b)活化探测器。

(c)胶片。

(d)化学剂量计。

在加速器辐射剂量监测中，对脉冲辐射场性能良好，又能作为实时监测，同时稳定可靠，价格便宜的是包有慢化体的 BF_3 管和电离室，所以 BEPC 的中子、γ 辐射监测系统中采用了电流电离室和包有聚乙烯慢化体的 BF_3 管。中子、γ 监测器的性能见表 1。

表 1　中子、γ 监测器性能

<table>
<tr><th colspan="2">监　测　器</th><th>BEPC</th><th>CERN</th></tr>
<tr><td rowspan="5">中子监测器</td><td>探测器</td><td>BF_3 直径 25×75 mm
Rem 结构</td><td>BF_3 直径 30×100 mm
Rem 结构</td></tr>
<tr><td>灵敏度</td><td>2.4 cps/(mrem・h)</td><td>2.4 cps/(mrem・h)</td></tr>
<tr><td>量　程</td><td>0.1～10^4 mrem/h</td><td>0.1～10^3 mrem/h</td></tr>
<tr><td>能　响</td><td>0.025 eV～16 MeV</td><td>0.025 eV～10 MeV</td></tr>
<tr><td>对 γ 不灵敏度</td><td>＜23 R/h</td><td></td></tr>
<tr><td rowspan="3">γ 监测器</td><td>探测器</td><td>电离室 2 L
20 大气压 Ar</td><td>电离室 5 L
20 大气压 Ar</td></tr>
<tr><td>监测器灵敏度</td><td>0.072 μrad/计数</td><td>0.1 μrad/计数</td></tr>
<tr><td>电路灵敏度</td><td>50 cpm/pA</td><td>12 cpm/pA</td></tr>
</table>

三、低水平中子剂量的测量

在北京地区天然中子本底水平为 4×10^{-3} μSv/h(注量率 4×10^{-3} n/cm^2・s)，天然 γ 本底 0.1 μSv/h，中子占总天然本底的 4%。高能加速器运行时对环境的剂量贡献主要是中子，其次是 γ。现有产品中子监测器都测不出天然中子本底。研制高灵敏度中子监测器是高能加速器环境监测的重要课题之一。

高灵敏中子监测器是由直径为 50×350 mm 的 BF_3 正比计数管和外面包有 6.5 cm 厚的圆柱形聚乙烯慢化体组成。对中子注量率响应的灵敏度为 17 cps(n/cm^{2}s)，按 n/(cm^2・s)为 0.9 μSv/h 换算后，得到响应系数为 1.5×10^{-5}(μSv/h)/cph，对天然中子本底计数率为 200 cph (约 0.004 μSv/h)。与同体积同重量的中子雷姆计数器(2202D)相比，注量灵敏度高 33 倍。虽然它的能量响应范围比中子雷姆计数器窄，但它能满足宇宙辐射中子谱(Hess 谱)，高能粒子加速器周围环境中子谱(近似于 Hess 谱)的能量响应范围。监测器的中子注量灵敏度，在 0.2 MeV～5 MeV 之间，在±15%以内与中子能量无关。中子、γ 监测器的技术指标见表 2。

在北京正负电子对撞机(BEPC)的调束运行过程中用上述中子、γ 监测器获得了工作场所、禁止区、环境的辐射监测数据见图 2。

表 2 环境中子、γ 监测器性能

环境监测器		BEPC	CERN
中子监测器	探测器	BF_3 直径 50×350 mm 包 6.5 cm 聚乙烯	BF_3 直径 30×10 mm Rem 结构
	外形尺寸	直径 180×473 mm (含电路)	直径 216×250 mm (不含电路)
	重　量	10.8 kg (含电路)	9.2 kg (不含电路)
	注量灵敏度 (剂量灵敏度)	16 cps/(n.cm^2·s) [122 cps/(mrem·h)]	[2.4 cps/(mrem·h)]
γ 监测器	探测器	充氩电离室 (25 个大气压)	充氩电离室 (20 个大气压)
	电　路	I/F 变换	I/F 变换
	灵敏度	0.03 μR/计数	0.12 μR/计数
	电路灵敏度	17 cpm/pA	12 cpm/pA

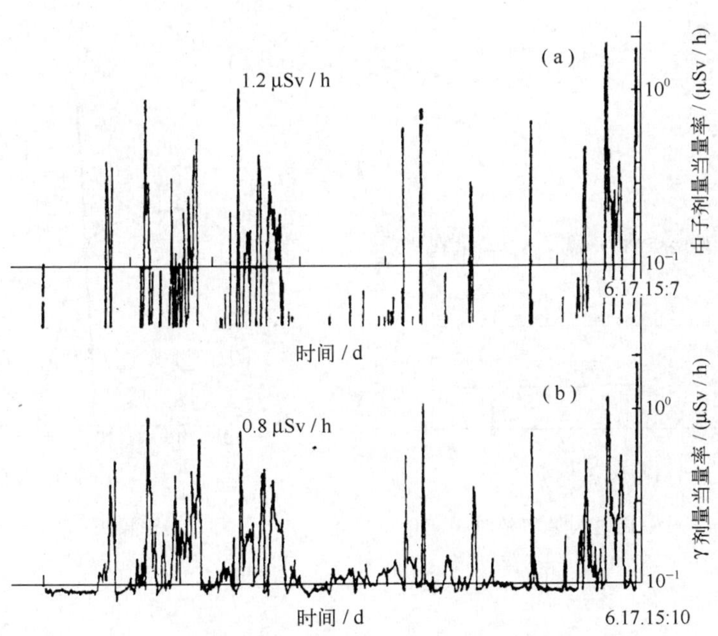

图 2 1 号厅屏蔽墙外监测点一周内剂量率随时间变化

(a)——中子辐射;(b)——γ 辐射

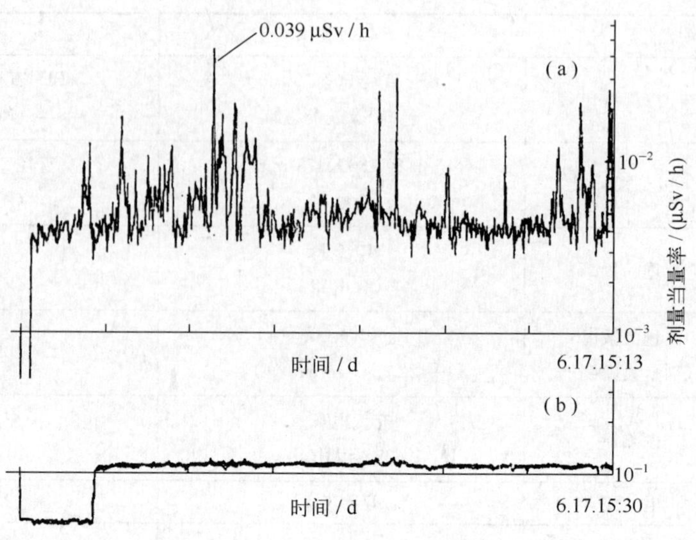

图 3　19 号环境站一周内剂量率随时间变化

(a)——中子辐射；(b)——γ 辐射

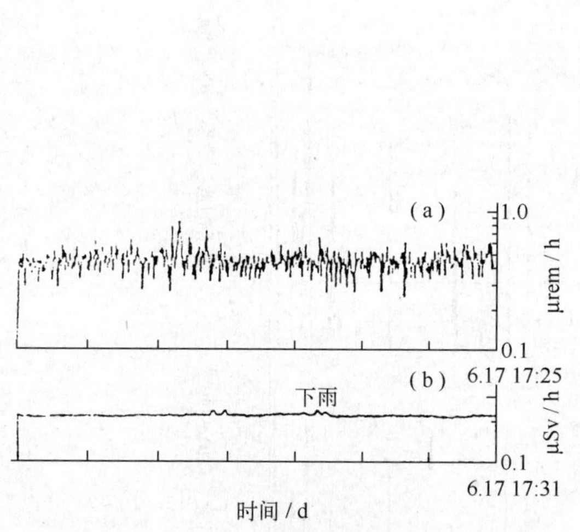

图 4　20 号环境站一周内剂量率随时间变化

(a)——中子辐射；(b)——γ 辐射

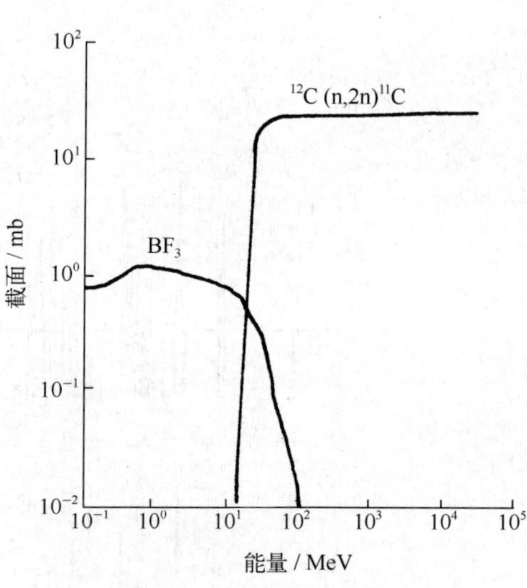

图 5　高能中子活化探测器截面

四、中子能量大于 20 MeV 对剂量的贡献

现有的中子剂量当量最高能量响应约为 20 MeV，给不出能量大于 20 MeV 的中子剂量当量。目前使用较广泛的方法是，利用碳活化探测器，它只对 20 MeV 以上中子灵敏这一特点，测量 20 MeV 以上中子对剂量的贡献。

用^{12}C（天然度 98.9%）探测中子是通过$^{12}C(n,2n)^{11}C$反应，反应阈值能量 20.4 MeV；截面$\sigma(E)$自阈能起随能量迅速增长达到一个常数值 22 mb，且响应到几个 GeV。图 5 给出这种特性。^{11}C半衰期 20.34 分，具有能量为 0.98 MeV 的β^+衰变。作为活化探测器它具有阈值为 20 MeV，截面响应宽且为常数，半衰期合适等特点。

本报告是在北京正负电子对撞机辐射防护与剂量监测鉴定会材料基础上完成的。

ISBN 978-7-5022-3745-5

9 787502 237455 >